高等学校安全工程类系列教材

安全评价技术

（第三版）

张乃禄　主　编

西安电子科技大学出版社

内 容 简 介

　　本书内容共 9 章，系统地介绍了安全评价的基本原理与应用技术，主要包括绪论、安全评价原理与模型、危险危害因素分析、安全评价依据与规范、安全评价方法、评价单元划分和评价方法选择、安全对策措施、安全评价结论与评价报告、安全评价实例等内容。本书系统性强，重点突出，注重应用。

　　本书可作为安全工程专业及相关专业的教材，也可作为从事安全评价、安全管理工作的专业技术人员的实用参考书，还可作为注册安全工程师和安全评价师考试辅导用书，以及企业工程技术人员和广大技术工人的培训教材。

图书在版编目(CIP)数据

安全评价技术/张乃禄主编. －3 版.

－西安：西安电子科技大学出版社，2016.8(2024.12 重印)

ISBN 978 - 7 - 5606 - 4225 - 3

Ⅰ. ① 安… 　Ⅱ. ① 张… 　Ⅲ. ① 安全评价－高等学校－教材 　Ⅳ. ① X913

中国版本图书馆 CIP 数据核字(2016)第 176589 号

责任编辑　戚文艳　秦志峰

出版发行　西安电子科技大学出版社(西安市太白南路 2 号)

电　　话　(029)88202421　88201467　　邮　　编　710071

网　　址　www.xduph.com　　　　　　电子邮箱　xdupfxb001@163.com

经　　销　新华书店

印刷单位　陕西天意印务有限责任公司

版　　次　2016 年 8 月第 3 版　2024 年 12 月第 13 次印刷

开　　本　787 毫米×1092 毫米　1/16　印　张　23.75

字　　数　578 千字

定　　价　54.00 元

ISBN 978 - 7 - 5606 - 4225 - 3

XDUP 4517003 - 13

＊＊＊ 如有印装问题可调换 ＊＊＊

第三版前言

安全评价作为现代安全管理模式，体现了安全生产以人为本和预防为主的理念，已成为安全生产中重要的技术保障措施之一。2014年《中华人民共和国安全生产法》（修正案）等法律法规明确了安全评价在安全生产中的地位，并将安全评价作为生产经营单位保证安全生产的重要技术手段。2008年国家颁布了《安全评价师国家职业标准（试行）》。2015版《中华人民共和国职业分类大典》将"安全评价工程技术人员"（职业代码：2-02-28-04）列为第二大类专业技术人员。目前，全国已经有26 207名安全评价从业人员取得了《安全评价师国家职业资格证书》，已成为安全生产专业技术服务的中坚力量。安全评价越来越受到政府部门、企业和高校的重视，为了适应安全评价快速发展的需要，编者对《安全评价技术（第二版）》进行修订和完善。

本书在第二版基础上，结合近五年安全科技和安全评价技术的进步，以及国内高校安全工程专业师生和安全生产专家学者提出的许多宝贵意见与建议，增加和更新了国家法律法规与技术标准，补充了安全评价案例和评价方法，调整了部分章节内容，使该书能比较全面地反映安全评价知识体系和技术进步，具有较强的实用性和操作性。

本书更新、修改、完善内容包括：第1章更新了安全评价技术的发展及现状；第3章更新、修改、完善了危险危害因素分类及重大危险源辨识；第4章更新了安全评价依据与规范；第5章增加了灰色关联度分析评价法和模糊数学综合评价法应用实例；第6章增加了安全评价范围和划分评价单元时应注意的问题；第7章增加了安全对策措施的内容。

本书是由张乃禄教授带领其科研团队在第二版的基础上完成的，在此对第一版、第二版作者张乃禄、刘灿等表示崇高的敬意和感谢，同时，对参加修订工作的在读研究生张茹、李清磬、郭向前等表示感谢。在本书修订过程中，参考了国内许多相关书刊及研究报告，还得到了西安电子科技大学出版社戚文艳等的指正与帮助，在此一并表示衷心感谢！

由于作者水平有限，不妥之处在所难免，敬请广大读者批评指正。

编　者
2016 年 7 月

第二版前言

近年来，共建和谐社会、安全发展已成为时代的主题，系统安全分析、评价方法受到企业和管理部门的高度重视并得到了大量的应用。安全评价的意义在于可有效地预防事故的发生，减少财产损失和人员伤亡与伤害。安全评价与日常安全管理和安全监督监察工作不同，安全评价是查找、分析和预测工程、系统存在的危险，有害因素及危险，危害程度，并提出合理可行的安全对策措施，指导危险源监控、预防事故发生，以达到最低事故率、最少损失和最优的安全投资效率。安全评价作为现代安全管理模式，在国内得到了迅速推广和发展，并已成为安全生产重要的技术保障措施之一。

《安全评价技术》从 2007 年出版到现在，已有 5 年时间。该书得到许多高校安全工程专业师生和专家学者的厚爱，并先后提出许多宝贵的意见和建议，特别是作者多次有幸参加全国高校安全工程专业学术年会暨安全人才培养研讨会，与安全工程领域的前辈教授和教学一线的同行进行交流与讨论，有机会吸取大家的智慧。正是这些建议和讨论，使笔者认识到本书有必要进一步修改和完善。

本书对第一版内容进行了整合和调整，将内容增加到 9 章。其中，将第一版 1.1.5 节和 1.1.6 节的内容重新编写独立成章，即第 4 章安全评价依据与规范；增加了 5.12 节其他评价方法的内容；在 5.7 和 5.8 节，分别增加了评价分析实例；在思考题中，增加了新题型。

本书是由张乃禄教授带领其科研团队在第一版的基础上完成的，在此对原作者张乃禄、刘灿等表示崇高的敬意和感谢，同时，对参加修订工作的在读研究生胡伟、庞诚等表示感谢。在本书修订过程中，参考了国内许多相关书刊及研究报告，还得到了西安电子科技大学出版社戚文艳等的指正与帮助，在此一并表示衷心感谢！

由于作者水平有限，不妥之处在所难免，敬请广大读者批评指正。

编　者
2011 年 9 月

第一版前言

安全科学的诞生标志着人类对劳动安全的认识发展到了比较高的层次，是人类社会进步和科学技术发展的产物。安全科学技术是保护劳动者在劳动过程中的安全与健康的科学，它是在人类的生产实践中形成并逐步发展起来的。随着安全科学技术的发展，逐步建立了安全科学的学科体系，发展了本质安全、过程检测与控制、人的行为控制等事故理论，引入了安全系统工程方法，使安全评价愈来愈受到广泛重视。安全评价是实现安全生产的重要手段和基本程序，是有效提高企业本质安全程度的一项基础性工作；是为安全生产监督管理部门提供决策和技术监督支撑的有力手段；是消除隐患、防范事故的一项重要举措；是现代先进安全生产管理的重要内容之一。安全评价不仅成为现代安全生产的重要环节，而且在安全管理的现代化、科学化过程中也起到了积极的推动作用。

随着《中华人民共和国安全生产法》的颁布与实施，国家和有关部委相继颁布了十多部与安全评价有关的法律、法规。国家安全生产监督管理局陆续发布了《安全评价通则》及各类安全评价导则，体现了国家对安全评价工作的高度重视。安全评价工作已在全国各行业普遍展开，并且逐渐走上了规范化、法制化的轨道。

本书参考了国内外有关文献资料，结合作者从事安全评价技术教学和评价工作的经验，在西安石油大学安全工程专业"安全评价技术讲义"的基础上编写而成。本书既可作为安全工程专业的教材，也可供从事安全工作的专业技术人员参考。

本书共 8 章，其中第 1、2、4 章和 8.1 节由张乃禄编写，第 5 章和 6.1、6.2、8.2、8.3、8.4 节由刘灿编写，第 3、7 章由徐竟天编写，6.3、6.4 节以及各章的思考题和附录由薛朝妹编写。硕士研究生张源、石瑞、张建华等完成了本书文字的录入和制图工作。本书由西安石油大学张家田教授主审，并提出了许多合理的建议。本书编写过程中，参考了国内多位专家教授的相关著作、文章及研究报告，同时也得到了西安石油大学电子工程学院领导、同仁的大力支持，并提出了许多宝贵意见；本书出版过程中，得到了西安电子科技大学出版社戚文艳、段蕾编辑的指正与帮助。在此一并表示衷心感谢！

由于作者水平有限且编写时间仓促，不妥之处在所难免，敬请广大读者提出宝贵意见。

编著者
2007 年 2 月

目　　录

第1章 绪 论

1.1 安全评价概述

1.1.1 安全评价的基本概念

1. 安全和危险

安全和危险是一对互为存在前提的术语。

危险是指系统处于容易受到损害或伤害的状态，常指危险因素。

安全是指系统处于免遭不可接受危险伤害的状态。安全是人、机具及人和机具构成的环境三者处于的协调/平衡状态，一旦打破这种平衡，安全就不存在了。安全的实质就是防止事故，消除导致死亡、伤害、急性职业危害及各种财产损失事件发生的条件。例如，在生产过程中导致灾害性事故的原因有人的误判断、误操作、违章作业，设备缺陷，安全装置失效，防护器具故障，作业方法不当及作业环境不良等。所有这些又涉及设计、施工、操作、维修、储存、运输以及经营管理等许多方面，因此必须从系统的角度观察、分析，并采取综合方法消除危险，才能达到安全的目的。

2. 事故

事故是指造成人员死亡、伤害、职业病、财产损失或其他损失的意外事件。意外事件的发生可能造成事故，也可能并未造成任何损失。对于没有造成死亡、伤害、职业病、财产损失或其他损失的事件可称之为"未遂事件"或"未遂过失"。因此，意外事件包括事故事件，也包括未遂事件。

事故是由危险因素导致的，危险因素导致的人员死亡、伤害、职业危害及各种财产损失都属于事故。

3. 风险

风险是危险或危害事故发生的可能性与危险、危害事故严重程度的综合度量。衡量风险大小的指标是风险率（R），它等于事故发生的概率（P）与事故损失严重程度（S）的乘积，即

$$R = PS$$

由于概率值难以取得，因此常用频率代替概率，这时上式可表示为

$$风险率 = \frac{事故次数}{时间} \times \frac{事故损失}{事故次数} = \frac{事故损失}{时间}$$

式中，时间可以是系统的运行周期，也可以是一年或几年；事故损失可以表示为死亡人数、损失工作日数或经济损失等；风险率是二者之商，可以定量表示为百万工时死亡事故率、

百万工时总事故率等,对于财产损失可以表示为千人经济损失率等。

4. 系统和系统安全

系统是指由若干相互联系的、为了达到一定目标而具有独立功能的要素所构成的有机整体。对生产系统而言,系统构成包括人员、物资、设备、资金、任务指标和信息等六个要素。

系统安全是指在系统寿命期内,应用系统安全工程和管理方法,识别系统中的危险源,定性或定量表征其危险性,并采取控制措施使其危险性最小化,从而使系统在规定的性能、时间和成本范围内达到最佳的安全程度。因此,在生产中为了确保系统安全,需要按系统工程的方法,对系统进行深入分析和评价,及时发现固有的和潜在的各类危险和危害,提出相应的解决方案和途径。

5. 安全评价

安全评价,国外也称为风险评价或危险评价,它是以实现工程和系统的安全为目的,应用安全系统工程的原理和方法,对工程和系统中存在的危险及有害因素等进行识别与分析,判断工程和系统发生事故和职业危害的可能性及其严重程度,提出安全对策及建议,制定防范措施和管理决策的过程。

安全评价既需要安全评价理论的支撑,又需要理论与实际经验的结合,二者缺一不可。

6. 安全系统工程

安全系统工程是以预测和防止事故发生为中心,以识别、分析、评价和控制安全风险为重点,开发出来的安全理论和方法体系。它将工程、系统中的安全问题看做一个整体,应用科学的方法对构成系统的各个要素进行全面的分析,判明各种状况下危险因素的特点及其可能导致的灾害性事故,通过定性和定量分析,对系统的安全性作出预测和评价,将系统事故发生的可能性降至最低。危险识别、风险评价、风险控制是安全系统工程方法的基本内容。

1.1.2　安全评价的内容和分类

1. 安全评价的内容

安全评价是一个利用安全系统工程原理和方法,识别和评价系统及工程中存在的风险的过程。这一过程包括危险危害因素及重大危险源辨识、重大危险源危害后果分析、定性及定量评价、提出安全对策措施等内容。安全评价的基本内容如图 1-1 所示。

1) 危险危害因素及重大危险源辨识

根据被评价对象,识别和分析危险危害因素,确定危险危害因素的分布、存在的方式,事故发生的途径及其变化的规律;按照国家重大危险源辨识标准 GB18218-2000 进行重大危险源辨识,确定重大危险源。

2) 重大危险源危害后果分析

选择合适的分析模型,对重大危险源的危害后果进行模拟分析,为企业和政府监督部门制定安全对策措施和事故应急救援预案提供依据。

3) 定性及定量评价

划分评价单元,选择合理的评价方法,对工程、系统中存在的事故隐患以及发生事故的可能性和严重程度进行定性及定量评价。

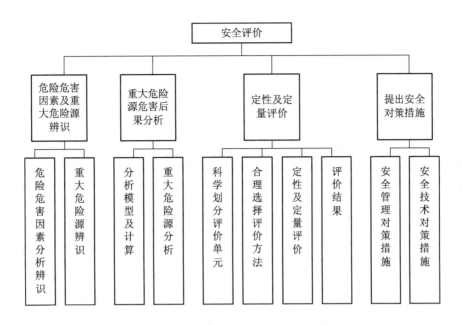

图 1-1 安全评价的基本内容

4）提出安全对策措施

提出消除或减少危险危害因素的技术和管理对策措施及建议。

2. 安全评价的分类

通常根据工程及系统的生命周期和评价目的，将安全评价分为安全预评价、安全验收评价、安全现状评价和安全专项评价四类。

1）安全预评价

安全预评价实际上就是在项目建设前，应用安全评价的原理和方法对该项目的危险性、危害性进行预测性评价。安全预评价以拟建设项目作为研究对象，根据建设项目可行性研究报告的内容，分析和预测该建设项目可能存在的危险及有害因素的种类和程度，提出合理可行的安全对策措施及建议。

经过安全预评价形成的安全预评价报告，将作为项目报批的文件之一，同时也是项目最终设计的重要依据文件之一。安全预评价报告主要提供给设计单位、建设单位、业主及政府管理部门。在设计阶段，必须落实安全预评价所提出的各项措施。

2）安全验收评价

安全验收评价是在建设项目竣工验收之前、试生产运行正常之后，通过对建设项目的设施、设备、装置实际运行状况及管理状况的安全评价，查找该建设项目投产后存在的危险、有害因素，确定其程度，提出合理可行的安全对策措施及建议。

安全验收评价是为安全验收进行的技术准备，最终形成的安全验收评价报告将作为建设单位向政府安全生产监督管理机构申请建设项目安全验收审批的依据。另外，通过安全验收，还可检查生产经营单位的安全生产保障，确认《中华人民共和国安全生产法》（以下简称《安全生产法》）的落实情况。

3）安全现状评价

安全现状评价是针对系统及工程的安全现状进行的安全评价，通过评价查找其存在的危险和有害因素，确定其程度，提出合理可行的安全对策措施及建议。

对在用生产装置、设备、设施，储存、运输及安全管理状况进行的全面综合安全评价，是根据政府有关法规或生产经营单位职业安全、健康、环境保护的管理要求进行的。

4）安全专项评价

安全专项评价是根据政府有关管理部门的要求，对专项安全问题进行的专题安全分析评价，如危险化学品专项安全评价、非煤矿山专项安全评价等。

安全专项评价一般是针对某一项活动或某一个场所，如一个特定的行业、产品、生产方式、生产工艺或生产装置等存在的危险及有害因素进行的安全评价，目的是查找其中存在的危险及有害因素，确定其程度，提出合理可行的安全对策措施及建议。

1.1.3　安全评价的目的和意义

1. 安全评价的目的

安全评价的目的是查找、分析和预测工程及系统中存在的危险和有害因素，分析这些因素可能导致的危险、危害后果和程度，提出合理可行的安全对策措施，指导危险源的监控，预防事故的发生，以达到最低事故率、最少损失和最优的安全投资效益，具体包括以下四个方面。

（1）促进实现本质安全化生产。通过安全评价，系统地在工程、设计、建设、运行等过程中对事故和事故隐患进行科学分析，针对事故和事故隐患发生的各种可能原因事件和条件，提出消除危险的最佳技术措施方案，特别是从设计上采取相应措施，实现生产过程的本质安全化，做到即使发生误操作或设备故障，系统存在的危险因素也不会因此导致重大事故发生。

（2）实现全过程安全控制。在设计之前进行安全评价，可避免选用不安全的工艺流程和危险的原材料以及不合适的设备、设施，或当必须采用时，提出降低或消除危险的有效方法。设计之后进行的评价，可查出设计中的缺陷和不足，及早采取改进和预防措施。通过系统建成以后运行阶段进行的系统安全评价，可了解系统的现实危险性，为进一步采取降低危险性的措施提供依据。

（3）建立系统安全的最优方案，为决策者提供依据。通过安全评价，分析系统存在的危险源及其分布部位、数目，预测事故发生的概率、事故严重度，提出应采取的安全对策措施等，决策者可以根据评价结果选择系统安全最优方案和管理决策。

（4）为实现安全技术、安全管理的标准化和科学化创造条件。通过对设备、设施或系统在生产过程中的安全性是否符合有关技术标准、规范以及相关规定进行评价，对照技术标准和规范找出其中存在的问题和不足，以实现安全技术、安全管理的标准化和科学化。

2. 安全评价的意义

安全评价的意义在于可有效地预防和减少事故的发生，减少财产损失和人员伤亡。安全评价与日常安全管理和安全监督监察工作不同，它是从技术方面分析、论证和评估产生损失和伤害的可能性、影响范围及严重程度，提出应采取的对策措施。安全评价的意义具体包括以下五个方面。

（1）安全评价是安全生产管理的一个必要组成部分。"安全第一，预防为主"是我国安全生产的基本方针，作为预测、预防事故重要手段的安全评价，在贯彻安全生产方针中有着十分重要的作用，通过安全评价可确认生产经营单位是否具备了安全生产条件。

（2）有助于政府安全监督管理部门对生产经营单位的安全生产进行宏观控制。安全预评价将有效地提高工程安全设计的质量和投产后的安全可靠程度；安全验收评价根据国家有关技术标准、规范，对设备、设施和系统进行综合性评价，提高安全达标水平；安全现状评价可客观地对生产经营单位的安全水平作出评价，使生产经营单位不仅可以了解可能存在的危险性，而且可以明确如何改善安全状况，同时也为安全监督管理部门了解生产经营单位安全生产现状，实施宏观控制提供基础资料。

（3）有助于安全投资的合理选择。安全评价不仅能确认系统的危险性，而且还能进一步考虑危险性发展为事故的可能性及事故造成的损失的严重程度，进而计算事故造成的危害，并以此说明系统危险可能造成负效益的大小，以便合理地选择控制、消除事故发生的措施，确定安全措施投资的多少，从而使安全投入和可能减少的负效益达到平衡。

（4）有助于提高生产经营单位的安全管理水平。

安全评价可以使生产经营单位的安全管理变事后处理为事先预测和预防。通过安全评价，可以预先识别系统的危险性，分析生产经营单位的安全状况，全面地评价系统及各部分的危险程度和安全管理状况，促使生产经营单位达到规定的安全要求。

安全评价可以使生产经营单位的安全管理变纵向单一管理为全面系统管理，将安全管理范围扩大到生产经营单位各个部门、各个环节，使生产经营单位的安全管理实现全员、全面、全过程、全时空的系统化管理。

系统安全评价可以使生产经营单位的安全管理变经验管理为目标管理，使各个部门、全体职工明确各自的指标要求，在明确的目标下，统一步调，分头进行，从而使安全管理工作实现科学化、统一化及标准化。

（5）有助于生产经营单位提高经济效益。安全预评价可减少项目建成后由于达不到安全的要求而引起的调整和返工建设；安全验收评价可将一些潜在事故隐患在设施开工运行阶段消除；安全现状评价可使生产经营单位较好地了解可能存在的危险并为安全管理提供依据。生产经营单位的安全生产水平的提高可带来经济效益的提高。

1.1.4 安全评价的程序

安全评价程序主要包括：准备阶段、危险危害因素识别与分析、定性及定量评价、提出安全对策、形成安全评价结论及建议、编制安全评价报告等，如图1-2所示。

1. 准备阶段

明确被评价对象和范围，收集国内外相关法律法规、技术标准及工程和系统的技术资料。

2. 危险危害因素识别与分析

根据被评价的工程和系统的情况，识别和分析危险危害因素，确定危险危害因素存在的部位、存在的方式、事故发生的途径及其变化的规律。

3. 定性及定量评价

在危险危害因素识别和分析的基础上，划分评价单元，选择合理的评价方法，对工程和系统发生事故的可能性和严重程度进行定性及定量评价。

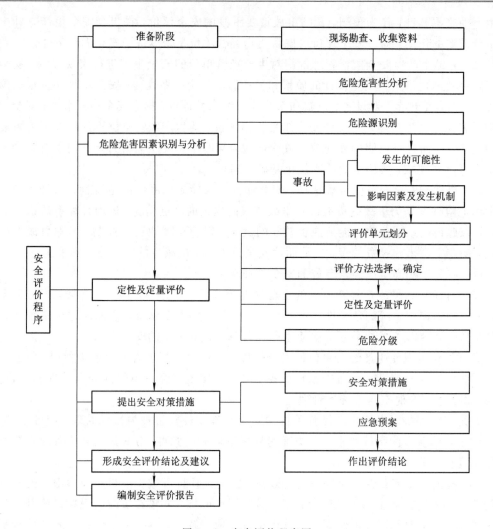

图 1-2 安全评价程序图

4．提出安全对策措施

根据定性、定量评价结果，提出消除或减弱危险危害因素的技术和管理措施及建议。

5．形成安全评价结论及建议

简要地列出主要危险和有害因素的评价结果，指出工程、系统应重点防范的重大危险因素，明确生产经营者应重视的重要安全措施。

6．编制安全评价报告

依据安全评价的结果编制相应的安全评价报告。

1.2 安全评价技术的发展及现状

1.2.1 国外安全评价技术的发展及现状

安全评价技术起源于20世纪30年代，是随着保险业的发展需要而发展起来的。保险公司为客户承担各种风险，必然要收取一定的费用，而收取费用的多少是由所承担的风险大小决定的。因此，就产生了一个衡量风险程度的问题，这个衡量风险程度的过程就是当时的美国保险协会所从事的风险评价。

安全评价技术在 20 世纪 60 年代得到了很大的发展，首先应用于美国军事工业。1962年 4 月美国公布了第一个有关系统安全的说明书《空军弹道导弹系统安全工程》，以此对与民兵式导弹计划有关的承包商提出了系统安全的要求，这是系统安全理论的首次实际应用。1969 年美国国防部批准颁布了最具有代表性的系统安全军事标准《系统安全大纲要点》(MIL‑STD‑822)，对完成系统在安全方面的目标、计划和手段，包括设计、措施和评价，提出了具体要求和程序。此项标准于 1977 年被修订为 MIL‑STD‑822A，1984 年又被修订为 MIL‑STD‑822B，该标准对系统整个寿命周期中的安全要求、安全工作项目都作了具体规定。MIL‑STD‑822 系统安全标准从一开始实施，就对世界安全和防火领域产生了巨大影响，迅速为日本、英国和欧洲其他国家引进使用。此后，系统安全工程方法陆续推广到航空、航天、核工业、石油、化工等领域，并不断发展、完善，成为现代系统安全工程的一种新的理论、方法体系，在当今安全科学中占有非常重要的地位。

系统安全工程的发展和应用，为系统安全评价工作奠定了可靠的基础。安全评价的现实作用又促使许多国家政府、生产经营单位加强对安全评价的研究，开发自己的评价方法，对系统进行事先、事后的评价，分析、预测系统的安全可靠性，努力避免不必要的损失。

1964 年美国道(DOW)化学公司根据化工生产的特点，首先开发出"火灾、爆炸危险指数评价法"，用于对化工装置进行安全评价，该法已修订 6 次，1993 年已发展到第七版，它以单元重要危险物质在标准状态下发生火灾、爆炸而释放出危险性潜在能量的可能性大小为基础，同时考虑工艺过程的危险性，计算单元火灾爆炸指数，确定危险等级，并提出安全对策措施，使危险降低到人们可以接受的程度。由于该评价方法科学、合理、切合实际，因此在世界工业界得到了一定程度的应用，引起各国的广泛研究、探讨，推动了评价方法的发展。1974 年英国帝国化学公司(ICI)蒙德(Mond)部在道化学公司评价方法的基础上引进了毒性概念，并发展了某些补偿系数，提出了"蒙德火灾、爆炸、毒性指标评价法"。1974年，美国原子能委员会在没有核电站事故先例的情况下，应用系统安全工程分析方法，提出了著名的《核电站风险报告》(WASH‑1400)，并被以后发生的核电站事故所证实。1976年日本劳动省颁布了"化工厂安全评价六阶段法"，该方法采用了一整套系统安全工程的综合分析和评价方法，使化工厂的安全性在规划、设计阶段就能得到充分的保证，并陆续开发了"匹田法"等评价方法。由于安全评价技术的发展，安全评价已在现代生产经营单位管理中占有重要的地位。

由于安全评价在减少事故，特别是重大恶性事故方面取得的巨大效益，许多国家的政府和生产经营单位都愿意投入巨额资金进行安全评价。据统计，美国各公司共雇佣了 3000名左右的风险专业评价和管理人员，美国、加拿大等国就有 50 余家专门进行安全评价的"安全评价咨询公司"，且业务繁忙。当前，大多数工业发达国家已将安全评价作为工厂设计和选址、系统设计、工艺过程、事故预防措施及制定应急计划的重要依据。近年来，为了适应安全评价的需要，世界各国开发了包括危险辨识、事故后果模型、事故频率分析、综合危险定量分析等内容的商用化安全评价计算机软件包；随着信息处理技术和事故预防技术的进步，新的实用安全评价软件不断进入市场。计算机安全评价软件包可以帮助人们找出导致事故发生的主要原因，认识潜在事故的严重程度，并找出降低危险的方法。

20 世纪 70 年代以后，全球范围内发生了许多震惊世界的火灾、爆炸及有毒物质的泄漏事故。例如：1974 年英国夫利克斯保罗化工厂发生的环己烷蒸气爆炸事故，导致 29 人死亡，109 人受伤，直接经济损失达 700 万美元；1975 年荷兰国营矿业公司 10×10^4 t 乙烯装置中的烃类气体逸出，发生蒸气爆炸，导致 14 人死亡，106 人受伤，大部分设备毁坏；1978 年西班牙巴塞罗那市和巴来西亚市之间的通道上，一辆满载丙烷的槽车因充装过量发生爆炸，当时正有 800 多人在风景区度假，烈火浓烟造成 150 人被烧死，120 多人被烧伤，100 多辆汽车和 14 幢建筑物被烧毁；1984 年墨西哥城液化石油气供应中心站发生爆炸，事故中约有 490 人死亡，4000 多人受伤，另有 900 多人失踪，供应站内所有设施损毁殆尽；1988 年英国北海石油平台压缩间因天然气大量泄漏而发生大爆炸，在平台上工作的 230 余名工作人员只有 67 人幸免于难，使英国北海油田减产 12%；1984 年 12 月 3 日凌晨，印度博帕尔农药厂发生一起甲基异氰酸酯泄漏的恶性中毒事故，有 2500 多人死亡，20 余万人中毒，是世界上绝无仅有的大惨案。恶性事故造成严重的人员伤亡和巨大的财产损失，促使各国政府、议会颁布法规，规定工程项目、技术开发项目都必须进行安全评价，并对安全设计提出明确的要求。日本《劳动安全卫生法》规定由劳动基准监督署对建设项目实行事先审查和发放许可证制度；美国对重要工程项目的竣工、投产都要求进行安全评价；英国政府规定，凡未进行安全评价的新建生产经营单位不准开工；欧共体 1982 年颁布《关于工业活动中重大危险源的指令》，欧共体成员国陆续制定了相应的法律；国际劳工组织(ILO)也先后公布了 1988 年的《重大事故控制指南》、1990 年的《重大工业事故预防实用规程》和 1992 年的《工作中安全使用化学品实用规程》，对安全评价提出了要求。2002 年欧盟未来化学品白皮书中，明确将危险化学品的登记注册及风险评价，作为政府的强制性指令。

2002 年，欧盟未来化学品政策战略白皮书中，明确规定政府将强制对危险化学品进行登记与风险评价；美国对重要工程项目的竣工、投产都要求实施安全评价；英国政府规定，凡未实施安全评价的新建生产经营单位不准开工；日本《劳动安全卫生法》规定由劳动基准监督署对建设项目实行事先审查和许可证制度。2006 年，Ainouche(阿尔及利亚学者)，基于管道腐蚀监测技术，对油气管道腐蚀泄漏事故原因进行了分析，采用 Bayes 构建了适合油气管道的风险评价模型。2007 年 Richard D. Turley(美国学者)发明了一项专利，即"油气管道完整性控制"，通过持续地、循环地风险评价，识别出管线的高危险区域，并据此制定相应的安全对策，提高管道运行安全可靠性。国外关于油气管道安全评价有将近 40 年研究历程，取得相当成绩，并由安全管理转向风险管理，由定性、半定量评价转向定量评价，逐步趋于规范化和标准化。

随着现代科技的迅速发展，特别是数学方法和计算机科学技术的发展，以模糊数学为基础的安全评价方法得到了发展和应用，并拓展了原有的方法和应用范围，如模糊故障树分析、模糊概率法等。计算机专家系统、人工神经网络、计算机模拟技术也用于对生产系统进行实时、动态的安全评价。

1.2.2 国内安全评价技术的发展及现状

20 世纪 80 年代初期，安全系统工程引入我国，受到许多大中型生产经营单位和行业管理部门的高度重视。通过吸收、消化国外安全检查表和安全分析方法，机械、冶金、化工、航空、航天等行业开始应用安全分析评价方法，如安全检查表(SCA)、故障树分析(FTA)、故障类型及影响分析(FMFA)、事件树分析(ETA)、预先危险分析(PHA)、危险与可操作性研究(HAZOP)、作业条件危险性评价(LEC)等，有许多生产经营单位将安全检查表和事故树分析法应用到生产班组和操作岗位。此外，对石油、化工等危险性较大的生产经营单位，应用道化学公司火灾、爆炸危险指数评价方法进行了安全评价，许多行业和地方政府有关部门制定了安全检查表和安全评价标准。

为推动和促进安全评价方法在我国生产经营单位安全管理中的实践和应用，1986 年原劳动人事部分别向有关科研单位下达了机械工厂危险程度分级、化工厂危险程度分级、冶金工厂危险程度分级等科研项目。1987 年原机械电子部首先提出了在机械行业内开展机械工厂安全评价，并于 1988 年 1 月 1 日颁布了第一个部颁安全评价标准《机械工厂安全性评价标准》，1997 年进行了修订，颁布了修订版。该标准的颁布执行，标志着我国机械工业安全管理工作进入了一个新的阶段。《机械工厂安全评价标准》分为两部分：一是危险程度分级，根据机械行业 1000 多家重点生产经营单位 30 余年事故统计分析结果，用 18 种设备(设施)及物品的拥有量来衡量生产经营单位固有的危险程度，并作为划分危险等级的基础；二是机械工厂安全性评价，包括综合管理评价、危险性评价、作业环境评价三个方面，主要评价生产经营单位安全管理绩效，采用以安全检查表为基础、打分赋值的评价方法。

由原化工部劳动保护研究所提出的化工厂危险程度分级方法，是在吸收道化学公司火灾、爆炸危险指数评价方法的基础上，通过计算物质指数、物量指数和工艺参数、设备系数、厂房系数、安全系数、环境系数等，得出工厂的固有危险指数，进行固有危险性分级，用工厂安全管理的等级修正工厂固有危险等级后，得出工厂的危险等级。

我国有关部门还颁布了《石化生产经营单位安全性综合评价办法》、《电子生产经营单位安全性评价标准》、《航空航天工业工厂安全评价规程》、《兵器工业机械工厂安全性评价方法和标准》、《医药工业生产经营单位安全性评价通则》等。

1991 年国家"八五"科技攻关课题中，将安全评价方法研究列为重点攻关项目。由原劳动部劳动保护科学研究所等单位完成的"易燃、易爆、有毒重大危险源识别、评价技术研究"，将重大危险源评价分为固有危险性评价和现实危险性评价。固有危险性评价主要反映物质的固有特性和危险物质生产过程的特点以及危险单元内、外部环境状况，分为事故易发性评价和事故严重度评价；现实危险性评价是考虑各种控制因素，反映了人对控制事故发生和事故后果扩大的主观能动作用。易燃、易爆、有毒重大危险源的识别、评价方法，填补了我国跨行业重大危险源评价方法的空白，在事故严重度评价中建立了伤害模型库，采用了定量的计算方法，使我国工业安全评价方法的研究从定性评价初步进入定量评价阶段。

1988 年国内一些较早实施建设项目"三同时"的省市，根据原劳动部[1988]48 号文件的有关规定，在借鉴国外安全性分析、评价方法的基础上，开始了建设项目安全预评价实践。1996 年 10 月原劳动部颁发了第 3 号令，规定六类建设项目必须进行劳动安全卫生预评价。原劳动部第 10 号令、第 11 号令和部颁标准《建设项目(工程)劳动安全卫生预评价导则》(LD/T 106—1998)等法规和标准对进行预评价的阶段、预评价承担单位的资质、预评价程序、预评价大纲和报告的主要内容等方面作了详细的规定，规范和促进了建设项目安全预评价工作的开展。

2002 年 6 月 29 日颁布了《中华人民共和国安全生产法》，规定生产经营单位的建设项目必须实施"三同时"，同时还规定矿山建设项目和用于生产、储存危险物品的建设项目应进行安全条件论证和安全评价。2002 年 1 月 9 日国务院第 344 号令发布了《危险化学品管理条例》，在规定了对危险化学品各环节管理和监督办法等的同时，提出了"生产、储存、使用剧毒化学品的单位，应当对本单位的生产、储存装置每年进行一次安全评价；生产、储存、使用其他危险化学品的单位，应当对本单位的生产、储存装置每两年进行一次安全评价"的要求。《中华人民共和国安全生产法》和《危险化学品管理条例》的颁布，进一步推动了安全评价工作向更广、更深的方向发展。国家安全生产监督管理局陆续发布了《安全评价通则》及各类安全评价导则，对安全评价单位资质重新进行了审核登记，并通过安全评价人员培训班和专项安全评价培训班，对全国安全评价从业人员进行培训和资格认定，使得安全评价工作更加有章可依，从业人员素质大大提高，为新形势下的安全评价工作提供了技术和质量保证。

自 2003 年《行政许可法》颁布后，国务院将安全评价列为当时国家安全生产监督管理总局负责的 15 项行政许可审批项目之一，为促进安全评价工作顺利开展创造了条件。国家安全生产监督管理总局在前几年安全评价机构发展工作的基础上，依照有关法律、法规及标准，研究制定了系列配套措施，进一步规范了安全评价机构的发展，为推进安全生产事业发挥了重要作用，满足了社会和市场的迫切需求。

2003 年 3 月，国家安全生产监督管理总局陆续发布了《安全评价通则》及《安全预评价导则》、《安全验收评价导则》、《安全现状评价导则》、《煤矿安全评价导则》、《非煤矿山安全评价导则》、《陆上石油和天然气开采业安全评价导则》、《民用爆破器材安全评价导则》、《烟花爆竹生产企业安全评价导则(试行)》和《危险化学品包装物、容器定点企业生产条件评价导则(试行)》等各类安全评价导则。并且对安全评价单位资质重新进行了审核登记，对全国安全评价从业人员进行培训和资格认定，提高了安全评价人员素质，为安全评价工作提供了技术和质量保证。

2004 年 10 月，国家安全生产监督管理局颁布了《安全评价机构管理规定》(13 号令)，并陆续出台了一系列相应的配套措施，发布了《关于贯彻实施安全评价机构管理规定的通知》、《安全评价机构考核管理规则》、《安全评价人员相关基础专业对照表》、《安全评价人员考试管理办法》、《安全评价人员资格管理登记规则》、《安全评价过程控制文件编写指南》、《关于开展安全评价人员继续教育的通知》、《关于加强对安全生产中介活动监督管理的若干规定》和《关于加强安全评价机构监督管理工作的通知》等一系列规章制度和安全评价的技术规范，保证了安全评价工作的健康有序发展。

2007 年 1 月，国家安全生产监督管理总局又对《安全评价通则》及相关的各类评价导则进行了修订，以中华人民共和国安全生产行业标准颁布。

30 多年来，我国的安全评价从无到有、从小到大，其间经历了许多曲折。它的发展，吸取了环境影响评价、管理体系认证等其他类似工作的很多经验和教训。国家安全生产监督管理总局已将安全评价体系作为安全生产六大技术支撑体系之一，安全评价体系将为保障我国的安全生产工作发挥巨大的作用

思 考 题

1. 简述安全评价的内涵。
2. 安全评价通常分为几类，各类之间有何异同？
3. 简要论述安全评价程序。
4. 论述我国目前的安全生产的法律法规体系。
5. 简述国内外安全评价发展史。

第 2 章 安全评价原理与模型

2.1 安全评价原理

在进行安全评价时，人们需要辨识工程或系统的危险、危害性及其程度，预测发生事故和职业危害的可能性，掌握其发生、发展的条件和规律，以便采取有效的对策措施防止事故发生，减少职业危害，实现安全生产。在进行安全评价时，虽然评价的领域、对象、方法、手段种类繁多，而且被评价系统的特性、属性、特征条件千变万化，各不相同，但安全评价思维方式却是类似的。由此，可归纳出安全评价的四个基本原理，即相关原理、类推原理、惯性原理和量变到质变原理。

2.1.1 相关原理

一个系统的属性、特性与事故和职业危害存在着因果的相关性，这是系统因果评价方法的理论基础。

1. 系统的基本特征

安全评价把研究的所有对象都视为系统。系统是指为实现一定的目标，由许多个彼此有机联系的要素组成的整体。系统有大有小，千差万别，但所有的系统都具有以下特征。

（1）目的性：任何系统都具有目的性，要实现一定的目标（功能）。

（2）集合性：每一个系统都是由若干个（两个以上）元素组成的整体，或是由若干个层次的要素（子系统、单元、元素集）集合组成的整体。

（3）相关性：一个系统内部各要素（或元素）之间存在着相互影响、相互作用、相互依赖的有机联系，通过综合协调，实现系统的整体功能。在相关关系中，二元关系是基本关系，其他复杂的相关关系是在二元关系的基础上发展起来的。

（4）阶层性：在大多数系统中，存在着多个阶层，通过彼此作用，相互影响和制约，形成一个系统整体。

（5）整体性：系统的要素集、相关关系集、各阶层构成了系统的整体。

（6）适应性：系统对外部环境的变化有着一定的适应性。

系统的整体目标（功能）的实现是组成系统的子系统、单元综合发挥作用的结果。不仅系统与子系统、子系统与单元之间有着密切的关系，而且各子系统之间、各单元之间、各元素之间，也都存在着密切的关系。所以，在评价过程中，只有找出这种相关关系，并建立相关模型，才能正确地对系统的安全、卫生作出评价。

2. 系统的结构

系统的结构可用下列公式表达：

$$E = \max f(X, R, C)$$

式中：E——最优结合效果；

　　　X——系统组成的要素集，即组成系统的所有元素；

　　　R——系统组成要素的相关关系，即系统各元素之间的所有相关关系；

　　　C——系统组成的要素及其相关关系在各阶层上可能的分布形式；

　　　f——X、R、C 的结合效果函数。

通过对系统的要素集（X）、关系集（R）和层次分布形式（C）的分析，可阐明系统整体的性质。欲使系统目标达到最佳程度，只有使上述三者达到最优组合，才能产生最优的结合效果 E。

对系统进行安全评价，就是要寻求 X、R 和 C 的最合理的结合形式，即具有最优结合效果 E 的系统结构形式，在对应的系统目标集和环境约束因素集的条件下，给出最安全的系统结合方式。例如，一个系统一般是由若干生产装置、物料、人员（X 集）集合组成的，其工艺过程是在人、机、物料、作业环境相结合的过程（人控制的物理、化学过程）中进行的（R 集），生产设备的可靠性、人的行为的安全性、安全管理的有效性等因素层次上存在各种分布关系（C 集）。系统安全评价层次关系如图 2-1 所示。安全评价的目的就是寻求系统要达到最佳生产（运行）状态时最安全、最可靠的有机结合方式。

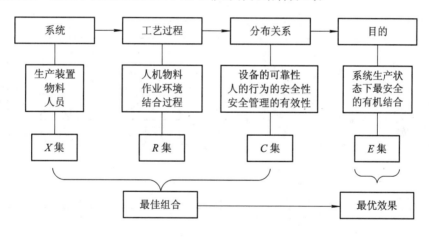

图 2-1　系统安全评价层次关系图

因此，在评价之前要研究与系统安全有关的组成要素、各要素之间的相关关系以及它们在系统各层次的分布情况。例如，要调查、研究构成的所有要素（人、机、物料、环境等），明确它们之间存在的相互影响、相互作用、相互制约的关系和这些关系在系统的不同层次中的不同表现形式等。

3. 因果关系

有因才有果，有果必有因，这是事物发展变化的规律。事物的原因和结果之间存在着密切的函数关系。通过研究、分析各个项目（工程）或系统之间的依存关系和影响程度，可以探求其变化的特征和规律，预测其未来的发展变化趋势。

事故和导致事故发生的各种原因（危险因素）之间存在着相关关系，表现为依存关系和因果关系。危险因素是原因，事故是结果，事故的发生是许多因素综合作用的结果。分析各因素的特征、变化规律、影响事故发生和事故后果的程度以及从原因到结果的途径，揭示其内在联系和相关程度，才能在评价中得出正确的分析结论，采取恰当的对策。例如，可燃气体泄漏爆炸事故是可燃气体泄漏、泄漏的可燃气体与空气混合达到爆炸极限以及存在引燃源三个因素共同作用的结果；而这三个因素又是设计失误、设备故障、安全装置失效、操作失误、环境不良、管理不当等一系列因素造成的；爆炸后果的严重程度又和可燃气体的性质(闪点、燃点、扩散性、燃烧速度、燃烧热值等)、可燃性气体的爆炸量、空间密闭程度及空间内设备的布置等有着密切的关系，在评价中需要分析这些因素的因果关系和相互影响程度，并定量地加以评述。

事故的因果关系是：事故的发生有其原因因素，而且事故往往不是由单一原因因素造成的，而是由若干个原因因素结合在一起，当符合事故发生的充分与必要条件时，事故就必然会立即爆发，多一个原因因素不需要，少一个原因因素事故就不会发生，而每一个原因因素又由若干个二次原因因素构成，依此类推，还有三次原因因素、四次原因因素等。

消除一次原因因素、二次原因因素、三次原因因素……，n 次原因因素，破坏发生事故的充分与必要条件，事故就不会产生，这就是采取技术、管理、教育等方面的安全对策的理论依据。

事故及其发生的原因层次分析如图 2-2 所示。

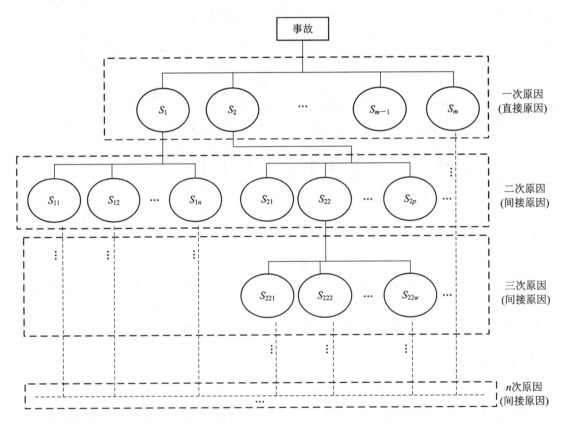

图 2-2　事故及其发生的原因层次分析

在项目(工程)或系统中，找出事故发展过程中的相互关系，借鉴同类情况的数据、典型案例等，建立起接近真实情况的数学模型，会使评价取得较好的效果，而且数据模型越接近真实情况，效果越好，评价也就越准确。

2.1.2　类推原理

"类推"亦称"类比推理"。类比推理是人们经常使用的一种逻辑思维方法，常用来推出一种新知识。在人们认识世界和改造世界的活动中，类比推理有着非常重要的作用，在安全评价中同样也有着特殊的意义和重要作用。

类比推理是根据两个或两类对象之间存在的某些相同或相似的属性，从一个已知对象具有某个属性来推出另一个对象也具有此种属性的一种推理方法。

例如，颤振曾是空气动力学中的一个难题，飞机的机翼在高速飞行中会产生颤振现象（一种有害的振动），飞行越快，机翼的颤振越强烈，甚至造成机翼折断，发生机毁人亡的空难悲剧。为了克服在高速飞行时飞机机翼产生的颤振问题，许多科学家和试验人员做过种种试验，花费了很大的精力和时间试图解决它，但最终都以失败告终。后来，研究人员在观察蜻蜓飞行时，从蜻蜓的翅膀上获得了灵感：蜻蜓之所以能够有效地、灵活自如地控制翅膀的颤振，是因为在它的半透明翅膀的前缘有一块加厚的色素斑，这种色素斑称为"翅痣"，可使蜻蜓在快速飞行和转弯时不受颤振的困扰。这是这种昆虫长期进化的结果。如果将翅痣去掉，蜻蜓飞行时就变得荡来荡去。实验证明，蜻蜓翅痣的角组织使蜻蜓飞行时消除了颤振。于是，人们就模仿蜻蜓，在飞机机翼末端的前缘装上了类似的加厚区，颤振现象竟然奇迹般地被克服了，由此而产生的空难也就销声匿迹了。

类比推理的基本模式为：

若 A、B 表示两个不同对象，A 有属性 P_1、P_2、$\cdots$、P_m、P_n，B 有属性 P_1、P_2、$\cdots$、P_m，且 $n>m$，则对象 B 亦具有属性 P_n。对象 A 与 B 的类比推理可用如下公式表示：

$$A \text{ 有属性 } P_1、P_2、\cdots、P_m、P_n$$
$$B \text{ 有属性 } P_1、P_2、\cdots、P_m$$

所以，B 也有属性 $P_n(n>m)$

类比推理的结论不是必然的，所以，在应用时要注意提高其结论的可靠性，其方法有：

（1）要尽量多地列举两个或两类对象所共有或共缺的属性；

（2）两个类比对象共有或共缺的属性愈本质，则推出的结论愈可靠；

（3）两个类比对象共有或共缺的属性与类推的属性之间如果具有本质的和必然的联系，则推出结论的可靠性就高。

类比推理常常被人们用来类比同类装置或类似装置的职业安全卫生情况，然后采取相应的对策防患于未然，实现安全生产。

类比推理不仅可以由一种现象推算出另一种现象，还可以依据已掌握的实际统计资料，采用科学的统计推算方法来推算，得到基本符合实际需要的资料，以弥补调查统计资料的不足，供分析研究使用。

类推评价法的种类及其应用领域取决于被评价对象或事件与先导对象或事件之间联系的性质。若这种联系可用数字表示，则称为定量类推；如果这种关系只能定性处理，则称为定性类推。常用的类推方法有以下几种。

1. 平衡推算法

平衡推算法是指根据相互依存的平衡关系来推算所缺的有关指标的方法。例如利用海因利希关于重伤死亡、轻伤和无伤害事故的比例为 1：29：300 的规律，在已知重伤死亡数据的情况下，可推算出轻伤和无伤害数据；利用事故的直接经济损失与间接经济损失的比例为 1：4 的关系，可从直接损失推算出间接损失和事故总经济损失；利用爆炸破坏情况推算离爆炸中心一定距离处的冲击波超压（Δp，MPa）或爆炸坑（漏斗）的大小，进而推算爆炸物的 TNT 当量。

2. 代替推算法

代替推算法是指利用具有密切联系（或相似）的有关资料和数据来推算所需的资料和数据的方法。例如，对新建装置的安全预评价，可使用与其类似的已有装置的资料和数据对其进行评价。在安全评价中，人们常常通过类比同类或类似装置的检测数据进行评价。

3. 因素推算法

因素推算法是指根据指标之间的联系，从已知因素的数据推算有关未知指标数据的方法。例如，已知系统事故发生概率 P 和事故损失严重度 S，就可利用风险率 R 与 P、S 的关系来求得风险率 R。

4. 抽样推算法

抽样推算法是指根据抽样或典型调查资料推算系统总体特征的方法。这种方法是数理统计分析中常用的方法，是以部分样本代表整个样本空间来对总体进行统计分析的一种方法。

5. 比例推算法

比例推算法是指根据社会经济现象的内在联系，用某一时期、某一地区、某一部门或某一单位的实际比例，推算另一类似时期、类似地区、类似部门或类似单位有关指标的方法。例如，控制图法的控制中心线是根据上一个统计期间的平均事故率来确定的。国外行业安全指标通常也都是根据前几年的年度事故平均数值来确定的。

6. 概率推算法

概率是指某一事件发生的可能性大小。事故的发生是一种随机事件。任何随机事件，在一定条件下是否发生是没有规律的，但其发生概率是一客观存在的定值。因此，根据有限的实际统计资料，采用概率论和数理统计方法可求出随机事件出现各种状态的概率。用概率值来预测系统未来发生事故的可能性大小，以此来衡量系统危险性的大小和安全程度的高低。

2.1.3　惯性原理

任何事物在其发展过程中，从其过去到现在以及延伸至将来，都具有一定的延续性，这种延续性称为惯性。利用惯性可以研究事物或评价一个项目（工程）或系统的未来发展趋势。例如，从一个单位过去的安全生产状况、事故统计资料中找出安全生产及事故发展变化的趋势，就可以推测其未来的安全状态。

利用惯性原理进行评价时应注意以下两点。

1. 惯性的大小

惯性越大，影响越大；反之，则影响越小。一个生产经营单位，如果疏于管理、违章作业、违章指挥、违反劳动纪律的现象严重，则事故就多；若任其发展则会愈演愈烈，而且有加速的态势，惯性会越来越大。对此，必须立即采取相应对策，破坏这种格局，亦即中止或改变这种不良惯性，才能防止事故的发生。

2. 互相联系与影响

一个项目（工程）或系统的惯性是这个系统内的各个内部因素之间互相联系、互相影响、互相作用并按照一定的规律发展变化的一种状态趋势。因此，只有当系统稳定，受外部环境和内部因素的影响产生的变化较小时，其内在联系和基本特征才可能延续下去，该系统所表现的惯性发展结果才基本符合实际。但是，绝对稳定的系统是没有的，因为事物发展的惯性在外力作用时可使其加速或减速甚至改变方向，这样就需要对一个系统的评价进行修正，即在系统主要方面不变，而其他方面有所偏离时，应根据其偏离程度对所出现的偏离现象进行修正。

2.1.4　量变到质变原理

任何一个事物在发展变化过程中都存在着从量变到质变的规律。同样，在一个项目（工程）或系统中，许多有关安全的因素也都存在着从量变到质变的规律。在评价一个项目（工程）或系统的安全时，也都离不开从量变到质变的原理。

许多定量评价方法中，有关等级的划分，一般都应用了从量变到质变的原理。如《道化学公司火灾、爆炸危险指数评价法》（第七版）中，关于按 F&EI（火灾、爆炸指数）划分的危险等级，从 1 至高于 159，经过了低于 60、61～96、97～127、128～158、高于 159 的量变到质变的不同变化层次，即分别为"最轻"级、"较轻"级、"中等"级、"很大"级、"非常大"级；而在评价结论中，"中等"级及其以下的级别是"可以接受的"，而"很大"级、"非常大"级则是"不能接受的"。

又如，我国根据《噪声作业量级》（LD 80—95），将噪声按噪声值（dB(A)）和接噪时间分别划分为 0 级、Ⅰ 级、Ⅱ 级、Ⅲ 级和 Ⅳ 级；而且规定，噪声超过 115(dB(A)) 的作业，不论接噪时间长短，均属 Ⅳ 级。爆炸时产生的冲击波超压 Δp(MPa) 值达到 0.02～0.03 时，人体"轻微损伤"；达到 0.03～0.05 时，人体"听觉器官损伤或骨折"；达到 0.05～0.10 时，人体"内脏严重损伤或死亡"；大于 0.10 时，则大部分人员死亡。时间就是生命，心跳停止 4～6 min 后，由于大脑严重缺氧而使脑细胞受到严重损害，甚至不能恢复，需要立即进行心肺复苏；心跳停止 4 min 内复苏者有 50% 可能被救活；4～6 min 开始复苏者，10% 可被救活；超过 6 min 复苏者，存活率只有 4%；10 min 以后开始复苏者，存活的可能性更小。

因此，在进行安全评价时，考虑各种危险、有害因素对人体的危害，以及对采用的评价方法进行等级划分时，均需要应用从量变到质变的原理。

上述四个评价原理是人们经过长期研究和实践总结出来的。在实际评价工作中，人们综合应用这些基本原理指导安全评价，并创造出各种评价方法，进一步在各个领域中加以运用。

掌握评价的基本原理可以建立正确的思维程序，对于评价人员开拓思路、合理选择和灵活运用评价方法都是十分必要的。由于世界上没有一成不变的事物，评价对象的发展也不是过去状态的简单延续，评价的事件也不会是类似事件的机械再现，相似不等于相同，因此，在评价过程中，还应对客观情况进行具体细致的分析，以提高评价结果的准确性。

2.2 安全评价模型

2.2.1 安全评价模型简介

在研究实际系统时，为了便于试验、分析、评价和预测，总是先设法对所要研究的系统的结构形态或运动状态进行描述、模拟和抽象。它是对系统或过程的一种简化，虽然不再包括原系统或过程的全部特征，但能描述原系统或过程输入、中间过程和输出的本质性的特征，并与原系统或过程所处的环境条件相似。

安全评价模型一般可分为以下三种类型。

1. 形象模型

形象模型是系统实体的放大或缩小，如建造舰船和飞机用的模型、作战计划用的沙盘、土木工程用的建筑模型等。

2. 模拟模型

模拟模型是在一组可控制的条件下，通过改变特定的参数来观察模型的响应，预测系统在真实环境条件下的性能和运动规律。如：在水池中对船模进行航行模拟试验；飞机模型在风洞中模拟飞行过程；在实验室条件下利用计算机模拟自动系统的工作过程等。

3. 数学模型

数学模型也称符号模型，它是用数学表达式来描述实际系统的结构及其变量间的相互关系的。如化工装置利用 ICI 蒙德法进行单元评价时，其火灾、爆炸、毒性指标由下式来描述：

$$D=B\left(1+\frac{M}{100}\right)\left(1+\frac{P}{100}\right)\left(1+\frac{S+Q+L}{100}+\frac{T}{400}\right)$$

式中：D 为 DOW/ICI 全体指标；B 为物质系数；M 为特殊物质危险性；P 为一般工艺危险性；S 为特殊工艺危险性；Q 为量危险性；L 为配置危险性；T 为毒性危险性。

2.2.2 安全评价模型的特点

评价模型不是直接研究现实世界的某一现象或过程的本身，而是设计出一个与该现象或过程相类似的模型，通过模型间接地研究该现象和过程。

设计评价模型最本质的一条就是抓住"相似性"。具体地说，就是在两个对象之间可以找到某种相似性，这样，两个对象之间就存在着"原型—模型"关系。

对于庞大、复杂的系统，如社会系统或军事技术系统，要做实验很难或根本不可能做，而评价模型可以取而代之。评价模型是现实系统的抽象或者模仿，是由那些与分析的问题有关的部分或者因素构成的，它表明了这些有关部分或因素之间的关系。使用评价模型的优点在于：

（1）使现实系统被简化，易理解；

（2）可操作性强，一些参数的改变比在实际中要容易；

（3）敏感度大，可显示出哪些因素对系统影响更大，而且可通过不断改进，寻求更符合现实特性的模型，以此指导建立现实系统，并使之达到最佳状态；

（4）通过模拟试验满足系统要求，耗资少。

评价模型是描述现实系统的，因此必须反映实际情况。由于它是抽象的，因而又高于实际，且又便于研究实际系统的共性，从而有助于解决被抽象的实际系统中的问题。同样，评价模型也能指导我们解决其他有这些共性的实际问题。

评价模型是现实系统的一个抽象表示形式，如果搞得太复杂甚至和实际情况一样，就失去利用评价模型的意义。一般总是做一个比实际对象更为简单的模型，同时又希望在实际中使用它来预测及解释一些现象时有足够的精确度。任何一个实际现象总要涉及大量的因素（或变量），但确定导致其现象产生的本质因素时，往往只要抓住其主要因素即可。用字母、数字及其他符号来体现变量以及它们之间的关系，是最一般、最抽象的模型，它使人们一点也想象不出原来所代表的现实是什么。符号模型通常采用数学表达式的形式。由于数学模型中的参数和变量最容易改变，因此最容易操作。数学模型在系统工程和运筹学等方面是十分重要的。

2.2.3　常用的几种安全评价模型

火灾、爆炸、中毒是常见的重大事故，经常造成严重的人员伤亡和巨大的财产损失，这里重点介绍有关火灾、爆炸和中毒事故的评价模型。

1. 火灾模型和火灾损失

1）火灾模型

火灾对周围环境的影响主要在于其辐射热。若辐射热足够大，会引起包括生物体在内的其他物体燃烧。但火灾辐射热的影响范围一般均在距火焰 200 m 左右的近火源区域，对较远区域影响不大。辐射热损害可由单位表面积在受辐射时间内所接受的能量或单位面积上得到的辐射功率来计算确定。易燃、易爆的气体或液体泄漏后遇到引火源就会着火燃烧，它们的燃烧方式有池火、喷射火、火球和爆燃、固体火灾以及突发火五种。

（1）池火。可燃液体（如汽油、柴油等）泄漏后流到地面形成液池，或流到水中并覆盖水面，遇到火源燃烧便形成池火。池火可用以下几个参数来描述。

① 燃烧速度。当液池中的可燃液体的沸点高于周围环境温度时，液体表面上单位面积的燃烧速度为

$$\frac{\mathrm{d}m}{\mathrm{d}t} = \frac{0.001H_c}{C_p(T_b - T_0) + H} \qquad (2-1)$$

式中：$\mathrm{d}m/\mathrm{d}t$——单位表面积燃烧速度，$\mathrm{kg/(m^2 \cdot s)}$；

$\quad H_c$——液体燃烧热，J/kg；

$\quad C_p$——液体的比定压热容，$\mathrm{J/(kg \cdot K)}$；

$\quad T_b$——液体的沸点，K；

$\quad T_0$——环境温度，K；

$\quad H$——液体的气化热，J/kg。

当液体的沸点低于环境温度时，如加压液化气或冷冻液化气，其单位面积的燃烧速度为

$$\frac{\mathrm{d}m}{\mathrm{d}t} = \frac{0.001H_c}{H} \qquad (2-2)$$

燃烧速度也可从手册中直接查到。表 2-1 中列出了一些可燃液体的燃烧速度。

表 2-1　一些可燃液体的燃烧速度

物质名称	汽油	煤油	柴油	重油	苯	甲苯	乙醚	丙酮	甲醇
燃烧速度/(kg/m²·s)	81~92	55.11	49.33	78.1	165.37	138.29	125.84	66.36	57.6

② 火焰高度。设液池为一半径为 r 的圆池子，其火焰高度可按下式计算：

$$h = 84r \left[\frac{\mathrm{d}m/\mathrm{d}t}{\rho_0 (2gr)^{\frac{1}{2}}} \right]^{0.6} \qquad (2-3)$$

式中：h——火焰高度，m；

$\quad r$ ——液池半径，m；

$\quad \rho_0$ ——周围空气密度，kg/m³；

$\quad g$ ——重力加速度，9.8 m/s²；

$\quad \mathrm{d}m/\mathrm{d}t$——单位表面积燃烧速度，kg/(m²·s)。

③ 热辐射通量。液池燃烧时放出的总热辐射通量为

$$Q = \frac{(\pi r^2 + 2\pi rh) \frac{\mathrm{d}m}{\mathrm{d}t} \cdot \eta \cdot H_c}{72 \left(\frac{\mathrm{d}m}{\mathrm{d}t} \right)^{0.60} + 1} \qquad (2-4)$$

式中：Q ——总热辐射通量，W；

$\quad \eta$ ——效率因子，可取 0.13~0.35。

④ 目标入射热辐射强度。假设全部辐射热量由液池中心点的小球面辐射出来，则在距离池中心某一距离（x）处的入射热辐射强度为

$$I = \frac{Qt_c}{4\pi x^2} \qquad (2-5)$$

式中：I——热辐射强度，W/m²；

$\quad t_c$——热传导系数，在无相对理想的数据时，可取值为 1；

$\quad x$——目标点到液池中心距离，m。

（2）喷射火。加压的可燃物质泄漏时形成射流，如果在泄漏裂口处被点燃，则形成喷射火。这里所用的喷射火辐射热计算方法是一种包括气流效应在内的喷射扩散模式的扩展。把整个喷射火看成是由沿喷射中心线上的全部点热源组成的，每个点热源的热辐射通量相等。

点热源的热辐射通量按下式计算：

$$q = \eta V_0 H_c \qquad (2-6)$$

式中：q ——点热源热辐射通量，W；

$\quad \eta$ ——效率因子，可取 0.35；

$\quad V_0$ ——泄漏速度，kg/s；

$\quad H_c$ ——燃烧热，J/kg。

从理论上讲，喷射火的火焰长度等于从泄漏口到可燃混合气燃烧下限（LFL）的射流轴线长度。对表面火焰热通量，则集中在 LFL/1.5 处。对危险评价分析而言，点热源数 n 一般取 5 就可以了。

射流轴线上某点热源 i 到距离该点 x 处一点的热辐射强度为

$$I_i = \frac{q \cdot f}{4\pi x^2} \qquad (2-7)$$

式中：I_i——点热源 i 至目标点 x 处的热辐射强度，W/m^2；

　　　f——辐射系数，可取 0.2；

　　　x——点热源到目标点的距离，m。

某一目标点处的入射热辐射强度等于喷射火的全部点热源对目标的热辐射强度的总和，即

$$I = \sum_{i=1}^{n} I_i \qquad (2-8)$$

式中：n——计算时选取的点热源数，一般取 $n=5$。

（3）火球和爆燃。低温可燃液化气由于过热，容器内压增大，使容器爆炸，内容物释放并被点燃，发生剧烈的燃烧，产生强大的火球，形成强烈的热辐射。

① 火球半径为

$$R = 2.665 M^{0.327} \qquad (2-9)$$

式中：R——火球半径，m；

　　　M——急剧蒸发的可燃物质的质量，kg。

② 火球持续时间为

$$t = 1.089 M^{0.327} \qquad (2-10)$$

式中：t——火球持续时间，s。

③ 火球燃烧时释放出的辐射热通量为

$$Q = \frac{\eta H_c M}{t} \qquad (2-11)$$

式中：Q——火球燃烧时的辐射热通量，W；

　　　η——效率因子，取决于容器内可燃物质的饱和蒸气压 p，$\eta = 0.27/p^{0.32}$。

④ 目标接受到的入射热辐射强度为

$$I = \frac{Q t_c}{4\pi x^2} \qquad (2-12)$$

式中：t_c——传导系数，保守取值为 1；

　　　x——目标距火球中心的水平距离，m。

（4）固体火灾。固体火灾的热辐射参数按点源模型估计。此模型认为火焰射出的能量为燃烧的一部分，并且辐射强度与目标至火源中心距离的平方成反比，即

$$I_r = \frac{f M_c}{4 x^2} \qquad (2-13)$$

式中：I_r——目标接受到的辐射强度，W/m^2；

　　　f——辐射系数，可取 $f=0.25$；

　　　M_c——燃烧速率，kg/s。

（5）突发火。泄漏的可燃气体、液体蒸发的蒸气在空中扩散，遇到火源发生突然燃烧而没有爆炸。此种情况下，处于气体燃烧范围内的室外人员将会全部烧死；建筑物内将有部分人被烧死。

突发火后果分析，主要是确定可燃混合气体的燃烧上、下极限及其下限随气团扩散变化的范围。为此，可按气团扩散模型计算气团大小和可燃混合气体的浓度，还要考虑不同条件下气雾内的人群数量。

2）火灾损失

火灾通过热辐射的方式影响周围环境。当火灾产生的热辐射强度足够大时，可使周围的物体燃烧或变形，强烈的热辐射可能烧毁设备甚至造成人员伤亡等。

火灾损失估算建立在辐射强度与损失等级的相应关系的基础上，表 2－2 为不同入射强度造成伤害或损失的情况。从表中可看出，辐射强度较低时，火灾致人重伤需要一定的时间，这时人们可以逃离现场或掩蔽起来。

表 2－2　热辐射的不同入射强度所造成的损失

入射强度/ (kW/m²)	对设备的损害	对人的伤害
37.5	操作设备全部损坏	1%死亡(10 s) 100%死亡(1 min)
25	在无火焰、长时间辐射下，木材燃烧的最小能量	重大烧伤(10 s) 100%死亡(1 min)
12.5	有火焰时，木材燃烧、塑料熔化的最低能量	1 度烧伤(10 s) 1%死亡(1 min)
4.0		20 s 以上感觉疼痛，未必起泡
1.6		长期辐射无不舒服感

2. 爆炸模型

爆炸是物质的一种非常急剧的物理、化学变化，是大量能量在短时间内迅速释放或急剧转化成机械功的现象。它通常借助于气体的膨胀来实现。

1）物理爆炸的能量

发生物理爆炸，如压力容器破裂时，气体膨胀所释放的能量（即爆破能量）不仅与气体压力和容器的容积有关，而且与介质在容器内的物性相态有关。因为有的介质以气态存在，如空气、氧气、氢气等；有的介质以液态存在，如液氨、液氯等液化气体、高温饱和水等。容积与压力相同而相态不同的介质，在容器破裂时产生的爆破能量也不同，而且爆炸过程也不完全相同，其能量计算公式也不同。

（1）压缩气体与水蒸气容器的爆破能量。当压力容器中介质为压缩气体，即以气态形式存在而发生物理爆炸时，其释放的爆破能量为

$$E_g = \frac{pV}{k-1}\left[1 - \left(\frac{0.1013}{p}\right)^{\frac{k-1}{k}}\right] \times 10^3 \tag{2-14}$$

式中：E_g——气体的爆破能量，kJ；

p——容器内气体的绝对压力，MPa；

V——容器的容积，m³；

k——气体的绝热指数，即气体的定压比热与定容比热之比。

常见气体的绝热指数数值见表 2-3。

表 2-3 常见气体的绝热指数

气体名称	空气	氮	氧	氢	甲烷	乙烷	乙烯	丙烷	一氧化碳
k 值	1.4	1.4	1.397	1.412	1.316	1.18	1.22	1.33	1.395

气体名称	二氧化碳	一氧化氮	二氧化氮	氨气	氯气	过热蒸气	干饱和蒸气	氢氰酸
k 值	1.295	1.4	1.31	1.32	1.35	1.3	1.135	1.31

从表中可看出，空气、氮、氧、氢及一氧化氮、一氧化碳等气体的绝热指数均为 1.4 或近似为 1.4，若将 $k=1.4$ 代入式(2-14)中，则

$$E_g = 2.5pV\left[1-\left(\frac{0.1013}{p}\right)^{0.2857}\right]\times 10^3 \qquad (2-15)$$

令

$$C_g = 2.5p\left[1-\left(\frac{0.1013}{p}\right)^{0.2857}\right]\times 10^3 \qquad (2-16)$$

则式(2-15)可简化为

$$E_g = C_g V \qquad (2-17)$$

式中：C_g——常用压缩气体爆破能量系数，kJ/m^3。

压缩气体爆破能量 C_g 是压力 p 的函数，常见的几种压力下的气体爆破能量系数列于表 2-4 中。

表 2-4 常见的几种压力下的气体容器爆破能量系数($k=1.4$ 时)

压力 p/MPa	0.2	0.4	0.6	0.8	1.0	1.6	2.5
爆破能量系数 C_g/$(kJ \cdot m^{-3})$	2×10^2	4.6×10^2	7.5×10^2	1.1×10^3	1.4×10^3	2.4×10^2	3.9×10^2
压力 p/MPa	4.0	5.0	6.4	15.0	32	40	
爆破能量系数 C_g/$(kJ \cdot m^{-3})$	6.7×10^3	8.6×10^2	1.1×10^4	2.7×10^4	6.5×10^4	8.2×10^4	

将干饱和蒸气的绝热指数 $k=1.135$ 代入式(2-14)中，可得干饱和蒸气容器爆破能量为

$$E_g = 7.4pV\left[1-\left(\frac{0.1013}{p}\right)^{0.1189}\right]\times 10^3 \qquad (2-18)$$

用上式计算有较大的误差，因为它没有考虑蒸气干度的变化和其他的一些影响，但它可以不用查明蒸气热力性质而直接进行计算，因此可供危险性评价参考。

常见的几种压力下的干饱和蒸气容器的爆破能量可按下式计算：

$$E_s = C_s V \qquad (2-19)$$

式中：E_s——干饱和蒸气的爆破能量，kJ；

V——干饱和蒸气的体积，m^3；

C_s——干饱和蒸气爆破能量系数，kJ/m^3。

常见的几种压力下的干饱和蒸气容器爆破能量系数列于表 2-5 中。

表 2-5　常见的几种压力下的干饱和蒸气容器爆破能量系数

压力 p/MPa	0.3	0.5	0.8	1.3	2.5	3.0
爆破能量系数 C_s/(kJ·m⁻³)	4.37×10^2	8.31×10^2	1.5×10^3	2.75×10^3	6.124×10^3	7.77×10^3

（2）介质全部为液体时的容器爆破能量。通常将液体加压时所做的功作为常温液体压力容器爆炸时释放的能量，计算公式如下：

$$E_1 = \frac{(p-1)^2 V \beta_t}{2} \qquad (2-20)$$

式中：E_1——常温液体压力容器爆炸时释放的能量，kJ；

　　　p——液体的压力，Pa；

　　　V——容器的体积，m³；

　　　β_t——液体在压力 p 和温度 t 下的压缩系数，Pa⁻¹。

（3）液化气体与高温饱和水的容器爆破能量。液化气体和高温饱和水一般在容器内以气液两态存在，当容器破裂发生爆炸时，除了气体的急剧膨胀做功外，还有过热液体激烈的蒸发过程。在大多数情况下，这类容器内的饱和液体占有容器介质质量的绝大部分，它的爆破能量比饱和气体大得多，一般计算时考虑气体膨胀做的功。过热状态下液体在容器破裂时释放出的爆破能量可按下式计算：

$$E = [(H_1 - H_2) - (S_1 - S_2)t_1]W \qquad (2-21)$$

式中：E——过热状态液体的爆破能量，kJ；

　　　H_1——爆炸前饱和液体的焓，kJ/kg；

　　　H_2——在大气压力下饱和液体的焓，kJ/kg；

　　　S_1——爆炸前饱和液体的熵，kJ/(Kg·℃)；

　　　S_2——在大气压力下饱和液体的熵，kJ/(kg·℃)；

　　　t_1——介质在大气压力下的沸点，℃；

　　　W——饱和液体的质量，kg。

饱和水容器的爆破能量按下式计算：

$$E_w = C_w V \qquad (2-22)$$

式中：E_w——饱和水容器的爆破能量，kJ；

　　　V——容器内饱和水所占的容积，m³；

　　　C_w——饱和水爆破能量系数，kJ/m³，其值见表 2-6。

表 2-6　常见的几种压力下饱和水爆破能量系数

压力 p/MPa	0.3	0.5	0.8	1.3	2.5	3.0
C_w/(kJ·m⁻³)	2.38×10^4	3.25×10^4	4.56×10^4	6.35×10^4	9.56×10^4	1.06×10^4

2）爆炸冲击波及其伤害、破坏作用

压力容器爆炸时，爆破能量在向外释放时以冲击波能量、碎片能量和容器残余变形能量三种形式表现出来。后两者所消耗的能量只占总爆破能量的 3%～15%，也就是说大部分能量的作用是产生空气冲击波。

（1）爆炸冲击波。冲击波是由压缩波叠加形成的，是波阵面以突进形式在介质中传播的压缩波。容器破裂时，容器内的高压气体大量冲出，使它周围的空气因受到冲击而发生扰动，使其状态（压力、密度、温度等）发生突跃变化，这种扰动传播的速度大于被扰动的介质的声速，其在空气中的传播就成为冲击波。在离爆破中心一定距离的地方，空气压力会发生迅速的变化，而且变化幅度大。

冲击波伤害、破坏作用的衡量准则主要有：超压准则、冲量准则、超压-冲量准则等。为了便于操作，下面仅介绍超压准则。超压准则认为，只要冲击波超压达到一定值，便会对目标造成一定的伤害或破坏。超压波对人体的伤害和对建筑物的破坏作用见表 2-7 和表 2-8。

表 2-7　冲击波超压对人体的伤害作用

$\Delta p/MPa$	伤害作用
0.02～0.03	轻微损伤
0.03～0.05	听觉器官损伤或骨折
0.05～0.10	内脏严重损伤或死亡
＞0.10	大部分人员死亡

表 2-8　冲击波超压对建筑物的破坏作用

$\Delta p/MPa$	伤害作用	$\Delta p/MPa$	伤害作用
0.004～0.006	门、窗玻璃部分破碎	0.06～0.07	木建筑厂房房柱折断，房架松动
0.006～0.015	受压面的门、窗玻璃大部分破碎	0.07～0.10	砖墙倒塌
0.015～0.02	窗框损坏	0.10～0.20	防震钢筋混凝土破坏，小房屋倒塌
0.02～0.03	墙裂缝		
0.04～0.05	墙大裂缝，屋瓦掉下	0.20～0.30	大型钢架结构破坏

（2）冲击波的超压。冲击波波阵面上的超压与产生冲击波的能量有关，同时也与波阵面距离爆炸中心的远近有关。冲击波的超压与爆炸中心距离的关系为

$$\Delta p \propto R^{-n} \qquad (2-23)$$

式中：Δp——冲击波波阵面上的超压，MPa；

　　　R——距爆炸中心的距离，m；

　　　n——衰减系数。

衰减系数在空气中随着超压的大小而变化，在爆炸中心附近为 2.4～3；当超压在数个大气压以内时，$n=2$；小于 1 个大气压时，$n=1.5$。

实验数据表明，不同数量的同类炸药发生爆炸时，如果

$$\frac{R}{R_0} = \sqrt[3]{\frac{q}{q_0}} = a \qquad (2-24)$$

则

$$\Delta p = \Delta p_0 \qquad (2-25a)$$

即满足一定位置关系的不同数量的同类炸药所产生的冲击波超压相同。

式中：R——目标与爆炸中心的距离，m；

$\quad\quad R_0$——目标与基准爆炸中心的距离，m；

$\quad\quad q_0$——基准炸药量，TNT，kg；

$\quad\quad q$——爆炸时产生冲击波所消耗的炸药量，TNT，kg；

$\quad\quad \Delta p$——目标处的超压，MPa；

$\quad\quad \Delta p_0$——基准目标处的超压，MPa；

$\quad\quad a$——炸药爆炸试验的模拟比。

式(2-25a)也可写成

$$\Delta p(R) = \Delta p_0(R_0) \qquad (2-25b)$$

利用式(2-25b)就可以根据某些试验所测得的已知药量的超压来确定任意药量爆炸时在各种距离下的超压。

表 2-9 是 1000 kg TNT 炸药在空气中爆炸时所产生的冲击波超压。

表 2-9　1000 kgTNT 爆炸时的冲击波超压

距离 R_0/m	5	6	7	8	9	10	12	14
Δp_0/MPa	2.94	2.06	1.67	1.27	0.95	0.76	0.50	0.33
距离 R_0/m	16	18	20	25	30	35	40	45
Δp_0/MPa	0.235	0.17	0.126	0.079	0.057	0.043	0.033	0.027
距离 R_0/m	50	55	60		65	70		75
Δp_0/MPa	0.0235	0.0205	0.018		0.016	0.0143		0.013

综上所述，计算压力容器爆破时对目标的伤害、破坏作用，可按下列程序进行。

① 首先根据容器内所装介质的特性，分别计算出其爆破能量 E。

② 将爆破能量 E 换算成 TNT 当量 q_{TNT}。1 kg TNT 爆炸所放出的爆破能量为 4230～4836 kJ/kg，一般取平均爆破能量为 4500 kJ/kg，故其关系为

$$q = \frac{E}{q_{TNT}} = \frac{E}{4500} \qquad (2-26)$$

③ 求出爆炸的模拟比 a，即

$$a = \left(\frac{q}{q_0}\right)^{1/3} = \left(\frac{1}{1000}q\right)^{1/3} = 0.1q^{1/3} \qquad (2-27)$$

④ 求出在 1000 kg TNT 爆炸试验中的相当距离 R_0，即 $R_0 = R/a$。

⑤ 根据 R_0 值在表 2-9 中找出距离为 R_0 处的超压 Δp_0（中间值用插入法），此即所求的距离为 R 处的超压。

⑥ 根据超压 Δp 值，从表 2-7、表 2-8 中可查找出其对人员和建筑物的伤害、破坏作用。

（3）蒸气云爆炸的冲击波伤害、破坏半径。爆炸性气体如果以液态储存瞬间泄漏后遇到延迟点火，或气态储存时泄漏到空气中遇到火源，则可能发生蒸气云爆炸。导致蒸气云形成的力来自容器内含有的能量或可燃物含有的内能，或两者兼而有之。能的主要形式是压缩能、化学能或热能。一般来说，只有压缩能和热量才能单独导致蒸气云的形成。

根据荷兰应用科研院 TNO 的建议（1979），可按下式预测蒸气云爆炸时的冲击波的损害半径：

$$R = C_s (N \cdot E)^{1/3} \tag{2-28}$$

式中：R——损害半径，m；

N——效率因子，其值与燃烧浓度持续展开所造成的损耗的比例和燃料燃烧所得的机械能的数量有关，一般取 $N=10\%$；

C_s——经验常数，取决于损害等级，其取值情况见表 2-10；

E——爆炸能量，kJ，可按下式取

$$E = V \cdot H_c \tag{2-29}$$

V——参与反应的可燃气体的体积，m^3；

H_c——可燃气体的高燃烧热值，kJ/m^3，取值情况见表 2-11。

表 2-10　损害等级决定的 C_s 的取值

损害等级	C_s	设备损坏	人员伤害
1	0.03	重创建筑物和加工设备	1%死于肺部伤害 ＞50%耳膜破裂 ＞50%被碎片击伤
2	0.06	损坏建筑物外表，为可修复性破坏	1%耳膜破裂 1%被碎片击伤
3	0.15	玻璃破碎	被碎玻璃击伤
4	0.4	10%玻璃破碎	

表 2-11　某些可燃气体的高燃烧热值　　　　　　　　　　　kJ/m^3

气体名称		高热值	气体名称	高热值
氢气		12 770	乙烯	64 019
氨气		17 250	乙炔	58 985
苯		47 843	丙烷	101 828
一氧化碳		17 250	丙烯	94 375
硫化氢	生成 SO_2	25 708	正丁烷	134 026
	生成 SO_3	30 146	异丁烷	132 016
甲烷		39 860	丁烯	121 883
乙烷		70 425		

3. 中毒模型

有毒物质泄漏后生成有毒蒸气云，它在空气中飘移、扩散，直接影响现场人员，并可能波及居民区。大量剧毒物质泄漏可能造成严重的人员伤亡和环境污染。

毒物对人员的危害程度取决于毒物的性质、毒物的浓度及人员与毒物接触的时间等因素。有毒物质泄漏初期，其毒气形成气团，密集在泄漏源周围。随后由于环境温度、地形、风力和湍流等的影响使气团飘移、扩散，扩散范围变大，有毒物质浓度减小。在后果分析中，往往不考虑毒物泄漏的初期情况，即工厂范围内的现场情况，主要计算毒气气团在空气中飘移和扩散的范围、浓度、接触毒物的人数等。

1) 毒物泄漏后果的概率函数法

概率函数法是用一定时间内一定浓度的毒物能造成影响的概率来描述毒物泄漏后果的一种表示法。概率与中毒死亡百分率有直接关系，两者可以互相换算，见表 2-12。概率值在 0~10 之间。概率值 Y 与接触毒物的浓度及接触时间的关系如下：

$$Y = A + B \ln(C^n \cdot t) \qquad (2-30)$$

表 2-12 概率与中毒死亡百分率的换算

死亡百分率/% \ 概率	0	1	2	3	4	5	6	7	8	9
0	—	2.67	2.95	3.12	3.25	3.36	3.45	3.52	3.59	3.66
10	3.72	3.77	3.82	3.87	3.92	3.96	4.01	4.05	4.08	4.12
20	4.16	4.19	4.23	4.26	4.29	4.33	4.26	4.39	4.42	4.45
30	4.48	4.50	4.53	4.56	4.59	4.61	4.64	4.67	4.69	4.72
40	4.75	4.77	4.80	4.82	4.85	4.87	4.90	4.92	4.95	4.97
50	5.00	5.03	5.05	5.08	5.10	5.13	5.15	5.18	5.20	5.23
60	5.25	5.28	5.31	5.33	5.36	5.39	5.41	5.44	5.47	5.50
70	5.52	5.55	5.58	5.61	5.64	5.67	5.71	5.74	5.77	5.81
80	5.84	5.88	5.92	5.95	5.99	6.04	6.08	6.13	6.18	6.23
90	6.28	6.34	6.41	6.48	6.55	6.64	6.75	6.88	7.05	7.33
99	0.0	0.1	0.2	0.3	0.4	0.5	0.6	0.7	0.8	0.9
	7.33	7.37	7.41	7.46	7.51	7.58	7.58	7.65	7.88	8.09

式中：A，B，n——取决于毒物性质的常数，表 2-13 列出了一些常见有毒物质的有关参数；

C——接触毒物的浓度，10^{-6}；

t——接触毒物的时间，min。

使用概率函数表达式时，必须计算评价点的毒性负荷（$C^n \cdot t$），因为在一个已知点，其毒物浓度随着气团的稀释而不断变化，瞬时泄漏就是这种情况。确定毒物泄漏范围内某点的毒性负荷时，可把气团经过该点的时间划分为若干区段，计算每个区段内该点的毒物浓度，得到各时间区段的毒性负荷，然后再求出总毒性负荷，即

$$总毒性负荷 = \sum 各时间区段内毒性负荷$$

表 2 - 13　一些毒性物质的常数

参数 物质名称	A	B	n	参考资料
氯	-5.3	0.5	2.75	DCMR 1984
氨	-9.82	0.71	2.0	
丙烯醛	-9.93	2.05	1.0	USCG 1977
四氯化碳	0.54	1.01	0.5	
氯化氢	-21.76	2.65	1.0	
甲基溴	-19.92	5.16	1.0	
光气（碳酸氯）	-19.27	3.69	1.0	
氟氢酸（单体）	-26.4	3.35	1.0	

一般来说，接触毒物的时间不会超过 30 min。因为在这段时间里人员可以逃离现场或采取保护措施。

当毒物连续泄漏时，某点的毒物浓度在整个云团扩散期间没有变化。当设定某死亡百分率时，由表 2-12 查出相应的概率 Y 值，根据式（2-30）有

$$C^n \cdot t = \mathrm{e}^{\frac{Y-A}{B}} \tag{2-31}$$

由上式可以计算出 C 值，于是按扩散公式可以算出中毒范围。

如果毒物泄漏是瞬时的，则有毒气团通过某点时，该点处毒物浓度是变化的。这种情况下，考虑浓度的变化情况，计算气团通过该点的毒性负荷，算出该点的概率值 Y，然后查表 2-12 就可得出相应的死亡百分率。

2）有毒液化气体容器破裂时的毒害区域估算

液化介质在容器破裂时会发生蒸气爆炸。当液化介质为有毒物质时，如液氯、液氨、二氧化硫、硫化氢、氢氰酸等，爆炸后若不燃烧，会出现大面积的毒害区域。

设有毒液化介质质量为 W（单位：kg），破裂前容器内介质温度为 t（单位：℃），液化介质比热容为 C_p（单位：kJ/(kg・℃)）。当容器破裂后，容器内压力降至大气压，处于过热状态的液化气温度迅速降至标准沸点 t_0（单位：℃），此时全部液体所放出的热量（单位：kJ）为

$$Q = W \cdot C_\mathrm{p}(t - t_0) \tag{2-32}$$

设这些热量全部用于容器内液体的蒸发，如它的气化热为 q（单位：kJ/kg），则其蒸发

量(单位：kg)为

$$W' = \frac{Q}{q} = \frac{W \cdot C_p(t - t_0)}{q} \tag{2-33}$$

如介质的相对分子量为 M，则在沸点下蒸发蒸气的体积 V_g(单位：m^3)为

$$V_g = \frac{22.4W'}{M} \times \frac{273 + t_0}{273} = \frac{22.4W \cdot C_p(t - t_0)}{qM} \times \frac{273 + t_0}{273} \tag{2-34}$$

为便于计算，现将压力容器最常用的液氨、液氯、氢氰酸等液化介质的有关物理化学性能列于表 2-14 中。一些有毒气体的危险浓度见表 2-15。

表 2-14 一些有毒物质的有关物化性能

物质名称	分子量 M	沸点 $t_0/℃$	液体平均比热 $C_p/[kJ/(kg \cdot ℃)]$	汽化热 $q/(kJ/kg)$
氨	17	-33	4.6	1.37×10^2
氯	71	-34	0.96	2.89×10^2
二氧化硫	64	-10.8	1.76	3.93×10^2
丙烯醛	56.06	52.8	1.88	5.73×10^2
氢氰酸	27.03	25.7	3.35	9.75×10^2
四氯化碳	153.8	76.8	0.85	1.95×10^2

表 2-15 一些有毒气体的危险浓度

物质名称	吸入 5~10 min 致死的浓度/%	吸入 0.5~1 h 致死的浓度/%	吸入 0.5~1 h 致重病的浓度/%
氨	0.5	—	—
氯	0.09	0.003 5~0.005	0.001 4~0.002 1
二氧化硫	0.05	0.053~0.065	0.015~0.019
氢氰酸	0.027	0.011~0.014	0.01
硫化氢	0.08~0.1	0.042~0.06	0.036~0.05
二氧化氮	0.05	0.032~0.053	0.011~0.021

若已知某种有毒物质的危险浓度，则可求出其危险浓度下的有毒空气体积。如二氧化硫在空气中的浓度达到 0.05% 时，人吸入 5~10 min 即致死，则体积为 V_g 的二氧化硫可以产生令人致死的有毒空气体积为

$$V = V_g \times 100/0.05 = 2000 V_g \tag{2-35}$$

假设这些有毒空气以半球形向地面扩散，则可求出该有毒气体扩散半径为

$$R = \sqrt[3]{\frac{V_g/C}{\frac{1}{2} \times \frac{4}{3}\pi}} = \sqrt[3]{\frac{V_g/C}{2.0944}} \qquad (2-36)$$

式中：R——有毒气体的半径，m；

　　　V_g——有毒介质的蒸气体积，m^3；

　　　C——有毒介质在空气中的危险浓度值，%。

1. 简述相关性原理对安全评价的指导意义。

2. 简述安全评价的类推原理，并列出常用的类推方法。

3. 简述惯性原理对安全评价的指导意义。

4. 简述量变到质变原理对安全评价的指导意义。

5. 简述安全评价模型对安全评价的意义。

6. 简述计算压力容器爆炸时对目标的破坏作用的程序。

7. 试举一例，建立安全评价模型，并进行简要分析。

第3章 危险危害因素分析

随着工业生产技术、设备等的不断更新，生产环境以及生产管理的不断改善，生产中的安全程度得到很大的提高。但是事故还是不断发生，不安全因素仍然大量存在。进行安全评价之前，先要进行危险危害因素分析，然后确定系统内存在的危险。危险危害因素分析是防止发生生产事故的第一步。危险因素是指能造成人身伤亡或造成物品突发性损坏的因素（强调社会性和突发作用）；危害因素是指能影响人的身体健康、导致疾病或对物造成慢性损坏的因素（强调在一定时间内的累积作用）。区分为危险因素和危害因素是为了区别客体对人体不利作用的特点和效果，有时对两者不加区分，统称危险危害因素。

3.1 危险危害因素的产生

危险因素与危害因素的表现形式不同，但从事故发生的本质讲，均可归结为能量的意外释放或有害物质的泄漏、扩散。人类的生产和生活离不开能量，能量在受控条件下可以做有用功；一旦失控，能量就会做破坏功。如果意外释放的能量作用于人体，并且超过人体的承受能力，则会造成人员伤亡；如果意外释放的能量作用于设备、设施、环境等，并且能量的作用超过其抵抗能力，则会造成设备、设施的损失或环境的破坏。

用此观点解释事故产生的机理，可以认为所有事故都是因为系统接触到了超过其组织或结构抵抗力的能量，或系统与周围环境的正常能量交换受到了干扰。

3.1.1 能量与有害物质

能量与有害物质是危险危害因素产生的根源，也是最根本的危险危害因素。一般来说，系统具有的能量越大，存在的有害物质数量越多，其潜在危险性和危害性就越大。另一方面，只要进行生产活动，就需要相应的能量和物质（包括有害物质），因此危险危害因素是客观存在的。

一切产生、供给能量的能源和能量的载体在一定条件下，都可能是危险危害因素。例如：锅炉、压力容器或爆炸物爆炸时产生的冲击波和压力能，高处作业（或吊起的重物等）的势能，带电导体上的电能，行驶车辆（或各类机械运动部件、工件等）的动能，噪声的声能，激光的光能，高温作业和热反应工艺装置的热能以及各类辐射能等，在一定条件下都能造成各类事故；静止的物体棱角、毛刺、地面等之所以能伤害人体，也是人体运动、摔倒时的动能、势能造成的。这些都是由于能量意外释放形成的危险因素。

有害物质在一定条件下能损伤人体的生理机能和正常代谢功能，破坏设备和物品的效能，也是危险危害因素。例如，作业或储存场所中存在有毒物质、腐蚀性物质、有害粉尘、窒息性气体等有害物质，当它们直接或间接与人体、物体发生接触时，会导致人员的伤亡、职业病、财产损失或环境破坏等。

3.1.2 失控

在生产实践中，能量与危险物质在受控条件下，按照人们的意志在系统中流动、转换，进行生产。如果发生失控(没有控制、屏蔽措施或控制措施失效)，就会发生能量与有害物质的意外释放和泄漏，造成人员伤亡和财产损失。因此，失控也是一类危险危害因素，主要体现在故障(或缺陷)、人的失误和管理缺陷、环境因素等方面，并且这几个方面可相互影响。伤亡事故调查分析的结果表明，能量或危险物质失控都是由于人的不安全行为或物的不安全状态造成的。

根据能量意外释放理论提出的事故因果模型如图 3-1 所示。

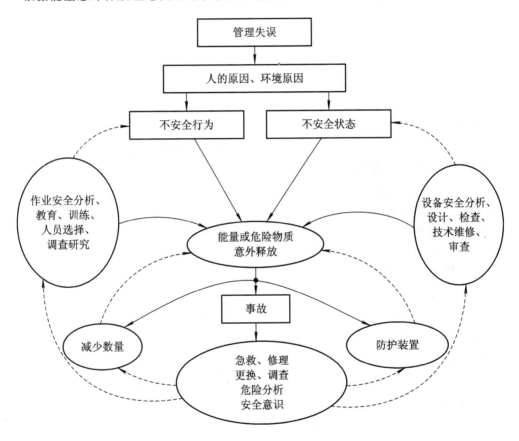

图 3-1 根据能量观点提出的事故因果模型

人的不安全行为和物的不安全状态是导致能量意外释放的直接原因，是管理缺陷、控制不力、缺乏知识、对存在的危险估计错误或其他个人因素等基本原因的反映。

3.2 危险危害因素的分类

对危险危害因素进行分类，是为了便于进行危险危害因素分析。危险危害因素的分类方法多种多样，这里主要介绍按导致事故和危害的直接原因进行分类的方法以及参照事故类别、职业病类别进行危险危害因素分类的方法。

3.2.1　按导致事故和职业危害原因分类

根据 GB/T 13816—2009《生产过程危险和危害因素分类与代码》的规定，将生产过程中的危险危害因素分为 4 类。

1. 人的因素

11 心理生理性危险有害因素

1101 负荷超限

110101 体力负荷超限　　　　　　　　110102 听力负荷超限

110103 视力负荷超限　　　　　　　　110199 其他负荷超限

1102 健康状况异常

1103 从事禁忌作业

1104 心理异常

110401 情绪异常　　　　　　　　　　110402 冒险心理

110403 过度紧张　　　　　　　　　　110499 其他心理异常

1105 辨识功能缺陷

110501 感知延迟　　　　　　　　　　110512 辨识错误

110599 其他辨识功能缺陷

1199 其他行为性危险和有害因素

12 行为性危险和有害因素

1201 指挥错误

120101 指挥失误　　　　　　　　　　120102 违章指挥

120199 其他指挥错误

1202 操作错误

120201 误操作　　　　　　　　　　　120202 违章操作

120299 其他操作错误

1203 监护失误

1299 其他行为性危险和有害因素

2. 物的因素

21 物理性危险和有害因素

2101 设备、设施、工具、附件缺陷

210101 强度不够　　　　　　　　　　210102 刚度不够

210103 稳定性差　　　　　　　　　　210104 密封不良

210105 耐腐蚀性差　　　　　　　　　210106 应力集中

210107 外形缺陷　　　　　　　　　　210108 外露运动件

210109 操纵器缺陷　　　　　　　　　210110 制动器缺陷

210111 控制器缺陷

210199 其他设备、设施、工具附件缺陷

2102 防护缺陷

210201 无防护　　　　　　　　210202 防护装置、设施缺陷

210203 防护不当　　　　　　　210204 支撑不当

210205 防护距离不够　　　　　210299 其他防护缺陷

2103 电伤害

210301 带电部位裸露　　　　　210302 漏电

210303 静电和杂散电流　　　　210304 电火花

210399 其他电伤害

2104 噪声

210401 机械性噪声　　　　　　210402 电磁性噪声

210403 流体动力性噪声　　　　210499 其他噪声

2105 振动危害

210501 机械性振动　　　　　　210502 电磁性振动

210503 流体动力性振动　　　　210599 其他振动

2106 电离辐射

2107 非电离辐射

210701 紫外辐射　　　　　　　210702 激光辐射

210703 微波辐射　　　　　　　210704 超高频辐射

210705 高频电磁场　　　　　　210706 工频电场

2108 运动物伤害

210801 抛射物　　　　　　　　210802 飞溅物

210803 坠落物　　　　　　　　210804 反弹物

210805 土、岩滑动　　　　　　210806 料堆(垛)滑动

210807 气流卷动　　　　　　　210899 其他运动物伤害

2109 明火

2110 高温物质

211001 高温气体　　　　　　　211002 高温液体

211003 高温固体　　　　　　　211099 其他高温物质

2111 低温物质

211101 低温气体　　　　　　　211102 低温液体

211103 低温固体　　　　　　　211199 其他低温物质

2112 信号缺陷

211201 无信号设施　　　　　　211202 信号选用不当

211203 信号位置不当　　　　　211204 信号不清

211205 信号显示不准　　　　　211299 其他信号缺陷

2113 标志缺陷

211301 无标志　　　　　　　　211302 标志不清晰

211303 标志不规范　　　　　　211304 标志选用不当

211305 标志位置缺陷　　　　　211399 其他标志缺陷

2114 有害光照

2199 其他物理性危险和有害因素

22 化学性危险和有害因素

2201 爆炸品

2202 压缩气体和液化气体

2203 易燃液体

2204 易燃固体、自燃物品和遇湿易燃物品

2205 氧化剂和有机过氧化物

2206 有毒物品

2207 放射性物品

2208 腐蚀品

2209 粉尘与气溶胶

2299 其他化学性危险和有害因素

23 生物性危险和有害因素

2301 致病微生物

230101 细菌　　　　　　　　　　　230102 病毒

230103 真菌　　　　　　　　　　　230199 其他致病微生物

2302 传染病媒介物

2303 致害动物

2304 致害植物

2399 其他生物性危险和有害因素

3. 环境因素

31 室内作业环境不良

3101 室内地面湿滑

3102 室内作业场所狭窄

3103 室内作业场所杂乱

3104 室内地面不平

3105 室内楼梯缺陷

3106 地面、墙和天花板上的开口缺陷

3107 房屋基础下沉

3108 室内安全通道缺陷

3109 房屋安全出口缺陷

3110 采光不良

3111 作业场所空气不良

3112 室内温度、湿度、气压不适

3113 室内给、排水不良

3114 室内涌水

3199 其他室内作业场所环境不良

32 室外作业场地环境不良

3201 恶劣气候与环境

3202 作业场地和交通设施湿滑

3203 作业场地狭窄

3204 作业场地杂乱

3205 作业场地不平

3206 巷道狭窄、有暗礁或险滩

3207 脚手架、阶梯或活动梯架缺陷

3208 地面开口缺陷

3209 建筑物和其他结构缺陷

3210 门和围栏缺陷

3211 作业场地基础下沉

3212 作业场地安全通道缺陷

3213 作业场地安全出口缺陷

3214 作业场地光照不良

3215 作业场地空气不良

3216 作业场地温度、湿度、气压不适

3217 作业场地涌水

3299 其他室外作业场地环境不良

33 地下(含水下)作业环境不良

3301 隧道/矿井顶面缺陷

3302 隧道/矿井正面或侧壁缺陷

3303 隧道/矿井地面缺陷

3304 地下作业面空气不良

3305 地下火

3306 冲击地压

3307 地下水

3308 水下作业供氧不足

3399 其他地下(水下)作业环境不良

39 其他作业环境不良

3901 强迫体位

3902 综合性作业环境不良

3999 以上未包括的其他作业环境不良

4. 管理因素

41 职业安全卫生组织机构不健全

42 职业安全卫生责任制未落实

43 职业安全卫生管理规章制度不完善

4301 建设项目"三同时"制度未落实

4302 操作规程不规范

4303 事故应急预案及响应缺陷

4304 培训制度不完善

4399 其他职业安全卫生管理规章制度不健全

44 职业安全卫生投入不足

45 职业健康管理不完善

49 其他管理因素缺陷

3.2.2 按事故类别分类

参照《企业职工伤亡事故分类》(GB 6441—1986)，综合考虑起因物、引起事故的诱导性原因、致害物、伤害方式等，将危险危害因素分为 20 类。

(1) 物体打击。物体打击是指物体在重力或其他外力的作用下产生运动，打击人体造成人身伤亡事故。不包括因机械设备、车辆、起重机械、坍塌等引发的物体打击。

(2) 车辆伤害。车辆伤害是指企业机动车辆在行驶中引起的人体坠落和物体倒塌、下落、挤压伤亡事故。不包括起重设备提升、牵引车辆和车辆停驶时发生的事故。

(3) 机械伤害。机械伤害是指机械设备运动(静止)部件、工具、加工件直接与人体接触引起的夹击、碰撞、剪切、卷入、绞、碾、割、刺等伤害。不包括车辆、起重机械引起的机械伤害。

(4) 起重伤害。起重伤害是指各种起重作业(包括起重机安装、检修、试验)中发生的挤压、坠落(吊具、吊重)、物体打击和触电。

(5) 触电。触电主要指雷击伤亡事故。

(6) 淹溺。淹溺包括高处坠落淹溺，不包括矿山、井下透水淹溺。

(7) 灼烫。灼烫是指火焰烧伤、高温物体烫伤、化学灼伤(酸、碱、盐、有机物引起的体内外灼伤)、物理灼伤(光、放射性物质引起的体内外灼伤)，不包括电灼伤和火灾引起的烧伤。

(8) 火灾。

(9) 高处坠落。高处坠落是指在高处作业中发生坠落造成的伤亡事故，不包括触电坠落事故。

(10) 坍塌。坍塌是指物体在外力或重力作用下，超过自身的强度极限或因结构稳定性破坏而造成的事故，如挖沟时的土石塌方、脚手架坍塌、堆置物倒塌等，不适用于矿山冒顶片帮和车辆、起重机械、爆破引起的坍塌。

(11) 冒顶片帮。

(12) 透水。

(13) 放炮。放炮是指爆破作业中发生的伤亡事故。

(14) 火药爆炸。火药爆炸是指火药、炸药及其制品在生产、加工、运输、储存中发生的爆炸事故。

(15) 瓦斯爆炸。

(16) 锅炉爆炸。

(17) 容器爆炸。

(18) 其他爆炸。其他爆炸包括化学性爆炸(指可燃性气体、粉尘等与空气混合形成爆炸性混合物，接触引爆能源时发生的爆炸事故)。

(19) 中毒和窒息。中毒和窒息包括中毒、缺氧(窒息、中毒性窒息)。

(20) 其他伤害。除上述以外的危险因素，还有其他伤害因素，如摔、扭、挫擦、刺、割伤和非机动车碰撞、扎伤等。

3.2.3 按职业病类别分类

按 2002 年原卫生部和劳动保障部联合印发的《职业病目录》分为 10 大类 115 种，修订后的《职业病分类和目录》分为 10 大类 132 种。

1. 职业性尘肺病及其他呼吸系统疾病

(1) 尘肺病。尘肺病包括：矽肺、煤工尘肺、石墨尘肺、碳黑尘肺、石棉肺、滑石尘肺、水泥尘肺、云母尘肺、陶工尘肺、铝尘肺、电焊工尘肺、铸工尘肺等。

(2) 其他呼吸系统疾病。其他呼吸系统疾病包括：过敏性肺炎、棉尘病、哮喘、金属及其化合物粉尘肺沉着病（锡、铁、锑、钡及其化合物等）、刺激性化学物所致慢性阻塞性肺疾病、硬金属肺病等。

2. 职业性皮肤病

职业性皮肤病包括：接触性皮炎、光接触性皮炎、电光性皮炎、黑变病、痤疮、溃疡、化学性皮肤灼伤、白斑等。

3. 职业性眼病

职业性眼病包括：化学性眼部灼伤、电光性眼炎、白内障（含放射性白内障、三硝基甲苯白内障）等。

4. 职业性耳鼻喉口腔疾病

职业性耳鼻喉口腔疾病包括：噪声聋、铬鼻病、牙酸蚀病、爆震聋等。

5. 职业性化学中毒

职业性化学中毒包括：铅及其化合物（不包括四乙基铅）、汞及其化合物、锰及其化合物、镉及其化合物、铊及其化合物、钡及其化合物、钒及其化合物、磷及其化合物、砷及其化合物、铀及其化合物、砷化氢、氯气、二氧化硫、光气、氨、偏二甲基肼、氮氧化合物、一氧化碳、二硫化碳、硫化氢、磷化氢、磷化锌、磷化铝、氟及其无机化合物、氰及腈类化合物、四乙基铅、有机锡、羰基镍、苯、甲苯、二甲苯、正己烷、汽油、一甲胺、有机氟聚合物单体及其热裂解物、二氯乙烷、四氯化碳、氯乙烯、三氯乙烯中毒等 59 种中毒及铍病。

6. 物理因素所致职业病

物理因素所致职业病包括：中暑、减压病、高原病、航空病、手臂振动病、激光所致眼（角膜、晶状体、视网膜）损伤、冻伤等。

7. 职业性放射性疾病

职业性放射性疾病包括：外照射急性放射病、外照射亚急性放射病、外照射慢性放射病、内照射放射病、放射性皮肤疾病、放射性肿瘤（含矿工高氡暴露所致肺癌）、放射性骨损伤、放射性甲状腺疾病、放射性性腺疾病、放射复合伤等。

8. 职业性传染病

职业性传染病包括：炭疽、森林脑炎、布鲁氏菌病、艾滋病（限于医疗卫生人员及人民警察)、莱姆病等。

9. 职业性肿瘤

职业性肿瘤包括：石棉所致肺癌，间皮瘤、联苯胺所致膀胱癌，苯所致白血病，氯甲醚、双氯甲醚所致肺癌，砷及其化合物所致肺癌、皮肤癌，氯乙烯所致肝血管肉瘤，焦炉逸散物所致肺癌，六价铬化合物所致肺癌，毛沸石所致肺癌，胸膜间皮瘤、煤焦油、煤焦油沥青、石油沥青所致皮肤癌，β—萘胺所致膀胱癌等。

10. 其他职业病

其他职业病包括：金属烟热、滑囊炎(限于井下工人)、股静脉血栓综合征、股动脉闭塞症或淋巴管闭塞症(限于刮研作业人员)等。

3.3　危险危害因素的辨识

3.3.1　危险危害因素辨识的原则

1. 科学性

危险危害因素的辨识是分辨、识别、分析确定系统内存在的危险，它是预测安全状态和事故发生途径的一种手段。这就要求进行危险危害因素识别时必须有科学的安全理论指导，使之能真正揭示系统安全状况、危险危害因素存在的部位和方式、事故发生的途径及其变化规律，并予以准确描述，以定性、定量的概念清楚地表示出来，用严密的合乎逻辑的理论予以解释。

2. 系统性

危险危害因素存在于生产活动的各个方面，因此要对系统进行全面、详细的剖析，研究系统与系统以及各子系统之间的相关和约束关系，分清主要危险危害因素及其危险危害性。

3. 全面性

辨识危险危害因素时不要发生遗漏，以免留下隐患。要从厂址、自然条件、储存、运输、建(构)筑物、生产工艺、生产设备装置、特种设备、公用工程、安全管理系统、设施、制度等各个方面进行分析与识别。不仅要分析正常生产运行时的操作中存在的危险危害因素，还要分析识别开车、停车、检修、装置受到破坏及操作失误等情况下的危险危害性。

4. 预测性

对于危险危害因素，还要分析其触发事件，即危险危害因素出现的条件或设想的事故模式。

3.3.2　危险危害因素辨识的内容

危险危害因素辨识的内容主要包括以下几个方面：
(1) 危险的组分(例如：燃料、爆炸物、毒物的结构材料、压力系统等)。
(2) 环境的约束条件(例如：坠落、冲击、振动、高温、噪声、着火、雷击、静电等)。
(3) 系统构成中与安全问题有关的内容(例如：着火及爆炸的开始、材料的兼容性等)。

（4）使用、试验、维修与应急程序（例如：人机工程、操作者功能、设备布局、照明要求、紧急出口、营救等）。

（5）设施、保障设备（例如：可能包含毒物、可燃物、爆炸物、腐蚀性等）。

（6）安全设备、安全措施和可能的备选方法（例如：连锁保护、人员防护设备等）。

3.3.3　危险危害因素辨识的方法

（1）不同种类的危险危害因素有不同的辨识方法，对于有可供参考的先例的，可以用直观经验法辩识。直观经验法包括对照分析法和类比推断法。

① 对照分析法。对照分析法即对照有关标准、法规、检查表或依靠分析人员的观察能力，借助其经验和判断能力，直观地对分析对象的危险因素进行分析。对照分析法具有简单、易行的优点，但由于它是借鉴以往的经验，因此容易受到分析人员的经验、知识和占有资料局限等方面的限制。

② 类比推断法。类比推断法也是实践经验的积累和总结，它是利用相同或类似工程中作业条件的经验以及安全的统计来类比推断被评价对象的危险危害因素。新建的工程可以考虑借鉴具有同类规模和装备水平的企业的经验来辨识危险危害因素，结果具有较高的置信度。

（2）对复杂的系统进行分析时，应采用系统安全分析方法，常用的系统安全分析方法有：安全检查表分析法、预先危险分析法、故障类型及影响分析法、危险可操作性研究、事故树分析方法、危险指数法、概率危险评价方法、故障假设分析法等。

3.4　工业过程危险危害因素的辨识

3.4.1　总图布置及建筑物的危险危害因素辨识

1. 厂址

从厂址的工程地质、地形地貌、水文、气象条件、周围环境、交通运输条件、自然灾害、消防支持等方面进行分析辨识。

2. 总平面布置

从功能分区、防火间距和安全间距、风向、建筑物朝向、危险危害物质设施（氧气站、乙炔气站、压缩空气站、锅炉房、液化石油气站等）、道路、储运设施等方面进行分析辨识。

3. 道路及运输

从运输、装卸、消防、疏散、人流、物流、平面交叉运输等方面进行分析辨识。

4. 建筑物

从厂房的生产火灾危险性分类、耐火等级、结构、层数、占地面积、防火间距、安全疏散等方面进行分析辨识。

3.4.2　生产工艺过程的危险危害因素辨识

（1）对新建、改建、扩建项目设计阶段危险危害因素的辨识。

对新建、改建、扩建项目设计阶段的危险危害因素应从以下几个方面进行辨识：

① 对设计阶段是否通过合理的设计进行考查，尽可能从根本上避免危险危害因素的发生。例如是否采用无害化工艺技术，以无害物质代替有害物质并实现过程自动化等。

② 当消除危险危害因素有困难时，对是否采取了预防性技术措施来预防危险危害的发生进行考查。例如：是否设置安全阀、防爆阀（膜）；是否有有效的泄压面积和可靠的防静电接地、防雷接地、保护接地、漏电保护装置等。

③ 当无法消除危险或危险难以预防时，对是否采取了减少危险危害发生的措施进行考查。例如是否设置防火堤、涂防火涂料；是否是敞开或半敞开式的厂房；防火间距、通风是否符合国家标准的要求；是否以低毒物质代替高毒物质；是否采取减振、消声和降温措施等。

④ 当无法消除、预防和减少危险的发生时，对是否将人员与危险危害因素隔离等进行考查。例如是否实行遥控、设置隔离操作室、安装安全防护罩、配备劳动保护用品等。

⑤ 当操作者失误或设备运行达到危险状态时，对是否能通过连锁装置来终止危险危害的发生进行考察。例如考察是否设置锅炉极低水位时停炉连锁保护等。

⑥ 在易发生故障和危险性较大的地方，对是否设置了醒目的安全色、安全标志和声光警示装置等进行考查。如厂内铁路或道路交叉口、危险品库、易燃易爆物质区等。

（2）在进行安全现状评价时，利用行业和专业的安全标准、规程进行分析辨识。

进行安全现状评价时，经常利用行业和专业的安全标准、规程进行分析辨识。例如对化工、石油化工工艺过程的危险危害性辨识，可以利用该行业的安全标准及规程着重对以下几种工艺过程进行辨识：

① 存在不稳定物质的工艺过程（如原料、中间产物、副产物、添加物或杂质等不稳定物质）；

② 含有易燃物料，且在高温、高压下运行的工艺过程；

③ 含有易燃物料，且在冷冻状况下运行的工艺过程；

④ 在爆炸极限范围内或接近爆炸性混合物的工艺过程；

⑤ 有可能形成尘、雾爆炸性混合物的工艺过程；

⑥ 有剧毒、高毒物料存在的工艺过程；

⑦ 储有压力能量较大的工艺过程；

⑧ 能使危险物的良好防护状态遭到破坏或者损害的工艺过程；

⑨ 工艺过程参数（如反应温度、压力、浓度、流量等）难以严格控制并可能引发事故的工艺过程；

⑩ 工艺过程参数与环境参数具有很大差异，系统内部或者系统与环境之间在能量的控制方面处于严重不平衡状态的工艺过程；

⑪ 一旦脱离防护状态，危险物质会大量积聚的工艺过程和生产环境（如危险气、液的排放；尘、毒严重的车间内通风不良等）；

⑫ 有电气火花、静电危险性或其他明火作业的工艺过程，或有炽热物、高温熔融物的危险工艺过程或生产环境；

⑬ 能使设备可靠性降低的工艺过程（如低温、高温、振动和循环负荷疲劳影响等）；

⑭ 由于工艺布置不合理而较易引发事故的工艺过程；

⑮ 在危险物生产过程中有强烈机械作用影响的工艺过程(如摩擦、冲击、压缩等);

⑯ 容易产生混合危险的工艺过程或者有危险物存在的工艺过程。

(3) 根据典型的单元过程(单元操作)进行危险危害因素辨识。

典型的单元过程是各行业中具有典型特点的基本过程或基本单元。例如:化工生产过程中的氧化、还原、硝化、电解、聚合、催化、裂化、氯化、磺化、重氮化、烷基化等;石油化工生产过程的催化裂化、加氢裂化、加氢精制、裂解;催化脱氧、催化氧化等;电力生产过程的锅炉制粉系统、锅炉燃烧系统、锅炉热力系统、锅炉水处理系统、锅炉压力循环系统、汽轮机系统、发电机系统等。这些单元过程的危险危害因素已经归纳总结在许多手册、规范、规程和规定中,通过查阅均能得到。这类方法可以使危险危害因素的识别比较系统,避免遗漏。单元操作过程中的危险性是由所处理物料的危险性决定的。

3.4.3　主要设备或装置的危险危害因素辨识

1. 工艺设备、装置的危险危害因素辨识

工艺设备、装置的危险危害因素辨识主要包括:设备本身是否能满足工艺的要求;标准设备是否由具有生产资质的专业工厂所生产、制造;是否具备相应的安全附件或安全防护装置,如安全阀、压力表、温度计、液压计、阻火器、防爆阀等;是否具备指标性安全技术措施,如超限报警、故障报警、状态异常报警等;是否具备紧急停车的装置;是否具有检修时不能自动投入运行,不能自动反向运转的安全装置等。

2. 专业设备的危险危害因素辨识

(1) 化工设备的危险危害因素辨识,主要检查这些设备是否有足够的强度、刚度;是否有可靠的耐腐蚀性;是否有足够的抗高温蠕变性;是否有足够的抗疲劳性;密封是否安全可靠;安全保护装置是否配套。

(2) 机械加工设备的危险危害因素辨识,可以根据相应的标准、规程进行。例如机械加工设备的一般安全要求;磨削机械安全规程;剪切机械安全规程;电机外壳防护等级等。

3.4.4　电气设备的危险危害因素辨识

电气设备的危险危害因素辨识,应紧密结合工艺的要求和生产环境的状况来进行。一般可考虑从以下几方面进行:

(1) 电气设备的工作环境是否属于易发生爆炸和火灾、有粉尘、潮湿、腐蚀的环境;

(2) 电气设备是否满足环境要求;

(3) 电气设备是否具有国家指定机构的安全认证标志,特别是防爆电器的防爆等级;

(4) 电气设备是否为国家颁布的淘汰产品;

(5) 用电负荷等级对电力装置的要求是否满足;

(6) 是否存在电气火花引燃源;

(7) 触电保护、漏电保护、短路保护、过载保护、绝缘、电气隔离、屏护、电气安全距离等是否可靠;

(8) 是否根据作业环境和条件选择安全电压,安全电压值和设施是否符合规定;

(9) 防静电、防雷击等电气连接措施是否可靠;

（10）管理制度是否完善；

（11）事故状态下的照明、消防、疏散用电及应急措施用电是否正常；

（12）自动控制装置，如不间断电源、冗余装置等是否可靠。

3.4.5　特种设备的危险危害因素辨识

特种设备是指涉及生命安全或危险性较大的锅炉、压力容器（含气瓶）、压力管道、起重机械等。

特种设备的设计、生产、安装、使用应具有相应的资质或许可证，应按相应的规程标准进行辨识。如：蒸汽锅炉安全技术监察规程、热水锅炉安全技术监察规定、起重机械安全规程以及特种设备质量监督与安全监察规程等。

锅炉、压力容器、压力管道的危险危害因素主要是由于安全防护装置失效、承压元件失效或密封元件失效，使其内部具有一定温度和压力的工作介质失控，从而导致事故的发生。常见的锅炉、压力容器、压力管道失效主要有泄漏和破裂爆炸。所谓泄漏，是指工作介质从承压元件内向外漏出或其他物质由外部进入承压元件内部的现象。如果漏出的物质是易燃、易爆、有毒、有害物质，不仅可以造成热（冷）伤害，还可能引发火灾、爆炸、中毒、腐蚀或环境污染。引起泄漏的主要原因有设备存在缺陷，腐蚀，垫片老化，法兰变形等。所谓破裂爆炸，是指承压元件出现裂缝、开裂或破碎的现象。承压元件最常见的破裂形式有韧性破裂、脆性破裂、疲劳破裂、腐蚀破裂和蠕变破裂等。

起重机械的主要危险危害因素有：由于基础不牢、超工作能力范围运行和运行时碰到障碍等原因造成的翻倒；超过工作载荷、超过运行半径等引起的超载；与建筑物、电缆线或其他起重机械相撞；设备置放在坑或下水道的上方，支撑架未能伸展，未能支撑于牢固的地面上造成的基础损坏；由于视野限制、技能培训不足等造成的误操作；负载从吊轨或吊索上脱落等。

3.4.6　企业内特种机械的危险危害因素辨识

1. 厂内机动车辆

厂内机动车辆应该制造良好、没有缺陷，载重量、容量及类型应与用途相适应。车辆所使用动力的类型应相适应，车辆应加强维护，任何损坏均需报告并及时修复，操作员应有安全防护措施，应按制造者的要求来使用厂内机动车辆及其附属设备。厂内机动车辆主要的危险危害因素有：提升重物动作太快，超速驾驶，突然刹车，碰撞障碍物，在已有重物时使用前铲，在车辆前部有重载时下斜坡、横穿斜坡或在斜坡上转弯、卸载和在不适的路面或支撑条件下运行等引起的翻车；超过车辆的最大载荷；运载车辆在运送可燃气体时，本身也有可能成为火源；在没有乘椅及相应设施时载有乘员。

2. 传送设备

最常用的传送设备有胶带输送机、滚轴和齿轮传送装置，其主要的危险危害因素有：肢体被夹入运动的装置中；肢体与运动部件接触而被擦伤；肢体绊卷到机器轮子、带子之中；不正确的操作或者物料高空坠落造成的伤害。

3.4.7　登高装置的危险危害因素辨识

　　主要的登高装置有梯子、活梯、活动架、脚手架(通用的或塔式的)、吊笼、吊椅、升降工作平台、动力工作平台等,其主要危险危害因素有:登高装置自身结构方面的设计缺陷;支撑基础下沉或毁坏;不恰当地选择了不够安全的作业方法;悬挂系统结构失效;因承载超重而使结构损坏;因安装、检查、维护不当而造成结构失效;因为不平衡造成的结构失效;所选设施的高度及臂长不能满足要求而超限使用;由于使用错误或者理解错误而造成的不稳;负载爬高;攀登方式不对或脚上穿着物不合适、不清洁造成跌落;未经批准而使用或更改作业设备;与障碍物或建筑物碰撞;电动、液压系统失效;运动部件卡住。

3.4.8　危险化学品的危险危害因素辨识

1. 危险化学品的危险特性辨识

　　危险化学品包括爆炸品,压缩气体和液化气体,易燃液体,易燃固体、自燃物品和遇湿易燃物品,氧化剂和有机过氧化物,毒害品和感染性物品,放射性物品,腐蚀品等八大类、21 项(GB 13690—92)。

　　1) 爆炸品的危险特性

　　爆炸品是指在外界作用下(如受热、受摩擦、撞击等),能发生剧烈化学反应,瞬时产生大量气体和热量,使周围压力急剧上升,发生爆炸,对周围环境造成破坏的物品。爆炸品具有以下危险特性:

　　① 敏感易爆性:通常能引起爆炸品爆炸的外界作用有热、机械撞击、摩擦、冲击波、爆轰波、光、电等。爆炸品的起爆能越小,则敏感度越高,其危险性也就越大。

　　② 遇热危险性:爆炸品遇热达到一定的温度即自行着火爆炸。一般爆炸品的起爆温度较低,如雷汞为 165℃,苦味酸为 200℃。

　　③ 机械作用危险性:爆炸品受到撞击、振动、摩擦等机械作用时就会爆炸着火。

　　④ 静电火花危险性:爆炸品是电的不良导体,在包装、运输过程中容易产生静电,一旦发生静电放电会引起爆炸。

　　⑤ 火灾危险性:绝大多数爆炸都伴有燃烧,爆炸时可形成数千度的高温,会造成重大火灾。

　　⑥ 毒害性:绝大多数爆炸品爆炸时会产生 CO、CO_2、NO、NO_2、HCN、N_2 等有毒或窒息性气体,从而引起人体中毒、窒息。

　　2) 压缩气体和液化气体的危险特性

　　压缩气体和液化气体系指压缩、液化或加压溶解,并符合下述两种情况之一的气体:临界温度低于 50℃,或在 50℃时,其蒸气压力大于 294 kPa 的压缩或液化气体;温度在 21.1℃时,气体的绝对压力大于 275 kPa,或在 54.4℃时,气体的绝对压力大于 715 kPa 的压缩气体,或在 37.8℃时,雷德蒸气压大于 275 kPa 的液化气体或加压溶解气体。按其性质分为易燃气体、不燃气体(包括助燃气体)和有毒气体。

　　压缩气体和液化气体具有以下危险特性:

　　① 爆炸危险性:一般压缩气体和液化气体都盛装在密闭的容器内,一旦容器失效,气体会急剧膨胀而造成伤害。在密闭容器内,气体受热的温度越高,压力越大,当压力超过

容器的耐压强度时就会造成爆炸事故。

② 燃烧爆炸危险性：易燃可燃气体与空气混合能形成爆炸性气体，遇明火极易发生燃烧爆炸。

③ 其他危险性：如毒性、刺激性、致敏性、腐蚀性、窒息性等。

3）易燃液体的分类及危险特性

易燃液体是指闭杯闪点等于或低于61℃的液体、液体混合物或含有固体物质的液体。

根据易燃液体的储运特点和火灾危险性的大小，《建筑设计防火规范》（GBJ 16—1987，2001 年修订版）将其分为甲类（闪点＜28℃）、乙类（28℃≤闪点＜60℃）、丙类（闪点≥60℃）三种。

根据易燃液体闪点高低，依据《危险货物分类和品名编号》（GB 6944—1986）将易燃液体分为第 1 类低闪点液体（闪点＜－18℃）、第 2 类中闪点液体（－18℃≤闪点＜23℃）、第 3 类高闪点液体（23℃≤闪点≤60℃）三种。

易燃液体有以下危险特性：

① 易挥发性：易燃液体大部分属于沸点低、闪点低、挥发性强的物质。随着温度的升高，蒸发速度加快，当蒸气与空气达到一定浓度时遇火源极易发生燃烧爆炸。

② 易燃性：闪点越低，越容易点燃，火灾危险性就越大。

③ 易产生静电性：大部分易燃液体为非极性物质，在管道、储罐、槽车、油船中输送、摇晃、搅拌和高速流动时，由于摩擦会产生静电。当所带的静电荷聚积到一定程度时，就会产生静电火花，有引起燃烧和爆炸的危险。

④ 流动扩散性：易燃液体具有流动和扩散性，大部分黏度较小，易流动，有蔓延和扩大火灾的危险。

⑤ 毒害性：大多数易燃液体都有一定的毒性，对人体的内脏器官和系统有毒害作用。

4）易燃固体、自燃物品和遇湿易燃物品的危险特性

易燃固体是指燃点低，对受热、撞击、摩擦敏感，易被外部火源点燃，燃烧迅速，并可能散发出有毒烟雾或有毒气体的固体。

自燃物品是指自燃点低，在空气中易发生氧化反应，放出热量而自行燃烧的物品。

遇湿易燃物品则指遇水或受潮时，发生剧烈化学反应，放出大量的易燃气体和热量的物品，有些不需明火，即能燃烧或爆炸。

易燃固体的危险特性为：燃点低；容易被氧化，受热易分解或升华，遇火种、热源常会引起强烈、连续的燃烧；与强酸作用易燃易爆；受摩擦、撞击、振动易燃；当固体粒度小于 0.01 mm 时，可悬浮于空气中，与空气中的氧接触发生氧化作用，与空气的接触机会越多，发生氧化作用也就越容易，燃烧也就越快，就越具有爆炸危险性；易燃固体与氧化剂接触，能发生剧烈反应而引起燃烧或爆炸，如赤磷与氯酸钾接触，硫磺粉与氯酸钾或过氧化钠接触，均从立即发生燃烧爆炸；本身或其燃烧产物有毒等。

自燃物品的危险特性为：自燃物品多具有容易氧化、分解的性质，且燃点较低，不需外界火源；会在常温空气中由物质自身的物理和化学作用放出热量，如果散热受到阻碍，就会蓄积而导致温度升高，达到自燃点而引起燃烧；其自行的放热方式有氧化热、分解热、水解热、聚合热、发酵热等。

遇湿易燃物品的危险特性为：活泼金属及合金类、金属氢化物类、硼氢化物类、金属

粉末类的物品遇湿剧烈反应，放出 H_2 和大量热，致使 H_2 燃烧爆炸；金属碳化物类、有机金属化合物类如 K_4C、Na_4C、Ca_2C、Al_4C_3 等遇湿会放出 C_2H_2、CH_4 等极易着火爆炸的物质；金属磷化物与水作用会生成易燃、易爆、有毒的 PH_3；金属硫化物遇湿会生成有毒可燃的 H_2S 气体；生石灰、无水氯化铝、过氧化钠、苛性钠、发烟硫酸、三氯化磷等遇水会放出大量热，会将邻近可燃物引燃。

5）氧化剂和有机过氧化物的危险特性

氧化剂指处于高氧状态，具有强氧化性，易分解并放出氧和热量的物质，包括含有过氧基的无机物，可与粉末状可燃物组成爆炸性混合物，另外还有对热、振动或摩擦较为敏感的物质。按其危险性大小，氧化剂分为一级氧化剂和二级氧化剂。

有机过氧化物指分子组成中含有过氧键，其本身易燃、易爆、极易分解，对热、振动和摩擦极为敏感的有机物。

氧化剂和有机过氧化物具有如下特性：

氧化剂中的无机过氧化物均含有过氧基（—O—O—），很不稳定，易分解放出原子氧，其余的氧化剂则分别含有高价态的氯、溴、氮、硫、锰、铬等元素，这些高价态的元素都有极强的获得电子的能力。因此氧化剂最突出的性质就是遇到易燃物品、可燃物品、有机物、还原剂等会发生剧烈化学反应而引起燃烧爆炸。

有机过氧化物本身就是可燃物，易着火燃烧，受热分解的生成物又均为气体，更易引起爆炸。所以，有机过氧化物比无机氧化剂有更大的火灾爆炸危险。

许多氧化剂如氯酸盐类、硝酸盐类、有机过氧化物等对摩擦、撞击、振动极为敏感，储运中要轻装轻卸，以免增加其爆炸的可能性。

大多数氧化剂，特别是碱性氧化剂，遇酸反应剧烈，甚至发生爆炸。例如过氧化钠（钾）、氯酸钾、高锰酸钾、过氧化二苯甲酰等，遇硫酸立即发生爆炸。这些氧化剂不得与酸类接触，也不可用酸碱灭火剂灭火。

有些氧化剂特别是活泼金属的过氧化物，如过氧化钠（钾）等，遇水分解出氧气和热量，有助燃作用，使可燃物质燃烧，甚至爆炸。这些氧化剂应防止受潮。灭火时严禁用水、酸碱、泡沫、二氧化碳等。

6）毒害品和感染性物品的危险特性

毒害品和感染性物品是指进入肌体后，累积达一定的量，能与体液和组织发生生物化学作用或生物物理学作用，扰乱或破坏肌体的正常生理功能，引起暂时性或持久性的病理改变，甚至危及生命的物品。其中毒害品按其毒性大小分为一级毒害品和二级毒害品。

毒害品的危险特性主要有如下几个方面：

① 溶解性：很多毒害品水溶性或脂溶性较强。毒害品在水中溶解度越大，毒性越大。如氯化钡易溶于水，对人体危害大，而硫酸钡不溶于水和脂肪，故无毒。但有的有毒物质是不溶于水但可溶于脂肪，这类物质也会对人体产生一定危害。

② 挥发性：大多数有机毒害品挥发性较强，易使人体因吸入蒸气而中毒。毒物的挥发性越强，导致中毒的可能性越大。一般沸点越低的物质，挥发性越强，空气中存在的浓度就越高，越容易发生中毒。

③ 氧化性：在无机有毒物品中，汞和铝的氧化物都具有氧化性，与还原性的物质接触，易引起燃烧爆炸，并产生毒性极强的气体。

④ 分解性：固体毒物颗粒越小，分散性越好，特别是一些悬浮于空气中的毒物颗粒，更易被吸入肺泡而导致中毒。

⑤ 遇水、遇酸分解性：大多数毒害品遇酸或酸雾分解并放出有毒的气体，有的气体还具有易燃和自燃危险性，有的甚至遇水会发生爆炸。

⑥ 遇高热、明火、撞击发生燃烧爆炸：芳香族的二硝基氯化物、萘酚、酚钠等化合物遇高热、撞击等都可能引起爆炸并分解出有毒气体，遇明火会发生燃烧爆炸。

⑦ 闪点低、易燃：目前列入危险品的毒害品共 536 种，有火灾危险的为 476 种，占总数的 89%，而其中易燃烧液体为 236 种，有的闪点极低。

⑧ 遇氧化剂发生燃烧爆炸：大多数有火灾危险的毒害品，遇氧化剂都能发生反应，此时遇火就会发生燃烧爆炸。

7）放射性物品的危险特性

放射性物品是指放射性比活度大于 7.4×104 Bq/kg 的物品。按其放射性大小分为一级放射性物品、二级放射性物品和三级放射性物品。

放射性物品的危险特性主要有如下几个方面：

① 放射性：能自发地、不断地释放出人的感觉器官不能觉察到的射线。放射性物质释放出的射线分为 4 种，即 α 射线、β 射线、γ 射线和中子流。当射线从人体外部照射时，β 射线、γ 射线和中子流对人的危害很大，达到一定剂量可使人患放射病，甚至死亡。

② 毒性：许多放射性物品毒性很大，如：钋 210、镭 226、钍 230 等都是剧毒的放射性物品；钠 22、钴 60、锶 90、碘 131、铅 210 等为高毒的放射性物品，均应注意。

③ 防护方法单一：不能用化学方法或者其他方法使放射性物品不放出射线，而只能设法把放射性物质清除或者用适当的材料予以吸收屏蔽。

8）腐蚀品的危险特性

腐蚀品是指能灼伤人体组织并对金属等物品造成损坏的固体或液体，按化学性质分为酸性腐蚀品、碱性腐蚀品和其他腐蚀品，按腐蚀性的强弱又分为一级腐蚀品和二级腐蚀品。

腐蚀品的危险特性主要有以下几个方面：

① 腐蚀性：与人体及设备、建筑物、构筑物、车辆、船舶的金属结构都易发生化学反应，使之腐蚀并遭受破坏。

② 氧化性：腐蚀性物质如浓硫酸、硝酸、氯磺酸、漂白粉等都是氧化性很强的物质，与还原剂接触易发生强烈的氧化还原反应，放出大量的热，容易燃烧。

③ 稀释放热性：多种腐蚀品遇水会放出大量的热，易燃液体四处飞溅会造成人体灼伤。

2. 危险化学品包装物的危险危害因素辨识

危险化学品包装物的危险危害因素辨识主要从以下几个方面进行。

（1）包装的结构是否合理，强度是否足够，防护性能是否完好，包装的材质、形式、规格、方法和单件质量是否与所装危险货物的性质和用途相适应，以便于装卸、运输和储存。

（2）包装的构造和封闭形式是否能承受正常运输条件下的各种作业风险，不应因温度、湿度或压力的变化而发生任何渗（撒）漏；包装表面不允许粘附有害的危险物质。

（3）包装与内装物直接接触部分是否有内涂层或进行了防护处理；包装材质是否与内

装物发生化学反应而形成危险产物或削弱包装强度；内容器是否固定。

（4）盛装液体的容器是否能经受在正常运输条件下产生的内部压力；灌装时是否留有足够的膨胀余量（预留容积），除另有规定外，能否保证在温度为 55℃ 时，内装液体不会完全充满容器。

（5）包装封口是否根据内装物性质采用严密的液密封口或气密封口。

（6）盛装需浸湿或加有稳定剂的物质时，在储运期间，其容器封闭形式是否能有效保证内装液体（水、溶剂和稳定剂）的百分比保持在规定的范围以内。

（7）有降压装置的包装，其排气孔设计和安装是否能防止内装物泄漏和外界杂质进入；排出的气体量是否造成危险和污染环境。

（8）盒包装的内容器和外包装是否紧密贴合，外包装是否有擦伤内容器的凸出物。

3.4.9　作业环境的危险危害因素辨识

作业环境中的危险危害因素主要有危险物质、生产性粉尘、工业噪声与振动、温度与湿度以及辐射等。

1. 危险物质的危险危害因素辨识

生产中的原材料、半成品、中间产品、副产品以及储运中的物质以气态、液态或固态存在，它们在不同的状态下具有不同的物理、化学性质及危险危害特性，因此，了解并掌握这些物质固有的危险特性是进行危险辨识、分析和评价的基础。

危险物质的辨识应从其理化性质、稳定性、化学反应活性、燃烧及爆炸特性、毒性及健康危害等方面进行。

2. 生产性粉尘的危险危害因素辨识

在有粉尘的作业环境中长时间工作并吸入粉尘，就会引起肺部组织纤维化、硬化，丧失呼吸功能，导致肺病（尘肺病）。粉尘还会引起刺激性疾病、急性中毒或癌症。当爆炸性粉尘在空气中达到一定浓度（爆炸下限浓度）时，遇火源会发生爆炸。

生产性粉尘主要产生在开采、破碎、粉碎、筛分、包装、配料、混合、搅拌、散粉装卸及输送除尘等生产过程中。在对其进行辨识时，应根据工艺、设备、物料、操作条件等，分析可能产生的粉尘种类和部位。用已经投产的同类生产厂、作业岗位的检测数据或模拟实验测试数据进行类比辨识。通过分析粉尘产生的原因、粉尘扩散的途径、作业时间、粉尘特性等来确定其危害方式和危害范围。

3. 工业噪声与振动的危险危害因素辨识

工业噪声能引起职业性耳聋或引起神经衰弱、心血管疾病及消化系统疾病的高发，会使操作人员的操作失误率上升，严重时会导致事故发生。

工业噪声可以分为机械噪声、空气动力性噪声和电磁噪声等 3 类。

噪声危害的辨识主要根据已掌握的机械设备或作业场所的噪声确定噪声源、声级和频率。

振动危害有整体振动危害和局部振动危害，可导致人的中枢神经、植物神经功能紊乱，血压升高，还会导致设备、部件的损坏。

振动危害的辨识应先找出产生振动的设备，然后根据国家标准，参照类比资料确定振动的危害程度。

4. 温度与湿度的危险危害因素辨识

温度与湿度的危险危害主要表现为：高温、高湿环境影响劳动者的体温调节、水盐代谢、物质系统、消化系统、泌尿系统等。当热调节发生障碍时，轻者影响劳动能力，重者可引起别的病变，如中暑等。水盐代谢的失衡可导致血液浓缩、尿液浓缩、尿量减少，这样就增加了心脏和肾脏的负担，严重时引起循环衰竭和热痉挛。高温作业的工人，高血压发病率较高，而且随着工龄的增加而增加。高温还可以抑制中枢神经系统，使工人在操作过程中注意力分散，肌肉工作能力降低，有导致工伤事故的危险。高温可造成灼伤；低温可引起冻伤。

另外，温度急剧变化时，因热胀冷缩，造成材料变形或热应力过大，会导致材料被破坏；在低温下金属会发生晶型转变，甚至破裂；高温、高湿环境会加速材料的腐蚀；高温环境可使火灾危险性增大。

生产性热源主要有：工业炉窑（冶炼炉、焦炉、加热炉、锅炉等）、电热设备（电阻炉、工频炉等）、高温工件（如铸锻件）、高温液体（如导热油、热水）、高温气体（如蒸汽、热风、热烟气）等。

在进行温度、湿度危险危害辨识时，应注意了解生产过程中的热源及其发热量，表面绝热层的有无，表面温度高低，与操作者的接触距离等情况。还应了解是否采取了防灼伤、防暑、防冻措施，是否采取了空调措施，是否采取了通风（包括全面通风和局部通风）换气措施，是否有作业环境温度、湿度的自动调节控制措施等。

5. 辐射的危险危害因素辨识

辐射主要分为电离辐射（如 α 粒子、β 粒子、γ 粒子和中子）和非电离辐射（如紫外线、射频电磁波、微波等）两类。电离辐射伤害则由 α 粒子、β 粒子、γ 粒子和中子极高剂量的放射性作用所造成。非电离辐射中的射频辐射危害主要表现为射频致热效应和非致热效应两个方面。

在进行辐射危险危害辨识时，应了解是否采取了通过屏蔽降低辐射的措施，是否采取了个体防护措施等。

3.4.10 与手工操作有关的危险危害因素辨识

在手工进行搬、举、推、拉及运送重物时，有可能导致的伤害有椎间盘损伤、韧带拉伤、肌肉损伤、神经损伤、肋间神经痛、挫伤、擦伤、割伤等。

引起这些危险危害的主要原因有：

（1）远离身体躯干拿取或操纵重物；

（2）超负荷推、拉重物；

（3）不良的身体运动或工作姿势，尤其是躯干扭转、弯曲、伸展取东西；

（4）超负荷的负重运动，尤其是举起、搬下或搬运重物的距离过长；

（5）负荷物可能突然运动；

（6）手工操作的时间及频率不合理；

（7）没有足够的休息及恢复体力的时间；

（8）工作的节奏及速度安排不合理等。

3.4.11　储运过程的危险危害因素辨识

原料、半成品及成品的储存和运输是企业生产不可缺少的环节。储运的物质中，有不少是危险化学品，一旦发生事故，必然造成重大的经济损失。危险化学品包括爆炸品、压缩气体和液化气体，易燃液体，易燃固体、自燃物品和遇湿易燃物品，氧化剂和有机过氧化物、有毒品及腐蚀品等。危险化学品储运过程中的危险危害因素辨识应从以下几方面进行。

爆炸品的储运危险因素应从单个仓库中最大允许储存量的要求，分类存放的要求，装卸作业是否具备安全条件，铁路、公路和水上运输是否具备安全条件，爆炸品储运作业人员是否具备相应的资质、知识等方面进行辨识。

整装易燃液体的储存危险性应从易燃液体的储存状况、技术条件，易燃液体储罐区、堆垛的防火要求等方面进行辨识；其运输危险性应从装卸作业，公路、铁路和水路运输过程进行辨识。

散装易燃液体的储存危险性应从防泄漏、防流散、防静电、防雷击、防腐蚀、装卸操作和管理等方面进行辨识。

毒害品的储存危险性应从储存技术条件和库房两方面进行识别。储存技术条件方面着重辨识是否针对毒害品具有的危险特性，如易燃性、腐蚀性、挥发性、遇湿反应性等采取了相应的措施；是否采取了分离储存、隔开储存和隔离储存的措施；是否存在毒害品包装及封口方面的泄漏危险；是否存在储存温度、湿度方面的危险；另外还有操作人员作业中失误的危险以及作业环境空气中有毒物品浓度方面的危险。库房方面着重辨识其防火间距、耐火等级、防爆措施等方面的危险因素，以及潮湿、腐蚀和疏散的危险因素；占地面积与火灾危险等级要求方面的危险因素也在着重识别之列。

毒害品运输方面的危险因素应主要从毒害品配装原则方面的危险因素、毒害品公路运输方面的危险因素、毒害品铁路运输方面的危险因素（如溜放危险、连挂时速度的危险、编组中的危险等）、毒害品水路运输方面的危险因素（如装载位置方面的危险、容器封口的危险、易燃毒害品的火灾危险等）等方面进行辨识。

3.4.12　建筑和拆除过程中的危险危害因素辨识

1. 建筑过程中的危险危害因素辨识

建筑过程中的危险危害因素集中于"四害"，即高处坠落、物体打击、机械伤害和触电伤害。建筑行业还存在职业卫生问题，首先是尘肺病，此外还有因寒冷、潮湿的工作环境导致的早衰、短寿，因气候过热、长期户外工作导致的皮肤癌，因重复的手工操作过多导致的外伤，以及因噪声导致的听力损失。

2. 拆除过程的危险危害因素辨识

拆除过程的危险危害因素主要是建筑物、构筑物过早倒塌以及从工作点和进入通道上坠落，其根本原因是工作不按严格、适用的计划和程序进行。

3.5　重大危险源辨识

3.5.1　重大危险源辨识依据

我国危险源辨识目前所依据的标准是 GB 18218—2009《危险化学品重大危险源辨识标准》(见附录 1)。对于某种或某类危险化学品规定的数量,若单元中的危险化学品数量等于或超过该数量,则该单元定为重大危险源。

危险化学品重大危险源的辨识是依据危险化学品的危险特性及其数量,单元内存在的危险化学品的数量根据处理危险化学品种类的多少来区分的,主要分为以下两种情况。

(1) 单元内存在的危险化学品为单一品种时,则该危险化学品的数量即为单元内危险化学品的总量,若等于或超过相应的临界量,则定为重大危险源。

(2) 单元内存在的危险化学品为多品种时,按下式计算,若满足下式,则定为重大危险源:

$$\frac{q_1}{Q_1} + \frac{q_2}{Q_2} + \cdots + \frac{q_n}{Q_n} \geqslant 1$$

式中:q_1,q_2,$\cdots$,q_n——每种危险化学品实际存在的量,t;

Q_1,Q_2,$\cdots$,Q_n——与各危险化学品相对应的生产场所或储存区的危险化学品的临界量,t。

3.5.2　重大危险源的分类和分级

1. 重大危险源的分类

重大危险源分类是重大危险源申报、普查的基础,科学、合理的分类有助于客观地反映重大危险源的本质特征,有利于重大危险源普查工作的顺利进行。

结合国家安全生产监督总局 56 号文件《关于开展重大危险源监督管理工作的指导意见》综合考虑多种因素,可将重大危险源分为 9 大类。具体分类如图 3-2 所示。

(1) 易燃、易爆、有毒物质的储罐区(储罐)。

(2) 易燃、易爆、有毒物质的库区(库)。

(3) 具有火灾、爆炸、中毒危险的生产场所。

(4) 压力管道。

(5) 锅炉。

(6) 压力容器。

(7) 煤矿(井工开采)。

(8) 金属非金属地下矿山。

(9) 尾矿库。

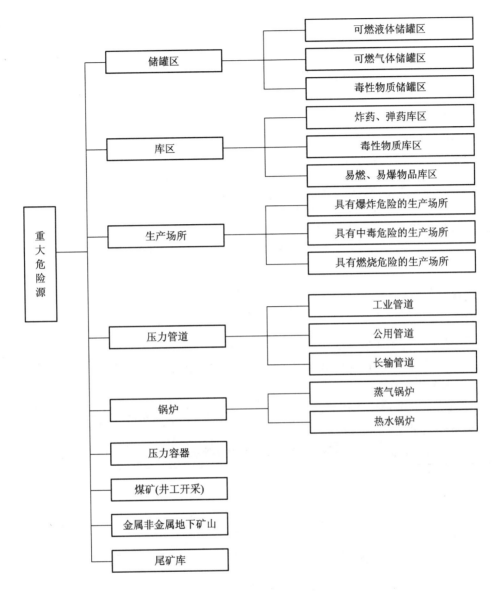

图 3-2　重大危险源分类

2. 危险化学品重大危险源分级方法

1）分级指标

采用单元内各种危险化学品实际存在（在线）量与其在《危险化学品重大危险源辨识》（GB18218—2009）中规定的临界量比值，经校正系数校正后的比值之和 R 作为分级指标。

2）R 的计算方法

$$R = \alpha \left(\beta_1 \frac{q_1}{Q_1} + \beta_2 \frac{q_2}{Q_2} + \cdots + \beta_n \frac{q_n}{Q_n} \right)$$

式中：

$q_1, q_2, \cdots, q_n$——每种危险化学品实际存在（在线）量，t；

$Q_1, Q_2, \cdots, Q_n$——与各危险化学品相对应的临界量 t；

β_1，β_2，$\cdots$，β_n——与各危险化学品相对应的校正系数；

α—该危险化学品重大危险源厂区外暴露人员的校正系数。

3）校正系数 β 的取值

根据单元内危险化学品的类别不同，设定校正系数 β 值，如表 3-1 和表 3-2 所示。

表 3-1　校正系数 β 取值表

危险化学品 类别	毒性气体	爆炸品	易燃气体	其他类
β	见表 3-2	2	1.5	1

注：危险化学品类别依据《危险货物品名表》中分类标准确定。

表 3-2　常见毒性气体校正系数 β 值取值表

毒性气体 名称	一氧化碳	二氧化硫	氨	环氧 乙烷	氯化氢	溴甲烷	氯
β	2	2	2	2	3	3	4
毒性气体 名称	氯化氢	氟化氢	二氧化氮	氰化氢	碳酰氯	磷化氢	异氰酸 甲酯
β	5	5	10	10	20	20	20

注：未在表 3-2 中列出的有毒气体可按 $\beta=2$ 取值，剧毒气体可按 $\beta=4$ 取值。

4）校正系数 α 的取值

根据重大危险源的厂区边界向外扩展 500 米范围内常住人口数量，设定厂外暴露人员校正系数 α 值，如表 3-3 所示。

表 3-3　校正系数 α 取值表

厂外可能暴露人员数量	α
100 人以上	2.0
50～99 人	1.5
30～49 人	1.2
1～29 人	1.0
0 人	0.5

注：危险化学品类别依据《危险货物品名表》中分类标准确定。

5）分级标准

根据计算出来的 R 值，按表 3-4 确定危险化学品重大危险源的级别。

表 3-4　危险化学品重大危险源级别和 R 值的对应关系

危险化学品重大危险源级别	R 值
一级	$R \geqslant 100$
二级	$100 > R \geqslant 50$
三级	$50 > R \geqslant 10$
四级	$R < 10$

思 考 题

1. 依据能量观点，分析危险危害因素产生原因。

2. 简要论述不同的分类依据下的危险危害因素分类。

3. 简述辨识危险危害因素有那些原则？

4. 常用的危险危害因素辨识方法有哪些？

5. 生产过程的危险危害因素应从哪几个方面去辨识？

6. 对电气设备应从哪些方面辨识其危险有害因素？

7. 简要分析一个加油加气站（主要危险物料为汽油和液化气）存在的主要危险危害因素？

8. 我国对重大危险源是如何界定的？

9. 简要论述我国重大危险源的分类和分级。

第4章　安全评价依据与规范

安全评价是政策性很强的一项技术工作，必须依据我国现行的法律、法规和技术标准，以保障被评价项目的安全运行，保障劳动者在劳动过程中的安全与健康。安全评价的依据有：国家和地方的有关法律、法规、标准，企业内部的规章制度和技术规范，可接受风险标准以及前人的经验和教训等。

4.1　法律的分类与地位

法包括宪法、法律、行政法规、地方性法规和行政规章。我国法律的层次结构如图4-1所示。

图4-1　法律的层次结构

4.1.1　宪法

宪法是国家的根本法，具有最高的法律地位和法律效力。宪法的特殊地位和属性体现在四个方面：

（1）宪法规定国家的根本制度、国家生活的基本准则。我国宪法规定了中华人民共和国的根本政治制度、经济制度、国家机关和公民的基本权利和义务。宪法所规定的是国家生活中最根本、最重要的原则和制度，因此宪法成为立法机关进行立法活动的法律基础，宪法被称为"母法"、"最高法"。但是宪法只规定立法原则，并不直接规定具体的行为规范，它不能代替普通法律。

（2）宪法具有最高法律效力。宪法具有最高法律权威，是制定普通法的依据，普通法的内容必须符合宪法的规定，与宪法内容相抵触的法律无效。

（3）宪法的制定与修改有特别程序。我国宪法草案是由宪法修改委员会提请全国人民代表大会审议通过的。

（4）宪法的解释、监督均有特别规定。全国人民代表大会和全国人民代表大会常务委员会监督宪法的实施，全国人民代表大会常务委员会有权解释宪法。

4.1.2　法律

广义的法律与法同义，狭义的法律特指由享有立法权的国家机关依照一定的立法程序制定和颁布的规范性文件。在我国，只有全国人民代表大会及其常务委员会才有权制定和修订法律。法律的地位和效力次于宪法，高于行政法规、地方性法规、自治法规和行政规章。法律在中华人民共和国领域内具有约束力。

法律是由国家立法机构以法律形式颁布实施的,其制定权属全国人民代表大会及其常务委员会,并由国家主席签署主席令予以公布。主席令中载明了法律的制定机关、通过日期和实施日期。

法律的公布方式,《立法法》明确规定法律签署公布后,应及时在人民代表大会常务委员会公报和在全国范围内发行的报纸上刊登;此外还规定,人民代表大会常务委员会公报上刊登的法律文本为标准文本。如《中华人民共和国劳动法》、《中华人民共和国安全生产法》、《中华人民共和国矿山安全法》等属于法律。

4.1.3　行政法规

行政法规是国家行政机关制定的规范性文件的总称。行政法规有广狭二义,广义的行政法规泛指包括国家权力机关根据宪法制定的关于国家行政管理的各种法律、法规,也包括国家行政机关根据宪法、法律、法规,在其职权范围内制定的关于国家行政管理的各种法规。狭义的行政法规专指最高国家行政机关即国务院制定的规范性文件。行政法规的名称通常为条例、规定、办法、决定等。

行政法规的法律地位和法律效力次于宪法和法律,但高于地方性法规、行政规章。行政法规在中华人民共和国内具有约束力。这种约束力体现在两个方面:

(1) 具有拘束国家行政机关自身的效力。作为最高国家行政机关和中央人民政府的国务院制定的行政法规,是国家最高行政管理权的产物,它对一切国家行政机关都有拘束力,都必须执行。其他所有行政机关制定的行政措施均不得与行政法规的规定相抵触,地方性法规、行政规章的有关行政措施不得与行政法规的有关规定相抵触。

(2) 具有拘束行政管理相对人的效力。依照行政法规的规定,公民、法人或者其他组织在法定范围内享有一定的权利,或者负有一定的义务。国家行政机关不得侵害公民、法人或者其他组织的合法权益;公民、法人或者其他组织如果不履行法定义务,也要承担相应的法律责任,受到强制执行或者行政处罚。

行政法规的制定权属国务院。行政法规由总理签署,以国务院令公布。国务院令中载明了行政法规的制定机关、通过日期和实施日期。关于行政法规的公布方式,《立法法》明确规定行政法规签署公布后,应及时在国务院公报和在全国范围内发行的报纸上刊登;此外还规定,国务院公报上刊登的行政法规文本为标准文本。如国务院发布的《危险化学品安全管理条例》、《安全生产许可证条例》等属于行政法规。

4.1.4　地方性法规

地方性法规是指地方国家权力机关依照法定职权和程序制定和颁布的、施行于本行政区域的规范性文件。地方性法规的法律地位和法律效力低于宪法、法律、行政法规,但高于地方政府规章。根据我国宪法和立法法等有关法律的规定,地方性法规由省、自治区、直辖市的人民代表大会及其常务委员会,在不与宪法、法律、行政法规相抵触的前提下制定,报全国人大常委会和国务院备案。省、自治区的人民政府所在地的市、经济特区所在地的市和经国务院批准的较大的市的人民代表大会及其常委会根据本市的具体情况和实际需要,在不同宪法、法律、行政法规和本省、自治区的地方性法规相抵触前提下,可以制定地方性法规，报所在的省、自治区的人民代表大会常务委员会批准后施行。

4.1.5 行政规章

行政规章是指国家行政机关依照行政职权所制定、发布的针对某一类事件、行为或者某一类人员的行政管理的规范性文件。《立法法》规定，国务院公报或者部门公报和地方人民政府公报上刊登的规章文本为标准文本。

行政规章分为部门规章和地方政府规章两种。部门规章是指国务院的部、委员会和直属机构依照法律、行政法规或者国务院的授权制定的在全国范围内实施行政管理的规范性文件。如国家安全生产监督管理局发布的《非煤矿矿山企业安全生产许可证实施办法》、《安全评价机构管理规定》，（原）劳动部发布的《建设项目（工程）劳动安全卫生监察规定》、《建设项目（工程）职业安全卫生设施和技术措施验收办法》等部门规章。

地方政府规章是指有地方性法规制定权的地方人民政府依照法律、行政法规、地方性法规或者本级人民代表大会或其常务委员会授权制定的在本行政区域实施行政管理的规范性文件。

4.1.6 国际法律文件

国际法律文件主要是我国政府批准加入的国际劳工公约。如1990年批准的《男女工人同工同酬公约》。

4.2 安全评价所依据的主要法律、法规

4.2.1 《中华人民共和国刑法》

2015年8月29日，第十二届全国人民代表大会常务委员会第十六次会议通过修订的《中华人民共和国刑法修正案（九）》（以下简称《刑法》），自2015年11月1日起施行。

（1）重大责任事故罪；强令违章冒险作业罪。《刑法》第一百三十四条规定："在生产、作业中违反有关安全管理的规定，因而发生重大伤亡事故或者造成其他严重后果的，处三年以下有期徒刑或者拘役；情节特别恶劣的，处三年以上七年以下有期徒刑。"

"强令他人违章冒险作业，因而发生重大伤亡事故或者造成其他严重后果的，处五年以下有期徒刑或者拘役；情节特别恶劣的，处五年以上有期徒刑。"

重大责任事故罪的犯罪客体是人的生命、健康和重大公私财产安全；犯罪主体是企业、事业单位的管理人员和作业人员；客观要件是实施了不服从管理、违反规章制度，或者强令工人冒险作业的违法行为，因而发生重大伤亡事故或者造成其他严重后果；主观要件表现为过失，即行为人本应当预见自己的行为将导致发生危害后果，但由于疏忽大意未能预见，或侥幸认为能够避免，以致发生严重后果。

（2）重大劳动安全事故罪；大型群众性活动重大安全事故罪。《刑法》第一百三十五条规定："安全生产设施或者安全生产条件不符合国家规定，因而发生重大伤亡事故或者造成其他严重后果的，对直接负责的主管人员和其他直接责任人员，处三年以下有期徒刑或者拘役；情节特别恶劣的，处三年以上七年以下有期徒刑。"

"举办大型群众性活动违反安全管理规定，因而发生重大伤亡事故或者造成其他严重后果的，对直接负责的主管人员和其他直接责任人员，处三年以下有期徒刑或者拘役；情节特别恶劣的，处三年以上七年以下有期徒刑。"

重大劳动安全事故罪的犯罪客体是人的生命、健康和重大公私财产安全；犯罪主体是企业、事业单位的有关人员，包括这些单位的负责人、管理人员和其他有关人员；客观要件是实施了劳动安全设施不符合国家规定，对事故隐患不采取措施的违法行为，因而发生重大事故或者造成其他严重后果；主观要件是虽明知劳动安全设施不符合国家规定，但并不希望事故发生，从而对事故隐患不采取措施的过失。

（3）危险物品肇事罪。《刑法》第一百三十六条规定："违反爆炸性、易燃性、放射性、毒害性、腐蚀性物品的管理规定，在生产、储存、运输、使用中发生重大事故，造成严重后果的，处三年以下有期徒刑或者拘役；后果特别严重的，处三年以上七年以下有期徒刑。"

危险物品肇事罪的犯罪客体是公共安全，即不特定多数人的生命、健康和重大公私财产的安全；犯罪主体是生产、储存、运输、使用等单位的直接责任人员，包括单位负责人、管理人员、从业人员或其他有关人员；客观要件是实施了违反爆炸性、易燃性、放射性、毒害性、腐蚀性物品的管理规定的违法行为，在生产、储存、运输、使用中发生重大事故，造成严重后果；主观要件是具有违反爆炸性、易燃性、放射性、毒害性、腐蚀性物品的管理规定的过失。

（4）工程重大安全事故罪。《刑法》第一百三十七条规定："建设单位、设计单位、施工单位、工程监理单位违反国家规定，降低工程质量标准，造成重大安全事故的，对直接责任人员，处五年以下有期徒刑或者拘役，并处罚金；后果特别严重的，处五年以上十年以下有期徒刑，并处罚金。"

工程重大安全事故罪的犯罪客体是人民的财产和生命安全以及国家的建筑管理制度；犯罪主体是建设单位、设计单位、施工单位、工程监理单位的直接责任人员，包括有关单位的负责人、管理人员、设计人员、作业人员、监理人员和其他有关人员；客观要件是实施了违反国家规定，降低工程质量标准的违法行为，造成重大安全事故；主观要件是疏忽大意或过于自信的过失。

（5）提供虚假证明文件罪；出具证明文件重大失实罪。《刑法》关于安全生产中介机构及其有关人员的犯罪主要是提供虚假证明文件罪。这是安全生产中介机构及其有关人员构成犯罪所应承担的刑事责任。《刑法》第二百二十九条规定："承担资产评估、验资、验证、会计、审计、法律服务等职责的中介组织的人员故意提供虚假证明文件，情节严重的，处五年以下有期徒刑或者拘役，并处罚金。前款规定的人员，索取他人财物或者非法收受他人财物，犯前款罪的，处五年以上十年以下有期徒刑，并处罚金。第一款规定的人员，严重不负责任，出具的证明文件有重大失实，造成严重后果的，处三年以下有期徒刑或者拘役，并处或者单处罚金。"

提供虚假证明文件罪的犯罪客体是破坏行政管理秩序、危及公私财产和人的生命和健康；犯罪主体是安全生产中介机构及其有关人员，包括安全生产中介机构的负责人、管理人员、安全生产中介人员和其他有关人员；客观要件是实施了提供虚假的安全评价、评估、检测、检验、认证、咨询等安全生产中介服务证明文件的违法行为；主观要件是具有提供虚假的安全生产中介服务证明文件的故意。

（6）伪造、变造、买卖国家机关公文、证件、印章罪；盗窃、抢夺、毁灭国家机关公文、证件、印章罪；伪造公司、企业、事业单位、人民团体印章罪；伪造、变造、买卖身份证件罪。《刑法》第二百七十九条规定："伪造、变造、买卖或者盗窃、抢夺、毁灭国家机关的公文、证件、印章的，处三年以下有期徒刑、拘役、管制或者剥夺政治权利，并处罚金；情节严重的，处三年以上十年以下有期徒刑，并处罚金。伪造公司、企业、事业单位、人民团体的印章的，处三年以下有期徒刑、拘役、管制或者剥夺政治权利，并处罚金。伪造、变造、买卖居民身份证、护照、社会保障卡、驾驶证等依法可以用于证明身份的证件的，处三年以下有期徒刑、拘役、管制或者剥夺政治权利，并处罚金；情节严重的，处三年以上七年以下有期徒刑，并处罚金。"

伪造、变造、买卖国家机关公文、证件、印章罪的犯罪客体是国家机关的工作秩序和行政管理秩序；犯罪主体是伪造、变造、买卖安全生产行政许可证书的直接责任人员，包括有关单位的负责人、管理人员和其他有关人员；客观要件是实施了伪造、变造、买卖安全生产事项行政许可证书的违法行为，造成严重后果；主观要件是具有伪造、变造、买卖安全生产行政许可证书的故意。

4.2.2 《中华人民共和国劳动法》

1994 年 7 月 5 日，第八届全国人民代表大会常务委员会第八次会议审议通过《中华人民共和国劳动法》（以下简称《劳动法》），自 1995 年 1 月 1 日起施行。《劳动法》的立法目的是为了保护劳动者的合法权益，调整劳动关系，建立和维护适应社会主义市场经济的劳动制度，促进经济发展和社会进步。在中华人民共和国境内的企业、个体经济组织（下列统称用人单位）和与之形成劳动关系的劳动者，适用《劳动法》。国家机关、事业组织、社会团体和与之建立劳动关系的劳动者，依照《劳动法》执行。

《劳动法》设立了劳动安全专章，对以下方面提出了明确要求：劳动安全卫生设施，必须符合国家规定的标准；劳动安全卫生设施，必须与主体工程同时设计、同时施工、同时投入生产和使用；从事特种作业的劳动者，必须经过专门培训并取得特种作业资格。

4.2.3 《中华人民共和国安全生产法》

2014 年 8 月 31 日，中华人民共和国主席第十三号令公布了关于修改《中华人民共和国安全生产法》的决定，自 2014 年 12 月 1 日起施行。

《中华人民共和国安全生产法》涉及安全评价的规定有：依法设立的为安全生产提供服务的中介机构，依照法律、行政法规和执业准则，接受生产经营单位的委托为其安全生产工作提供技术服务；矿山建设项目和用于生产、储存危险物品的建设项目，应当分别按照国家有关规定进行安全条件论证和安全评价；生产经营单位对重大危险源，应当登记建档，进行定期检测、评估、监控，并制订应急预案，告知从业人员和相关人员在紧急情况下应采取的应急措施；承担安全评价、认证、检测、检验工作的机构违规的处罚原则。

《中华人民共和国安全生产法》与安全评价相关的具体条款如下：

第十二条　有关协会组织依照法律、行政法规和章程，为生产经营单位提供安全生产方面的信息、培训等服务，发挥自律作用，促进生产经营单位加强安全生产管理。

第二十四条　生产经营单位的主要负责人和安全生产管理人员必须具备与本单位所从

事的生产经营活动相应的安全生产知识和管理能力。

　　第二十五条　生产经营单位应当对从业人员进行安全生产教育和培训，保证从业人员具备必要的安全生产知识，熟悉有关的安全生产规章制度和安全操作规程，掌握本岗位的安全操作技能，了解事故应急处理措施，知悉自身在安全生产方面的权利和义务。未经安全生产教育和培训合格的从业人员，不得上岗作业。

　　第二十六条　生产经营单位采用新工艺、新技术、新材料或者使用新设备，必须了解、掌握其安全技术特性，采取有效的安全防护措施，并对从业人员进行专门的安全生产教育和培训。

　　第二十八条　生产经营单位新建、改建、扩建工程项目（以下统称建设项目）的安全设施，必须与主体工程同时设计、同时施工、同时投入生产和使用。安全设施投资应当纳入建设项目概算。

　　第三十条　建设项目安全设施的设计人、设计单位应当对安全设施设计负责。矿山建设项目和用于生产、储存危险物品的建设项目的安全设施设计应当按照国家有关规定报经有关部门审查，审查部门及其负责审查的人员对审查结果负责。

　　第八十九条　承担安全评价、认证、检测、检验工作的机构，出具虚假证明的，没收违法所得；违法所得在十万元以上的，并处违法所得二倍以上五倍以下的罚款；没有违法所得或者违法所得不足十万元的，单处或者并处十万元以上二十万元以下的罚款；对其直接负责的主管人员和其他直接责任人员处二万元以上五万元以下的罚款；给他人造成损害的，与生产经营单位承担连带赔偿责任；构成犯罪的，依照刑法有关规定追究刑事责任。对有前款违法行为的机构，吊销其相应资质。

4.2.4 《中华人民共和国矿山安全法》

　　1992 年 11 月 7 日，第七届全国人民代表大会常务委员会第二十八次会议通过《中华人民共和国矿山安全法》，2009 年 8 月 27 日第十一届全国人民代表大会常务委员会第十次会议《关于修改部分法律的决定》对《中华人民共和国矿山安全法》进行修正。

　　（1）矿山建设工程安全设施"三同时"。矿产资源开采属于危险性较大的作业，其中从事井工开采的矿山具有更大的危险性，矿山事故频繁发生。尤其是地下开采面临来自地下水、火、瓦斯、顶板和粉尘等地质灾害的威胁，需要采用多种安全设施抵御地质灾害，监控矿井内的气体、温度、地压情况，预防和监控矿山事故。作为矿山开采系统的重要组成部分，安全设施是保障矿井建设和矿山开采安全的主要设施。为此，《矿山安全法》明确规定，矿山建设工程的安全设施必须和主体工程同时设计、同时施工、同时投入生产和使用。

　　（2）矿山建设工程安全设施的设计和竣工验收。矿山建设工程安全设施的设计是否可靠、科学、规范，是保证矿井生产安全系统能否保障安全的首要环节。《矿山安全法》规定，矿山建设工程的设计文件必须符合矿山安全规程和行业技术规范，并按照国家规定经管理矿山企业的主管部门批准；不符合矿山安全规程和行业技术规范的，不得批准。矿山建设工程安全设施的设计必须由劳动行政主管部门（现已归为负责安全生产监督管理的部门，下同）参加审查。矿山安全规程和行业技术规范，由国务院管理矿山企业的主管部门制定。

　　法律还对必须符合矿山安全规程和行业技术规范的矿山设计项目做出了规定，设计项目包括：

（1）矿井的通风系统和供风量、风质、风速；

（2）露天矿的边坡角和台阶的宽度、高度；

（3）供电系统；

（4）提升、运输系统；

（5）防水、排水系统和防火、灭火系统；

（6）防瓦斯系统和防尘系统；

（7）有关矿山安全的其他项目。

矿山建设工程必须按照管理矿山的主管部门批准的设计文件施工。矿山建设工程安全设施竣工后，由管理矿山企业的主管部门验收，并须有劳动行政主管部门参加；不符合矿山安全规程和行业技术规范的，不得验收，不得投入生产。

4.2.5 《中华人民共和国职业病防治法》

2011 年 12 月 31 日，第十一届全国人民代表大会常务委员会第二十四次会议关于修改《中华人民共和国职业病防治法》（以下简称《职业病防治法》）的决定，自公布之日起施行。《职业病防治法》的立法目的是为了预防、控制和消除职业病危害，防治职业病，保护劳动者健康及其相关权益，促进经济社会发展，根据宪法，制定本法。

（1）工作场所的职业卫生要求。第十五条规定，产生职业病危害的用人单位的设立除应当符合法律、行政法规规定的设立条件外，其工作场所还应当符合下列职业卫生要求：① 职业病危害因素的强度或者浓度符合国家职业卫生标准；② 有与职业病危害防护相适应的设施；③ 生产布局合理，符合有害与无害作业分开的原则；④ 有配套的更衣间、洗浴间、孕妇休息间等卫生设施；⑤ 设备、工具、用具等设施符合保护劳动者生理、心理健康的要求；⑥ 法律、行政法规和国务院卫生行政部门、安全生产监督管理部门关于保护劳动者健康的其他要求。

（2）职业病危害项目申报。《职业病防治法》第十六条规定：国家建立职业病危害项目申报制度。用人单位工作场所存在职业病目录所列职业病的危害因素的，应当及时、如实向所在地安全生产监督管理部门申报危害项目，接受监督。职业病危害因素分类目录由国务院卫生行政部门会同国务院安全生产监督管理部门制定、调整并公布。职业病危害项目申报的具体办法由国务院安全生产监督管理部门制定。

（3）建设项目职业病危害预评价。《职业病防治法》第十七条规定：新建、扩建、改建建设项目和技术改造、技术引进项目（以下统称建设项目）可能产生职业病危害的，建设单位在可行性论证阶段应当向安全生产监督管理部门提交职业病危害预评价报告。安全生产监督管理部门应当自收到职业病危害预评价报告之日起三十日内，做出审核决定并书面通知建设单位。未提交预评价报告或者预评价报告未经安全生产监督管理部门审核同意的，有关部门不得批准该建设项目。职业病危害预评价报告应当对建设项目可能产生的职业病危害因素及其对工作场所和劳动者健康的影响做出评价，确定危害类别和职业病防护措施。建设项目职业病危害分类管理办法由国务院安全生产监督管理部门制定。

（4）职业卫生技术服务机构。《职业病防治法》第十九条规定：职业病危害预评价、职业病危害控制效果评价由依法设立的取得国务院安全生产监督管理部门或者设区的市级以上地方人民政府安全生产监督管理部门按照职责分工给予资质认可的职业卫生技术服务机构进行。职业卫生技术服务机构所作评价应当客观、真实。

《职业病防治法》第二十八条规定：职业卫生技术服务机构依法从事职业病危害因素检测、评价工作，接受安全生产监督管理部门的监督检查。安全生产监督管理部门应当依法履行监督职责。

（5）职业病危害防护设施。《职业病防治法》第二十七条规定：用人单位应当实施由专人负责的职业病危害因素日常监测，并确保监测系统处于正常运行状态。用人单位应当按照国务院安全生产监督管理部门的规定，定期对工作场所进行职业病危害因素检测、评价。检测、评价结果存入用人单位职业卫生档案，定期向所在地安全生产监督管理部门报告并向劳动者公布。职业病危害因素检测、评价由依法设立的取得国务院安全生产监督管理部门或者设区的市级以上地方人民政府安全生产监督管理部门按照职责分工给予资质认可的职业卫生技术服务机构进行。职业卫生技术服务机构所作检测、评价应当客观、真实。

发现工作场所职业病危害因素不符合国家职业卫生标准和卫生要求时，用人单位应当立即采取相应治理措施，仍然达不到国家职业卫生标准和卫生要求的，必须停止存在职业病危害因素的作业；职业病危害因素经治理后，符合国家职业卫生标准和卫生要求的，方可重新作业。

《职业病防治法》第十八条规定：建设项目的职业病防护设施所需费用应当纳入建设项目工程预算，并与主体工程同时设计，同时施工，同时投入生产和使用。职业病危害严重的建设项目的防护设施设计，应当经安全生产监督管理部门审查，符合国家职业卫生标准和卫生要求的，方可施工。

建设项目在竣工验收前，建设单位应当进行职业病危害控制效果评价。建设项目竣工验收时，其职业病防护设施经安全生产监督管理部门验收合格后，方可投入正式生产和使用。

4.2.6　《安全生产许可证条例》

2013 年 5 月 31 日，国务院第 10 次常务会议《国务院关于废止和修改部分行政法规的决定》对《安全生产许可证条例》第一次修订，2014 年 7 月 9 日国务院第 54 次常务会议《国务院关于修改部分行政法规的决定》对《安全生产许可证条例》第二次修订。修改内容为第二条第一款、第十一条、第十二条中的"民用爆破器材"修改为"民用爆炸物品"。第五条修改为："省、自治区、直辖市人民政府民用爆炸物品行业主管部门负责民用爆炸物品生产企业安全生产许可证的颁发和管理，并接受国务院民用爆炸物品行业主管部门的指导和监督。《安全生产许可证条例》的立法目的是为了严格规范安全生产条件，进一步加强安全生产监督管理，防止和减少生产安全事故。

《安全生产许可证条例》包含的条例共 24 条，主要包括安全生产许可制度的实施范围、颁发和管理的机构、企业取得安全生产许可证的条件以及安全生产许可证的监督管理等内容。国家安全生产监督管理局根据《安全生产许可证条例》的规定，分别制定了《非煤矿矿山企业安全生产许可证实施办法》、《煤矿企业安全生产许可证实施办法》、《危险化学品生产企业安全生产许可证实施办法》和《烟花爆竹生产企业安全生产许可证实施办法》。

《安全生产许可证条例》指出：国家对矿山企业、建筑施工企业和危险化学品、烟花爆竹、民用爆破器材生产企业实行安全生产许可制度，企业取得安全生产许可证应依法进行安全评价。第六条规定，企业取得安全生产许可证，应当具备下列安全生产条件：

（1）建立健全安全生产责任制，制定完备的安全生产规章制度和操作规程；

（2）安全投入符合安全生产要求；

（3）设置安全生产管理机构，配备专职安全生产管理人员；

（4）主要负责人和安全生产管理人员经考核合格；

（5）特种作业人员经有关业务主管部门考核合格，取得特种作业人员操作资格证书；

（6）从业人员经安全生产教育和培训合格；

（7）依法参加工伤保险，为从业人员缴纳保险费；

（8）厂房、作业场所和安全设施、设备、工艺符合有关安全生产法律、法规、标准和规程的要求；

（9）有职业危害防治措施，并为从业人员配备符合国家标准或者行业标准的劳动保护用品；

（10）依法进行安全评价；

（11）有重大危险源监测、评估、监控措施和应急预案；

（12）有生产安全事故应急救援预案、应急救援组织或者应急救援人员，配备必要的应急救援器材、设备；

（13）法律、法规规定的其他条件。

4.2.7 《烟花爆竹安全管理条例》

2006年1月21日，国务院公布《烟花爆竹安全管理条例》，自公布之日起施行。《烟花爆竹安全管理条例》的立法目的是为了加强烟花爆竹安全管理，预防爆炸事故发生，保障公共安全和人身、财产安全。

（1）烟花爆竹生产企业的安全条件。烟花爆竹安全许可是一项市场准入制度，其目的是要明确和规范生产企业的安全条件和生产安全。《烟花爆竹安全管理条例》第八条规定了生产企业应当具备下列11项安全条件（其中包括依法安全评价）：

① 符合当地产业结构规划；

② 基本建设项目经过批准；

③ 选址符合城乡规划，并与周边建筑、设施保持必要的安全距离；

④ 厂房和仓库的设计、结构和材料以及防火、防爆、防雷、防静电等安全设备、设施符合国家有关标准和规范；

⑤ 生产设备、工艺符合安全标准；

⑥ 产品品种、规格、质量符合国家标准；

⑦ 有健全的安全生产责任制；

⑧ 有安全管理机构和专职安全生产管理人员；

⑨ 依法进行了安全评价；

⑩ 有事故应急救援预案、应急救援组织和人员，并配备必要的应急救援器材、设备；

⑪ 法律、法规规定的其他条件。

（2）烟花爆竹批发企业的条件。《烟花爆竹安全管理条例》第十七条规定，从事烟花爆竹批发的企业，应当具备下列7项安全基本条件（其中包括依法安全评价）：

① 具有企业法人条件；

② 经营场所与周边建筑、设施保持必要的安全距离；

③ 有符合国家标准的经营场所和储存设施；

④ 有保管员、仓库守护员；

⑤ 依法进行了安全评价；

⑥ 有事故应急救援预案、应急救援组织和人员，并配备必要的器材、设备；

⑦ 法律、法规规定的其他条件。

4.2.8　《危险化学品安全管理条例》

2013 年 12 月 4 日，国务院第 32 次常务会议已经审议通过了新修订的《危险化学品安全管理条例》，是继 2002 年修订之后的第二次修订，自公布之日起实施。《危险化学品安全管理条例》的立法目的是为了加强对危险化学品的安全管理，保证人民生命、财产安全，保护环境。

第二十四条规定，储存化学危险物品，应当符合下列要求：

（1）化学危险物品应当分类分项存放，堆垛之间的主要通道应当有安全距离，不得超量储存；

（2）遇火、遇潮容易燃烧、爆炸或产生有毒气体的化学危险物品，不得在露天、潮温、漏雨和低洼容易积水的地点存放；

（3）受阳光照射容易燃烧、爆炸或产生有毒气体的化学危险物品和桶装、罐装等易燃液体、气体应当在阴凉通风地点存放；

（4）化学性质或防护、灭火方法相互抵触的化学危险物品，不得在同一仓库或同一储存室内存放。

第十条规定，新建、扩建、改建生产化学危险物品的企业必须向审批单位提交下列文件：

（1）设计任务书（包括工艺、厂区布置、周围建筑情况、厂区周围一千米范围内的居民情况等）；

（2）原料、中间产品和最终产品的理化性能；

（3）对储存、运输、包装的技术要求；

（4）工业卫生，安全和环境保护评价；

（5）处理灾害性事故的应急措施。

审批单位必须会同当地化工、公安、卫生、环保、劳动部门进行审议。

项目建成后，有关单位应当组织参加审议的单位进行竣工验收，验收合格方能投产。

第十二条规定，新建、改建、扩建生产、储存危险化学品的建设项目（以下简称建设项目），应当由安全生产监督管理部门进行安全条件审查。

建设单位应当对建设项目进行安全条件论证，委托具备国家规定的资质条件的机构对建设项目进行安全评价，并将安全条件论证和安全评价的情况报告报建设项目所在地设区的市级以上人民政府安全生产监督管理部门；安全生产监督管理部门应当自收到报告之日起 45 日内做出审查决定，并书面通知建设单位。具体办法由国务院安全生产监督管理部门制定。新建、改建、扩建储存、装卸危险化学品的港口建设项目，由港口行政管理部门按照国务院交通运输主管部门的规定进行安全条件审查。

第十九条规定，危险化学品生产装置或者储存数量构成重大危险源的危险化学品储存设施（运输工具加油站、加气站除外），与下列场所、设施、区域的距离应当符合国家有关规定：

（1）居住区以及商业中心、公园等人员密集场所；

（2）学校、医院、影剧院、体育场（馆）等公共设施；

（3）饮用水源、水厂以及水源保护区；

（4）车站、码头（依法经许可从事危险化学品装卸作业的除外）、机场以及通信干线、通信枢纽、铁路线路、道路交通干线、水路交通干线、地铁风亭以及地铁站出入口；

（5）基本农田保护区、基本草原、畜禽遗传资源保护区、畜禽规模化养殖场（养殖小区）、渔业水域以及种子、种畜禽、水产苗种生产基地；

（6）河流、湖泊、风景名胜区、自然保护区；

（7）军事禁区、军事管理区；

（8）法律、行政法规规定的其他场所、设施、区域。

第二十八条规定，使用危险化学品的单位，其使用条件（包括工艺）应当符合法律、行政法规的规定和国家标准、行业标准的要求，并根据所使用的危险化学品的种类、危险特性以及使用量和使用方式，建立、健全使用危险化学品的安全管理规章制度和安全操作规程，保证危险化学品的安全使用。

第二十九条规定，使用危险化学品从事生产并且使用量达到规定数量的化工企业（属于危险化学品生产企业的除外，下同），应当依照本条例的规定取得危险化学品安全使用许可证。

前款规定的危险化学品使用量的数量标准，由国务院安全生产监督管理部门会同国务院公安部门、农业主管部门确定并公布。

第三十条规定，申请危险化学品安全使用许可证的化工企业，除应当符合本条例第二十八条的规定外，还应当具备下列条件：

（1）有与所使用的危险化学品相适应的专业技术人员；

（2）有安全管理机构和专职安全管理人员；

（3）有符合国家规定的危险化学品事故应急预案和必要的应急救援器材、设备；

（4）依法进行了安全评价。

第三十四条规定，从事危险化学品经营的企业应当具备下列条件：

（1）有符合国家标准、行业标准的经营场所，储存危险化学品的，还应当有符合国家标准、行业标准的储存设施；

（2）从业人员经过专业技术培训并经考核合格；

（3）有健全的安全管理规章制度；

（4）有专职安全管理人员；

（5）有符合国家规定的危险化学品事故应急预案和必要的应急救援器材、设备；

（6）法律、法规规定的其他条件。

第三十九条规定，申请取得剧毒化学品购买许可证，申请人应当向所在地县级人民政府公安机关提交下列材料：

（1）营业执照或者法人证书（登记证书）的复印件；

（2）拟购买的剧毒化学品品种、数量的说明；

（3）购买剧毒化学品用途的说明；

（4）经办人的身份证明。

县级人民政府公安机关应当自收到前款规定的材料之日起 3 日内，作出批准或者不予批准的决定。予以批准的，颁发剧毒化学品购买许可证；不予批准的，书面通知申请人并说明理由。

剧毒化学品购买许可证管理办法由国务院公安部门制定。

4.2.9 《煤矿建设项目安全设施监察规定》

2015 年 3 月 23 日，国家安全监管总局修改《煤矿建设项目安全设施监察规定》等五部煤矿安全规章的决定，自 2015 年 7 月 1 日起施行。

《煤矿建设项目安全设施监察规定》对煤矿建设项目进行了相关规定：应当进行安全评价，其初步设计应当按规定编制安全专篇。安全专篇应当包括安全条件的论证、安全设施的设计等内容。

《煤矿建设项目安全设施监察规定》在第二章专门对安全评价进行了具体的规定，内容如下：

第九条　煤矿建设项目的安全评价包括安全预评价和安全验收评价。

煤矿建设项目在可行性研究阶段，应当进行安全预评价；在投入生产或者使用前，应当进行安全验收评价。

第十条　煤矿建设项目的安全评价应由具有国家规定资质的安全中介机构承担。承担煤矿建设项目安全评价的安全中介机构对其做出的安全评价结果负责。

第十一条　煤矿企业应与承担煤矿建设项目安全评价的安全中介机构签订书面委托合同，明确双方各自的权利和义务。

第十二条　承担煤矿建设项目安全评价的安全中介机构，应当按照规定的标准和程序进行评价，提出评价报告，并在提出评价报告 30 日内按《煤矿建设项目安全设施监察规定》中的第六条规定报煤矿安全监察机构备案。

第十三条　煤矿建设项目安全预评价报告应当包括以下内容：

（1）主要危险、有害因素和危害程度以及对公共安全影响的定性、定量评价；

（2）预防和控制的可能性评价；

（3）建设项目可能造成职业危害的评价；

（4）安全对策措施、安全设施设计原则；

（5）预评价结论；

（6）其他需要说明的事项。

第十四条　煤矿建设项目安全验收评价报告应当包括以下内容：

（1）安全设施符合法律、法规、标准和规程规定以及设计文件的评价；

（2）安全设施在生产或使用中的有效性评价；

（3）职业危害防治措施的有效性评价；

（4）建设项目的整体安全性评价；

（5）存在的安全问题和解决问题的建议；

（6）验收评价结论；

（7）有关试运转期间的技术资料、现场检测、检验数据和统计分析资料；

（8）其他需要说明的事项。

第十九条　申请煤矿建设项目的安全设施设计审查，应当提交下列资料：

（1）安全设施设计审查申请报告及申请表；

（2）建设项目审批、核准或者备案的文件；

（3）采矿许可证或者矿区范围批准文件；

（4）安全预评价报告书；

（5）初步设计及安全专篇；

（6）其他需要说明的材料。

第二十八条　煤矿建设项目联合试运转正常后，应当进行安全验收评价。

综上所述，在煤矿建设项目可行性研究阶段，煤矿安全评价机构应按规定编制安全预评价报告，并及时送交项目设计单位，供其在编制初步设计安全专篇时参考；在煤矿建设项目试生产运行正常后、竣工验收前，煤矿安全评价机构应按规定编制安全验收评价报告。建设单位申请安全专篇审查时，申报资料应包括安全预评价报告；申请安全设施竣工验收时，申报资料应包括安全验收评价报告。煤矿安全评价机构应科学、公正、合法、自主地开展安全评价工作，并对所做出的评价结果负责。

4.2.10　《安全评价机构管理规定》

2016 年 6 月 15 日，国家安全生产监督管理总局新修订了《安全评价机构管理规定》，2016 年 10 月 1 日起施行。

《安全评价机构管理规定》第三条规定："国家对安全评价机构实行资质许可制度。安全评价机构应当取得相应的安全评价资质证书，并在资质证书确定的业务范围内从事安全评价活动。"未取得资质证书的安全评价机构，不得从事法定安全评价活动。第四条中将安全评价机构的资质分为甲级、乙级两种。甲级资质由省、自治区、直辖市安全生产监督管理部门、省级煤矿安全监察机构审核，国家安全生产监督管理总局审批、颁发证书；乙级资质由设区的市级安全生产监督管理部门、煤矿安全监察分局审核，省级安全生产监督管理部门、省级煤矿安全监察机构审批、颁发证书。

省级安全生产监督管理部门、设区的市级安全生产监督管理部门负责除煤矿以外的安全评价机构资质的审批、审核工作，省级煤矿安全监察机构、煤矿安全监察分局负责煤矿的安全评价机构资质的审批、审核工作。未设立煤矿安全监察机构的省、自治区、直辖市，由省级安全生产监督管理部门、设区的市级安全生产监督管理部门负责煤矿的安全评价机构资质的审批、审核工作。

第六条　取得甲级资质的安全评价机构，可以根据确定的业务范围在全国范围内从事安全评价活动；取得乙级资质的安全评价机构，可以根据确定的业务范围在其所在的省、自治区、直辖市内从事安全评价活动。

下列建设项目或者企业的安全评价，必须由取得甲级资质的安全评价机构承担：

（1）国务院及其投资主管部门审批（核准、备案）的建设项目；

（2）跨省、自治区、直辖市的建设项目；

（3）生产剧毒化学品的建设项目；

（4）生产剧毒化学品的企业和其他大型生产企业。

法律、法规和国务院或其有关部门对安全评价有特殊规定的，依照其规定。

第八条　安全评价机构申请甲级资质，应当具备下列条件：

（1）具有法人资格，固定资产 400 万元以上；

（2）有与其开展工作相适应的固定工作场所和设施、设备，具有必要的技术支撑条件；

（3）取得安全评价机构乙级资质 3 年以上，且没有违法行为记录；

（4）有健全的内部管理制度和安全评价过程控制体系；

（5）有 25 名以上专职安全评价师，其中一级安全评价师 20％以上、二级安全评价师 30％以上；按照不少于专职安全评价师 30％的比例配备注册安全工程师；安全评价师、注册安全工程师有与其申报业务相适应的专业能力；

（6）法定代表人通过具备安全培训条件的机构组织的相关安全生产和安全评价知识培训，并考试合格；

（7）设有专职技术负责人和过程控制负责人；专职技术负责人有二级以上安全评价师和注册安全工程师资格，并具有与所申报业务相适应的高级专业技术职称；

（8）法律、行政法规、规章规定的其他条件。

第九条　安全评价机构申请乙级资质，应当具备下列条件：

（1）具有法人资格，固定资产 200 万元以上；

（2）有与其开展工作相适应的固定工作场所和设施设备，具有必要的技术支撑条件；

（3）有健全的内部管理制度和安全评价过程控制体系；

（4）有 16 名以上专职安全评价师，其中一级安全评价师 20％以上、二级安全评价师 30％以上；按照不少于专职安全评价师 30％的比例配备注册安全工程师；安全评价师、注册安全工程师有与其申报业务相适应的专业能力；

（5）法定代表人通过具备安全培训条件机构组织的相关安全生产和安全评价知识培训，并考试合格；

（6）设有专职技术负责人和过程控制负责人。专职技术负责人有二级以上安全评价师和注册安全工程师资格，并具有与所申报业务相适应的高级专业技术职称；

（7）法律、行政法规、规章规定的其他条件。

第十六条　甲级、乙级资质证书的有效期均为 3 年。资质证书有效期满需要延期的，安全评价机构应当于期满前 3 个月向原资质审批机关提出申请，经复审合格后予以办理延期手续；不合格的，不予办理延期手续。

关于安全评价活动，第二十条规定：安全评价机构应当依照法律、法规、规章、国家标准或者行业标准的规定，遵循客观公正、诚实守信、公平竞争的原则，遵守执业准则，恪守职业道德，依法独立开展安全评价活动，客观、如实地反映所评价的安全事项，并对做出的安全评价结果承担法律责任。

被评价对象的安全生产条件发生重大变化的，被评价对象应当及时委托有资质的安全评价机构重新进行安全评价；未委托重新进行安全评价的，由被评价对象对其产生的后果负责。

第二十三条　安全评价机构及其从业人员在从事安全评价活动中，不得有下列行为：

（1）泄漏被评价对象的技术秘密和商业秘密；

（2）伪造、转让或者租借资质、资格证书；

（3）超出资质证书业务范围从事安全评价活动；

（4）出具虚假或者严重失实的安全评价报告；

（5）转包安全评价项目；

（6）擅自更改、简化评价程序和相关内容；

（7）同时在两个以上安全评价机构从业；

（8）故意贬低、诋毁其他安全评价机构；

（9）从业人员不到现场开展安全评价活动；

（10）法律、法规和规章规定的其他违法、违规行为。

对安全评价机构的监督管理，第二十九条规定：对已经取得资质证书的安全评价机构，安全生产监督管理部门、煤矿安全监察机构应当加强监督检查；发现安全评价机构不具备资质条件的，依照规定予以处理。监督检查记录应当经检查人员和安全评价机构负责人签字后归档。

安全评价机构及其从业人员应当接受安全生产监督管理部门、煤矿安全监察机构及其工作人员的监督检查。

对违法违规的安全评价机构和从业人员，安全生产监督管理部门、煤矿安全监察机构应当建立"黑名单"制度，及时向社会公告。

第三十一条　国家对安全评价机构实行定期考核。

安全评价机构应当每年填写安全评价工作业绩表，经被评价对象确认后，分别报国家安全生产监督管理总局、省级安全生产监督管理部门、省级煤矿安全监察机构备案。安全评价工作业绩表列入安全评价机构考核的重要内容。

对安全评价机构在资质证书有效期内没有开展相应活动的，核减相应的业务范围；定期考核不合格的，依照本规定予以处理。

4.2.11　《安全评价机构考核管理规则》

国家安全生产监督管理总局于 2005 年 6 月 30 日制定了《安全评价机构考核管理规则》。该规则适用于对国家安全生产监督管理总局（以下简称总局）和省级安全生产监督管理局、煤矿安全监察机构批准的安全评价机构的考核管理。

第三条　安全评价机构考核分定期考核和不定期考核，考核结果分为合格和不合格。

定期考核是发证机关对安全评价机构进行的固定周期性考核。不定期考核是发证机关对安全评价机构进行的随机性考核。

发证机关对于承担并完成安全评价报告后该企业发生了事故的安全评价机构进行重点考核。

第四条　总局对安全评价机构考核实行统一管理，并负责甲级安全评价机构考核；省级安全生产监督管理局、煤矿安全监察机构参与甲级安全评价机构考核，负责本行政区域内乙级安全评价机构考核，并于每年 1 月 31 日前，将上一年度考核结果报送总局备案。

第五条　发证机关应建立申诉、投诉、举报制度，完善考核机制，接受社会监督。

第六条 安全评价机构考核的主要内容：

（1）国家有关法律、法规、规章及技术规范执行情况。

（2）安全评价机构资质条件保持情况。

（3）安全评价业绩。甲级资质安全评价机构每年度应完成不少于 5 项大中型企业的安全评价（其中应完成 2 项以上大中型建设项目的安全预评价或安全验收评价），其安全评价人员每年度应参与完成不少于 3 个大中型企业的安全评价（其中应完成 1 项以上大中型建设项目的安全预评价或安全验收评价）。新批准资质的安全评价机构或新登记资格的安全评价人员业绩考核从第二年开始计算。

乙级资质安全评价机构及其安全评价人员的业绩考核由省级安全生产监督管理局、煤矿安全监察机构根据本地区的实际情况确定。

（4）安全评价过程控制运行情况。

（5）安全评价报告质量。

（6）企业对安全评价服务满意度。

（7）遵纪守法情况。

（8）档案资料管理。

（9）发证机关根据工作需要确定的其他考核内容。

第七条　安全评价机构应积极配合发证机关的考核，不得以任何理由拒绝或阻挠考核，应按要求及时提供考核材料，不得弄虚作假。

第八条　考核应建立考核组，考核组由 3 名以上人员组成，考核人员中应有相关专业（行业）的技术专家。考核人员与被考核机构有利害关系的应回避。考核人员应当对每次考核的内容、问题及处理情况做记录。

第九条　参与考核的公务人员应坚持公开、公平、公正的原则，严格遵守党纪国法，严禁向被考核机构索要钱物或为亲友谋取私利，不准参加可能影响考核的宴请及考核对象支付的娱乐、健身、旅游等活动，不准参与被考核机构安排的任何形式的赌博。

第十条　安全评价机构及安全评价人员违法违规行为行政处罚种类：

（1）警告；

（2）罚款，没收违法所得；

（3）暂停资质、资格，限期改正；

（4）撤销资质、资格；

（5）法律法规规定的其他行政处罚。

第十一条　安全评价机构有下列行为之一的，给予警告。

（1）未按时、如实上报安全评价机构和安全评价人员业绩的；

（2）对举报人打击报复的；

（3）安全评价人员发生变化，不按规定办理变更登记的；

（4）安全评价机构变更法人名称、地址、法定代表人、技术负责人等，不按规定办理变更手续的；

（5）不讲职业道德，故意贬低、诋毁其他安全评价机构的。

第十二条　安全评价机构有下列行为之一的，暂停其资质，并限期改正，整改时间不超出 60 日。

（1）考核中发现的问题，属未造成严重后果的；

（2）未按照过程控制程序编制安全评价报告的；

（3）档案资料管理达不到要求的；

（4）采取不正当的手段，故意降低服务成本，扰乱市场并造成恶劣影响的；

（5）安全评价报告未达到技术规范要求的；

（6）泄漏被评价单位的技术和商业秘密的。

第十三条　安全评价机构有下列情形之一的，除按有关规定进行处罚外，撤销其资质。

（1）定期考核不合格的；

（2）出具虚假安全评价报告的；

（3）资质条件发生变化，不能满足安全评价资质条件的；

（4）暂停资质整改期间继续从事安全评价或整改后仍达不到要求的；

（5）转让或者出借资质证书、转包安全评价项目或者违法分包安全评价项目的；

（6）冒用资质、资格或签名，超出资质证书确定的业务范围从事安全评价活动的；

（7）弄虚作假骗取资质证书、伪造涂改资质证书的；

（8）不接受考核或提供虚假材料的；

（9）一年内连续两次被暂停资质的；

（10）因安全评价失误而造成被评价企业（项目）发生事故的；

（11）其他违反国家法律、法规行为的。

第十四条　安全评价人员有下列行为之一的，撤销其资格。

（1）在两个以上（含两个）机构注册登记从事安全评价活动的；

（2）弄虚作假骗取资格证书的；

（3）服务机构发生变动，未办理变更登记的；

（4）泄漏被评价单位的技术和商业秘密的；

（5）严重违背职业准则，有失公正的；

（6）弄虚作假，故意降低安全评价标准的；

（7）安全评价不到生产经营单位现场，编造虚假评价报告的；

（8）年度考核未达到要求的；

（9）未通过资格登记审查考核的；

（10）有违法行为的。

第十五条　发证机关对安全评价机构和安全评价人员做出罚款的行政处罚决定，依据有关规章执行。

第十六条　发证机关应定期对安全评价机构考核结果进行公告。

发证机关三年内不得受理被撤销资质的机构、被撤销资格的人员的资质、资格申请。

第十七条　省级安全生产监督管理局、煤矿安全监察机构对乙级安全评价机构做出的行政处罚决定，应当自决定之日起七日内报总局备案。

第十八条　甲级安全评价机构考核标准由总局另行制定。

第十九条　省级安全生产监督管理局、煤矿安全监察机构可依据本规则制定乙级资质考核实施细则和考核标准。

4.3　安全评价所依据的主要标准

标准虽然没有纳入法的范畴，但在安全生产工作中起着十分重要的作用。法定的安全标准是我国安全生产法律体系的重要组成部分。根据《标准化法》的规定，标准有国家标准、行业标准、地方标准和企业标准。国家标准、行业标准又分为强制性标准和推荐性标准。安全标准主要指国家标准和行业标准，大部分是强制性标准。

国家标准是指对全国经济、技术发展有重大意义，需要在全国范围内统一技术要求所制定的标准。国家标准在全国范围内适用，其他各级标准不得与之相抵触。国家标准是四级标准体系中的主体。

行业标准是指对没有国家标准而又需要在全国某个行业范围内统一技术要求所制定的标准。行业标准是对国家标准的补充，是专业性、技术性较强的标准。行业标准的制定不得与国家标准相抵触，国家标准公布实施后，相应的行业标准即行废止。

地方标准是指对没有国家标准和行业标准而又需要在省、自治区、直辖市范围内统一工业产品的安全、卫生要求所制定的标准，地方标准在本行政区域内适用，不得与国家标准和行业标准相抵触。国家标准、行业标准公布实施后，相应的地方标准即行废止。

企业标准是指企业所制定的产品标准和在企业内需要协调、统一技术要求和管理、工作要求所制定的标准。企业标准是企业组织生产，经营活动的依据。

4.3.1　安全标准定义

根据《标准化法》条文解释，"标准"的含义是：对重复事物和概念所做的统一规定，它以科学、技术和实践经验的综合成果为基础，经有关方面协商一致，由主管机构批准，以特定形式发布，作为共同遵守的准则和依据。简单地说，标准是对一定范围内的重复性事物和概念所做的统一规定（目前，这种规定最终表现为一种文件）。重复投入、重复生产、重复加工、重复出现的产品和事物才需要标准。事物具有重复出现的特征，才有制定标准的必要。标准对象就是重复性概念和重复性事物，标准的本质反映的是需求的扩大和统一。单一的产品或者单一的需求不需要标准，对同一需求的重复和无限延伸才需要标准。

依据上述解释，安全标准的含义是：在生产工作场所或者领域，为改善劳动条件和设施，规范生产作业行为，保护劳动者免受各种伤害，保障劳动者人身安全健康，实现安全生产和作业的准则和依据。

安全标准是安全生产法律体系的重要组成部分。标准在法律体系中处于十分重要的位置，具有技术性法律规定的作用。标准是法律的延伸，与安全生产相关的技术性规定，通常体现为国家标准和行业标准。我国的强制性标准与国外的技术法规具有同样的法律效力。现行法律、法规也就此做出了明确规定。标准所具有的法律地位及其法律效力，决定了安全标准一旦制定和发布，就必须得到尊重，必须认真贯彻实施。任何忽视安全标准、违背安全生产标准的现象，都是对安全生产法律的破坏和违反，都必须立即纠正，情节严重的要依法予以追究。

安全标准是保障企业安全生产的重要技术规范。不执行法定标准的企业，不仅市场竞争力无从谈起，而且违法生产经营，丧失诚信准则，有的企业标准意识淡漠，执行标准不严；有的企业有标不循，不按标准办事；有的企业根本没有安全标准，不知道有标准，甚至导致重、特大事故的发生。因此迫切需要通过加强安全生产标准化工作，规范企业及其经营管理者、从业人员的安全生产行为，实现安全生产。

安全标准是安全监管监察和依法行政的重要依据。相对于法律、法规，标准更细致、更周密。安全监管监察部门在行政执法中，对违法、违规行为的认定评判，除了要依据法律、法规，还需要依据国家标准和行业标准。

安全标准是规范市场准入的必要条件。安全是市场准入的必要条件，标准是严格市场准入的尺度和手段。国家标准、行业标准所规定的安全生产条件，就是市场准入必须具备的资格，是必须严格把住的关口，是不可降低的门槛。安全标准也是规范安全中介服务的依据。

4.3.2 安全标准范围

根据安全标准的定义，安全标准是指为实现安全生产和作业，保障劳动者安全和健康而制定颁布的一切有关安全方面的技术、管理等要求，包括设备、装备、器材等。我国安全标准涉及面广，从大的方面看，包括矿山安全（含煤矿和非煤矿山）、粉尘防爆、电气及防爆、带电作业、危险化学品、民爆物品、烟花爆竹、涂装作业安全、交通运输安全、机械安全、消防安全、建筑安全、职业安全、个体防护装备（原劳动防护用品）、特种设备安全等各个方面。多年来，在国务院各有关部门以及各标准化技术委员会的共同努力下，制定了一大批涉及安全生产方面的国家标准和行业标准。

据初步统计，我国现有的有关安全生产的国家标准涉及设计、管理、方法、技术、检测、检验、职业健康和个体防护用品等多个方面，有近 1500 项。除国家标准外，国家安全生产监督管理、公安、交通、建设等有关部门还制定了大量有关安全生产的行业标准，有近 3000 项。

标准的类型包括国家标准（GB）和行业标准（如 AQ、MT、1D、JB 等）。由国家安全生产监督管理总局负责的主要标准具体包括：劳动防护用品和矿山安全仪器仪表的品种、规格、质量、等级及劳动防护用品的设计、生产、检验、包装、储存、运输、使用的安全要求；为实施矿山、危险化学品、烟花爆竹安全管理而规定的有关技术术语、符号、代号、代码、文件格式、制图方法等通用技术语言和安全技术要求；生产、经营、储存、运输、使用、检测、检验、废弃等方面的安全技术要求；工矿商贸安全生产规程；生产经营单位的安全生产条件；应急救援的规则、规程、标准等技术规范；安全评价、评估、培训考核的标准、通则、导则、规则等技术规范；安全中介机构的服务规范与规则、标准；规范安全生产监管监察和行政执法的技术管理要求；规范安全生产行政许可和市场准入的技术管理要求。

4.3.3 安全生产标准种类

按标准的性质可将安全生产标准分为：基础标准、管理标准、技术标准、方法标准和产品标准五类。

（1）基础标准。基础标准主要指在安全生产领域的不同范围内，对普遍的、广泛通用的共性认识所做的统一规定，是在一定范围内作为制定其他安全标准的依据和共同遵守的准则。其内容包括制定安全标准所必须遵循的基本原则、要求、术语、符号；各项应用标准、综合标准赖以制定的技术规定；物质的危险性和有害性的基本规定；材料的安全基本性质以及基本检测方法等。

（2）管理标准。管理标准是直接服务于生产经营科学管理的准则和规定，其目的是通过计划、组织、控制、监督、检查、评价与考核等管理活动的内容、程序、方式，使生产过程中人、物、环境各个因素处于安全受控状态。安全生产方面的管理标准主要包括安全教育、培训和考核等标准，重大事故隐患评价方法及分级等标准，事故统计、分析等标准，安全系统工程标准，人机工程标准以及有关激励与惩处标准等。

（3）技术标准。技术标准是指对于生产过程中的设计、施工、操作、安装等具体技术要求及实施程序中设立的必须符合一定安全要求以及能达到此要求的实施技术和规范的总称。例如：金属非金属矿山安全规程、石油化工企业设计防火规范、烟花爆竹工厂设计安全规范、烟花爆竹劳动安全技术规程、民用爆破器材工厂设计安全规范、建筑设计防火规范等。

（4）方法标准。方法标准是对各项生产过程中技术活动的方法所做出的规定。安全生产方面的方法标准主要包括两类：一类以试验、检查、分析、抽样、统计、计算、测定、作业等方法为对象制定的标准，例如试验方法、检查方法、分析方法、测定方法、抽样方法、设计规范、计算方法、工艺规程、作业指导书、生产方法、操作方法等；另一类是为合理生产优质产品，并在生产、作业、试验、业务处理等方面为提高效率而制定的标准。

（5）产品标准。产品标准是对某一具体安全设备、装置和防护用品及其试验方法、检测检验规则、标志、包装、运输、储存等方面所做的技术规定。它是在一定时期和一定范围内具有约束力的技术准则，是产品生产、检验、验收、使用、维护和洽谈贸易的重要技术依据，对于保障安全、提高生产和使用效益具有重要意义。

产品标准的主要内容包括：

① 产品的适用范围；

② 产品的品种、规格和结构形式；

③ 产品的主要性能；

④ 产品的试验、检验方法和验收规则；

⑤ 产品的包装、储存和运输等方面的要求。

4.3.4　与评价有关的安全标准

安全评价依据的标准众多，不同行业会涉及不同的标准，与安全评价相关的一些主要标准内容介绍如下。

（1）煤矿安全生产标准体系。煤矿安全综合管理标准即煤矿企业必须遵守国家和煤矿主管部门有关安全生产的法律、规定、条例、规程和标准等，它是规范煤矿安全技术与管理行为的法规文献。井下开采煤矿安全生产标准系统包括建井安全、开采安全、瓦斯防治、粉尘防治、矿井通风、火灾防治、水害防治、机械安全、电气安全、爆破安全、矿山救援 11个领域的安全标准。其中每一个专业领域的标准仍分为管理标准、技术标准和产品标准。露天开采安全标准系统包括露天开采安全标准、边坡稳定安全标准、露天机电安全标准 3个领域安全标准。其中每一个专业领域的标准仍分为管理标准、技术标准和产品标准等。

（2）非煤矿山安全生产标准体系。非煤矿山安全生产标准体系包括固体矿山、石油天然气、冶金、建材、有色等多个领域，是一个多层次、多组合的标准体系。从标准内容上讲，标准体系包括非煤矿山安全生产方面的基础标准、管理标准、技术标准、方法标准和产品标准等。

煤矿与非煤矿山安全生产标准从综合标准、技术标准、管理标准和工作标准四类来分析，统计结果如图 4-2 所示。

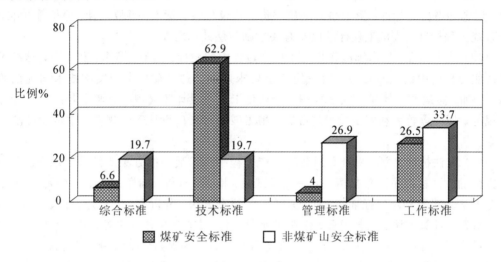

图 4-2　煤矿与非煤矿山安全生产标准分类统计结果

从统计图可以看出，煤矿比非煤矿山技术安全标准体系完善。由于非煤矿山安全标准涉及有色金属、建筑材料、石油天然气等行业领域，各个行业生产安全的特点和规律不尽相同，而煤矿安全标准仅针对煤炭行业，所以非煤矿山中综合标准、管理标准均高于同类煤矿安全标准；煤矿与非煤矿山安全标准中的工作标准差异小于 10%，说明煤矿与非煤矿山安全标准各相关管理机构、审批发布部门都将安全生产工作标准制（修）订作为工作的重点。

（3）危险化学品安全生产标准体系。危险化学品安全生产标准体系包括通用基础安全生产标准、安全技术标准和安全管理标准。通用基础安全生产标准主要包括危险化学品分类、标识等。安全技术标准主要包括安全设计和建设标准、生产企业安全距离标准、生产安全标准、运输安全标准、储存和安装安全标准、作业和检修标准、使用安全标准等。安全管理标准主要包括生产企业安全管理、应急救援预案管理、重大危险源安全监控、职业危害防护配备管理等。

（4）烟花爆竹安全生产标准体系。烟花爆竹安全生产标准体系包括基础标准、管理标准、原辅材料使用标准、生产作业场所标准、生产技术工艺标准和生产设备设施标准等。基础标准主要包括烟花爆竹工程设计安全规范（如 GB50161《烟花爆竹工厂设计安全规范》）、烟花爆竹安全生产术语（如 GB10631《烟花爆竹安全与质量》）等。管理标准主要包括烟花爆竹企业安全评价导则、烟花爆竹储存条件、烟花爆竹装卸作业规范等。原辅材料使用标准主要包括烟花爆竹烟火药安全性能检测要求（如 GB10632《烟花爆竹抽样检验标准》）、烟花爆竹烟火药相容性要求等。生产作业场所标准主要包括烟花爆竹工程设计安全审查规范、烟花爆竹工程竣工验收规范等。生产技术工艺标准主要包括烟花爆竹烟火药使用安全规范（如 GB11652《烟花爆竹劳动安全技术规程》）等。生产设备设施标准主要包括烟花爆竹机械设备通用技术要求等。

（5）职业危害安全标准系统。在职业危害和卫生方面有关的国家标准有：工业企业卫生设计标准，体力劳动强度分级，作业场所呼吸性粉尘卫生标准，职业性接触病毒危害程度分级等。煤炭行业制定的有关职业危害安全和卫生方面的标准有：煤工尘肺病 x 射线诊断标准，煤矿井下工人滑囊炎诊断标准，煤中铀的测定和个体防护标准等。

（6）个体防护装备安全生产标准体系。个体防护装备安全生产标准体系主要包括头部防护装备、听力防护装备、眼面防护装备、呼吸防护装备、服装防护装备、手部防护装备、足部防护装备、皮肤防护装备和坠落防护装备 9 个部分。

4.4　安全评价规范

为了规范安全评价行为，确保安全评价的科学性、公正性和严肃性，国家安全生产监督管理部门制定发布了安全评价通则、各类安全评价的导则及主要行业部门的安全评价导则。通则和导则为安全评价活动规定了基本原则、目的、要求、程序和方法，是安全评价工作所必须遵循的指南。

我国安全评价规范体系可分为 3 个层次，一是安全评价通则，二是各类安全评价导则及行业安全评价导则，三是各类安全评价实施细则，如图 4-3 所示。

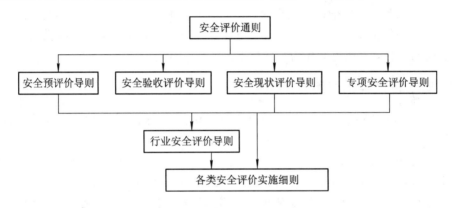

图 4-3　安全评价规范体系框图

4.4.1　安全评价通则

安全评价通则是规范安全评价工作的总纲，是安全评价活动的总体指南。如国家安全生产监督管理总局《安全评价通则》（AQ8001_2007），它规定了所有安全评价工作的基本原则、目的、要求、程序和方法，对安全评价进行了分类和定义，对安全评价的内容、程序以及安全评价报告审与管理程序作了原则性说明，对安全评价导则和细则的规范对象作了原则性规定，但这些原则性规定在具体实施时需要更详细的规范支持。

4.4.2　安全评价导则

各类安全评价导则是根据安全评价通则的总体要求制定的，是安全评价通则总体指南的具体化和细化。导则使细化后的规范更具有可依据性和可实施性，为安全评价提供了易于遵循的规定。目前已发布的安全评价导则，按安全评价种类划分，有安全预评价导则、安全验收评价导则、安全现状评价导则以及专项安全评价导则；按行业划分，有煤矿安全评价导则、非煤矿山安全评价导则、陆上石油和天然气开采业安全评价导则、水库大坝安全评价导则等。

(1) 各类安全评价导则。由于各类安全评价导则都是依据安全评价通则制定的，所以它们采用的格式和提出的基本要求是一致的，如《安全预评价导则》(AQ8002—2007)和《安全验收评价导则》(AQ8003—2007)。其内容主要包括：主题内容与适用范围、评价目的和基本原则、定义、评价内容、评价程序、评价报告主要内容、评价报告要求和格式、附件(评价所需主要资料清单、常用评价方法、评价报告封面格式、著录项格式等)。

由于不同类型的安全评价的评价对象不同，所以，导则在安全评价有关细节上各有针对自己情况的具体要求。这些具体要求的差异特别体现在定义、评价内容、评价程序、报告主要内容等方面。

(2) 行业安全评价导则。由于不同行业的工艺、设备等各有自己的特点，也有各自不同的安全风险，所以行业安全评价导则在遵循安全评价通则总体要求和框架的基础上，在各类安全评价细节上突出了各自的行业特点和要求。这些导则为做好该行业的安全评价提供了适用指南，提供了更符合本行业特点的规范依据。

安全评价导则为所有安全评价工作提供了一个必须共同遵循的体系规范，它们对各类安全评价工作和各行业安全评价工作的具体内容和要求都做出了较为明确的阐述，无论是评价单位开展评价工作、评价人员编写安全评价报告、业主安全评价提供支持，还是对评价报告进行审核，都应将此作为重要依据。

4.4.3 安全评价实施细则

安全评价实施细则是在某些特殊情况或特殊要求下根据安全评价通则和导则制定的内容更为详细的安全评价规范，更利于在安全评价工作中参照。

(1)《危险化学品建设项目安全评价细则(试行)》。为贯彻执行《安全生产法》、《危险化学品安全管理条例》、《安全生产许可证条例》以及《危险化学品建设项目安全许可实施办法》(国家安全生产监督管理总局令第8号)等法律、行政法规和部门规章，规范和指导全国危险化学品建设项目安全评价工作，国家安全生产监督管理总局编制了《危险化学品建设项目安全评价细则(试行)》，自2008年1月1日起试行。

(2)《烟花爆竹经营企业安全评价细则(试行)》有关内容介绍。为了贯彻实施《烟花爆竹经营许可实施办法》(国家安全生产监督管理总局令第65号)，规范烟花爆竹批发经营企业的安全评价工作，国家安全生产监督管理总局于2006年6月25日制定了《烟花爆竹经营企业安全评价细则(试行)》。

4.5　风险判别指标

风险判别指标(或判别准则)是判别风险大小的依据，是用来衡量系统风险大小以及危险、危害是否可接受的尺度。无论是定性评价还是定量评价，一定要有判别指标。有了判别指标，评价者才能判定系统的危险和危害性是高还是低，是否达到了可接受的程度，系统的安全水平是否在可接受的范围；否则，定性、定量评价也就失去了意义。

风险判别指标可以是定性的，也可以是定量的。常用的风险判别指标有安全系数、安全指标或失效概率等。例如，人们熟悉的安全指标有事故频率、财产损失率和死亡概率等。

在判别指标中，特别值得说明的是风险的可接受指标。世界上没有绝对的安全，所谓安全就是事故风险达到了合理可行并尽可能低的程度。减少风险是要付出代价的，无论是减少危险发生的概率还是采取防范措施使可能造成的损失降到最小，都要投入资金、技术和劳务。通常的做法是将风险限定在一个合理的、可接受的水平上。因此，在安全评价中不是以危险性、危害性为零作为可接受标准，而是以一个合理的、可接受的指标作为可接受标准。风险判别指标不是随意规定的，而是根据一个国家或行业具体的经济、技术情况和对危险、危害后果，危险、危害发生的可能性（概率、频率）和安全投资水平进行综合分析、归纳和优化，通常依据统计数据，有时也依据相关标准，制定出的一系列有针对性的危险、危害等级和指数，以此作为要实现的目标值，即可接受风险。

可接受风险是指在规定的性能、时间和成本范围内达到的最佳可接受风险程度。显然，可接受风险指标不是一成不变的，它随着人们对危险根源的深入了解，随着技术的进步和经济综合实力的提高而变化。另外需要指出，风险可接受并非说放弃对这类风险的管理，因为低风险随时间和环境条件的变化有可能升级为高风险。所以应不断对风险进行控制，使风险始终处于可接受范围内。

对于煤矿生产行业来说，如果描述其安全水平仅仅用发生伤亡事故的数量、死亡人数、直接经济损失、百万工时死亡率等绝对或相对指标来表示企业安全度，既不能体现作业人员实际面临的安全风险，又不能全面、准确地反映煤矿的实际安全状况。因此，根据事故发生的人、机、设备、环境等因素建立统一的煤矿安全风险过程指标体系变得十分重要。

为了有效降低人的职业风险，不仅需要作业人员具备预防事故发生的能力，而且需要在面对危险时具有避免或减轻伤害的能力。因此，作业人员安全风险判别指标具体包括作业人员数量、作业人员持证情况、作业人员工作经验、作业人员受教育程度、作业人员持续培训情况、作业人员责任心的欠缺性、作业人员操作违章率 7 个指标。

设备的不安全状态是引起事故发生的直接原因之一，在设备的整个使用寿命周期内，其运行状况的好坏反映了设备的安全风险程度。为了使企业的安全程度得到提高，需要不断提高设备整体的安全程度。设备安全风险判别指标具体包括设备的先进程度、设备的完好率、设备的故障率、设备维修质检不合格率、设备安全监察隐患整改率、安全防护装置配备率及安全运行周期 7 个指标。

环境风险因素主要包括两个方面：一是矿井不良或危险的自然地质条件；二是不良或危险的工作环境。据此，环境安全风险判别指标可概括为：矿井安全生产地质灾害、微气候（主要指温度和湿度）、噪声、有害气体、粉尘浓度、照明、作业场所 7 个指标。

煤矿安全生产的目标是用最小的安全风险获取最大的经济效益，为了实现这个目标，需要将安全风险管理制度与国家政策、法律法规、标准规范等有效结合，建立全面、系统的安全风险管理制度体系。安全风险管理指标主要包括机构及人员设置情况、安全生产责任制及落实情况、安全管理制度及落实情况、安全操作规程及落实情况、危险有害因素辨识评价与控制、应急救援及演练、安全投入 7 个指标。

风险指标体系不是一成不变的,而是动态学习、持续改进的。随着企业生产技术的更新、管理水平的提高,根据指标体系实际的运行状况,需要删除那些操作和衡量困难的指标,将重叠、交叉的指标进行分解,把反映同一问题的指标适度地进行综合,最终形成一套科学的指标体系。

思 考 题

1. 试说明我国法律的分类及层次结构。
2. 宪法的特殊地位和属性主要体现在哪些方面?
3. 法律、行政法规、地方性法规、行政法章分别是怎样定义的?
4. 试述标准的分类及安全标准的含义。
5. 安全评价的依据有哪些?
6. 论述我国目前的安全生产的法律、法规体系。
7. 我国安全评价规范体系可分为哪 3 个层次?
8. 安全标准的作用主要体现在哪些方面?
9. 什么是风险判别指标,什么是可接受风险?

第 5 章　安全评价方法

5.1　安全评价方法概述

安全评价方法是对项目(工程)或系统的危险危害因素及其危险危害程度进行分析、评价的方法,是进行定性、定量安全评价的工具。目前国内外已研究开发出许多种不同特点、不同适用对象和范围、不同应用条件的评价方法和商业化的安全评价软件包。每种评价方法都有其适用范围和应用条件,方法的误用会导致错误的评价结果,因此,在进行安全评价时,应根据安全评价对象和要实现的安全评价目标,选择适用的安全评价方法。本章主要介绍一些国内外常用的安全评价方法,重点从方法、目的、所需资料、评价程序、优缺点及适用范围、应用实例等方面加以讨论。

5.1.1　安全评价方法的分类

安全评价方法有多种分类标准,常用的有按评价结果的量化程度分类法、按评价的推理过程分类法、按评价的目的分类法、按评价的系统性质分类法等多种分类方法,下面对这几种分类方法分别进行介绍。

1. 按评价结果的量化程度分类法

按评价结果的量化程度,安全评价方法可分为定性安全评价方法和定量安全评价方法。

1) 定性安全评价方法

定性安全评价方法主要是借助于对事物的经验知识及其发展变化规律的了解,通过直观判断对生产系统的工艺、设备、设施、环境、人员和管理等方面的状况进行科学的定性分析、判断的一类方法。评价的结果是一些定性的指标,例如是否达到了某项安全指标、事故类别和导致事故发生的因素等。依据评价结果,可从技术上、管理上对危险和危害因素提出对策和措施并加以控制,达到使系统处于安全状态的目的。目前,常用的定性安全评价方法有:安全检查法(Safety Review, SR)、安全检查表分析法(Safety Checklist Analysis, SCA)、专家评议法、预先危险性分析法(Preliminary Hazard Analysis, PHA)、作业条件危险性评价法(LEC)、故障类型及影响分析法(Failure Mode Effects Analysis, FMEA)、故障假设分析法(What…If, WI)、危险和可操作性研究法(Hazard and Operability Study, HAZOP)以及人的可靠性分析(Human Reliability Analysis, HRA)等。

定性安全评价方法的特点是容易理解,便于掌握,评价过程简单。目前定性安全评价方法在国内外企业安全管理工作中被广泛使用。但定性安全评价方法往往依靠经验判断,带有一定的局限性。

2) 定量安全评价方法

定量安全评价方法是运用基于大量的实验结果和广泛的事故资料统计分析获得的指标

或规律(数学模型),对生产系统的工艺、设备、设施、环境、人员和管理等方面的状况,按有关标准,应用科学的方法构造数学模型,进行定量评价的一类方法。评价的结果是一些定量的指标,如事故发生的概率、事故的伤害(或破坏)范围、定量的危险性、事故致因因素的关联度或重要度等。定量安全评价主要有以下两种类型。

① 以可靠性、安全性为基础,先查明系统中存在的隐患并求出其损失率、有害因素的种类及其危害程度,然后再与国家规定的有关标准进行比较、量化。常用的方法有:故障树分析法(Fault Tree Analysis,FTA)、事件树分析法(Event Tree Analysis,ETA)、模糊数学综合评价法、层次分析法、作业条件危险性分析法(LEC)、机械工厂固有危险性评价法、原因后果分析法(Cause-Consequence Analysis,CCA)等。

② 以物质系数为基础,采用综合评价的危险度分级方法。常用的方法有:美国道化学公司的"火灾、爆炸危险指数评价法"(Dow Hazard Index,DOW)、英国 ICI 公司蒙德部的"火灾、爆炸、毒性指数法"(Mond Index,ICI)、日本劳动省的"化工企业六阶段法"以及"单元危险指数快速排序法"等。

按照定量结果类别的不同,定量安全评价方法还可以分为概率风险评价法、伤害(或破坏)范围评价法和危险指数评价法(Hazard Index,HI)。

2. 按评价的推理过程分类法

按照安全评价的逻辑推理过程,安全评价方法可分为归纳推理评价法和演绎推理评价法。归纳推理评价法是从事故原因推论结果的评价方法,即从最基本的危险危害因素开始,逐渐分析导致事故发生的直接因素,最终分析出可能导致的事故。演绎推理评价法是从结果推论原因的评价方法,即从事故开始,推论导致事故发生的直接因素,再分析与直接因素相关的间接因素,最终分析和查找出导致事故发生的最基本的危险危害因素。

3. 按评价的目的分类法

按照安全评价要达到的目的,安全评价方法可分为事故致因因素安全评价方法、危险性分级安全评价方法和事故后果安全评价方法。事故致因因素安全评价方法是采用逻辑推理的方法,由事故推论最基本的危险危害因素或由最基本的危险危害因素推论事故的评价法,适用于识别系统的危险危害因素和分析事故。该类方法一般属于定性安全评价法。危险性分级安全评价方法是通过定性或定量分析给出系统危险性等级的安全评价方法,适用于系统的危险性分级。该类方法可以是定性安全评价法,也可以是定量安全评价法。事故后果安全评价方法可以直接给出定量的事故后果,给出的事故后果可以是系统事故发生的概率、事故的伤害(或破坏)范围、事故的损失或定量的系统危险性等。

4. 按评价的系统性质分类法

按照评价系统的性质不同,安全评价方法可分为设备(设施或工艺)故障率评价法、人员失误率评价法、物质系数评价法、系统危险性评价法等。

由于安全评价不仅涉及自然科学,而且涉及管理学、逻辑学、心理学等社会科学的相关知识,而且安全评价指标及其权值的选取又与生产技术水平、安全管理水平、生产者和管理者的素质以及社会和文化背景等因素密切相关,因此,每种评价方法都有一定的适用范围和限度。

5.1.2　常用的安全评价方法

1. 安全检查法（Safety Review，SR）

安全检查法可以说是第一个安全评价方法，它有时也称为工艺安全审查、设计审查或损失预防审查。它可以用于建设项目的任何阶段。对现有装置（在役装置）进行评价时，传统的安全检查主要包括巡视检查、正规日常检查或安全检查（例如，如果工艺尚处于设计阶段，设计项目小组可以对一套图纸进行审查）。

安全检查的目的是辨识可能导致事故、引起伤害和重要财产损失或对公共环境产生重大影响的装置条件或操作规程。一般安全检查人员主要包括与装置有关的人员，即操作人员、维修人员、工程师、管理人员、安全员等，具体视工厂的组织情况而定。

安全检查的目的是为了提高整个装置的操作安全度，而不是干扰正常操作或对发现的问题进行处罚。完成安全检查后，评价人员对亟待改进的地方应提出具体的措施、建议。

2. 安全检查表分析法（Safety Checklist Analysis，SCA）

安全检查表是指在评价过程中，为了查找工程和系统中各种设备、设施、物料、工件、操作以及管理和组织措施中的危险和有害因素，事先把检查对象加以分类，将大系统分割成若干小的子系统，编制成表，这种表称为安全检查表。在评价过程中，以提问或打分的形式，将检查项目列表逐项检查，避免遗漏，这种方法称为安全检查表分析法。

3. 预先危险性分析法（Preliminary Hazard Analysis，PHA）

预先危险分析法用于对危险物质和装置的主要区域进行分析，包括在设计、施工和生产前，对系统中存在的危险性类别、出现条件、事故导致的后果进行分析，其目的是识别系统中的潜在危险，确定其危险等级，防止危险发展成事故。

预先危险性分析可以达到四个目的：① 大体识别与系统有关的主要危险；② 鉴别产生危险的原因；③ 预测事故发生对人员和系统的影响；④ 判别危险等级，并提出消除或控制危险性的对策措施。

预先危险性分析法通常用在对潜在危险了解较少和无法凭经验觉察的工艺项目的初期阶段，用于工艺装置的初步设计或研究和开发。当分析一个庞大的现有装置或无法使用更为系统的方法时，常优先考虑 PHA 法。

4. 故障假设分析法（What…If，WI）

故障假设分析法是一种对系统工艺过程或操作过程的创造性分析方法。使用该方法的人员应对工艺熟悉，通过提问（故障假设）的方式来发现可能潜在的事故隐患。

故障假设分析法一般要求评价人员用"What…If"作为开头，对有关问题进行考虑。任何与工艺安全有关的问题，即使关系不大，也可提出并加以讨论。

通常，将所有的问题都记录下来，然后将问题分门别类，例如：按照电气安全、消防安全、人员安全等问题分类，然后分别进行讨论。对正在运行的现役装置，应与操作人员进行交谈，所提出的问题要考虑到任何与装置有关的不正常的生产条件，而不仅仅是设备故障或工艺参数的变化。

5. 故障假设分析/检查表分析法（What…If/Checklist Analysis，WI/CA）

故障假设分析/检查表分析法是由具有创造性的假设分析方法与安全检查表分析法组

合而成的,它弥补了两种方法单独使用时各自的不足。

例如:安全检查表分析法是一种以经验为主的分析方法,用它进行安全评价时,成功与否很大程度取决于检查表编制人员的经验水平。如果检查表编制得不完整,评价人员就很难对危险性状况做出有效的分析。而故障假设分析法鼓励评价人员思考潜在的事故和后果,它弥补了检查表编制时可能存在的经验不足;检查表则使故障假设分析方法更系统化。

故障假设分析/检查表分析法可用于工艺项目的任何阶段。与其他大多数的评价方法相类似,这种方法同样需要由丰富工艺经验的人员完成,常用于分析工艺中存在的最普遍的危险。虽然它也能够用来评价所有层次的事故隐患,但故障假设分析/检查表分析法一般主要是对过程中的危险进行初步分析,然后可用其他方法进行更详细的评价。

6. 危险和可操作性研究法(Hazard and Operability Study, HAZOP)

危险和可操作性研究法是一种定性的安全评价方法,基本过程以引导词为引导,找出过程中工艺状态的变化(即偏差),然后分析偏差产生的原因、后果及可采取的对策。危险和可操作性研究技术是基于这样一种原理,即背景各异的专家们若在一起工作,就能够在创造性、系统性和风格上互相影响和启发,能够发现和鉴别更多的问题,要比他们独立工作并分别提供工作结果更为有效。

危险和可操作性分析的本质,就是通过系列会议对工艺流程图和操作规程进行分析,由各种专业人员按照规定的方法对偏离设计的工艺条件进行危险和可操作性研究。所以,危险和可操作性分析技术与其他安全评价方法的明显不同之处是其他方法可由某人单独去做,而危险和可操作性分析则必须由多方面的、专业的、熟练的人员组成的小组来完成。

7. 故障类型及影响分析法(Failure Mode Effects Analysis, FMEA)

故障类型及影响分析(FMEA)是系统安全工程的一种方法,根据系统可以划分为子系统、设备和元件的特点,按实际需要将系统进行分割,然后分析各自可能发生的故障类型及其产生的影响,以便采取相应的对策,提高系统的安全可靠性。

FMEA辨识可直接导致事故或对事故有重要影响的单一故障。在FMEA中不直接确定人的影响因素,像人为操作失误的影响通常作为一种设备故障模式表示出来。

8. 故障树分析法(Fault Tree Analysis, FTA)

故障树(Fault Tree)是一种描述事故因果关系的有方向的"树",故障树分析法是安全系统工程中重要的分析方法之一。它能对各种系统的危险性进行识别评价,既能进行定性分析,又能进行定量分析,具有简明、形象化的特点,体现了以工程方法研究安全问题的系统性、准确性和预测性。FTA作为安全分析评价和事故预测的一种先进的科学方法,已得到国内外的广泛认可和采用。

FTA不仅能分析出事故的直接原因,而且能深入发掘事故的潜在原因,因此在工程或设备的设计阶段,在事故查询或编制新的操作方法时,都可以使用FTA对它们的安全性做出评价。

9. 事件树分析法(Event Tree Analysis, ETA)

事件树分析法是用来分析普通设备故障或过程波动(称为初始事件)导致事故发生的可能性的方法。

事故是由典型设备故障或工艺异常(称为初始事件)引发的结果。与故障树分析不同,事件树分析使用归纳法，事件树可提供系统性的记录事故后果的方法，并能确定导致后果的事件与初始事件的关系。

事件树分析适用于分析那些产生不同后果的初始事件。事件树强调的是事故可能发生的初始原因以及初始事件对事件后果的影响，事件树的每一个分支都表示一个独立的事故序列，对一个初始事件而言，每一个独立事故序列都清楚地界定了安全功能之间的关系。

10. 危险指数方法 (Risk Rank，RR)

危险指数方法是通过对几种工艺现状及运行的固有属性进行比较计算，确定各种工艺危险特性的重要性，并根据评价结果，确定进一步评价的对象的评价方法。

危险指数评价法可用在工程项目的各个阶段（可行性研究、设计、运行等），或在详细的设计方案完成之前，或在现有装置危险分析计划制定之前。当然它也可用于在役装置，作为确定工艺及操作危险性的依据。目前已有好几种危险等级方法得到了广泛的应用。

危险指数方法使用起来可繁可简，形式多样，既可定性，又可定量。例如，评价者可依据对作业现场危险度、事故几率、事故严重度的定性评估，对现场进行简单分级，通过对工艺特性赋予一定的数值组成数值图表，可用此表计算数值化的分级因子。常用危险指数方法有：① 危险度评价法；② 道化学火灾、爆炸危险指数评价法；③ 蒙德火灾、爆炸、毒性指数评价法；④ 日本化工企业六阶段评价法；⑤ 其他危险等级评价法。下面简单介绍几种常用的危险指数方法。

1）日本化工企业六阶段评价法

日本劳动省提出的"化工装置安全评价方法"又称"化工企业六阶段安全评价法"，是应用安全检查表、定量危险性评价、事故信息评价、故障树分析以及事件树分析等方法，分成六个阶段，采取逐步深入，进行定性评价和定量评价的综合评价方法，是一种考虑较为周到的评价方法。

2）道化学火灾、爆炸危险指数评价法

美国道化学公司提出了物质指数作为系统安全工程的评价方法。1966 年，该公司又进一步提出了火灾、爆炸危险指数的概念，表示火灾、爆炸的危险程度。1972 年，他们又提出了以物质的闪点（或沸点）为基础，代表物质潜在能量的物质系数，结合物质的特定危险值、工艺过程及特殊工艺的危险值，计算出系统的火灾、爆炸危险指数，以评价该系统火灾、爆炸危险程度的评价方法，即道化学评价法第三版。之后他们又以第三版为蓝本，陆续推出了新的版本，1993 年推出了最新的第七版。

3）蒙德火灾、爆炸、毒性指数评价法

英国帝国化学公司（ICI）在对现有装置和设计建设中的装置的危险性进行研究时，既肯定了道化学公司的道化学火灾、爆炸危险指数法，又在其定量评价的基础上对道化学评价法第三版作了重要的改进和扩充，增加了毒性的概念和计算方法，并提出了一些补充系数。

11. 人员可靠性分析 (Human Reliability Analysis，HRA)

人员可靠性行为是人机系统成功的必要条件，人的行为受很多因素影响，这些"行为成因要素"可以是人的内在属性，比如紧张、情绪、教养和经验；也可以是外在因素，比如工作间、环境、监督者的举动、工艺规程和硬件界面等。影响人员行为的成因要素数不胜数。尽管有些行为成因要素是不能控制的，但许多却是可以控制的，可以对一个过程或一项操作的成功或失败产生明显的影响。

例如：评价人员可以把人为失误考虑到故障树之中，一项检查表分析可以考虑这种情况——在异常状况下，操作人员可能将本应关闭的阀门打开了。典型的危险和可操作性研究通常也把操作人员失误作为工艺失常（偏差）的原因考虑进去。尽管这些安全评价技术可以用来寻找常见的人为失误，但它们还是主要集中于引发事故的硬件方面。当工艺过程中手工操作很多时，或者当人－机界面很复杂，难以用标准的安全评价技术评价人为失误时，就需要特定的方法去评估这些人为因素。

有许多不同的方法可供人为因素专家用来评估工作情况。一种常用的方法叫做"作业安全分析"（Job Safety Analysis, JSA），但该方法的重点是作业人员的个人安全。作业安全分析是一个良好的开端，但就工艺安全分析而言，人员可靠性分析方法更为有用。人员可靠性分析技术可用来识别和改进行为成因要素，从而减少人为失误的机会。这种技术分析的是系统、工艺过程和操作人员的特性，寻找失误的源头。

如果不与整个系统的分析相结合而单独使用 HRA 技术，似乎太突出人的行为而忽视了设备特性的影响。所以，在大多数情况下，建议将 HRA 方法与其他安全评价方法结合使用。一般来说，HRA 技术应该在其他评价技术（如 HAZOP、FMEA、FTA）之后使用，识别出具体的、有严重后果的人为失误。

12. 作业条件危险性评价法（LEC）

美国的 K. J. 格雷厄姆（Keneth J. Graham）和金尼（Gilbert F. Kinney）研究了人们在具有潜在危险环境中作业的危险性，提出了以所评价的环境与某些参考环境的对比为基础，将作业条件的危险性作为因变量，事故或危险事件发生的可能性（L）、暴露于危险环境的频率（E）及危险严重程度（C）作为自变量，确定了它们之间的函数式。根据实际经验，他们给出了 3 个自变量的各种不同情况的分数值，采取对所评价的对象根据情况进行打分的办法，然后根据公式计算出其危险性的分数值，再在危险程度等级表或图上查出其危险性分数值对应的危险程度。这是一种简单易行的评价作业条件危险性的方法。

13. 定量风险评价法（QRA）

在识别危险分析方面，定性和半定量的评价是非常有价值的，但是这些方法仅是定性的，不能提供足够的量化数量，特别是不能对复杂、危险的工业流程等提供决策的依据和足够的信息。定量风险评价可以将风险的大小完全量化，风险可以表征为事故发生的频率和事故后果的乘积。QRA 对这两方面均进行评价，并提供足够的信息，为业主、投资者、政府管理者提供有利的定量化的决策依据。

对于事故后果模拟分析，国内外有很多研究成果，如美国、英国、德国等发达国家，早在 20 世纪 80 年代初便完成了以 Burro、Coyote、Thorney Island 为代表的一系列大规模现场泄漏扩散实验。到了 20 世纪 90 年代，又针对毒性物质的泄漏扩散进行了现场实验研究。迄今为止，已经形成了数以百计的事故后果模型，如著名的 DEGADIS、ALOHA、SLAB、TRACE、ARCHIE 等。基于事故模型的实际应用也取得了发展，如 DNV 公司的 SAFETYⅡ软件是一种多功能的定量风险分析和危险评价软件包，包含多种事故模型，可用于工厂的选址、区域和土地使用决策、运输方案选择、优化设计、提供可接受的安全标准等。Shall Global Solution 公司提供的 Shall FRED、Shell SCOPE 和 Shell Shepherd 3 个序列的模拟软件涉及泄漏、火灾、爆炸和扩散等方面的危险风险评价。这些软件都是在大量实验的基础上得出的数学模型，有着很强的可信度。评价的结果用数字或图形的方式显示事故影响区域，以及个人和社会承担的风险。可根据风险的严重程度对可能发生的事故进行分级，有助于制定降低风险的措施。

5.2　安全检查表分析法

5.2.1　安全检查表分析法概述

安全检查表分析法（SCA）是依据相关的标准、规范，对工程和系统中已知的危险类别、设计缺陷以及与一般工艺设备、操作、管理有关的潜在危险性和有害性进行判别检查的方法。该方法事先把检查对象分割成若干子系统，以提问或打分的形式，将检查项目列表。视具体情况可采用不同类型、不同格式的安全检查表，以便进行有效的分析。该方法可用于工程和系统的各个阶段，常用于对熟知的工艺设计进行分析，也可用于新工艺过程的早期开发阶段，有经验的人员还要将设计文件与相应的安全检查表进行比较。

5.2.2　安全检查表分析法步骤

安全检查表分析方法包括三个步骤，即建立安全检查表、完成分析以及编制分析结果文件。

1. 建立安全检查表

为了编制一张标准的检查表，评价人员应确定检查表的设计标准或操作规范，然后依据存在的缺陷和差别编制一系列带问题的检查表。编制检查表所需的资料包括有关标准、规范及规定，国内外事故案例，系统安全分析事例，研究成果等资料。还应按设备类型和操作情况提供一系列的安全检查项目。

SCA 法是基于经验的方法，安全检查表必须由熟悉装置的操作和标准、熟悉相关的政策和规定、有经验和具备专业知识的人员协同编制。所拟定的安全检查表，应当是通过回答表中所列问题，就能够发现系统设计和操作的各个方面与有关标准不符的地方的安全检查表。安全检查表一旦准备好，即使缺乏经验的工程师也能独立使用它，或者可作为其他危险分析的一部分。建立某一特定工艺过程的详细安全检查表时，应与通用安全检查表对照，以保证其完整性。

2. 完成分析

对已运行的系统，分析组应当视察所分析的工艺区域。在视察过程中，分析人员将工艺设备和操作过程与安全检查表进行比较。依据对现场的视察、对系统文件的阅读、与操作人员的座谈以及个人的理解回答安全检查表所列的项目。当所观察的系统特性或操作特性与安全检查表上希望的特性不同时，分析人员应当记下差异。新工艺过程的安全检查表分析，在施工之前常常是由分析小组在分析会议上完成的，主要是对工艺图纸进行审查，完成安全检查表以及讨论差异。

3. 编制分析结果文件

危险分析组完成分析后，应当总结或视察会议过程中所记录的差异。分析报告包含用于分析的安全检查表复印件。任何有关提高过程安全性的建议与恰当的解释都应写入分析报告中。

5.2.3 安全检查表分析法的优缺点及适用范围

SCA 法因简单、经济、有效而被经常使用。SCA 法是以经验为主的方法，使用其进行安全评价时，成功与否很大程度取决于检查表编制人员的专业知识和经验水平，如果检查表不完整，评价人员就很难对危险性状况做出有效的分析。SCA 法可用于安全生产管理和对熟知的工艺设计、物料、设备或操作规程的分析，也可用在新工艺的早期开发阶段，来识别和消除在类似系统多年的操作中所发现的危险。但由于 SCA 法只能作定性分析，不能预测事故后果及对危险性进行分级，因此很少用于安全预评价，事故调查时一般也不用。

5.2.4 安全检查表分析法应用实例

表 5-1 是某厂的"放射性射线探伤作业安全检查表"，是由企业有关人员根据实际情况编制的，既有针对性，又有科学性，在长期使用中收到了良好的效果。

表 5-1 放射性射线探伤作业安全检查表

序号	主要检查条目与内容	检查周期	检查结果		备注
			是(√) (正常，做到)	否(×) (不正常，未做到)	
1	探伤设备是否安全可靠	1 次/班			
2	源导管是否尽量保持平直，不打卷	1 次/班			
3	源导管弯曲半径是否大于 500 mm	每次使用			
4	源导管爬坡时与水平面角度是否不超过 30°	每次使用			
5	源导管长度是否小于驱动缆长度	每次使用			
6	摇源时是否均匀用力	每次使用			
7	是否在确认源头返回后才关闭快门、锁上安全锁、拿下钥匙	每次使用			
8	源导管是否妥善摆放	1 次/周			
9	安全钥匙是否有专人保管	1 次/周			
10	操作工是否随身携带报警器	1 次/周			
11	用 γ 射线机探伤是否在屏蔽门关严后方进行操作	班中检查			
12	在现场探伤是否经过批准并有专人监护	班中检查			
13	放射源脱落后是否立即进行安全警戒，严防他人误入	班中检查			

检查人： 检查时间： 年 月 日

审核人： 审核时间： 年 月 日

注：运用安全检查表时，主要检查条目与内容是否符合安全要求。处于正常安全状态、做到条目中的相应内容时，在检查结果栏内打"√"；反之打"×"。

5.3　专家评议法

5.3.1　专家评议法概述

专家评议法是一种吸收专家参加，根据事物的过去、现在及发展趋势，进行积极的创造性思维活动，对事物的未来进行分析、预测的方法。专家评议法有下列两种方式：

（1）专家评议。专家评议法是根据一定规则，组织相关专家进行积极的创造性思维，对具体问题通过共同讨论，集思广益进行解决的一种专家评价方法。

（2）专家质疑。专家质疑法需要先后进行两次会议。第一次会议是专家对具体问题进行直接讨论，第二次会议则是专家对第一次会议提出的设想进行质疑。主要是：

① 研究讨论有碍设想实现的问题；

② 论证已提出的设想实现的可能性；

③ 讨论设想的限制因素并提出排除限制因素的建议；

④ 在质疑过程中，也可能会有新的建设性的可行性设想提出。

最后由分析小组对专家直接讨论及质疑的结果进行分析，编写一个评价意见一览表；并对质疑过程中提出的评价意见进行评价，形成实际可行的最终设想一览表。

5.3.2　专家评议法步骤

采用专家评议法进行安全评价、预测有以下四个步骤。

（1）明确分析评价、预测的具体问题。

（2）组成专家评议分析、预测小组。小组应由预测专家、专业领域的专家、推断思维能力强的演绎专家以及高级专业领域的分析专家等组成。

（3）举行专家会议，对所提出的具体问题进行分析、预测。组织专家会议时，应遵守以下几个原则：分析、预测的问题要具体明确，并且要限制范围；参加会议的专家要注意力集中，发言要言简意赅；要即席发言，不能照稿宣读；鼓励任何设想，鼓励对已提出的设想进行补充改进和综合；鼓励提出不同意见、观点，提倡自由讨论，充分激发专家的积极性和创造性。

（4）分析、归纳出专家会议的结果。

5.3.3　专家评议法的优缺点及适用范围

专家评议法由于简单易行，比较客观，十分有用，因此被人们广泛采用。由于所邀请的人员是在专业理论上造诣较深、实践经验较丰富的专家，而且由于有专业专家、安全专家、评价专家、逻辑专家参加，将专家的意见运用逻辑推理的方法进行综合、归纳，因此所得出的结论一般比较全面、正确。特别是对专家的质疑进行正反两方面的讨论，使问题更深入、更全面透彻，所形成的结论性意见更科学、合理。但是，因为对邀请的专家要求比较高，所以并不是所有项目均适合应用。

专家评议法很适合于对类似装置的安全评价，它可以充分发挥专家丰富的实践经验和理论知识。专家评价法对专项安全评价十分有用，可以将问题研究讨论得更深、更细、更透彻，便于决策。

5.3.4 专家评议法应用实例

某钢厂需增加 1 台 VD/VOD 装置，运用专家评议法进行危险和危害因素的分析、评价和预测。评议过程按评议步骤和评议结论进行。

1. 评议步骤

(1) 明确问题。分析评价、预测的具体问题是该钢厂增加的 1 台 VD/VOD 装置的危险和危害因素。

(2) 成立专家组。专家组由具有丰富实践经验和理论知识的 VOD 设备专家、生产工艺专家、劳动安全专家、VOD 操作人员、安全评价专家及逻辑专家共 6 人组成。

(3) 专家评议。举行专家会议，对 VOD 装置进行分析、类比和预测。

2. 评议结论

由专家组综合分析、归纳，得出如下结论。

(1) 该钢厂为了淘汰技术落后、消耗高、产品市场竞争力日趋萎缩的长线产品，调整现有生产结构，实现技术更新，生产超低碳奥氏体不锈钢、轴承钢、高速齿轮钢等，以提高产品质量，增强企业的市场竞争力，需要对电炉特钢系统新增加一台 VOD 精炼装置。

(2) 在吹氧、真空脱气过程中，VOD 装置可能发生的较为严重的事故是钢水遇水的爆炸事故。因为水遇到 1600℃ 左右的钢水时，会瞬间汽化，使分子间距增大 10～11.4 倍，体积增大约 1500 倍。而此膨胀过程在极短时间内发生，所以会在有限空间内形成爆炸。

若真空罐冷却系统及其他水冷设施泄漏，则遇钢水会发生爆炸。所以，各水冷设施需要经常检漏。真空罐底部有积水，水冷系统和炉体等耐火材料损坏、坍塌等均存在着发生爆炸事故的可能性。

(3) 钢包在吊运过程中，钢包钢水口因多次使用，受钢水侵蚀、冲刷，可能发生钢水泄漏事故；钢包装载超量或吊装不当，会发生钢水溢漏事故。这些都会造成人员灼、烫伤，损坏设备、设施及引发火灾爆炸事故。

(4) 氧气是强氧化剂，在由氧气站通过管路接至 VOD 精炼炉顶氧枪过程中，可能存在下列危险：

① 在氧气输送过程中，管道或阀门中残留的金属屑、焊渣、焊瘤、可燃物等杂质会引起燃烧，将管壁烧红，引发火灾、灼烫事故；

② 氧气泄漏有引发火灾、爆炸事故的可能；

③ 氧气泄漏时，如人员吸入高浓度氧气(>40%)，会发生氧中毒；

④ 若氧枪插入位置不当，冷却水管冷却效果不良，会损坏氧枪水冷系统，造成漏水，水遇钢水会发生爆炸。

(5) 惰性组分氮、氩(用作底吹搅拌、均匀温度和调节成分)系统如发生管线或阀门泄漏，有可能发生窒息中毒事故。

(6) VOD 精炼炉的起重、吊装作业特点是重量大(仅钢水约 100～120 t，钢包总重约有 160～170 t)、温度高(1600℃ 左右)、频率高(存放钢水的钢包吊入、精炼后将钢包吊出等），因而存在着钢包漏钢的危险性。一般，漏钢要吊至漏钢事故坑，否则如遇积水或潮湿会发生爆炸。而且吊索和吊具受高温烘烤，强度下降，易损坏，有可能造成重大事故。正是由于钢包的起重、吊装、运输作业中危险性大，所以吊钩、吊索等吊具要确保完好；挂钩和吊装的运行要稳妥、牢靠；吊索和吊具要定期更换，以严防钢包脱落造成重大事故。

（7）VOD 装置中的液动、气动、电动、计算机控制等系统，应确保安全、可靠。要防止因系统失灵、失控及操作失误而引发事故。对于计算机系统要防止病毒侵入；不但要防直接雷，而且要防间接雷(有一钢厂近年计算机系统曾遭到感应雷的袭击)。

（8）在 VOD 装置的生产过程中，同样还存在着触电、高处坠落、机械伤害、物体打击的可能性，不能忽视。

（9）VOD 炉是引进设备，自动化程度较高，要求严格管理。作业人员需要具有较高的文化素质和技术水平以及良好的心理素质，作业时应精心操作。

（10）要防止因电缆老化或电路短路而引发火灾事故。

5.4　预先危险分析法

5.4.1　预先危险分析法概述

预先危险分析法（Preliminary Hazard Analysis，PHA）又称初步危险分析，是一项为实现系统安全而进行的危害分析的初始工作，常用在对潜在危险了解较少和无法凭经验觉察其危险因素的工艺项目的初步设计或工艺装置的研究和开发中，或用于在危险物质和项目装置的主要工艺区域的初期开发阶段(包括设计、施工和生产前)，对物料、装置、工艺过程以及能量等失控时可能出现的危险性类别、出现条件及可能导致的后果，作宏观的概略分析，其目的是识别系统中存在的潜在危险，确定其危险等级，防止危险发展成事故。当分析一个庞大的现有装置或对环境无法使用更为系统的方法时，PHA 技术可能非常有用。英国 ICI 公司在工艺装置的概念设计阶段、工厂选址阶段以及项目发展过程的初期，就是用这种方法来分析可能存在的危险性的。

在 PHA 中，分析组应考虑工艺特点，列出系统基本单元可能的危险性和危险状态，这些是概念设计阶段所要确定的，包括：原料、中间物、催化剂、三废、最终产品的危险特性及其反应活性，装置设备，设备布置，操作环境，操作(测试、维修等)及操作规程，各单元之间的联系，防火及安全设备等。当识别出所有的危险情况后，列出可能的原因、后果以及可能的改正或防范措施。

5.4.2　预先危险分析法步骤

PHA 法包括三个步骤，即分析准备、完成分析和编制分析结果文件(报告)。

1. 分析准备

PHA 分析通过经验判断、技术诊断或其他方法调查确定危险源(即危险因素存在于哪个子系统中)。对所需分析的系统的生产目的、物料、装置和设备、工艺过程、操作条件以及周围环境等进行充分详细的调查了解。分析组需要收集装置或系统的有用资料，以及其他可靠的资料(如：任何相同或相似的装置，或者即使工艺过程不同但使用方法相同的设备的资料）。危险分析组应尽可能从不同渠道汲取相关经验，包括相似设备的危险性分析、相似设备的操作经验等。

为了让 PHA 达到预期的目的，分析人员必须写出工艺过程的概念设计说明书。因此，分析人员必须知道过程所包含的主要化学物品、反应、工艺参数以及主要设备的类型（如容器、反应器、换热器等）。此外，明确装置需要完成的基本操作和操作目标，有助于确定设备的危险类型和操作环境。

2. 完成分析

PHA 识别可能发现一些危险和事故情况，因此 PHA 还应对设计标准进行分析并找到能消除或减少这些危险的其他途径，要做出这样的评判需要一定的经验。危险分析组在完成 PHA 的过程中应考虑以下几方面的因素。

（1）危险物料和设备。如燃料、高反应活性物质、有毒物质，爆炸系统、高压系统、其他储能系统。

（2）设备与物料之间与安全有关的隔离装置。如物料的相互作用、火灾/爆炸的产生和发展、控制/停车系统。

（3）影响设备和物料的环境因素。如地震、振动、洪水、极端环境温度、湿度、静电等。

（4）操作、测试、维修及紧急处置规程。如人为失误的重要性、操作人员的作用、设备的可接近性、人员的安全保护。

（5）辅助设施。如储槽、测试设备、培训设施、公用工程。

（6）与安全有关的设备。如调节系统、备用设备、灭火及人员保护设备。

对工艺过程的每一个区域，分析组都要识别危险并分析这些危险产生的原因及可能导致的后果。最后，分析组为了衡量危险性的大小及其对系统的破坏性，根据事故的原因和后果，可以将各类危险性划分为四个等级，见表 5-2。然后分析组将提出消除或减少危险的建议。

表 5-2 危险性等级划分

级别	危险程度	可能导致的后果
Ⅰ	安全	不会造成人员伤亡及系统损坏
Ⅱ	临界	处于事故的边缘状态，暂时还不至于造成人员伤亡、系统损坏或降低系统性能，但应予以排除或采取控制措施
Ⅲ	危险	会造成人员伤亡和系统损坏，要立即采取防范措施
Ⅳ	灾难	造成人员重大伤亡及系统严重破坏的灾难性事故，必须果断排除并进行重点防范

3. 编制分析结果文件

为方便起见，PHA 的分析结果以表格的形式记录。其内容包括识别出的危险、危险产生的原因、主要后果、危险等级以及改正或预防措施。表 5-3 是 PHA 的分析结果记录的表格式样。PHA 结果表常作为 PHA 的最终产品提交给装置设计人员。

表 5 - 3　PHA 分析结果记录表格

区域：＿＿＿＿＿＿＿＿　　会议日期：＿＿＿＿＿＿＿＿

图号：＿＿＿＿＿＿＿＿　　分析人员：＿＿＿＿＿＿＿＿

危险	产生原因	主要后果	危险等级	改正或预防措施

5.4.3　预先危险分析法的优缺点及适用范围

预先危险分析是一种宏观的概略定性分析方法。在项目发展初期使用 PHA 有如下优点：

（1）它能识别可能的危险，用较少的费用或时间就能进行改正。

（2）它能帮助项目开发组分析和设计操作指南。

（3）该方法简单易行，经济有效。

固有系统中采取新的操作方法或接触新的危险物质、工具和设备时，采用 PHA 比较合适，它从一开始就能消除、减少或控制主要的危险。当只希望进行粗略的危险和潜在事故情况分析时，也可用 PHA 对已建成的装置进行分析。

5.4.4　预先危险分析法应用实例

分析将 H_2S 从储气罐送入工艺设备的危险性。在该设计阶段，分析人员只知道在工艺过程中要用到 H_2S，H_2S 有毒且易燃，其他一无所知。主要分析步骤如下。

（1）分析人员将 H_2S 可能释放出来作为一个危险情况，列出了以下几种可能引起 H_2S 释放的原因：

① 储罐受压泄漏或破裂；

② 工艺过程中没有消耗掉所有的 H_2S；

③ H_2S 的工艺输送管线泄漏或破裂；

④ H_2S 在储罐与工艺设备的连接过程中发生泄漏。

（2）分析人员确定这些导致 H_2S 泄漏的原因可能产生的后果。对本例来说只有发生大量泄漏时才会导致死亡事故。下一步通过对每种可能导致 H_2S 释放的原因提出改正或避免措施，以便为设计提供依据。例如，分析人员可建议设计人员：

① 考虑储存另外的低毒但能产生需要的 H_2S 的物质的工艺；

② 考虑开发能收集和处理过量的 H_2S 的系统；

③ 由熟练的操作人员进行储罐的连接；

④ 考虑储罐封闭在水洗系统中，水洗系统由 H_2S 检测器启动；

⑤ 储罐的位置位于易于输送的地方，但远离其他设备；

⑥ 建立培训计划，在装置开车前对所有工人进行 H_2S 释放紧急处置操作规程的培训。

H_2S 系统 PHA 部分分析结果见表 5 - 4。

表 5 - 4 H₂S 系统 PHA 部分分析结果

区域：H₂S 工艺　　　　　　　　会议日期：月／日／年
图纸号：无　　　　　　　　　　分析人员：×××

危险	原　因	主要后果	危险等级	改正或避免措施
有毒物质释放	H₂S 储罐破裂	如果大量释放将有致命危险	IV	（a）安装报警系统；（b）保持最小的储存量；（c）建立储罐的检查规程
	H₂S 在工艺过程中未完全反应	如果大量释放将有致命危险	III	（a）设计收集和处理过量的 H₂S 的系统；（b）设计控制系统检测过量的 H₂S 并将工艺过程关闭；（c）建立规程，保证过量 H₂S 处理系统在装置开车前启动

5.5 故障假设分析法

5.5.1 故障假设分析法概述

故障假设分析法（What…If Analysis）是对某一生产工艺过程或操作过程创造性的分析方法。使用该方法的人员应对工艺熟悉，通过提出一系列"如果……怎么办"的问题（故障假设），来发现可能和潜在的事故隐患，从而对系统进行彻底的检查。在分析会上围绕所确定的安全分析项目对工艺过程或操作进行分析，鼓励每个分析人员对假定的故障问题发表不同看法。如果分析人员富有经验，则该方法是一种强有力的分析方法；否则，其结果可能是不完整的。对一个相对简单的系统，故障假设分析只需要一两个分析人员就能进行；对复杂系统则需要组织较大规模的分析组，需较长时间或多次会议才能完成。

故障假设分析法通常对工艺过程进行审查，一般要求评价人员用"What…If"作为开头对有关问题进行考虑，从进料开始沿着流程直到工艺过程结束。任何与工艺安全有关的问题，即使它与之不太相关也可提出并加以讨论。故障假设分析结果将找出暗含在分析组所提出的问题和争论中的可能的事故情况。这些问题和争论常常指出了故障发生的原因。故障假设提出的问题诸如："如果原料的浓度不对将会发生什么情况？"、"如果在开车时泵停止运转如何处理？"、"如果操作工打开阀 B 而不是阀 A 怎么办？"等。

通常，将所有的问题都记录下来，然后将问题分类。例如：按照电气安全、消防、人员安全等对问题进行分类，分别进行讨论。对正在运行的现役装置，则与操作人员进行交谈，所提出的问题要考虑到任何与装置有关的不正常的生产条件，而不仅仅是设备故障或工艺参数的变化。此外，对问题的回答，包括危险、后果、已有安全保护、重要项目的可能解决方法也要记录下来。

5.5.2 故障假设分析法步骤

故障假设分析法由三个步骤组成，即分析准备、完成分析、编制分析结果文件。

1. 分析准备

（1）人员组成。分析小组应由 2～3 名专业人员组成。小组成员要熟悉生产工艺，且有评价危险性的经验并了解分析结果的意义，最好有现场班组长和工程技术人员参加。

（2）确定分析目标。首先要考虑以取得什么样的结果作为目标，对目标又可进一步加以限定。目标确定之后就要确定分析哪些系统，如物料系统、生产工艺等。分析某一系统时应注意与其他系统的相互作用，避免漏掉危险性。如果是对正在运行的装置进行分析，分析组应与操作、维修、公用系统或其他服务系统的负责人座谈。此外，如果分析会议讨论设备的布置问题，还应当到现场掌握系统的布置、安装及操作情况。因此，在分析开始之前，应拟定访问现场以及和有关人员座谈的日程。

（3）准备资料。故障假设分析法所需资料见表 5-5。危险分析组最好在分析会议开始之前得到这些资料。

表 5-5　故障假设分析法所需资料

资料大类	详 细 资 料
工艺流程及其说明	1. 生产条件；工艺中涉及的物料及其理化性质；物料平衡及热平衡 2. 设备说明书
工厂平面布置图	
工艺流程及仪表控制和管路图	1. 控制（连续监测装置，报警系统功能） 2. 仪表（仪表控制图，监测方式）
操作规程	1. 岗位职责 2. 通讯联络方式 3. 操作内容（预防性维修、动火作业规定、容器内作业规定、切断措施、应急措施）

（4）准备基本问题。它们是分析会议的"种子"。如果以前进行过故障假设分析，或者进行过对装置改造后的分析，则可以使用以前分析报告中所列的问题。对新的装置或第一次进行故障假设分析的装置，分析组成员在会议之前应当拟定一些基本的问题，其他各种危险分析方法对原因和后果的分析也可以作为故障假设分析的问题。

2. 完成分析

（1）了解情况，准备故障假设问题。分析会议一开始，应该首先由熟悉整个装置和工艺的人员阐述生产情况和工艺过程，包括原有的安全设备及措施。分析人员还应说明装置的安全防范、安全设备、卫生控制规程。

分析人员要向现场操作人员提问，然后对所分析的工艺过程提出有关安全方面的问题。但是分析人员不应受所准备的故障假设问题的限制或者仅局限于对这些问题的回答，而是应当利用他们的综合专业知识和分析组人员之间的相互启发，提出他们认为必须分析的问题，以保证分析的完整。分析进度不能太快也不能太慢，每天最好不要超过 4～6 h，连续分析不要超过一周。

分析过程有两种会议方式可采用。一种方式是列出所有的安全项目和问题，然后进行分析；另一种方式是提出一个问题讨论一个问题，即对所提出的某个问题的各个方面进行分析后再对分析组提出的下一个问题（分析对象）进行讨论。两种方式都可以，但通常最好是在分析之前列出所有的问题，以免打断分析组的创造性思维。如果过程比较复杂，可以分成几部分，这样不至于让分析组花上几天时间来列出所有问题。

（2）按照准备好的问题，从工艺进料开始，一直进行到成品产出为止，逐一提出如果发生某种情况，操作人员应该怎么办的问题，分别得出正确答案，填入分析表中。常见的故障假设分析法分析表如表 5-6 所示。

（3）将提出的问题及正确答案加以整理，找出危险、可能产生的后果、已有安全保护装置和措施、可能的解决方法等汇总后报相关部门，以便采取相应措施。在分析过程中，可以补充任何新的故障假设问题。

表 5-6　故障假设分析法分析表

如果……怎么办	危险性/结果	建议/措施

3. 编制分析结果文件

编制分析结果文件是将分析人员的发现变为消除或减少危险的措施的关键。5.5.4 小节中的表 5-8 即是一份故障假设分析结果报告式样，读者可参考。分析组还应根据分析结果提出提高过程安全性的建议。根据对象的不同要求可对表格内容进行调整。

5.5.3　故障假设分析法的优缺点及适用范围

故障假设分析法适用范围很广，可用于设备设计和操作的各个方面（如建筑物、动力系统、原料、中间体、产品、仓库储存、物料的装卸与运输、工厂环境、操作方法与规程、安全管理规程、装置的安全保卫等）。

故障假设分析法鼓励思考潜在的事故和可能导致的后果，它弥补了基于经验的安全检查表编制时经验的不足，但是，检查表可以使故障假设分析方法更系统化，因此出现了安全检查表分析与故障假设分析组合在一起的分析方法，互相取长补短，弥补各自单独使用时的不足。

5.5.4　故障假设分析法应用实例

用故障假设分析法，对磷酸氢二铵（DAP）系统的反应工段进行分析。表 5-7 列出了将在分析会议上讨论的问题。

表 5 - 7　对生产 DAP 的过程进行故障假设分析所提出的问题

提问方式	提问内容
如果……将会发生什么情况？	1. 原料磷酸中含有其他杂质 2. 原料中磷酸浓度太低，不符合原设计要求 3. 反应器中氨含量过高 4. 阀门 B 关闭或堵塞 5. 阀门 C 关闭或堵塞 6. 搅拌器停止搅拌

对第一个问题，分析人员需要考虑哪些物质与氨混合可发生危险。如果清楚是哪种物质，就要注意是装置中存在该物质，还是原料供应商提供的原料本来就有问题（也可能是原料标签有误）。如果物料的错误搭配对操作人员和环境有危害，分析人员要能够识别这种危害，并且还应分析已有的安全保护措施是否能避免这种危害的发生。建议原料分析中心在磷酸送入装置前对其进行分析检验。分析人员按照这种方式逐一分析、回答其他问题并记录下来。表 5 - 8 列出了本例的结果分析文件。

表 5 - 8　DAP 工艺过程的故障假设结果分析文件

工艺过程：DAP 反应器　　　　　　　　　分析人员：由安全、操作、设计等方面人员组成
分析主题：有毒、有害物质释放　　　　　日　　期：日 /月 /年

故障假设分析问题	危险/后果	已有安全保护	建　议
原料磷酸中含有杂质	杂质与磷酸或氨反应可能产生危险，或产品不符合要求	供应商可靠，对反应器进料有严格的规定	采取措施，保证物料管理规定严格执行
进料中磷酸浓度太低，不符合原设计规定	过量且未反应的氨经过 DAP 储槽释放到工作区	供应商可靠，已安装有氨检测与报警装置	严格分析检测原料站送来的磷酸的浓度
反应器中氨含量过高	未反应的氨进入 DAP 储槽并释放到工作区，恶化环境	氨水管线上装有流量计、氨检测报警器	通过阀门 B 的流量较小时，氨报警器启动或关闭阀门 A
阀门 B 关闭或堵塞	大量未反应的氨进入 DAP 储槽并释放到工作区，恶化环境	定期维修，安装有氨检测与报警装置，磷酸管线上装有流量计	通过阀门 B 的流量较小时，阀门 A 关闭或氨报警器启动
搅拌器停止搅拌	物料不均匀，局部反应剧烈，易发生危险		关闭阀门 A、阀门 B，备用搅拌器

5.6 危险与可操作性研究法

5.6.1 危险与可操作性研究法概述

危险与可操作性研究法（Hazard and Operability Study，HAZOP）是以系统工程为基础，主要针对化工装置而开发的一种定性的危险性评价方法。它以关键词为引导，分析讨论生产过程中工艺参数可能出现的偏差、偏差出现的原因和可能导致的后果，以及这些偏差对整个系统的影响，并有针对性地提出必要的对策和措施。

HAZOP 的特点是由中间状态参数的偏差开始，找出原因并判断后果，它是属于从中间向两头分析的方法，具体就是通过一系列的分析会议对工艺图纸和操作规程进行分析。在装置的设计、操作、维修等过程中，需要工艺、工程、仪表、土建、给排水等专业的人员一起工作，因此危险与可操作性分析实际上是一个系统工程，需要各专业人员的共同参与，才能识别更多的问题。

HAZOP 分析是对工艺或操作的特殊点进行的分析，这些特殊点称为分析节点，又称工艺单元或操作步骤。通过分析每个节点，识别出那些具有潜在危险的偏差，这些偏差通过引导词（或关键词）引出。一套完整的引导词可使每个可识别的偏差不被遗漏。表 5-9 列出了 HAZOP 分析中经常遇到的术语及其定义；表 5-10 列出了 HAZOP 分析常用的引导词。

表 5-9 常用 HAZOP 分析术语及其定义

术　语	定　义　及　说　明
工艺单元	具有确定边界的设备（如两容器之间的管线）单元，对单元内工艺参数的偏差进行分析
操作步骤	间歇过程的不连续动作，或者是由 HAZOP 分析组分析的操作步骤；可能是手动或计算机自动控制的操作，间歇过程每一步产生的偏差可能与连续过程不同
工艺指标	确定装置如何按照既定的标准操作而不发生偏差，即确定工艺过程的正常操作条件；采用一系列的表格，用文字或图表进行说明，如工艺说明、流程图、管道图等
关键词	用于定性或定量设计工艺指标的简单词语，引导识别工艺过程的危险
工艺参数	与过程有关的物理和化学特性，包括概念性的项目，如反应、混合、浓度、pH 值等，以及具体项目，如温度、压力、流量等
偏差	分析组使用引导词系统地对每个分析节点的工艺参数（如流量、压力）进行分析时发现的一系列偏离工艺指标的情况（如无流量、压力高等）；偏差的形式通常是"引导词＋工艺参数"
原因	一旦找到偏差产生的原因，就意味着找到了对付偏差的方法和手段。这些原因可能是设备故障、人为失误、不可预见的工艺状态（如组成）改变、来自外部的破坏（如电源故障）等
后果	偏差所造成的后果（如释放出有毒物质）；分析组常常假定发生偏差时，已有安全保护系统失效；不考虑那些细小的与安全无关的后果
安全保护	指设计的工程系统或调节控制系统（如报警、连锁、操作规程等），用以避免或减轻偏差发生时所造成的后果
措施及建议	修改设计、操作规程或者提出进一步分析研究（如增加压力报警、改变操作顺序）的建议

表 5 - 10　**HAZOP 分析常用引导词及其意义(参考 GB 13548—92)**

引导词	意　义	备　注
NONE(不或没有)	完成这些意图是不可能的	任何意图都实现不了,但也没有任何事情发生
MORE(过量)	数量增加	与标准值相比,数值偏大,如温度、压力、流量偏高
LESS(减量)	数量减少	与标准值相比,数值偏小,如温度、压力、流量偏低
AS WELL AS(伴随)	定性增加	所有的设计与操作意图均伴随其他活动或事件的发生
PART OF(部分)	定性减少	仅仅有一部分意图能够实现,一部分不能实现
REVERSE(相逆)	逻辑上与意图相反	出现与设计意图完全相反的事或物,如物料反向流动
OTHER THAN(异常)	完全替换	出现与设计要求不相同的事或物,如发生异常事件或状态、开停车、维修、改变操作模式

5.6.2　危险与可操作性研究法步骤

危险与可操作性研究法可分三个步骤进行,即分析准备、完成分析和编制分析结果文件。

1. 分析准备

(1) 确定分析的目的、对象和范围。分析对象通常由装置或项目负责人确定,并得到 HAZOP 分析组组织者的帮助。

(2) 分析组的构成。HAZOP 研究小组一般由 4~8 人组成,每个成员都能为所研究的项目提供知识和经验,最大限度发挥每个成员的作用。HAZOP 研究小组最少由 4 人组成,包括组织者、记录员、两名熟悉过程设计和操作的人员,但 5~7 人的分析组是比较理想的。

(3) 获得必要的文件资料。最重要的文件资料是带控制点的流程图,但工艺流程图、平面布置图、安全排放原则、化学危险数据、管道数据表、工艺数据表以及以前的安全报告等也很重要。其他需要的文件包括操作与维护指导手册、仪表控制图、逻辑图、安全程序文件、管道单线图、装置手册和设备制造手册等。重要的图纸和数据应在分析会议开始之前分发到每位分析成员手中。

(4) 将资料变成适当的表格并拟定分析顺序。对连续过程来说,准备工作量最小,在分析会议之前使用最新的图纸确定分析节点,每一位分析人员在会议上都应有这些图纸。对间歇过程来说,准备工作量很大,主要是因为操作过程复杂,分析这些操作程序是间歇过程 HAZOP 分析的主要内容。如有两个或两个以上的间歇步骤同时在过程中出现,应当将每个步骤中的每个容器的状态都表示出来。

(5) 安排会议次数和时间。制订会议计划,首先要确定分析会议所需的时间。一般来说每个分析节点平均需要 20~30 min,若某容器有两个进口,两个出口,一个放空点,则需 3 h 左右。另外还可以每个设备分配 2~3 h。每次会议持续时间不要超过 4~6 h(最好安排在上午),会议时间越长,则效率越低。也可以把装置划分成几个相对独立的区域,每个区域讨论完毕后,会议组作适当修整,再进行下一区域的分析讨论。

2．完成分析

图 5-1 是 HAZOP 分析流程图。分析组对每个节点或操作步骤使用引导词进行分析，得到一系列的结果，如偏差的原因、后果、保护装置、建议措施等。当发现危险情况时，HAZOP 分析组的每一位成员都应明白问题所在。在分析过程中，应当确保对每个偏差的分析，并且在建议措施完成之后再进行下一偏差的分析。在考虑采取某种措施以提高安全性之前，应对与节点有关的所有危险进行分析，以减少那些悬而未决的问题。此外，对偏差或危险应当主要考虑易于实现的解决方法，而不是花费大量时间去设计解决方案。过程危险性分析会议的主要目的是发现问题，而不是解决问题。但是如果解决方法是明确和简单的，应当作为意见或建议记录下来。

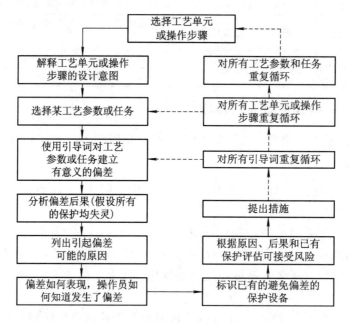

图 5-1　HAZOP 分析流程图

HAZOP 分析涉及过程的各个方面，包括工艺、设备、仪表、控制、环境等。HAZOP 分析人员的知识及可获得的资料总是与 HAZOP 分析方法的要求有距离，因此，对某些具体问题可听取专家的意见。必要时对某些部分的分析可延期，在获得更多的资料后再进行分析。

3．编制分析结果文件

分析记录是 HAZOP 分析的一个重要组成部分。负责记录的人员应从分析讨论过程中提炼出准确的结果。尽管不可能把会议上说的每一句话都记录下来，但必须记录所有重要的意见。必要时可举行分析报告审核会，让分析组对最终报告进行审核和补充。通常，HAZOP 分析会议以表格形式记录，如表 5-11 所示。

表 5-11　HAZOP 分析记录表

分析人员：_____　图纸号：_____

会议日期：_____　版本号：_____

序号	偏差	原因	后果	安全保护	建议措施

5.6.3　危险与可操作性研究法的优缺点及适用范围

危险与可操作性研究法的优点是简便易行，且背景各异的专家们一起工作，在创造性、系统性和风格上互相影响和启发，能够发现和鉴别更多的问题，要比他们独立工作更为有效。缺点是分析结果受分析评价人员主观因素影响。

危险与可操作性研究法的适用范围：该评价方法起初专门用于评价新工程项目设计审查阶段，用以查明潜在危险源和操作难点，以便采取措施加以避免，不过 HAZOP 法还特别适合于化工系统的装置设计审查和运行过程分析，也可用于热力、水力系统的安全分析。

5.6.4　危险与可操作性研究法应用实例

使用 HAZOP 分析方法对 DAP 反应系统的危险情况进行分析。DAP 工艺流程如图 5－2 所示。分析组将引导词用于工艺参数，对连接 DAP 反应器的磷酸溶液进料管线进行分析。

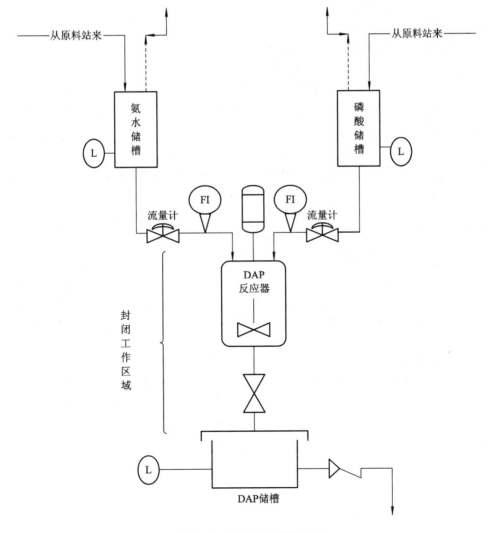

图 5－2　DAP 工艺流程简图

（1）分析节点：连接 DAP 反应器的磷酸溶液进料管线。

（2）设计工艺指标：磷酸以一定流量进入 DAP 反应器。

（3）引导词：空白。

（4）工艺参数：流量。

（5）偏差：空白＋流量＝无流量。

（6）后果：① 反应器中氨过量，导致事故；

② 未反应的氨进入 DAP 储槽，结果是氨从储槽逸出弥散到封闭的工作区域；

③ 损失 DAP 产品。

（7）原因：① 磷酸储槽中无原料；

② 流量指示器/控制器因发生故障而显示值偏高；

③ 操作人员将流量控制器流量值设置得过低；

④ 磷酸流量控制阀因故障关闭；

⑤ 管道堵塞；

⑥ 管道泄漏或破裂。

（8）安全保护：定期维护阀门 B。

（9）建议措施：① 考虑安装报警/停车系统；

② 保证定时检查和维护阀门 B；

③ 考虑使用 DAP 封闭储槽，并连接洗涤系统。

　　然后对该系统的其他节点用引导词＋工艺参数的方法继续进行分析，将每个节点的分析内容记录到 HAZOP 分析表中。

　　表 5－12 是 HAZOP 分析结果的部分示例。

表 5－12　用 HAZOP 法分析 DAP 工艺过程部分结果

分析组人员：HAZOP 分析组　　　　图纸号：97－OBP－57100

会议日期：　　　　　　　　　　　版本号：

序号	偏差	原因	后果	安全保护	建议措施
	管线——氨送入 DAP 反应器的管线，进入反应器的氨流量为 x kmol/h，压力为 z Pa				
1.1	高流量	氨进料管线上的控制阀因故障打开；流量指示器因故障显示流量低；操作人员设置的氨流量太高	未反应的氨带到 DAP 储槽并释放到工作区域	定时维护阀门 A、检测器和报警器	考虑增加液氨进入反应器流量高时的报警/停车系统；确保定时维护和检查阀门 A；在工作区域确保通风良好，或者使用封闭的 DAP 储槽
	容器——磷酸溶液储槽，磷酸在环境温度、压力下进料（如图 5－2 所示）				
1.9	泄漏	腐蚀、磨蚀、外来破坏、密封故障	少量的氨连续泄漏到封闭的工作区域	定期对管线进行维修；操作人员定期检查 DAP 工作区域	在工作区域保证通风良好

续表

序号	偏差	原因	后果	安全保护	建议措施
		容器——磷酸溶液储槽,磷酸在环境温度、压力下进料(如图 5-2 所示)			
2.7	磷酸浓度低	供应商供给的酸浓度低;送入进料储槽的磷酸有误	未反应的氨带入 DAP 储槽并释放到封闭工作区域	磷酸卸料、输送规程;氨检测器和报警器	保证实施物料的处理和接受规程;在操作之前分析储槽中的磷酸浓度;保证封闭工作区域通风良好或使用封闭的 DAP 储槽
		管线——磷酸送入 DAP 反应器的管线,磷酸进料量为 x kmol/h,压力为 y Pa			
3.2	低/无流量	磷酸储槽中无原料;流量指示器因故障显示流量高;操作人员设置的磷酸流量太低;磷酸进料管线上的控制阀门 B 因故障关闭;管道堵塞、管道泄漏或发生故障	未反应的氨带入 DAP 储槽并释放到封闭的工作区域	定期维护阀门 B、氨检测器和报警器	考虑增加磷酸进入反应器流量低时的报警/停车系统;保证定期维护和检查阀门 B;保证封闭工作区域通风良好或使用封闭的 DAP 储槽
		容器——DAP 反应器,反应温度为 x℃,压力为 y Pa			
4.1	无搅拌	搅拌器电动机故障;搅拌器机械连接故障;操作人员未启动搅拌器	未反应的氨带入 DAP 储槽并释放到封闭的工作区域	安装氨检测器和报警器	考虑增加反应无搅拌时的报警/停车系统;保证封闭工作区域通风良好或使用封闭的 DAP 储槽
		管线——DAP 反应器到 DAP 储槽的输出管线,产品流量为 y kmol/h,压力为 x Pa			
5.3	逆或反向流动	无可靠原因	无严重后果	—	—
		容器——DAP 储槽,在环境温度和压力下储存 DAP 产品(如图 5-2 所示)			
6.1	高液位	从反应器来的流量太大;未输送到下一工序	DAP 从 DAP 储槽中溢出到工作区域导致操作问题(DAP 对人员无危险)	操作人员观察 DAP 储槽液位	考虑在 DAP 储槽上增加高液位报警器,考虑在 DAP 储槽周围修一条围堰
		容器——液氨储槽,在环境温度和压力下进料(如图 5-2 所示)			
7.1	高液位	氨站来液氨量太大,液氨储槽无足够容积;氨储槽液位指示器因故障显示液位比实际液位低	氨可能释放到大气中	储槽上装有液位显示器;氨储槽上装有安全阀	检查氨站来液氨量以保证液氨储槽有足够的容积;考虑将安全阀排出的氨气送入洗涤塔;考虑在氨储槽上安装独立的高液位报警器;在 DAP 储槽周围修两条围堰

5.7 故障树分析法

5.7.1 故障树分析法概述

故障树分析法(FTA)是美国贝尔电话实验室于 1962 年开发的。故障树分析法采用演绎逻辑方法进行危险分析，将事故的因果关系形象地描述为一种有方向的"树"，以系统可能发生或已发生的事故(称为顶事件)作为分析起点，将导致事故发生的原因事件按因果逻辑关系逐层列出，用树形图表示出来，构成一种逻辑模型，然后定性或定量地分析事件发生的各种可能途径及发生的概率，找出避免事故发生的各种方案并选出最佳安全对策。FTA 法形象、清晰，逻辑性强，它能对各种系统的危险性进行识别评价，既能进行定性分析，又能进行定量分析。

顶事件通常是由故障假设、HAZOP 等危险分析方法识别出来的。故障树模型是原因事件(即故障)的组合(称为故障模式或失效模式)，这种组合导致顶事件。这些故障模式称为割集，最小的割集是原因事件的最小组合。要使顶事件发生，最小割集中的所有事件必须全部发生。例如，如果割集中"无燃料"和"挡风玻璃损坏"全部发生，顶事件"汽车不能启动"才能发生。

5.7.2 故障树分析法名词术语和符号

1. 事件

在故障树分析中，各种故障状态或不正常情况皆称为故障事件；各种完好状态或正常情况皆称为成功事件。两者均可简称为事件。事件可分为以下几种类型。

1) 底事件

底事件是故障树分析中能导致其他事件的原因事件。底事件位于所讨论的故障树底端，总是某个逻辑门的输入事件而不是输出事件。底事件分为基本事件与未探明事件。

① 基本事件是在特定的故障树分析中无须探明其发生原因的底事件。

② 未探明事件是原则上应进一步探明但暂时不必或者暂时不能探明其原因的底事件。

2) 结果事件

结果事件是故障树分析中由其他事件或事件组合所导致的事件。结果事件总位于某个逻辑门的输出端。结果事件又分为顶事件与中间事件。

① 顶事件是故障树分析中所关心的结果事件。顶事件位于故障树的顶端，总是所讨论故障树中逻辑门的输出事件而不是输入事件。

② 中间事件是位于底事件和顶事件之间的结果事件。中间事件既是某个逻辑门的输出事件，同时又是别的逻辑门的输入事件。

3) 特殊事件

特殊事件是指在故障树分析中需用特殊符号表明其特殊性或引起注意的事件。特殊事件分为开关事件和条件事件。

① 开关事件是在正常工作条件下必然发生或者必然不发生的特殊事件。

② 条件事件是使逻辑门起作用的具有限制作用的特殊事件。

2. 逻辑门及符号

在故障树分析中逻辑门只描述事件间的逻辑因果关系，主要分为以下几种。

（1）与门：表示仅当所有输入事件发生时，输出事件才发生。

（2）或门：表示只要有一个输入事件发生，输出事件就发生。

（3）非门：表示输出事件是输入事件的对立事件。

另外还有以下几种特殊门。

（1）顺序与门：表示仅当输入事件按规定的顺序发生时，输出事件才发生。

（2）表决门：表示仅当几个输入事件中 n 个或 n 个以上的事件发生时，输出事件才发生。

（3）异或门：表示仅当单个输入事件发生时，输出事件才发生。

（4）禁门：表示仅当条件事件发生时，输入事件的发生方导致输出事件的发生。

各种逻辑门的符号及定义见表 5-13。

3. 转移符号

转移符号有相同转移符号和相似转移符号两种，表示转移到或来自于另一个子（故障）树，用三角形表示，其符号及定义见表 5-13。

表 5-13　故障树分析相关名词术语的符号及定义

符　号	名词术语	定　义	符　号	名词术语	定　义
○	基本事件	在特定的故障树分析中无须探明其发生原因的底事件	⌒	或门	只要有一个输入事件发生，输出事件就发生
◇	未探明事件	原则上应进一步探明其原因但暂时不必或者暂时不能探明其原因的底事件	⌂	与门	仅当所有输入事件发生时，输出事件才发生
□	结果事件中间事件	故障树分析中由其他事件或事件组合所导致的事件	～	非门	输出事件是输入事件的对立事件
⌂	开关事件	正常工作条件下必然发生或者必然不发生的特殊事件	顺序条件	顺序与门	仅当所有输入事件按规定的顺序发生时，输出事件才发生

符　号	名词术语	定　义	符　号	名词术语	定　义
（矩形框）	条件事件	使逻辑门起作用的具有限制作用的特殊事件	＋ 不同时发生	异或门	仅当单个输入事件发生时输出事件才发生
禁门打开的条件	禁门	仅当条件事件发生时，输入事件的发生方导致输出事件的发生	相似的子树代号　不同的事件标号 ××-×× （a）相似转向	相似转移符号	转到结构相似而事件标号不同的子树中去
子树代号字母数字	相同转移符号	在三角形上标出向何处转移	子树代号 （b）相似转此		从子树与此处子树相似但事件标号不同处转入
子树代号字母数字		在三角形上标出由何处转入			

4. 故障树

故障树是一种特殊的倒立树状逻辑因果关系图。它用表 5-13 所示的事件符号、逻辑门符号和转移符号描述系统各种事件的因果关系，逻辑门的输入事件是输出事件的"因"，输出事件是输入事件的"果"。故障树可分为以下几种类型。

（1）二状态故障树：如果故障树的底事件刻画一种状态，而其对立事件也只刻画一种状态，则称为二状态故障树。

（2）多状态故障树：若故障树的底事件有 3 种以上互不相容的状态，则称为多状态故障树。

（3）规范化故障树：将画好的故障树中各种特殊事件与特殊门进行转换或删减，变成仅含有底事件、结果事件以及与、或、非 3 种逻辑门的故障树，这种故障树称为规范化故障树。

（4）正规故障树：仅含故障事件以及与门、或门的故障树称为正规故障树。

（5）非正规故障树：含有成功事件或者非门的故障树称为非正规故障树。

（6）对偶故障树：将二状态故障树中的与门换为或门，或门换为与门，而其余不变，这样得到的故障树称为原故障树的对偶故障树。

（7）成功树：除将二状态故障树中的与门换为或门、或门换为与门外，还将底事件与结果事件换为相应的对立事件，这样所得到的树称为原故障树对应的成功树。

5.7.3 故障树分析法步骤

故障树分析法基本程序如图 5-3 所示。首先详细了解系统状态及各种参数,绘出工艺流程图或平面布置图。其次,收集事故案例(国内外同行业、同类装置曾经发生的),从中找出后果严重且较易发生的事故作为顶事件。根据经验教训和事故案例,经统计分析后,求解事故发生的概率(频率),确定要控制的事故目标值。然后从顶事件起按其逻辑关系,构建故障树。最后作定性分析,确定各基本事件的结构重要度,求出概率,再作定量分析。如果故障树规模很大,可借助计算机进行。目前我国故障树分析法一般都进行到定性分析为止。

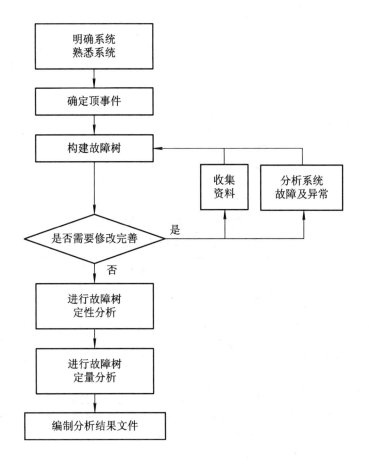

图 5-3 故障树分析法的基本程序

1. 故障树的构建

故障树的构建从顶事件开始,用演绎和推理的方法确定导致顶事件直接的、间接的、必然的、充分的原因。通常这些原因不是基本事件,而是需要进一步发展的中间事件。为了保证故障树的系统性和完整性,构建故障树须遵循几条基本规则,具体内容见表5-14。故障树结构图如图5-4所示。

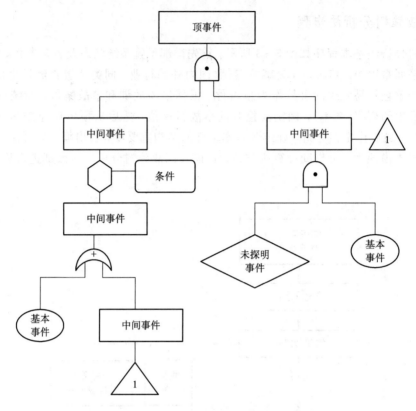

图 5-4　故障树结构图

表 5-14　故障树构建规则

规　则	具 体 内 容
故障事件陈述	把故障的陈述写入事件框(中间事件)和事件圆圈(基本事件)内。要准确说明各部分的故障模式,让这些陈述尽可能地准确、完整说明故障树是必需的。"在什么地方"和"是什么"确定了设备和它的失效状态,"为什么"说明按照这样的设备状态系统处于怎样的状态,从而说明为什么把该设备状态作为一个故障;这些陈述要尽可能地完整,在故障树构建过程中分析人员不应当用简略语或缩写
故障树分析	当对某个故障事件进行分析时,应该提出这样的问题:"该故障是由设备故障造成的吗?"如果回答"是",则该故障事件作为设备故障;如回答"不是",则该故障事件作为系统故障。对于设备故障,用或门去找出所有可能导致该设备故障的故障事件;对于系统故障则要找出该故障事件发生的原因
无奇迹发生	永远不要假设发生奇迹,不要假设设备的所有不希望故障不会发生,或者即使发生也可避免事故
完成每个逻辑门	某特定逻辑门的所有输入在进行进一步分析前必须准确定义。对简单的模型,应该一层一层地完成故障树,每一层完成之后再进行一下层的分析。然而,有经验的分析人员可能会发现,这条规则在构建较复杂或较大的故障树时不大适用
一个逻辑门不能直接转到另一个逻辑门,逻辑门之间必须有故障事件	应恰当地确定逻辑门故障事件的输入,即逻辑门不能与其他的逻辑门直接连接,否则将引起逻辑门的输出混淆

2. 故障树的定性分析

故障树的定性分析仅按故障树的结构和事故的因果关系进行。分析过程中不考虑各事件的发生概率，或认为各事件的发生概率相等。内容包括求基本事件的最小割集、最小径集及其结构重要度。求取方法有质数代入法、矩阵法、行列法、布尔代数法简法等。图 5-5 是故障树图例，下面结合图 5-5 介绍布尔代数法简法。

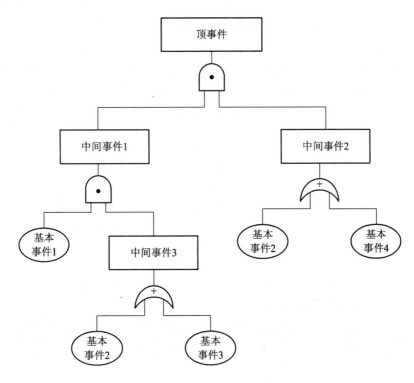

图 5-5　故障树图例

1）布尔代数主要运算法则

在故障树分析中常用逻辑运算符号"·"、"＋"将 A、B、C 等各个事件连接起来，这些连接式称为布尔代数表达式。在求最小割集时要用布尔代数运算法则化简代数式。这些法则有：

① 交换律：　　　$A+B=B+A$

　　　　　　　　$A \cdot B=B \cdot A$

② 结合律：　　　$A+(B+C)=(A+B)+C$

　　　　　　　　$A \cdot (B \cdot C)=(A \cdot B) \cdot C$

③ 分配律：　　　$A \cdot (B+C)=A \cdot B+A \cdot C$

　　　　　　　　$A+(B \cdot C)=(A+B) \cdot (A+C)$

④ 吸收律：　　　$A \cdot (A+B)=A$

　　　　　　　　$A+A \cdot B=A$

⑤ 互补律：　　　$A+\overline{A}=1$

　　　　　　　　$A \cdot \overline{A}=0$

⑥ 幂等律：　　　$A \cdot A = A$

　　　　　　　　$A + A = A$

⑦ 狄摩根定律：$(\overline{A+B}) = \overline{A} \cdot \overline{B}$

　　　　　　　　$(\overline{A \cdot B}) = \overline{A} + \overline{B}$

⑧ 对偶律：　　$\overline{\overline{A}} = A$

⑨ 重叠律：　　$A + \overline{A}B = A + B = B + \overline{B}A$

其中，$\overline{A}$、$\overline{B}$ 分别为事件 A 和事件 B 的逆事件（或称对偶事件）。

2）故障树的数学表达式——结构函数表达式

在进行故障树定性、定量分析时，需要写出故障树的数学表达式。把顶事件用布尔代数表现示，并自上而下展开，即可得到故障树的布尔表达式，如图 5-6 所示。

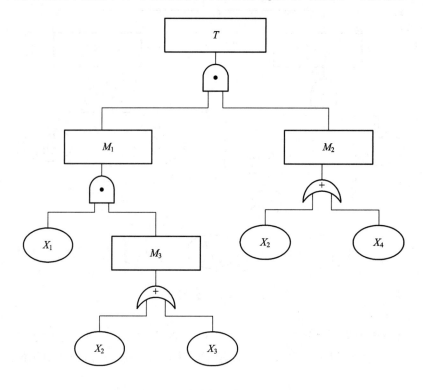

图 5-6　故障树的布尔表达式

图 5-6 为图 5-5 所示故障树的布尔表达式，其结构函数表达式为

$$T = M_1 \cdot M_2 = (X_1 \cdot M_3) \cdot (X_2 + X_4)$$
$$= [X_1 \cdot (X_2 + X_3)] \cdot (X_2 + X_4)$$
$$= (X_1 X_2 + X_1 X_3)(X_2 + X_4) \tag{5-1}$$

3）割集与最小割集

（1）割集与最小割集的概念。故障树中某些基本事件组成集合，当集合中这些基本事件全都发生时，顶事件必然发生，这样的集合称为割集。如果某个割集中任意除去一个基本事件就不再是割集，则这样的割集称为最小割集，亦即导致顶事件发生的最低限度的基本事件的集合。

（2）最小割集的求法。最小割集的求法有布尔代数法和矩阵法。故障树经过布尔代数化简，得到若干交（"与"）集和并（"或"）集，每个交集实际就是一个最小割集。将式（5-1）展开并应用上述布尔代数有关运算法则归并、化简得

$$T = X_1 X_2 X_2 + X_1 X_2 X_4 + X_1 X_2 X_3 + X_1 X_3 X_4$$
$$= X_1 X_2 + X_1 X_2 X_4 + X_1 X_2 X_3 + X_1 X_3 X_4$$
$$= X_1 X_2 + X_1 X_3 X_4 \tag{5-2}$$

得到两个最小割集：$T_1 = \{X_1, X_2\}$；$T_2 = \{X_1, X_3, X_4\}$。

最小割集表明系统的危险性，每个最小割集都是顶事件发生的一种可能渠道。最小割集的数目越多，系统越危险。最小割集的作用如下：

① 最小割集表示顶事件发生的原因。事故的发生必然是某个最小割集中几个事件同时存在的结果。求出故障树全部最小割集就可掌握事故发生的各种可能，对掌握事故的发生规律、查明原因大有帮助。

② 每一个最小割集都是顶事件发生的一种可能模式。根据最小割集可以发现系统中最薄弱的环节，直观判断出哪种模式最危险，哪些次之，以及如何采取安全措施减少事故发生等。

③ 可以用最小割集判断基本事件的结构重要度，计算顶事件概率。

4）结构重要度分析

从故障树结构上分析各基本事件的重要度，即分析各基本事件的发生对顶事件发生的影响程度，称为结构重要度分析。利用最小割集分析判断结构重要度有以下几个原则。

① 单事件最小割集（一阶）中的基本事件的结构重要度系数 $I(i)$ 大于所有高阶最小割集中基本事件的结构重要系数。如：在 $T_1 = \{X_1\}$，$T_2 = \{X_2, X_3\}$，$T_3 = \{X_4, X_5, X_6\}$ 三个最小割集中，$I(1)$ 最大。

② 在同一最小割集中出现的所有基本事件，结构重要系数相等（在其他割集中不再出现）。如在 $T_1 = \{X_1, X_2\}$，$T_2 = \{X_3, X_4, X_5\}$，$T_3 = \{X_7, X_8, X_9\}$ 中，$I(1) = I(2)$，$I(3) = I(4) = I(5)$ 等。

③ 几个最小割集均不含共同元素，则低阶最小割集中基本事件重要系数大于高阶割集中基本事件重要系数。阶数相同，重要系数相同。

④ 比较两个基本事件，若与之相关的割集阶数相同，则两事件结构重要系数大小由它们出现的次数决定，出现次数多的重要系数大。如：$T_1 = \{X_1, X_2, X_3\}$，$T_2 = \{X_1, X_2, X_4\}$，$T_3 = \{X_1, X_5, X_6\}$ 中，$I(1) > I(2)$。

⑤ 相比较的两事件仅出现在基本事件个数不等的若干最小割集中，若它们重复在各最小割集中出现次数相等，则在少事件最小割集中出现的基本事件结构重要系数大。如：$T_1 = \{X_1, X_3\}$，$T_2 = \{X_2, X_3, X_5\}$，$T_3 = \{X_1, X_4\}$，$T_4 = \{X_2, X_4, X_5\}$ 中，X_1 出现两次，X_2 也出现两次，但 X_1 位于少事件割集中，所以 $I(1) > I(2)$。

此外，还可以用近似判别式判断，其公式为

$$I(i) = \sum_{K_i} \frac{1}{2^{n_i - 1}} \tag{5-3}$$

式中：$I(i)$——基本事件 X_i 的结构重要系数近似判断值；

$\quad K_i$——包含 X_i 的所有最小割集；

n_i——包含 X_i 的最小割集中的基本事件个数。

由式(5-2)表示的两个最小割集中各基本事件的结构重要度分别为

$$I(1) = \frac{1}{2^{2-1}} + \frac{1}{2^{3-1}} = \frac{3}{4}$$

$$I(2) = \frac{1}{2^{2-1}} = \frac{1}{2}$$

$$I(3) = \frac{1}{2^{3-1}} = \frac{1}{4}$$

$$I(4) = \frac{1}{2^{3-1}} = \frac{1}{4}$$

5)径集、最小径集及等效故障树

故障树中某些基本事件的集合,当集合中这些基本事件全都不发生时,顶事件必然不发生,这样的集合称为径集。若在某个径集中任意除去一个基本事件就不再是径集,则这样的径集称为最小径集,亦即导致顶事件不能发生的最低限度的基本事件的集合。

(1)最小径集求法。先将故障树化为对偶的成功树(只需将或门换成与门,与门换成或门,将事件化为其对偶事件即可);写出成功树的结构函数;化简得到由最小割集表示的成功树的结构函数;再求补得到若干并集的交集,每一个并集实际上就是一个最小径集。

图5-6故障树对应的成功树见图5-7,其结构函数为

$$\overline{T} = \overline{M}_1 + \overline{M}_2 = (\overline{X}_1 + \overline{M}_3) + (\overline{X}_2 \cdot \overline{X}_4) = \overline{X}_1 + (\overline{X}_2 \cdot \overline{X}_3) + (\overline{X}_2 \cdot \overline{X}_4)$$

$$= \overline{X}_1 + \overline{X}_2\overline{X}_3 + \overline{X}_2\overline{X}_4 \tag{5-4}$$

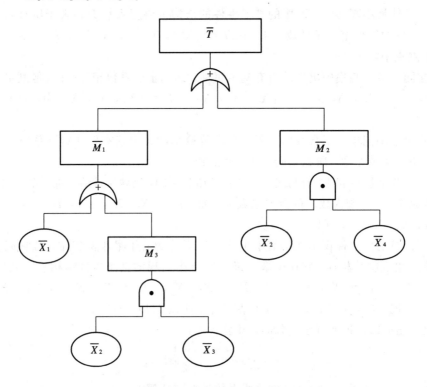

图5-7　图5-6所对应的成功树布尔表达式

利用狄摩根定律求补得：

$$\overline{(\overline{T})} = \overline{(\overline{X_1} + \overline{X_2}\overline{X_3} + \overline{X_2}\overline{X_4})} = \overline{(\overline{X_1})} \cdot \overline{(\overline{X_2}\overline{X_3})} \cdot \overline{(\overline{X_2}\overline{X_4})}$$
$$= X_1 \cdot (X_2 + X_3) \cdot (X_2 + X_4) \qquad (5-5)$$

得到三个最小径集：$P_1 = \{X_1\}$，$P_2 = \{X_2, X_3\}$，$P_3 = \{X_2, X_4\}$。

（2）画出等效故障树。由式（5-5）知：

$$T = X_1 \cdot (X_2 + X_3) \cdot (X_2 + X_4)$$

用最小径集表示的等效故障树见图 5-8。

用最小径集判别基本事件结构重要度顺序与用最小割集判别结果一样；凡对最小割集适用的原则，对最小径集都适用。

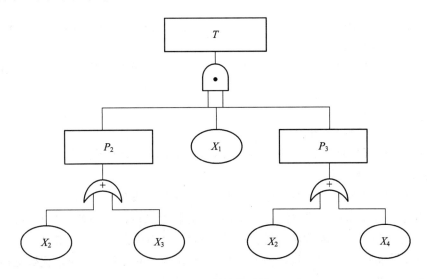

图 5-8　等效故障树

3. 故障树的定量分析

故障树的定量分析在于确定基本事件发生的频率，计算顶上事件的发生概率，以它来评价系统的安全可靠性。将计算顶上事件的发生概率与预定目标值进行比较，如果超出目标值，就要采取必要的系统改进措施，使其降至目标值以下。

1）基本事件发生概率的计算

要计算顶上事件发生的概率，首要条件是必须了解基本事件发生的频率。基本事件发生的概率是机械设备的元件故障概率。对于一般可修复系统，元件或单元的故障概率为 λ，即单位时间（或周期）故障发生的概率，它是元件平均故障间隔期（或称平均无故障时间，MTBF）的倒数，即

$$\lambda = \frac{1}{\text{MTBF}}$$

一般来说，MTBF 由生产厂家给出，或通过实验室测得。它是元件到故障发生时运行时间 t_i 的算术平均值，即

$$q = \frac{\lambda}{\lambda + \mu}$$

$$MTBF = \frac{\sum_{i=1}^{n} t_i}{n}$$

式中 n——所测元件的个数。

元件在实验室条件下测出的故障率为 λ_0，即故障率数据库存储的数据。在实际应用时，还必须考虑比实验室条件更恶劣的现场因素，适当选择严重系数 k_0。故实际故障率为

$$\lambda = k\lambda_0$$

$$q = \frac{\lambda}{\lambda + \mu} \approx \frac{\lambda}{\mu} \approx \lambda t$$

$$q \approx \lambda t$$

式中，μ——可维修度，它是反映元件或维修单元难易程度的量度，是所需平均修复时间(MTTR) t 的倒数，$\mu = 1/t$。

因为 MTBF≫MTTR，故 $\lambda \ll \mu$，所以，对于一般不可修复系统，元件或单元的故障概率为

$$q = 1 - e^{-\lambda t}$$

式中 t——元件运行时间。

如果把 $e^{-\lambda t}$ 按无穷级数展开，略去后面的高阶无穷小，则可近似为 $q \approx \lambda t$。

2）顶上事件发生概率

有了各基本事件的发生概率，就可以计算顶上事件的发生概率。

关于顶上事件发生概率的方法，可以根据故障树的结构函数和各种基本事件的发生概率 q_i 求得。在这里介绍两种方法：直接分步算法和以最小割集求概率计算法。

（1）直接分布算法。这种方法适用于树的规模不大，不需要进行布尔代数化简时使用。它是从底部的门事件算起，逐次向上推移计算到顶上事件。

对于"或门"连接的事件，其计算公式为

$$P_0 = 1 - \prod_{i=1}^{n} (1 - q_i)$$

式中，P_0—或门事件的概率；

q_i—第 i 个事件的概率；

n—输入事件数。

对于"与门"连接的事件，其计算公式为

$$P_A = \prod_{i=1}^{n} q_i$$

（2）以最小割集求概率算法。这种方法是根据故障树的顶上事件与最小割集的关系来进行计算的，具有以下的特性：

① 顶上事件 T 与最小割集的事件 E_i 之间是用"或门"连接的。

② 每个最小割集与它所包含的基本事件 y_i 之间是用"与门"连接的。

也就是说，顶上事件的发生概率等于各个最小割集的概率和。

设 E_i 为最小割集 K_i 发生的事件，也就是属于 E_i 的所有基本事件发生时的事件，如果最小割集的总数有 k 个，那么使顶上事件发生的事件，应该是 k 个最小割集中至少有一个

发生的事件，可以用 $\bigcup\limits_{i=1}^{k} E_i$ 表示。因而顶上事件的发生概率 g 可表示为

$$g = p(\bigcup_{i=1}^{k} E_i)$$

而事件的概率若以 F_1 表示，则

$$F_1 = \sum_{1 \leqslant i_1 < i_2 < \cdots < i_n} \{E_{i_1} \bigcap E_{i_2} \bigcap \cdots \bigcap E_{i_j}\}$$

故障树的规模很大时，可将它分成几个部分，即"模块"。故障树的模块是整个故障树的一个子系统，一般至少有 2 个基本事件的集合。它没有来自其他部分的输入，且只有一个输出到故障树的其他部分，这个输出称为模块的顶点。故障树的模块可以从整个故障树中分割出来，单独计算其最小割集及概率。而在故障树中，可以用"准基本事件"来代替这个分解出来的模块。由于模块规模小，计算量不大，而且数量集中，便于掌握，在没有重复事件的故障树中，可以任意分解模块来减少计算的规模。

4. 编制分析结果文件

故障树分析的最后一步是编制故障树分析结果文件。危险分析人员应当提供分析系统的说明、问题的讨论、故障树模型、最小割集（最小径集）、结构重要性及顶事件发生概率分析，还应提出有关建议。

5.7.4　故障树分析法的优缺点及适用范围

故障树分析法的优点有：

（1）它能识别导致事故的基本事件（基本的设备故障）与人为失误的组合，可为人们提供设法避免或减少导致事故发生的基本事件，从而降低事故发生的可能性。

（2）能对导致灾害事故的各种因素及逻辑关系做出全面、简洁和形象的描述。

（3）便于查明系统内固有的或潜在的各种危险因素，为设计、施工和管理提供科学依据。

（4）使有关人员、作业人员全面了解和掌握各项防灾要点。

（5）便于进行逻辑运算，进行定性、定量分析和系统评价。

故障树分析法的缺点：步骤较多，计算也较复杂；在国内数据较少，进行定量分析还需要做大量工作。

故障树分析法的应用范围比较广，非常适合于重复性大的系统。

5.7.5　故障树分析法应用实例

实例 1　某化工厂一反应器为受压容器反应塔装置（如图 5 - 9 所示），配有呼吸阀及压力自控装置。其中，输出阀堵塞的发生概率为 0.002，呼吸阀故障的发生概率为 0.004，调节阀故障的发生概率为 0.003，调节仪表故障的发生概率为 0.001。请用故障树分析法对受压容器反应塔装置进行安全评价，完成以下要求：

（1）画出以压力容器爆炸为顶上事件的故障树。

（2）建立故障树的结构函数，并计算其最小割集。

（3）对故障树各基本事件的重要度进行排序。

（4）计算顶事件压力容器爆炸的发生概率。

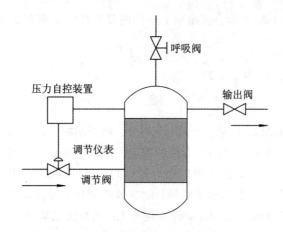

图 5-9 受压容器反应塔装置

解：（1）压力容器爆炸为顶上事件的故障树如图 5-10 所示。

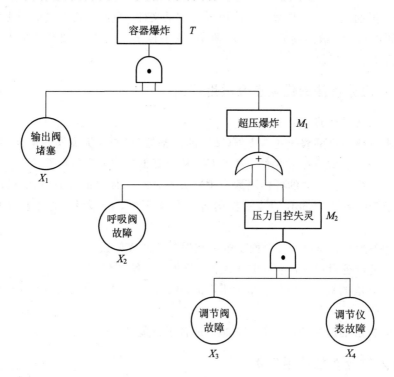

图 5-10 反应塔装置故障树

（2）故障树的结构函数：

$$T = X_1 \cdot M_1 = X_1 \cdot (X_2 + M_2)$$
$$= X_1 \cdot (X_2 + X_3 X_4) = X_1 X_2 + X_1 X_3 X_4$$

求出 2 个最小割集为

$$P_1 = \{X_1, X_2\}, \ P_2 = \{X_1, X_3, X_4\}$$

（3）结构重要度排序方法有多种。

① 采用排列法求解 $T = X_1 X_2 + X_1 X_3 X_4$；

故障的结构重要度为

$$I_1 > I_2 > I_3 = I_4$$

② 采用近似判别式法求解 $I(i) = \sum_{K_i} \frac{1}{2^{n_i-1}}$：

$$I(1) = \frac{1}{2^{2-1}} + \frac{1}{2^{3-1}} = \frac{3}{4}, \quad I(2) = \frac{1}{2^{2-1}} = \frac{1}{2}$$

$$I(3) = \frac{1}{2^{3-1}} = \frac{1}{4}, \quad I(4) = \frac{1}{2^{3-1}} = \frac{1}{4}$$

故障的结构重要度为：

$$I_1 > I_2 > I_3 = I_4$$

（4）顶事件压力容器爆炸的发生概率为

$$P = P_1 \times P_2 + P_1 \times P_3 \times P_4$$
$$= 0.002 \times 0.004 + 0.002 \times 0.003 \times 0.001$$
$$= 0.000008006$$

实例 2 在建筑施工过程中，高处坠落事故是高层建筑施工中经常发生的事故，以高处坠落事故为例进行故障树分析，了解高处坠落事故的原因和预防措施。

按 FTA 方法分析步骤画出故障树如图 5 - 11 所示。

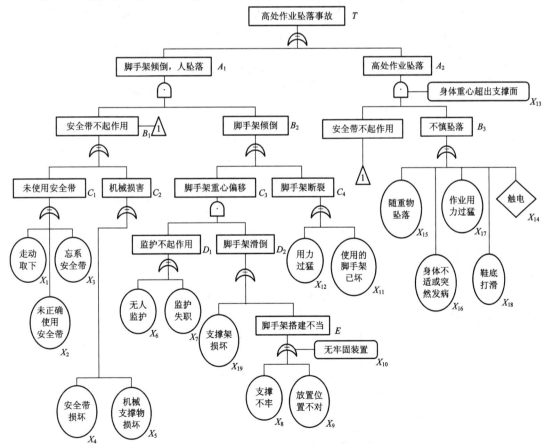

图 5 - 11 高处作业坠落故障树

（1）进行定性分析。

如图 5-11 所示，对故障 A_1 进行定性分析。A_1 最小割集有 45 个，比最小径集（只有 4 个）多，所以用最小径集分析比较方便，因此，做出如图 5-12 所示的成功树。

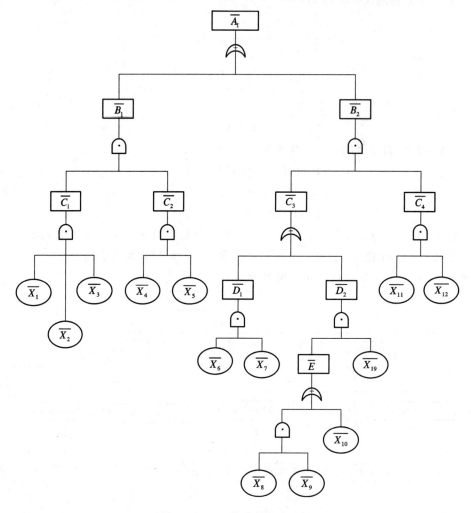

图 5-12　A_1 故障树的成功树

由图 5-12 可得

$$\overline{A}_1 = \overline{B}_1 + \overline{B}_2 = \overline{C}_1\overline{C}_2 + \overline{C}_3\overline{C}_4$$
$$= \overline{X}_1\overline{X}_2\overline{X}_3\overline{X}_4\overline{X}_5 + (\overline{D}_1 + \overline{D}_2)\overline{X}_{11}\overline{X}_{12}$$

求出 4 个最小径集为

$$P_1 = \{X_1, X_2, X_3, X_4, X_5\}$$
$$P_2 = \{X_6, X_7, X_{11}, X_{12}\}$$
$$P_3 = \{X_8, X_9, X_{11}, X_{12}, X_{19}\}$$
$$P_4 = \{X_{10}, X_{11}, X_{12}, X_{19}\}$$

对故障 A_2 进行分析，同样在故障 A_2 中，A_2 最小割集最多有 25 个，比最小径集（只有 3 个）多，所以用最小径集分析比较方便，因此，做出故障 A_2 的成功树如图 5-13 所示。

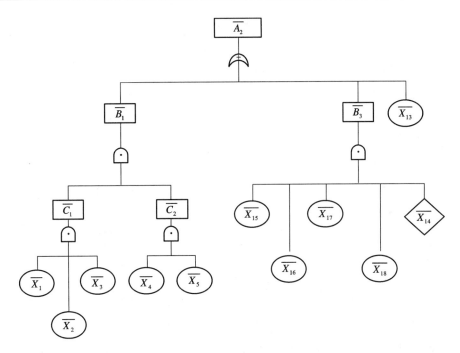

图 5-13 A_2 故障树的成功树

由图 5-13 可得

$$P_1 = \{X_1, X_2, X_3, X_4, X_5\}$$
$$P_2 = \{X_{14}, X_{15}, X_{16}, X_{17}, X_{18}\}$$
$$P_3 = \{X_{13}\}$$

（2）进行结构重要度分析。

结构重要度的分析方法有多种，这里采用排列法求解，求解结果排列如下：

故障 A_1 的结构重要度为

$$I_{11} = I_{12} > I_{19} > I_6 = I_7 = I_{10} > I_1 = I_2 = I_3 = I_4 = I_5 = I_8 = I_9$$

故障 A_2 的结构重要度为

$$I_{13} > I_1 = I_2 = I_3 = I_4 = I_5 = I_{14} = I_{15} = I_{16} = I_{17} = I_{18}$$

（3）进行定量分析。

① 对故障 A_1 进行定量分析。表 5-15 列出了图 5-11 中基本事件发生的概率，根据表中数据可求出 A_1 顶上事件概率 g 为

$$
\begin{aligned}
g &= [1 - (1 - q_1)(1 - q_2)(1 - q_3)(1 - q_4)(1 - q_5)] \\
&\quad \cdot [1 - (1 - q_6)(1 - q_7)(1 - q_{11})(1 - q_{12})] \\
&\quad \cdot [1 - (1 - q_8)(1 - q_9)(1 - q_{11})(1 - q_{12})(1 - q_{19})] \\
&\quad \cdot [1 - (1 - q_{10})(1 - q_{11})(1 - q_{12})(1 - q_{19})] \\
&= [1 - 0.98 \times 0.999\,99 \times 0.9 \times 0.9999 \times 0.999] \\
&\quad \times [1 - 0.9 \times 0.99 \times 0.99 \times 0.999] \\
&\quad \times [1 - 0.999 \times 0.99 \times 0.99 \times 0.999 \times 0.9999] \\
&\quad \times [1 - 0.3 \times 0.99 \times 0.999 \times 0.9999] \\
&= 5.51 \times 10^{-4}
\end{aligned}
$$

表 5-15　基本事件发生概率

代号	基本事件名称	q_i	$1-q_i$	代号	基本事件名称	q_i	$1-q_i$
X_1	走动取下	0.02	0.98	X_{11}	使用的脚手架已坏	10^{-2}	0.99
X_2	未正确使用安全带	10^{-5}	0.999 99	X_{12}	用力过猛	10^{-3}	0.999
X_3	忘系安全带	0.1	0.9	X_{13}	身体重心超出支撑面	10^{-2}	0.99
X_4	安全带损坏	10^{-4}	0.9999	X_{14}	触电	10^{-6}	0.999 999
X_5	机械支撑物损坏	10^{-3}	0.999	X_{15}	随重物坠落	10^{-3}	0.999
X_6	无人监护	0.1	0.9	X_{16}	身体不适或突然发病	10^{-5}	0.999 99
X_7	监护失职	10^{-2}	0.99	X_{17}	作业用力过猛	10^{-3}	0.999
X_8	支撑不牢	10^{-3}	0.999	X_{18}	鞋底打滑	10^{-2}	0.99
X_9	放置位置不对	10^{-2}	0.99	X_{19}	支撑架损坏	10^{-4}	0.9999
X_{10}	无牢固装置	0.7	0.3				

② 对故障 A_2 进行定量分析。A_2 顶上事件概率 g 为

$$g = [1-(1-q_1)(1-q_2)(1-q_3)(1-q_4)(1-q_5)]q_{13}[1-(1-q_{14})$$
$$(1-q_{15})(1-q_{16})(1-q_{17})(1-q_{18})]$$
$$= [1-0.98 \times 0.999\ 99 \times 0.9 \times 0.9999 \times 0.999]10^{-2} \times [1-0.999\ 999$$
$$\times 0.999 \times 0.999\ 99 \times 0.999 \times 0.99] = 1.43 \times 10^{-5}$$

分析故障树可得到如下结论：

（1）人员从高处坠落主要原因有人员坠落和脚手架倒塌两类。事故的预防可以从这两方面来采取措施。分析故障树结构可知逻辑或门的数目远多于逻辑与门，事故发生的可能性很大。

（2）从最小径集看，A_1 故障不发生只有 4 条途径，A_2 故障不发生只有 3 条途径，说明高处作业坠落事故容易发生，而防止事故发生的途径较少，且事件发生的概率 A_1 比 A_2 大。

（3）导致事故发生的基本事件共 19 个，其中 11 个与设备有关。所以在预防高处坠落事故中，安全防护设施是极其重要的，万万不可马虎。同时安全检查人员要密切注意工人使用安全防护用品的情况。

（4）从人的角度来考虑，应增强工人的危险预知能力及预防事故的能力。

5.8　事件树分析法

5.8.1　事件树分析法概述

事件树分析法（Event Tree Analysis，ETA）的理论基础是决策论。它与 FTA 法正好相反，是一种从原因到结果的自下而上的归纳逻辑分析方法。从一个初始事件开始，交替考虑成功与失败的两种可能性，然后再以这两种可能性作为新的初始事件，如此继续分析

下去，直至找到最后的结果。所以，ETA 是一种归纳逻辑树图，能够看到事故的动态发展过程，提供事故后果。

事故的发生是若干事件按时间顺序相继出现产生的结果，每一个初始事件都可能导致灾难性的后果，但并不一定是必然的后果，因为事件向前发展的每一步都会受到安全防护措施、操作人员的工作方式、安全管理及其他条件的制约。所以事件发展的每一阶段都有两种可能性结果，即达到既定目标的"成功"和达不到既定目标的"失败"。

ETA 从事故的初始事件（或诱发事件）开始，途经原因事件，到结果事件为止，对每一事件都按成功和失败两种状态进行分析。成功和失败的分叉称为歧点，用树枝的上分支作为成功事件，下分支作为失败事件，按事件的发展顺序延续分析，直至得到最后结果，最终形成一个在水平方向横向展开的树形图。显然，有 n 个阶段，就有 $n-1$ 个歧点。根据事件发展的不同情况，如已知每个歧点处成功或失败的概率，就可以算出得到各种不同结果的概率。

5.8.2　事件树分析法步骤

事件树分析法通常包括以下六步。

1. 确定初始事件

初始事件的确定是事件树分析的重要一环，初始事件应当是系统故障、设备故障、人为失误或工艺异常，这主要取决于安全系统或操作人员对初始事件的反应。如果所确定的初始事件能直接导致一个具体事故，事件树就能较好地确定事故的原因。在绝大多数的事件树分析应用中，初始事件是预想的。

2. 明确消除初始事件的安全措施

初始事件做出响应的安全功能可被看成为防止初始事件造成后果的预防措施。安全功能措施通常包括：① 系统自动对初始事件做出的响应（如自动停车系统）；② 当初始事件发生时，报警器发出警报；③ 操作工按设计要求或操作规程对警报做出响应；④ 启动冷却系统、压力释放系统，以减轻事故的严重程度；⑤ 设计对初始事件的影响起限制作用的围堤或封闭方法。

这些安全措施主要是减轻初始事件造成的后果，分析人员应该确定事件发展的顺序，确认在事件树中安全措施是否有效。

3. 编制事件树

事件树展开的是事故序列，由初始事件开始，再对控制系统和安全系统如何响应进行分析，其结果是确定出由初始事件引起的事故。分析人员按事件发生和发展的顺序列出安全措施，在估计安全系统对异常状况的响应时，分析人员应仔细考虑正常工艺控制系统对异常状况的响应。

（1）编制事件树的第一步，是写出初始事件和要分析的安全措施，初始事件列在左边，安全措施写在顶格内。图 5-14 表示编制常见事故事件树的第一步。初始事件后面的下边一条线，代表初始事件发生后，虽然采取安全措施，事故仍继续发展的那一支。

（2）第二步是评价安全措施。通常只考虑两种可能，即安全措施成功或者失败。假设初始事件已经发生，分析人员须确定所采用的安全措施成功或失败的判定标准。接着判断如果安全措施实施了，对事故的发生有什么影响。如果对事故有影响，则事件树要分成两支，分别代表安全措施成功和安全措施失败，一般把成功的一支放在上面，失败的一支放在下面。如果该安全措施对事故的发生没有什么影响，则不需分支，可进行下一项安全措施。用字母标明成功的安全措施（如 A，B，C，D，E），用字母上面加一横代表失败的安全措施。就图 5 - 14 来说，设第一个安全措施对事故发生有影响，则在节点处分支，如图 5 - 15 所示。

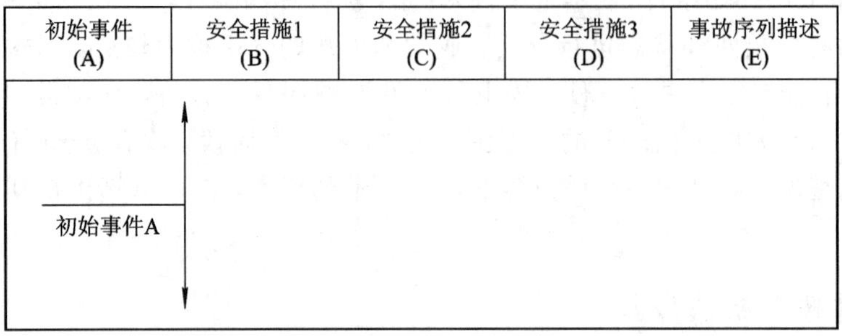

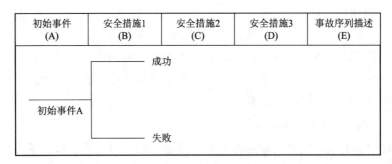

图 5 - 14　编制事件树的第一步

图 5 - 15　第一项安全措施的展开

事件树展开的每一个分支都会发生新的事故，都必须对每一项安全措施依次进行评价。当评价某一事故支路的安全措施时，必须假定本支路前面的安全措施已经成功或失败，这点可在所举的例子（评价第二项安全措施）中看出来（见图 5 - 16）。如果第一项安全措施是成功的，那么上面那一支需要有分支，因为第二项安全措施仍可能对事故发生产生影响。如果第一项安全措施失败了，则下面那一支路中第二项安全措施就不会有机会再去影响事故的发生了，故而下面那一支路可直接进入第三项安全措施的评价。

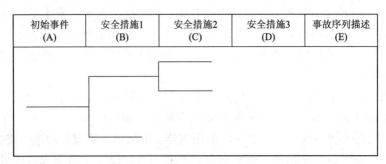

图 5 - 16　第二项安全措施的展开

图 5-17 表示出例子的完整事件树。最上面那一支路对第三项安全措施没有分支,这是因为在本系统的设计中,第一、第二两项安全措施是成功的,所以不需要第三项安全措施,它对事故的出现没有影响。

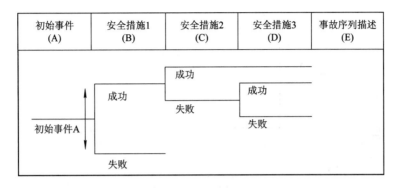

初始事件 (A)	安全措施1 (B)	安全措施2 (C)	安全措施3 (D)	事故序列描述 (E)

图 5-17　事件树编制

4. 对所得事故序列的结果进行说明

这一步应说明由初始事件引起的一系列结果,其中某一序列或多个序列有可能表示安全回复到正常状态或有序地停车。从安全角度看,其重要意义在于得到事故的结果。

5. 分析事故序列

这一步是用故障树分析法对事件树的事故序列加以分析,以便确定其最小割集。每一事故序列都由一系列的成功和失败组成,并以"与门"逻辑与初始事件相关。这样,每一事故序列都可以看做是由"事故序列(结果)"作为顶事件,并用"与门"将初始事件和一系列安全措施与"事故序列(结果)"相连接的故障树。

6. 事件树分析的定量分析

事件树分析的定量分析就是计算每个分支发生的概率。为了计算各分支发生的概率,首先必须确定每个因素的概率。如果各个因素的可靠度已知,根据事件树就可求得系统的可靠度。

实例 1　串联物料输送系统如图 5-18 所示。若泵 A 和阀门 B、C 正常(成功)的概率分别为 $P(A)$、$P(B)$、$P(C)$,则系统的概率为 $P(S)$。

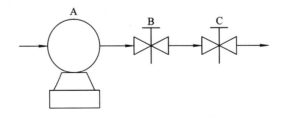

图 5-18　串联物料输送系统

(1)串联物料输送系统事件树。

串联物料输送系统事件树如图 5-19 所示。

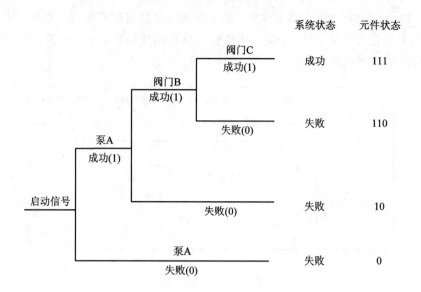

图 5-19 串联物料输送系统事件树

（2）串联系统的成功概率 $P(S)$。

系统的成功概率 $P(S)$ 为泵 A 和阀门 B、C 均处于成功状态时，三个因素的积事件概率，即

$$P(S) = P(A) \cdot P(B) \cdot P(C) \qquad (5-6)$$

系统的失败概率，即不可靠度 $F(S)$ 为

$$F(S) = 1 - P(S) \qquad (5-7)$$

已知 $P(A) = 0.95$，$P(B) = 0.9$，$P(C) = 0.9$，代入式（5-6）得成功概率为

$$P(S) = 0.95 \times 0.9 \times 0.9$$
$$= 0.7695$$

失败概率为

$$F(S) = 1 - 0.7695$$
$$= 0.2305$$

实例 2　并联物料输送系统如图 5-20 所示。若泵 A 和阀门 B、C 正常（成功）的概率分别为 $P(A)$、$P(B)$、$P(C)$，系统的正常（成功）概率为 $P(S)$。

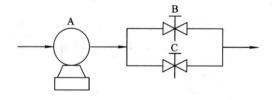

图 5-20 并联物料输送系统

（1）并联物料输送系统事件树。

并联物料输送系统事件树如图 5-21 所示。

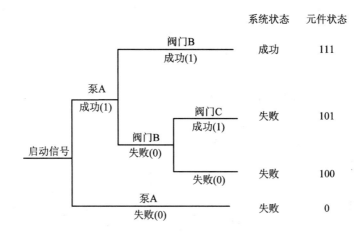

图 5 - 21　并联物料输送系统事件树

（2）并联系统的成功概率 P(S)。

设备因素的概率与上例相同，则系统的成功概率为

$$P(S) = P(A) \cdot P(B) + P(A) \cdot [1 - P(B)] \cdot P(C) \tag{5-8}$$

将各因素概率值代入式（5-8），得

$$P(S) = 0.95 \times 0.9 + 0.95 \times 0.1 \times 0.9 = 0.9405$$

系统的失败概率为

$$F(S) = 1 - 0.9405 = 0.0595$$

将计算结果与上例比较，可看出并联系统的可靠度约为串联系统的 1.2 倍。

7. 编制分析结果文件

事件树的最后一步是将分析研究的结果汇总，分析人员应对初始事件、一系列的假设及事件树模式等进行分析，并列出事故的最小割集。列出得到的不同事故后果和从对事件树的分析中得出的建议措施。

5.8.3　事件树分析法的优缺点及适用范围

事件树分析法是一种图解形式，层次清楚。它既可对故障树分析法进行补充，又可以将严重事故的动态发展过程全部揭示出来，特别是可以对大规模系统的危险性及后果进行定性、定量的辨识，并分析其严重程度，也可以对影响严重的事件进行定量分析。

事件树分析法的优点：各种事件发生的概率可以按照路径精确到节点；整个结果的范围可以在整个树中得到改善；事件树从原因到结果，概念上比较容易明白。

事件树分析法的缺点：事件树成长非常快，为了保持合理的大小，往往使分析细节非常粗；缺少像 FTA 中的数学混合应用。

事件树分析法在分析系统故障、设备失效、工艺异常、人员失误等方面应用比较广泛。

5.8.4　事件树分析法应用实例

实例 1　某炼油厂催化生产输送系统构成如图 5 - 22 所示，A 为增压泵，B 为手动调节阀门，C 为电动流量调节阀；A 增压泵失效概率为 0.02，B 阀门关闭概率为 0.04，C 电动流量阀不正常概率为0.03。请用事件树分析法对催化生产输送系统进行安全评价，完成以下要求：

（1）画出催化生产输送系统的事件树。

（2）计算催化生产输送系统正常工作的概率。

（3）计算催化生产输送系统的失效概率。

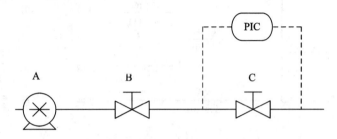

图 5-22　催化生产输送系统

解：（1）催化生产输送系统的事件树（见图 5-23）。

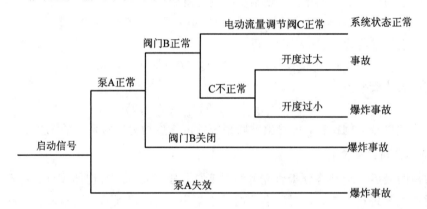

图 5-23　输送系统事件树

（2）已知 $P_A=0.02$、$P_B=0.04$、$P_C=0.03$，系统正常工作的概率：

$$P_S = (1-P_A) \times (1-P_B) \times (1-P_C)$$
$$= (1-0.02) \times (1-0.04) \times (1-0.03)$$
$$= 0.912\,576$$

（3）失效概率

$$F(S) = 1 - P_S = 1 - 0.912\,576 = 0.087\,424$$

实例 2　将"氧化反应器的冷却水断流"作为初始事件，设计如下安全措施来应对初始事件：

① 氧化反应器高温报警，向操作工提示报警温度 t_1；

② 操作工重新向反应器通冷却水；

③ 在温度达到 t_2 时，反应器自动停车。

这些安全措施是用来应对初始事件的发生的。报警和停车系统都有各自的传感器，温度报警仅仅是为了使操作工对这一问题（高温）引起注意。图 5-24 是表示"氧化反应器的冷却水断流"初始事件和安全措施的事件树。

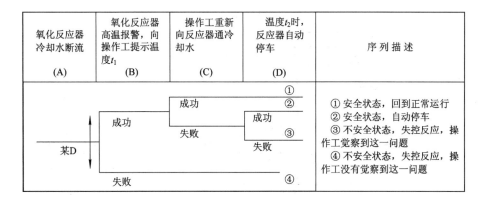

图 5-24　"氧化反应器的冷却水断流"初始事件的事件树

如果高温报警器运行正常，第一项安全措施（高温报警）就能通过向操作工发出警报而对事故的发生产生影响。第一项安全措施应该有一分支，因为操作工对高温报警可能做出反应，也可能不做出反应，所以在高温报警功能成功的那一支路上为第二项安全措施确定一个分支；若高温报警器没有工作，则操作工不可能对初始事件做出反应，所以，安全功能（高温报警）失败的那一支路上就不应该有第二项安全的分支，而应直接进行第三项安全措施的分析。最上面的一支路没有第三项安全措施（自动停车）的分支，这是因为报警器和操作工两者均成功了，第三项安全措施已没有必要。如果前两项安全措施（报警器和操作工）全都失败了，则需要编入第三项安全措施，下面的几支应该都有节点，因为停车系统对这几支的结果都有影响。

分析人员应仔细检验一下每一序列的"成功"和"失败"，并要对预期的结果提供准确说明。该说明应尽可能详尽地对事故进行描述。

用一组字符表示一个由成功事件和可能导致事故的失败事件构成的故障序列。例如，在图 5-24 中，最上面的那个序列简化地用"某 D"表示，这个序列表示"初始事件发生—安全措施 B 和 C 运行成功"。

一旦事故序列描述完毕，分析人员就能按照事故类型和数目以及后果对事故进行排序。事件树的结构可清楚地显示事故的发展过程，可帮助分析人员判断哪些补充措施或安全系统对预防事故是有效的。

5.9　日本化工企业六阶段安全评价法

5.9.1　六阶段评价法概述

日本劳动省颁布的化工企业六阶段安全评价法，综合应用安全检查表、定量危险性评价、事故信息评价、故障树分析以及事件树分析等方法，分成六个阶段，采取逐步深入、定性与定量相结合以及层层筛选的方式识别、分析和评价危险，并采取措施修改设计，消除危险。

5.9.2　六阶段评价法步骤

六阶段评价法评价程序如图 5-25 所示。

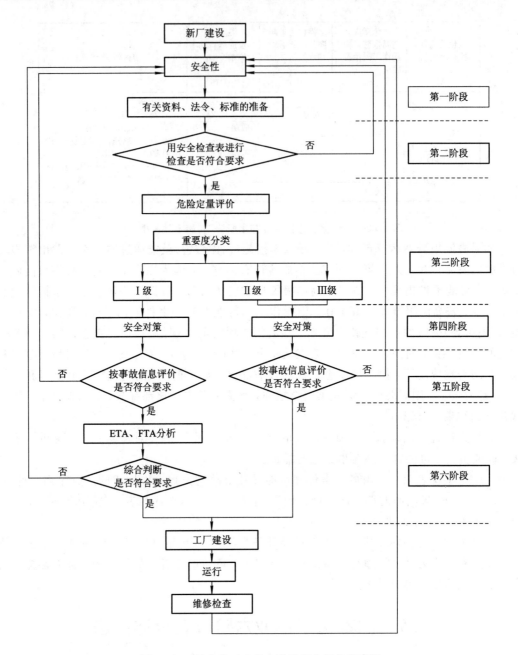

图 5 - 25　日本化工企业六阶段安全评价程序图

1. 第一阶段——资料准备

　　六阶段安全评价所需的资料主要有：建厂条件、原料和产品的物化性质以及有关法规标准；反应过程；制造工程概要；流程图；流程机械表；配管、仪表系统图；安全设备种类及设置地点；运转要点；人员配置图；安全教育训练计划等其他有关资料。

2. 第二阶段——定性评价

　　应用安全检查表主要针对厂址选择，工厂内部布置，建筑设计，工艺流程和设备布置，原材料、中间体、产品的输送储存系统以及消防设施等方面进行检查，如果发现问题应改进设计。

3. 第三阶段——定量评价

将装置划分为若干个单元，对各单元的物质、容量、温度、压力和操作等 5 项内容进行评价，每项又分成 A、B、C、D 四个分段，对应的分值分别为 10 点、5 点、2 点和 0 点，其评价内容见表 5 - 16。对单元的各项按表中规定的方法赋分，最后由 5 项分值之和求得各单元的危险度点数，进而评定各单元的危险度等级，见式(5 - 9)。16 点以上为 Ⅰ 级，属高度危险；11～15 点为 Ⅱ 级，属中度危险；1～10 点为 Ⅲ 级，属低度危险。

$$\left\{\frac{物质}{0 \sim 10}\right\}+\left\{\frac{容量}{0 \sim 10}\right\}+\left\{\frac{温度}{0 \sim 10}\right\}+\left\{\frac{压力}{0 \sim 10}\right\}+\left\{\frac{操作}{0 \sim 10}\right\}=\begin{cases}16 \text{点以上}\\11 \sim 15 \text{点}\\1 \sim 10 \text{点}\end{cases} \quad (5-9)$$

表 5 - 16　日本化工企业六阶段评价法定量评价的内容

分段\\项目	A(10 点)	B(5 点)	C(2 点)	D(0 点)
1. 物质	① 劳动安全卫生法实施令附表(以下简称令)中的爆炸性物质；② 附表中的发火性物质金属锂、钠以及黄磷；③ 附表里可燃性气体中 0.2 MPa 以上的乙炔；④ 与①～③同样危险程度的物质，如烷基铝	① 附表中发火性物质的硫化磷和赤磷；② 附表中氧化性物质的氯酸盐、过氯酸盐、无机过氧化物；③ 附表中引火性物质中闪点小于－30℃者；④ 附表中可燃气体；⑤ 具有①～④同样危险性的物质	① 附表中发火性物质中的赛璐珞类、电石、磷化钙、镁、铝粉；② 附表中引火性物质闪点在－30～30℃者；③ 具有和①、②同样危险程度的物质	
	所谓物质，指原材料、中间体或生成物中危险度最大的物质。如果使用的物质为爆炸下限之下不满 10% 的微量，可以不考虑			
2. 容量	(气)1000 m³ 以上 (液)100 m³ 以上	(气)500～1000 m³ (液)50～100 m³	(气)100～500 m³ (液)10～50 m³	(气)<100 m³ (液)<10 m³
	对于充满了触媒的反应装置，容量指除去触媒层的空间体积。对于气液混合系的反应装置，按照其反应时的形态；精制装置按精制形态选择上述规定；没有化学反应精制装置和储藏装置的，降一级进行评价			
3. 温度	在 1000℃ 以上使用，其使用温度在燃点以上	① 在 1000℃ 以上使用，但使用温度在燃点以下；② 在 250℃ 以上、不到 1000℃ 中使用，温度在燃点以上	① 在 250℃ 以上、不到 1000℃ 时使用，其使用温度在燃点以下；② 在 250℃ 使用，但使用温度在燃点以上	使用温度不到 250℃ 且未达燃点

项目\分段	A(10 点)	B(5 点)	C(2 点)	D(0 点)
4. 压力	100 MPa 以上	20～100 MPa	1～20 MPa	<1 MPa
5. 操作	在爆炸范围附近操作	① $Q_r/c_p\rho V^*$ 值为 400℃/min 以上的操作；② 运转条件从一般的条件由 25% 变化成①的状态进行的操作；③ 单批式操作系统中进入空气等不纯物质时可能发生危险的操作；④ 使用粉状或雾状物能够发生粉尘爆炸的操作；⑤ 具有与①～④相同危险程度的操作	① $Q_r/c_p\rho V$ 值为 4～400℃/min 的操作；② 运转条件从通常的条件由 25% 变化到①的状态上的操作；③ 为单批式，但已开始用机械进行的程序操作；④ 精制操作中伴随有化学反应的操作；⑤ 具有与①～④相同程度的危险性的操作	① $Q_r/c_p\rho V$ 值不到 4℃/min 的操作；② 运转条件从通常条件由 25% 变化到①的状态上的操作；③ 反应器中有 70% 以上是水的操作；④ 精制或储存操作中不伴有化学反应的操作；⑤ ①～④之外，不属于 A、B、C 的操作

* 化学反应强度 $Q=Q_r/c_p\rho V$，℃/min。式中，Q_r 为反应发热速度，kJ/mol；c_p 为反应物质比热容，kJ/(kg·K)；ρ 为单元内物质的密度，kg/m³；V 为装置容积，m³。

4. 第四阶段——制定安全对策

根据各单元的危险度等级，按照方法中推荐的各评价等级应采取的措施和要求，采取相应的技术、设备和组织管理等方面的安全对策措施。

5. 第五阶段——用过去类似设备和装置的事故资料进行复查评价

根据设计内容，参照过去同样的设备和装置的事故情报进行再评价，如果有应改进的地方，再按第四阶段的要求进一步采取措施。对于危险度为Ⅱ级、Ⅲ级的装置，在以上评价终了之后，即可在完善设计的基础上进行中间工厂或装置的建设。对于危险度为Ⅰ级的装置，最好用 FTA、ETA 进行再评价。如果通过评价后发现有需要改进的地方，要对设计内容进行修正，然后才能建厂。

6. 第六阶段——再评价

用故障树(FTA)、事件树(ETA)进行再评价。

5.9.3　六阶段评价法的优缺点及适用范围

日本化工企业六阶段安全评价法综合运用检查表法、定量评价法、类比法、FTA、ETA 反复评价，准确性高，但工作量大。它是一种周到的评价方法，除化工厂外，还可用于其他有关行业的安全评价。

5.9.4　六阶段评价法应用实例

采用六阶段安全评价法对某农药厂技术改造和搬迁改造工程装置进行各单元的危险度评价，评价结果见表 5-17。

表 5-17　技术改造和搬迁项目工程装置各单元危险度评价

序号	装置单元		物　　质	物质计量评分	容量评分	温度评分	压力容器	操作评分	总分	等级
1		甲醇计量槽单元	甲醇(99%)	5	2	0	0	2	9	Ⅲ
2		三氯化磷计量槽单元	三氯化磷(99%)	5	2	0	0	2	9	Ⅲ
3	亚磷酸二甲酯装置	酯化反应单元	甲醇、三氯化磷、亚磷酸二甲酯、氯化氢、氯甲烷	10	0	0	0	5	15	Ⅱ
4		一级脱酸单元	亚磷酸二甲酯、氯化氢、甲醇、氯乙烷	5	0	0	0	2	7	Ⅲ
5		二级脱酸单元	亚磷酸二甲酯、氯化氢、甲醇、氯甲烷	5	0	0	0	2	7	Ⅲ
6		粗酯受槽单元	亚磷酸二甲酯、甲醇、亚磷酸	5	0	0	0	2	7	Ⅲ
7		蒸馏塔单元	亚磷酸二甲酯、甲醇、亚磷酸	5	0	0	0	2	7	Ⅲ
8		精酯受槽单元	亚磷酸二甲酯	2	0	0	0	0	2	Ⅲ
9		残液受槽单元	残液(甲醇、亚磷酸)	5	0	0	0	0	5	Ⅲ
10		成品储槽单元	亚磷酸二甲酯	2	10	0	0	0	12	Ⅱ
11		尾气吸收单元	氯化氢、氯甲烷、盐酸、碱液	10	0	0	0	2	12	Ⅱ
12		高浓盐酸储槽单元	盐酸	2	10	0	0	0	12	Ⅱ
13		浓盐酸储槽单元	盐酸	2	2	0	0	0	4	Ⅲ
14		稀盐酸循环槽单元	稀盐酸	2	0	0	0	2	4	Ⅲ
15		碱循环槽单元	TMP	2	0	0	0	2	4	Ⅲ
16		尾气真空吸送单元	氯甲烷	10	0	0	0	2	12	Ⅱ
17		稀盐酸储槽单元	稀盐酸	2	10	0	0	0	12	Ⅱ
18	合成盐酸装置	氯气缓冲器单元	氯气	5	0	0	0	0	5	Ⅲ
19		氢气分离器单元	氢气	10	0	0	0	0	10	Ⅲ
20		合成炉单元	氢气、氯气、氯化氢	10	0	10	0	5	25	Ⅰ
21		冷却单元	氯化氢	2	0	0	0	2	4	Ⅲ
22		吸收单元	氯化氢、盐酸	2	0	0	0	2	4	Ⅲ
23		盐酸储槽单元	盐酸	2	10	0	0	0	12	Ⅱ

序号	装置单元		物　　质	物质评分	容量评分	温度评分	压力容器	操作评分	总分	等级
24	回收盐酸装置	HCl 缓冲单元	氯化氢	2	0	0	0	0	2	Ⅲ
25		盐酸呼吸单元	盐酸	2	0	0	0	2	4	Ⅲ
26		盐酸储槽单元	盐酸	2	5	0	0	0	7	Ⅲ
27	漂白液装置	水解单元	氧化钙	2	0	0	0	2	4	Ⅲ
28		氯化单元	氯气、氯乙烷、次氯酸钙	5	0	0	0	2	7	Ⅲ
29		压滤单元	滤渣	2	0	0	0	2	4	Ⅲ
30		浓碱槽单元	NaOH	2	2	0	0	0	4	Ⅲ
31		废碱槽单元	NaOH	2	0	0	0	0	2	Ⅲ
32		次氯酸钠氯化单元	次氯酸钠、氯气、NaOH	5	0	0	0	2	7	Ⅲ
33		次氯酸钠储槽单元	次氯酸钠	2	0	0	0	0	2	Ⅲ

5.10　道化学火灾、爆炸危险指数评价法

5.10.1　道化学评价法概述

1964 年，美国道化学公司首创了火灾、爆炸危险指数评价法，后经过不断修改，目前已发展到了第七版。该法是以以往事故的统计资料、物质的潜在能量和现行安全防灾措施的状况为依据，以单元重要危险物质在标准状态下发生火灾、爆炸或释放出危险性潜在能量的可能性大小为基础，同时考虑工艺过程的危险性，计算单元火灾、爆炸指数(F&EI)，确定危险等级。另外还可加上对特定物质、一般工艺及特定工艺的危险修正系数，求出火灾、爆炸指数。它是定量地对工艺过程、生产装置及所含物料的潜在火灾、爆炸和反应性危险情况通过逐步推算进行客观的评价，再根据指数的大小将其分成几个等级，按等级的要求及火灾、爆炸危险的分组采取相应的安全措施的一种方法。由于该评价方法科学合理，切合实际，而且提供了评价火灾、爆炸总体危险的关键数据，可以与"化学暴露指数指南"(第 2 版)及其他工艺数据联合使用，形成一个风险分析软件包，从而更好地剖析生产单元的潜在危险，因此，它已被世界化学工业及石油化学工业公认为最主要的危险指数评价法。道(DOW)评价方法要点示于图 5 - 26 中。

5.10.2　道化学评价法有关内容

1. 道七版"火灾、爆炸危险指数评价法"计算程序

道七版"火灾、爆炸危险指数评价法"计算程序如图 5 - 27 所示。

2. 分析、计算、评价所需填写的表格

分析、计算、评价需要填写火灾、爆炸指数计算表(见表 5 - 18)、安全措施补偿系数表(见表 5 - 19)、工艺单元危险分析汇总表(见表 5 - 20)及生产单元危险分析汇总表(见表 5 - 21)。

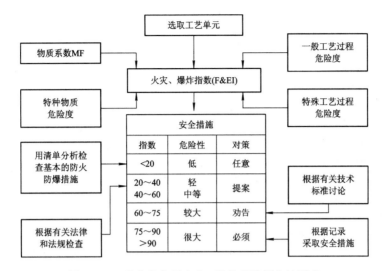

图 5-26 道化学公司火灾、爆炸指数评价法要点

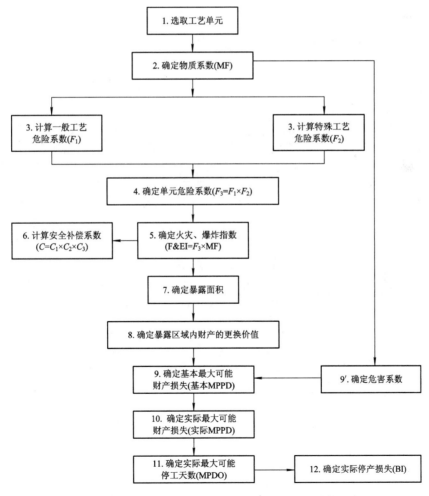

图 5-27 道化学公司火灾、爆炸危险指数评价法计算程序图

表 5-18 火灾、爆炸指数(F&EI)计算表

地区/国家：   部门：

场所：   位置：

日期：   建筑物：

生产单元：   工艺单元：

评价人：   审定人(负责人)：

检查人：(管理部)   检查人：(技术中心)

检查人：(安全和损失预防)

工艺设备中的物料：

操作状态：设计-开车-正常操作-停车

确定 MF 的物质：

操作温度：

物质系数：若单元温度超过 60℃则需作温度修正[①]

工艺类型	具体内容		危险系数范围	采用危险系数[①]
一般工艺危险	(1) 放热化学反应		0.30～1.25	
	(2) 吸热化学反应		0.20～0.40	
	(3) 物料处理与输送		0.25～1.05	
	(4) 密闭式或室内工艺单元		0.25～0.90	
	(5) 通道		0.20～0.35	
	(6) 排放和泄漏控制		0.25～0.50	
一般工艺危险系数 $F_1=$				
特殊工艺危险	(1) 毒性物质		0.20～0.80	
	(2) 负压(<500 mmHg/66.661 kPa)		0.50	
	(3) 易燃范围内及接近易燃范围的操作	A. 罐装易燃液体	0.50	
		B. 过程失常或吹扫故障	0.30	
		C. 一直在燃烧范围内	0.80	
	(4) 粉尘爆炸		0.25～2.00	
	(5) 压力：操作压力/kPa(绝对)；释放压力/kPa(绝对)			
	(6) 低温		0.20～0.30	
	(7) 易燃及不稳定物质量/kg；物质燃烧热 $H_c/(\text{kJ}\cdot\text{kg}^{-1})$	A. 工艺中的液体及气体		
		B. 贮存中的液体及气体		
		C. 贮存中的可燃固体及工艺中的粉尘		
	(8) 腐蚀及磨损		0.10～0.75	
	(9) 泄漏-接头和填料		0.10～1.50	
	(10) 使用明火设备			
	(11) 热油热交换系统		0.15～1.15	
	(12) 转动设备		0.50	
特殊工艺危险系数 $F_2=$				
工艺单元危险系数 $F_3=F_1\times F_2$				

① 无安全补偿系数时，填入 1.00。

注：基本系数取 1.00。

表 5-19　安全措施补偿系数表

类　　　别	项　　　目	补偿系数范围	采用补偿系数[①]
工艺控制安全补偿系数	a. 应急电源	0.98	
	b. 冷却装置	0.97～0.99	
	c. 抑爆装置	0.84～0.98	
	d. 紧急停车装置	0.96～0.99	
	e. 计算机控制	0.93～0.99	
	f. 惰性气体保护	0.94～0.96	
	g. 操作规程/指南	0.91～0.99	
	h. 活性化学物质检查	0.91～0.98	
	i. 其他工艺危险分析	0.91～0.98	
工艺控制安全补偿系数 $C_1^{②}=$			
物质隔离安全补偿系数	a. 遥控阀	0.96～0.98	
	b. 卸料/排空装置	0.96～0.98	
	c. 排放系统	0.91～0.97	
	d. 连锁装置	0.98	
物质隔离安全补偿系数 $C_2^{②}=$			
防火设施安全补偿系数	a. 泄漏检测装置	0.94～0.98	
	b. 钢结构	0.95～0.98	
	c. 消防水供应系统	0.94～0.97	
	d. 特殊系统	0.91	
	e. 计算机控制洒水灭火系统	0.74～0.97	
	f. 水幕	0.97～0.98	
	g. 泡沫灭火装置	0.92～0.97	
	h. 手提式灭火器和喷水枪	0.93～0.98	
	i. 电缆防护	0.94～0.98	
防火设施安全补偿系数 $C_3^{②}=$			

① 无安全补偿系数时，填入 1.00。② 为所采用的各项补偿系数之积。

注：安全措施补偿系数＝$C_1 \times C_2 \times C_3$。

表 5-20 工艺单元危险分析汇总表

序　　号	内　　容	工艺单元
1	火灾、爆炸危险指数(F&EI)	
2	危险等级	
3	暴露区域半径	m
4	暴露区域面积	m²
5	暴露区域内财产价值	
6	破坏系数	
7	基本最大可能财产损失(基本 MPPD)	
8	安全措施补偿系数	
9	实际最大可能财产损失(实际 MPPD)	
10	最大可能停工天数(MPDO)	天
11	停产损失(BI)	

表 5-21 生产单元危险分析汇总表

地区/国家：		部门：				场所：	
位置：		生产单元：				操作类型：	
评价人：		生产单元总替换价值：				日期：	
工艺单元主要物质	物质系数 MF	火灾、爆炸危险指数 F&EI	影响区域内的财产价值/百万美元	基本 MPPD/百万美元	实际 MPPD/百万美元	停工天数 MPDO/天	停产损失 BI/百万美元

3. 相关参数计算

由于项目预评价时工程尚处于可行性研究阶段，有关设备、物质的价值等不能准确确定，要进行这方面的精确计算较为困难，故预评价经常是确定火灾、爆炸危险等级，暴露区域半径，暴露区域面积，暴露区域内的财产损失、工作日损失、停产损失等，并提出相应的评价结论和降低危险程度的安全对策措施。

5.10.3 道化学评价法评价程序

1. 选择工艺单元

进行危险指数评价的第一步是确定评价单元。单元是装置的一个独立部分，与其他部分保持一定的距离，或用防火墙、防爆墙、防护堤等与其他部分隔开。通常，在不增加危险性潜能的情况下，可把危险性潜能类似的几个单元归并为一个较大的单元。

2. 确定物质系数

物质系数 MF 是表述物质在由燃烧或其他化学反应引起的火灾、爆炸过程中释放能量大小的内在特性，是最基础的数值。物质系数是由美国消防协会规定的 N_F 和 N_R（分别代表物质的燃烧性和化学活性或不稳定性）决定的。

通常，N_F 和 N_R 是针对正常环境温度而言的。物质发生燃烧和反应的危险性随温度的上升而急剧增大，例如温度达到闪点之上的可燃性液体引起火灾的危险性就比正常环境温度下的易燃性液体大得多。物质发生反应的速度也随温度的上升而急剧增大，所以当物质的温度超过 60℃时，物质系数就需要修正。

一些工具书提供了大量化学物质的物质系数，它们能用于大多数场合。对其中未列出的物质，其 N_F 和 N_R 可根据 NFPA 325M 或 NFPA 49（NFPA 为美国消防协会）加以确定，并根据温度进行修正。

3. 确定火灾、爆炸危险指数

火灾、爆炸危险指数（F&EI）按下式计算：

$$F\&EI = F_3 \times MF$$

式中：F_3——工艺单元危险系数，$F_3 = F_1 \times F_2$（F_3 值的正常范围为 1～8，若大于 8，也按最大值 8 计）；

　　　MF——物质系数；

　　　F_1——一般工艺危险系数；

　　　F_2——特殊工艺危险系数。

求出 F&EI 后，按表 5-22 确定其火灾、爆炸危险等级。

表 5-22　火灾、爆炸危险等级

F&EI 值	1～60	61～96	97～127	128～158	＞159
危险程度	最低	较低	中等	高	非常高
危险等级	I	II	III	IV	V

4. 确定暴露区域面积

暴露区域半径为

$$R = 0.84 \times 0.3048 \times (F\&EI)$$

该暴露半径表明了单元危险区域的平面分布，它是一个以工艺设备的关键部位为中心，以暴露半径为半径的圆。如果被评价工艺单元是一个小设备，就以该设备的中心为圆心，以暴露半径为半径画圆。如果设备较大，则应从设备表面向外量取暴露半径。暴露半径决定了暴露区域的大小。

暴露区域面积为

$$S = \pi R^2$$

实际暴露区域面积＝暴露区域面积＋评价单元面积

暴露区域表示其内的设备将会暴露在本单元发生的火灾或爆炸环境中。因此，必须采取相应的对策措施。在实际情况下，暴露区域的中心常常是泄漏点，经常发生泄漏的点是排气（液）口、膨胀节、装卸料连接处等部位，它们均可作为暴露区域的圆心，要重点加强防范。

5. 确定暴露区域财产更换价值

暴露区域内的财产价值可由该区域内含有的财产（包括在存物料）的更换价值来确定。

$$更换价值＝原来成本×0.82×增长系数$$

式中，0.82 是考虑了场地、道路、地下管线、地基等在事故发生时不会遭到损失或无需更换的系数；增长系数由工程预算专家确定。

更换价值可按以下几种方法计算：

（1）采用暴露区域内设备的更换价值；

（2）用现行的工程成本来估算暴露区域内所有财产的更换价值（地基和其他一些不会遭受损失的项目除外）；

（3）从整个装置的更换价值推算每平方米的设备费，再乘上暴露区域的面积，即为更换价值。该方法对老厂最适用，但其精确度差。

在计算暴露区域内财产的更换价值时，需计算在存物料及设备的价值。储罐的物料量可按其容量的 80% 计算；塔器、泵、反应器等计算在存量或与之相连的物料储罐物料量，亦可用 15 分钟内的物流量或其有效容积计算。

物料的价值要根据制造成本、可销售产品的销售价及废料的损失等来确定，要将暴露区内的所有物料包括在内。

在计算时，不能重复计算两个暴露区域相交叠的部分。

6. 确定危害系数

危害系数由物质系数 MF 曲线和单元危险系数 F_3 曲线的交点确定。它表示单元中的物料或反应能量释放所引起的火灾、爆炸事故的综合效应。

7. 计算基本最大可能财产损失（基本 MPPD）

基本最大可能财产损失是假定没有采用任何一种安全措施来降低的损失，其计算式为

$$基本\ MPPD＝暴露区域内财产价值×危害系数$$
$$＝更换价值×危害系数$$

8. 计算安全补偿系数

安全补偿系数为

$$C＝C_1×C_2×C_3$$

式中：C——安全措施总补偿系数；

　　　C_1——工艺控制补偿系数；

　　　C_2——物质隔离补偿系数；

　　　C_3——防火措施补偿系数。

补偿系数的取值分别按道七版所确定的原则选取。无任何安全措施时，上述补偿系数

为 1.0。

9. 计算实际最大可能财产损失(实际 MPPD)

实际最大可能财产损失＝基本最大可能财产损失×安全措施补偿系数

它表示在采取适当的防护措施后事故造成的财产损失。

10. 计算可能工作日损失(MPDO)

估算最大可能工作日损失(MPDO)是评价停产损失(BI)的必经步骤，根据物料储量和产品需求的不同状况，停产损失往往等于或超过财产损失。

最大可能工作日损失(MPDO)可以根据实际最大可能财产损失值，从道七版给定的图中查取。

11. 计算停产损失(BI)

停产损失(按美元计)按下式计算：

$$BI = \frac{MPDO}{30} \times VPM \times 0.70$$

式中：VPM 为每月产值。

5.10.4　道化学评价法的优缺点及适用范围

道化学火灾、爆炸危险指数评价法能定量地对工艺过程、生产装置及所含物料的实际潜在火灾、爆炸和反应性危险逐步推算并进行客观的评价，并能提供评价火灾、爆炸总体危险性的关键数据，能很好地剖析生产单元的潜在危险。但该方法大量使用图表，涉及大量参数的选取，且参数取值宽，因人而异，因而影响了评价的准确性。

道化学火灾、爆炸危险指数评价法适用于生产、储存和处理具有易燃、易爆、有化学活性或有毒物质的工艺过程及其他有关工艺系统。

5.10.5　道化学评价法应用实例

某化纤公司 PTA 装置年产 PTA35 万吨。其氧化反应器是装置的重点保护设备。氧化反应所采用的原辅料对二甲苯(PX)、醋酸均为易燃、易爆液体。醋酸的闪点为 40℃，蒸气爆炸极限为 5.4%～16%；对二甲苯的闪点为 25℃，蒸气爆炸极限为 1.0%～7.6%。正常操作时，氧化反应器中的压力是 1.256 MPa，温度是 191℃。生产 PTA 的基本原理是：PX 以醋酸为溶剂，在催化剂的作用下，与空气在液相中直接催化氧化，生成对苯二甲酸(PTA)。反应过程中向氧化反应器不断通入空气，通过测量尾气中的氧浓度来控制通入氧化反应器的空气流量。因此，氧化反应器存在发生火灾、爆炸的危险性。

1. 火灾、爆炸危险性分析

1) 确定氧化反应器中混合物的物质系数(MF)

表 5-23 为具有一定闭杯闪点的物质的物质系数确定表。

氧化反应器中混合物的主要成分有醋酸、对二甲苯、对苯二甲酸、副产物等。醋酸的闪点为 40℃，根据表 5-23，取 $N_F = 2$。醋酸自身通常稳定，但在加温、加压条件下就会变得不稳定，所以取 $N_R = 2$，则醋酸的物质系数为 24。对苯二甲酸物质系数也为 24。在氧化反应器中对二甲苯和副产物的存量很少，远小于 5％，故氧化反应器内混合物的物质系数可取为 24。

表 5-23　物质系数确定表

液体、气体的易燃性或可燃性	N_F	物质系数				
		$N_R=0$	$N_R=1$	$N_R=2$	$N_R=3$	$N_R=4$
不燃物	$N_F=0$	1	14	24	29	40
F. P.① ＞93.3℃	$N_F=1$	4	14	24	29	40
37.8℃＜F. P.≤93.3℃	$N_F=2$	10	14	24	29	40
22.8℃≤F. P.≤37.8℃	$N_F=3$	16	16	24	29	40
F. P.＜22.8℃	$N_F=4$	21	21	24	29	40

① 为闭杯闪点。

2）确定氧化反应器的危险系数 F_3

（1）确定一般危险系数 F_1，其基本系数为 1.00。因氧化反应器中发生的是放热化学反应，在正常情况下，PX 与氧气在 191℃、1.256 MPa 这一控制条件下发生反应，一旦反应失控，则有严重的火灾、爆炸危险。所以一般危险系数要在基本系数上加上 1.00。因反应器温度远远大于物料的闪点，一旦氧化反应器内物料紧急排放到地沟、空气中，就会有燃烧、爆炸的可能。所以一般危险系数要再加上 0.50。这样，一般危险系数 F_1 的值就等于 2.50。

（2）确定特殊危险系数 F_2。考虑到醋酸的毒性危险、反应器内氧浓度上升到燃烧爆炸条件的可能性、反应器实际的压力危险、反应器内易燃物数量的危险、反应器内物料的腐蚀危险以及反应器与管道的法兰连接处泄漏的危险，氧化反应器单元的特殊危险系数宜取4.7。由此可得 $F_3=F_1\times F_2=11.75$，取值 $F_3=8$。

3）确定火灾、爆炸指数（F&EI）

氧化反应器的火灾、爆炸指数等于氧化反应器内物料的物质系数与危险系数的乘积，即 24×8=192。根据表 5-24 火灾、爆炸危险等级划分表可知，正常生产时氧化反应器的火灾、爆炸危险非常大。

表 5-24　火灾、爆炸危险等级划分表

火灾、爆炸指数	危险等级	火灾、爆炸指数	危险等级
1～60	最轻		
61～96	较轻	128～158	很大
97～127	中等	＞159	非常大

4）确定暴露区域内的财产价值

（1）求暴露区域面积。根据公式 $R=0.84\times0.3048\times$（F&EI），求出暴露半径约等于49.1 m，则暴露区域是一个以氧化反应器为中心，以 49.1 m 为半径的圆，这个圆的面积

$S=7569.9\ \mathrm{m}^2$。在这个区域内的设备都暴露在氧化反应器可能发生火灾或爆炸的环境中。实际上，爆炸影响的是一个体积，而不是面积。以圆柱体为模型，其底面积是暴露面积，高度相当于暴露半径，它的体积为 $771684.2\ \mathrm{m}^3$。该体积表征了发生火灾、爆炸时，VIA 装置所承受的风险的大小。

氧化反应器处于 PTA 装置"A"框架的 1～6 层，各层之间有楼板隔开，但楼板有很多孔洞。"A"框架的 6 层以上楼层铺设的都是钢制格栅板。"A"框架每层都有其他压力容器，整个"A"框架处于暴露区域内。"A"框架南面的空压机房墙壁是耐火墙壁，假如发生火灾，其影响只能延伸到墙壁之外。"A"框架西面有框架设备，在影响范围内，其设备大多是压力容器，内部介质是易燃易爆品。"A"框架北面是空地，不会造成多大损失。"A"框架东面也是空地，再过去是氧气、氢气储罐，在 49.1 m 的暴露半径之外，但爆炸产生的冲击波、碎片、飞溅物有可能会引起二次火灾、爆炸。所以，估计 PTA 装置氧化部分有一半设备会处于氧化反应器火灾、爆炸的暴露区域之内。

（2）确定暴露区域的财产价值。暴露区域内财产价值可由区域内含有的财产（包括在存的物料）的更换价值来确定：

$$更换价值＝原来成本×0.82×增长系数$$

查有关资料知，氧化反应器单元设备价值约 1 亿元人民币，暴露区域内其他设备、原料成本约有 1.5 亿元人民币，增长系数可取 1.1。氧化反应器内衬钛是经爆炸成型的，出现火灾、爆炸反应后，若有较大损坏，更换价值＝$(1+1.5)×0.82×1.1=2.255$ 亿元人民币。

5）确定基本最大可能财产损失

基本最大可能财产损失是由暴露区域内的财产价值与危害系数相乘得到的。根据图 5 - 28 所示的物质系数与危害系数的关系，查得危害系数为 0.56，所以

$$基本最大可能财产损失＝2.255×0.56＝1.263\ 亿元人民币$$

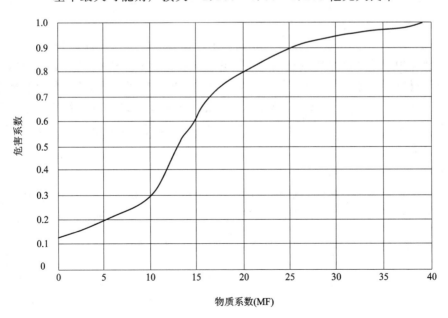

图 5 - 28　物质系数与危害系数关系图

6）确定实际最大可能财产损失

实际最大可能财产损失表示在采取了适当安全措施后发生事故造成的财产损失。在建造 PTA 装置时，不仅考虑了国家有关法规、规范、标准，而且采取了一系列的安全措施，它们不仅能预防严重事故的发生，也能降低事故发生的概率和危害。如果这些安全措施失效，发生事故后的损失值应接近于基本最大可能财产损失。

（1）确定目前所采取的安全措施的补偿系数 C。

① 工艺控制补偿系数 C_1：氧化反应器上采用了防爆膜，系数取 0.98；设置了紧急停车系统，系数取 0.96；采取了计算机控制，有冗余技术，系数取 0.93；当尾氧浓度达 8% 时，会连锁停车，自动引入高压惰气，系数取 0.96；制定了操作规程，系数取 0.93。工艺控制补偿系数 C_1 为以上所取系数的乘积，即 $C_1=0.78$。

② 物质隔离补偿系数 C_2：氧化反应器单元有远距离切断阀，可以在控制室通过指令关闭现场阀门，切断物料，系数取 0.98；氧化反应器紧急排放时，全部物料都可排到污水收集池中并被及时送走，系数取 0.91；装有止回阀，不会出现物料倒流，系数取 0.98。物质隔离补偿系数 C_2 为以上所取 3 个系数的乘积，即 $C_2=0.874$。

③ 防火措施补偿系数 C_3：氧化反应器的承重钢结构全部覆盖有防火涂层，系数取 0.95；供应有充足的消防水，系数取 0.94；配备有水枪、手提式灭火器等，系数取 0.95。防火措施补偿系数 C_3 为以上所取 3 个系数的乘积，即 $C_3=0.85$。

总的安全措施补偿系数为

$$C=0.78\times0.87\times0.85=0.557$$

（2）实际最大可能财产损失是基本最大可能财产损失与安全措施的补偿系数的乘积，即为

$$1.263\times0.577\approx0.73\ 亿元人民币$$

7）确定由火灾、爆炸引起的总损失

由火灾、爆炸引起的总损失主要包括实际财产损失和停车所造成的利润损失。氧化反应器内衬钛保护层是经过爆炸成型的，如果发生火灾、爆炸，被破坏后无法修复，只能更换新的氧化反应器。制造一台新的氧化反应器最快要半年时间，再加上运输、安装等时间，损失的工作日至少 200 天。假设 PTA 装置每天的净利润有 100 万元人民币，停工 200 天，就会损失 2 亿元人民币。所以，由氧化反应器发生的火灾、爆炸事故引起的损失总计有 2.73 亿元人民币。

2. 结论

氧化反应器的火灾、爆炸危险性非常大。一旦发生火灾、爆炸事故，造成的经济损失约达 2.73 亿元人民币，损失非常大，而且会引起其他生产厂家的原料供应紧张，还会引起市场 PTA 价格的上涨。因此，需要引起高度重视，要密切关注氧化反应器的运行情况。

对氧化反应器发生火灾、爆炸的预防措施有：① 从前面的分析可知，氧化反应器在高温、高压条件下操作，使用的又是易燃易爆的液体，且直接通入空气进行氧化反应，具有一定的危险性，应积极组织科研力量进行工艺技术的改进，使 PTA 的生产达到本质安全化；② 加强工艺管理，严格控制指标，进一步完善并严格执行操作规程，加强巡检，及时

发现问题，正确判断，及时处理，消除各种可能导致火灾、爆炸的不安全因素；③ 加强操作人员的安全意识教育和安全技能、操作水平培训；④ 定期做好压力容器的检验和安全附件的校验、清洗工作；⑤ 定期校验各种测量仪表，如液位计、压力计、流量计、氧分析仪、一氧化碳分析仪、二氧化碳分析仪、温度计等等，保证仪表完好、准确；⑥ 定期进行控制系统连锁的调校，确保灵敏、可靠，严格执行连锁摘除管理规定；⑦ 检修动火应严格执行动火作业管理规定，进行动火作业前必须全面进行安全处理，即排空、碱洗、水洗、吹扫、置换，分析合格后方可进行动火作业；⑧ 准备充足的消防设备、器材，并确保完好、可用；⑨ 制定各种事故处理预案、全厂撤离预案等，并定期开展演练；⑩ 经常进行各种安全检查，及时消除隐患。

5.11　ICI 蒙德火灾、爆炸、毒性指标评价法

5.11.1　ICI 蒙德法概述

道化学指数法是以物质系数为基础，并对特殊物质、一般工艺及特殊工艺的危险性进行修正，求出火灾、爆炸的危险指数，再根据指数大小分成 5 个等级，按等级要求采取相应的措施的一种评价法。1974 年英国帝国化学公司(ICI)蒙德部在对现有装置和设计建设中装置的危险性的研究中，既肯定了道化学公司的火灾、爆炸危险指数评价法，又在其定量评价基础上对道化学第三版作了重要的改进和扩充，增加了毒性的概念和计算，并发展了一些补偿系数，提出了"蒙德火灾、爆炸、毒性指标评价法"。

ICI 蒙德部在对现有装置及计划建设装置的危险性研究中，认为道化学公司的评价方法在工程设计的初期阶段，作为总体研究的一部分，对装置潜在危险性的评价是相当有意义的，同时，通过试验验证了用该方法评价新设计项目的潜在危险性时，有必要在以下几方面做重要的改进和补充。

1. 改进内容

（1）引进毒性的概念，将道化学公司的"火灾、爆炸指数"扩展到包括物质毒性在内的"火灾、爆炸、毒性指标"的初期评价，使表示装置潜在危险性的初期评价更切合实际。

（2）发展某些补偿系数(补偿系数小于1)，进行装置现实危险性水平再评价，即采取安全对策措施加以补偿后进行最终评价，从而使评价较为恰当，也使预测定量化更具有实用意义。

2. 扩充内容

（1）可对较广范围的工程及设备进行研究。

（2）包括了对具有爆炸性的化学物质的使用管理。

（3）通过对事故案例的研究，分析了对危险度有相当影响的几种特殊工艺类型的危险性。

（4）采用了毒性的观点。

（5）为设计良好的装置管理系统、安全仪表控制系统发展了某些补偿系数，对各种处于安全水平之下的装置，可进行单元设备现实的危险度评价。

5.11.2 ICI蒙德法评价程序

ICI蒙德火灾、爆炸毒性指标评价法的评价程序如图5-29所示。

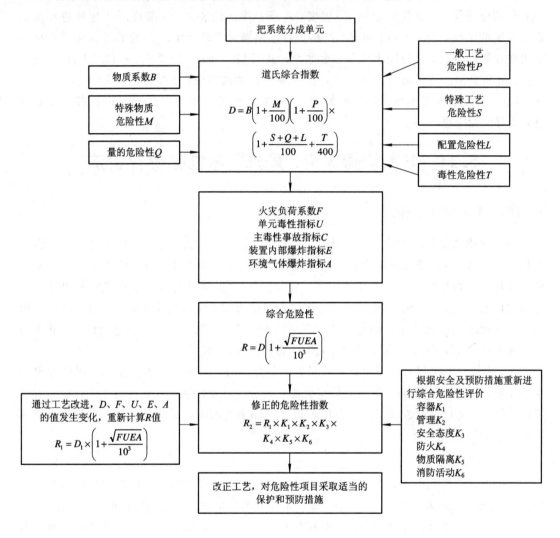

图5-29 ICI蒙德法评价程序

ICI蒙德法首先将评价系统划分成单元，选择有代表性的单元进行评价。评价过程分两个阶段进行，第一阶段是初期危险度评价，第二阶段是最终危险度评价。

5.11.3 初期危险度评价

初期危险度评价是不考虑任何安全措施，评价单元潜在危险性的大小。评价的项目包括：确定物质系数 B、特殊物质危险性 M、一般工艺危险性 P、特殊工艺危险性 S、量的危险性 Q、配置危险性 L、毒性危险性 T。在每个项目中又包括一些要考虑的要素（见表5-25。将各项危险系数汇总入表，计算出各项的合计，得到下列几项初期评价结果。

表 5－25　初期危险度评价项目及各项目要考虑的要素

场所：　　　　　　　　　装置：

单元：　　　　　　　　　物质：

反应：

指标项	指标内容			建议系数	使用系数
物质系数	燃烧热 ΔH_c (kJ/kg)				
	物质系数 $B(B＝\Delta H_c×1.8/100)$				
特殊物质危险性	① 氧化性物质			0～20	
	② 与水反应生成可燃气体			0～30	
	③ 混合及扩散特性			－60～60	
	④ 自然发热性			30～250	
	⑤ 自然聚合性			25～75	
	⑥ 着火敏感性			－75～150	
	⑦ 爆炸的分解性			125	
	⑧ 气体的爆炸性			150	
	⑨ 凝缩层爆炸性			200～1500	
	⑩ 其他性质			0～150	
特殊物质危险性合计 $M＝$					
一般工艺危险性	① 仅适用于物理变化			10～50	
	② 单一连续反应			0～50	
	③ 单一间断反应			10～60	
	④ 同一装置内的重复反应			0～75	
	⑤ 物质移动			0～75	
	⑥ 可能输送的容器			10～100	
一般工艺危险性合计 $P＝$					
特殊工艺危险性	① 低压(＜103 kPa 绝对压力)			0～100	
	② 高压			0～150	
	③ 低温	a.（碳钢－10～10℃）		15	
		b.（碳钢＜－10℃）		30～100	
		c. 其他物质		0～100	
	④ 高温	a. 引火性		0～40	
		b. 构造物质		0～25	
	⑤ 腐蚀与侵蚀			0～150	
	⑥ 接头与垫圈泄漏			0～60	
	⑦ 振动负荷、循环等			0～50	
	⑧ 难控制的工程或反应			20～300	
	⑨ 在燃烧范围或其附近条件下操作			0～150	

指标项	指标内容		建议系数	使用系数
特殊工艺危险性合计 $S=$				
量的危险性	物质合计/m³			
	密度/(kg·m⁻³)			
	量系数		1～1000	
量的危险性合计 $Q=$				
配置危险性	单元详细配置			
	高度 H/m			
	通常作业区域/m²			
	① 构造设计		0～200	
	② 多米诺效应		0～250	
	③ 地下		0～150	
	④ 地面排水沟		0～100	
	⑤ 其他		0～250	
配置危险性合计 $L=$				
毒性危险性	① TLV 值		0～300	
	② 物质类型		25～200	
	③ 短期暴露危险性		−100～150	
	④ 皮肤吸收		0～300	
	⑤ 物理性因素		0～50	
毒性危险性合计 $T=$				

1. 道氏综合指数

D 值用来表示火灾、爆炸潜在危险性的大小，D 按下式计算：

$$D = B\left(1+\frac{M}{100}\right)\left(1+\frac{P}{100}\right)\left(1+\frac{S+Q+L}{100}+\frac{T}{400}\right)$$

根据计算结果，将道氏综合指数 D 划分为 9 个等级，见表 5-26。

表 5-26 道氏综合指数 D 等级划分

D 的范围	等级	D 的范围	等级	D 的范围	等级
0～20	缓和的	60～75	稍重的	115～150	非常极端的
20～40	轻度的	75～90	重的	150～200	潜在灾难性的
40～60	中等的	90～115	极端的	＞200	高度灾难性的

2. 火灾负荷系数 F

F 称为火灾负荷系数，表示火灾的潜在危险性，是单位面积内的燃烧热值。根据其值的大小可以预测发生火灾时火灾的持续时间。发生火灾时，单元内全部可燃物料燃烧是罕见的，考虑有 10% 的物料燃烧是比较接近实际的。火灾负荷系数 F 用下式计算：

$$F = \frac{B \times K}{N} \times 20\,500$$

式中：K——单元中可燃物料的总量，t；

　　　N——单元的通常作业区域，m^2。

根据计算结果，将火灾负荷系数 F 分为 8 个等级，见表 5－27。

表 5－27　火灾负荷等级

火灾负荷系数 $F/(Btu/ft^2)$[①]	等　级	预计火灾持续时间/h	备　　注
$0 \sim (5 \times 10^4)$	轻	$1/4 \sim 1/2$	
$(5 \times 10^4) \sim (1 \times 10^5)$	低	$1/2 \sim 1$	
$(1 \times 10^5) \sim (2 \times 10^5)$	中等	$1 \sim 2$	住宅
$(2 \times 10^5) \sim (4 \times 10^5)$	高	$2 \sim 4$	工厂
$(4 \times 10^5) \sim (1 \times 10^6)$	非常高	$4 \sim 10$	工厂
$(1 \times 10^6) \sim (2 \times 10^6)$	强	$10 \sim 20$	对使用建筑物最大
$(2 \times 10^6) \sim (5 \times 10^6)$	极端	$20 \sim 50$	橡胶仓库
$(5 \times 10^6) \sim (1 \times 10^7)$	非常极端	$50 \sim 100$	

① 1 Btu/ft^2 = 11.356 kJ/m^2。

3. 装置内部爆炸指标 E

装置内部爆炸的危险性与装置内物料的危险性和工艺条件有关，故指标 E 的计算式为

$$E = 1 + \frac{M + P + S}{100}$$

根据计算结果，将装置内部爆炸危险性分成 5 个等级，见表 5－28。

表 5－28　装置内部爆炸危险性等级

装置内部爆炸指标 E	等　级	装置内部爆炸指标 E	等　级
$0 \sim 1$	轻微	$4 \sim 6$	高
$1 \sim 2.5$	低	> 6	非常高
$2.5 \sim 4$	中等		

4. 环境气体爆炸指标 A

环境气体爆炸指标 A 的计算式为

$$A = B\left(1 + \frac{m}{100}\right)QHE\,\frac{t}{100}\left(1 + \frac{P}{1000}\right)$$

式中：m——物质的混合与扩散特性系数；

　　　H——单元高度；

　　　t——工程温度（绝对温度），K。

将计算结果按表 5-29 分成 5 个等级。

表 5-29　环境气体爆炸指标等级

环境气体爆炸指标 A	等级	环境气体爆炸指标 A	等级
0~10 10~30 30~100	轻 低 中等	100~500 >500	高 非常高

5. 单元毒性指标 U

单元毒性指标 U 按下式计算：

$$U = \frac{TE}{100}$$

将计算结果按表 5-30 分成 5 个等级。

表 5-30　单元毒性指标等级

单元毒性指标 U	等级	单元毒性指标 U	等级
0~1 1~3 3~5	轻 低 中等	6~10 >10	高 非常高

6. 主毒性事故指标 C

主毒性事故指标 C 按下式计算：

$$C = Q \times U$$

将计算结果按表 5-31 分成 5 个等级。

表 5-31　主毒性事故指标等级

主毒性事故指标 C	等级	主毒性事故指标 C	等级
0~20 20~50 50~200	轻 低 中等	200~500 >500	高 非常高

7. 综合危险性评分 R

综合危险性评分是以道氏综合指数 D 为主，并考虑火灾负荷系数 F、单元毒性指标 U、装置内部爆炸指标 E 和环境气体爆炸指标 A 的强烈影响而提出的，其计算式如下：

$$R = D\left(1 + \frac{\sqrt{FUEA}}{1000}\right)$$

式中，F、U、E、A 的最小值为 1。

将计算结果按表 5-32 分成 8 个等级。

表 5 - 32　综合危险性评分等级

综合危险性评分	等　级	综合危险性评分	等　级
0～20	缓和	1100～2500	高（2 类）
20～100	低	2500～12 500	非常高
100～500	中等	12 500～65 000	极端
500～1100	高（1 类）	＞65 000	非常极端

可以接受的危险度很难有一个统一的标准，往往与所使用的物质类型（如毒性、腐蚀性等）和工厂周围的环境（如距居民区、学校、医院的距离等）有关。通常情况下，总危险性评分 R 值在 100 以下是能够接受的，而 R 值在 100～1100 之间视为可以有条件地接受，对于 R 值在 1100 以上的单元，必须考虑采取安全对策措施，并进一步做安全对策措施的补偿计算。

5.11.4　最终危险度评价

危险度评价主要是了解单元潜在危险的程度。评价单元潜在的危险性一般都比较高，因此需要采取安全措施，降低危险性，使之达到人们可以接受的水平。蒙德法将实际生产过程中采取的安全措施分为两个方面：一方面是降低事故发生的频率，即预防事故的发生；另一方面是减小事故的规模，即事故发生后，将其影响控制在最小限度。降低事故频率的安全措施包括容器（K_1）、管理（K_2）、安全态度（K_3）三类；减小事故规模的安全措施包括防火（K_4）、物质隔离（K_5）、消防活动（K_6）三类。这六类安全措施每类又包括数项安全措施，每项安全措施根据其在降低危险的过程中所起的作用给予一个小于 1 的补偿系数。各类安全措施总的补偿系数等于该类安全措施各项系数取值之积。各类安全措施的具体内容见表 5 - 33。

表 5 - 33　安全措施补偿系数

措施项	措　施　内　容		补偿系数
容器系统	① 压力容器		
	② 非压力立式储罐		
	③ 输送配管	a. 设计应变	
		b. 接头与垫圈	
	④ 附加的容器及防护堤		
	⑤ 泄漏检测与响应		
	⑥ 排放的废弃物质		
容器系统补偿系数之积 K_1＝			

续表

措施项	措施内容	补偿系数
工艺管理	① 压力容器	
	② 非压力立式储罐	
	③ 工程冷却系统	
	④ 惰性气体系统	
	⑤ 危险性研究活动	
	⑥ 安全停止系统	
	⑦ 计算机管理	
	⑧ 爆炸及不正常反应的预防	
	⑨ 操作指南	
	⑩ 装置监督	
工艺管理补偿系数之积 $K_2 =$		
安全态度	① 管理者参加	
	② 安全训练	
	③ 维修及安全程序	
安全态度补偿系数之积 $K_3 =$		
防火	① 检测结构的防火	
	② 防火墙、障壁等	
	③ 装置火灾的预防	
防火补偿系数之积 $K_4 =$		
物质隔离	① 阀门系统	
	② 通风	
物质隔离补偿系数之积 $K_5 =$		
消防活动	① 压力容器	
	② 非压力立式储罐	
	③ 工程冷却系统	
	④ 惰性气体系统	
	⑤ 危险性研究活动	
	⑥ 安全停止系统	
	⑦ 计算机管理	
	⑧ 爆炸及不正常反应的预防	
消防活动补偿系数之积 $K_6 =$		

将各项补偿系数汇总入表，并计算出各项补偿系数之积，得到各类安全措施的补偿系数。根据补偿系数，可以求出补偿后的评价结果，它表示实际生产过程中的危险程度。

补偿后评价结果的计算式如下：

（1）补偿火灾负荷系数 F_2：

$$F_2 = F \times K_1 \times K_4 \times K_5$$

（2）补偿装置内部爆炸指标 E_2：

$$E_2 = E \times K_2 \times K_3$$

（3）补偿环境气体爆炸指标 A_2：

$$A_2 = A \times K_1 \times K_5 \times K_6$$

（4）补偿综合危险性评分 R_2：

$$R_2 = R \times K_1 \times K_2 \times K_3 \times K_4 \times K_5 \times K_6$$

补偿后的评价结果，如果评价单元的危险性降低到可以接受的程度，则评价工作可以继续下去；否则，就要更改设计，或增加补充安全措施，然后重新进行评价计算，直至符合安全要求为止。

5.11.5　ICI 蒙德法的优缺点及适用范围

ICI 蒙德法突出了毒性对评价单元的影响，在考虑火灾、爆炸、毒性危险方面的影响范围及安全补偿措施方面都较道化学法更为全面；在安全补偿措施方面强调了工程管理和安全态度，突出了企业管理的重要性，因而可对较广的范围进行全面、有效、更接近实际的评价；大量使用图表，简洁明了。但是使用此法进行评价时参数取值宽，且因人而异，这在一定程度上影响了评价结果的准确性，而且此法只能对系统整体进行宏观评价。

ICI 蒙德火灾、爆炸、毒性指标法适用于生产、储存和处理涉及易燃、易爆、有化学活性、有毒性的物质的工艺过程及其他有关工艺系统。

5.11.6　ICI 蒙德法应用实例

应用蒙德法对某煤气发生系统进行安全评价。

1. 单元主要已知参数

评价单元：造气车间的煤气发生系统（包括煤气炉、集气罐等）；

单元内主要物质：一氧化碳（CO）；

煤气炉发生气量：492 kg；

煤气炉内压力、温度：700～800 Pa，800 ℃；

评价单元高度：15 m；

单元作业区域：1200 m²。

2. 评价计算结果

煤气发生系统评价计算结果见表 5-34。

表 5-34 煤气发生系统蒙德法评价结果一览表

单　　元：煤气发生系统　　　　　　　　　　　装置：煤气发生炉、集气罐

主要物质：CO　　　　　　　　　　　　　　　反应：$C+H_2O \rightarrow CO+H_2$

指标项目	指标内容	使用系数	危险性合计
物质系数		2.12	$B=2.12$
特殊物质系数	① 混合及扩散特性	-5	$M=220$
	② 着火敏感性	75	
	③ 气体的爆轰性	150	
一般工艺过程危险性	① 单一连续反应		$P=100$
	② 物质移动		
特殊工艺过程危险性	① 高温	75	$S=210$
	② 高温、引火性	35	
	③ 接头与垫圈泄漏	20	
	④ 烟雾危险性	60	
	⑤ 工艺着火敏感度	20	
量系数			$Q=3.0$
配置危险性	① 高度 $H=15$ m		$L=85$
	② 通常作业区 $N=1200$ m^2		
	③ 构造设计	10	
	④ 多米诺效应	25	
	⑤ 其他	50	
毒性危险性	① TLV 值	100	$T=225$
	② 物质类型	75	
	③ 短期暴露危险	50	

评价结果：DOW/ICI 总指标 D：　　　　61.63　　　　稍重

　　　　　火灾负荷系数 F：　　　　　　17.8　　　　轻

　　　　　单元毒性指标 U：　　　　　　14.18　　　　非常高

　　　　　主毒性事故指标 C：　　　　　42.54　　　　低

　　　　　装置内部爆炸指标 E：　　　　6.30　　　　非常高

　　　　　环境气体爆炸指标 A：　　　　206.25　　　　高

　　　　　综合危险性评分 R：　　　　　96.72　　　　低

3. 结论

采取补偿措施后，该评价单元的火灾负荷系数 F、装置内部爆炸指标 E、环境气体爆炸指标 A 及综合危险性评分 R 等项安全指标值都有所下降，说明该单元的危险性降到了较安全的级别。

5.12　其他评价方法

5.12.1　统计图表分析法

1. 概述

统计图表分析法是利用过去、现在的事故资料和数据进行统计，推断未来事故的发生状况，并用图表表示的一种分析方法。

常用的统计图表有 4 种：事故比重图、事故趋势图、主次图和控制图。

2. 统计图表简介

（1）事故比重图。绘制事故比重图，首先要收集事故资料，其次要进行归纳整理及分类分析，并在此基础上进行统计计算，求出其比重，再绘制图形。一般，用一定弧度所对应的面积代表该类事故所占的比重，故称为比重图。

（2）事故趋势图。事故趋势图包括动态曲线图和对数曲线图两种。

① 动态曲线图。按一定的时间间隔统计工伤事故数字，利用曲线的连续变化反映事故动态变化的图形，称为动态曲线图。它通常利用直角坐标表示，横轴上表示时距，纵轴上表示事故数量尺度。根据事故动态数据资料，在直角坐标系上确定各图示点，然后，将各点连接起来，即为事故趋势图。

② 对数曲线图。对数曲线图是事故趋势图的一种特殊形式，用于变量变化范围很大的情况。其横坐标表示时距，以等差数列为尺度；纵坐标表示事故数，以对数数列为尺度。采用对数作纵坐标，可以将变化幅度很大的数列变换成变化幅度较小的数列，而保持总趋势不变。这就解决了作图的技术困难问题。

（3）主次图。主次图的横坐标为所分析的对象，如工龄、工种、事故类别、事故原因、发生地点、发生时间、受伤部位等；左侧纵坐标为事故的数量；右侧纵坐标为累计百分比。主次图分析事故的步骤如下：

① 收集事故数据，要求真实可靠、准确无误。

② 确定统计分组，如事故原因、事故类别、发生时间、工种、工龄、年龄、伤害部位等。

③ 按分组统计，计算各类所占的百分比。

④ 按所占比重（％），确定主次顺序。

⑤ 按主次顺序计算累计百分比。

⑥ 将统计计算数据列表。

⑦ 按表列数据绘制主次图。

⑧ 通过主次图分析，找出事故主要影响因素，制定防止事故的措施。

（4）控制图。控制图是一个标有控制界限的坐标图，其横坐标为时间，纵坐标为管理对象的特性值。

控制图的控制界限值可根据以下情况计算确定。

① 当统计数字只包括歇工 1 日以上的事故时，事故发生频率服从泊松分布，确定其控制界限的计算式为

$$CL = \bar{P}_n$$

$$\left.\begin{array}{l} L_{\text{上}} = \bar{P}_n + 2\sqrt{\bar{P}_n} \\ L_{\text{下}} = \bar{P}_n - 2\sqrt{\bar{P}_n} \end{array}\right\}$$

式中, CL——中心线;

$L_{\text{上}}$——上控制界限;

$L_{\text{下}}$——下控制界限;

$\bar{P}_n$——事故平均数。

② 当统计数字包括轻微(歇工 1 日以下)的事故时,事故发生频率服从二项式分布,确定其控制界限的计算式为

$$CL = \bar{P}_n = \bar{P}$$

$$\left.\begin{array}{l} L_{\text{上}} = \bar{P}_n + 3\sqrt{\bar{P}_n\,(1-\bar{P})} \\ L_{\text{下}} = \bar{P}_n - 3\sqrt{\bar{P}_n\,(1-\bar{P})} \end{array}\right\}$$

式中, $\bar{P}$——平均事故发生频率;

n——统计期间内生产工人数;

$\bar{P}_n$——事故平均数。

3. 统计图表分析法的优缺点及适用范围

统计图表分析法可以提供事故发生和发展的一般特点及规律,可供类比,为预测事故准备条件,对中、短期预测较为有效。

统计图表分析法的优点是简单易行,但不能考虑事故发生及发展的因果关系,预测精度不高。

使用此法的必要条件是:必须有可靠的历史资料和数据,资料、数据中存在某种规律和趋势,未来的环境和过去的环境相似。

4. 统计表分析法应用实例

实例 1 事故比重图

某炼油厂发生工伤事故 30 次。受伤工人工龄结构:工龄 5 年以下的 15 人,占 50%;5～10 年的 6 人,占 20%;10～20 年的 3 人,占 10%;20～25 年的 3 人,占 10%;25 年以上的 3 人,占 10%。受伤部位:手部 18 人,占 60%;足部 12 人,占 40%。

根据上述事例,做出该炼油厂工伤事故的工龄结构和受伤部位结构图,如图 5 - 30 所示。

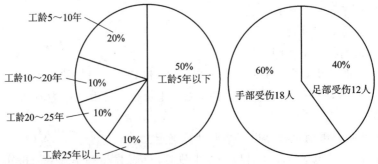

图 5 - 30 工伤事故的工龄结构和受伤部位结构图

实例 2 动态曲线图

某工厂 2004 年的事故频数与时间的关系如表 5 - 35 所示。

表 5 - 35 某工厂 2004 年的事故频数与时间的关系

时间/h	0	3	6	9	12	15	18	21	24
事故频数/次	2	6	11	3	6	9	5	14	2

根据表 5 - 35 所示数据作图,如图 5 - 31 所示。

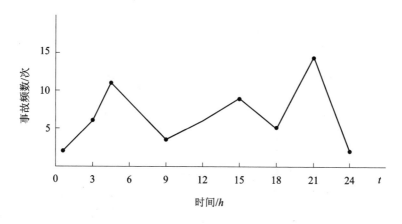

图 5 - 31 某单位日事故趋势图

实例 3 对数曲线图

某单位 1971—1979 年职工轻伤人数见表 5 - 36。将表 5 - 36 中数据作图,如图 5 - 32 所示。

表 5 - 36 某单位职工轻伤人数情况

年份	1971	1972	1973	1974	1975	1976	1977	1978	1979
轻伤人数	1845	2931	4042	6822	7874	11737	17431	22542	24359
对数值	3.27	3.47	3.61	3.83	3.90	4.07	4.24	4.35	4.39

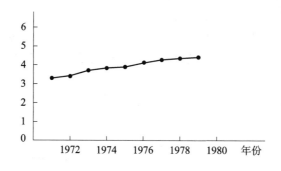

图 5 - 32 某单位 1971—1979 年职工轻伤人数趋势图

实例 4 主次图

某大型炼钢厂 1985—1996 年共发生事故 327 次,具体情况见表 5 - 37。根据表 5 - 37 中数据,绘制主次图,如图 5 - 33 所示。

表 5-37　某炼钢厂发生事故情况

部门	工伤人数/人	所占的比重/%	所占主次顺序	按主次累计/%
炼钢	79	24.16	Ⅰ	24.16
辅助	63	19.27	Ⅱ	43.43
轧钢	60	18.35	Ⅲ	61.77
矿山	49	14.98	Ⅳ	76.76
机修	46	14.07	Ⅴ	90.83
冶炼	30	9.17	Ⅵ	100
合计	327	100		

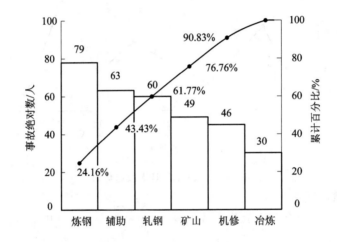

图 5-33　1970—1981 年工伤人数主次图

从图 5-33 可以看出，最主要的是炼钢事故，其次是辅助、轧钢、矿山、机修和冶炼。这就为事故的预防指明了主次方向。

通过对事故主次图分析，可抓住主要矛盾，掌握问题的关键。但要注意以下几点：

（1）对不同层次的问题，可以做出多种分析。

（2）不同层次的分析，不要混在一张图上。

实例 5　控制图

（1）收集控制对象的实际数据。某化工厂某年各旬的事故数字见表 5-38。

表 5-38　某化工厂某年各旬的事故数字情况

月份	1			2			3			4			5			6			合计
旬	上	中	下	上	中	下	上	中	下	上	中	下	上	中	下	上	中	下	
事故数字	10	5	6	8	7	5	9	6	7	4	7	7	6	5	8	5	4	4	214
月份	7			8			9			10			11			12			
旬	上	中	下	上	中	下	上	中	下	上	中	下	上	中	下	上	中	下	
事故数字	9	8	12	3	6	4	5	8	7	2	7	5	2	9	6	1	4		

（2）绘制事故趋势图。事故趋势图如图 5 - 34 所示。

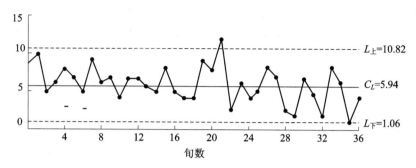

图 5 - 34　某工厂 1979 年各旬事故趋势图

（3）计算事故平均次数。事故平均次数的计算式为

$$\bar{P}_n = \frac{\sum P_n}{K} = \frac{214}{36} = 5.94$$

式中，$\bar{P}_n$——每旬发生的事故数，此例中 $\sum P_n = 214$；

　　　K——统计旬数，此例中 $K=36$。

（4）计算控制界限 L。控制界限 L 的计算过程如下：

$$CL = \bar{P}_n = 5.94$$

$$L = \bar{P}_n \pm 2\sqrt{\bar{P}_n} = 5.94 \pm 2\sqrt{5.94} = 5.94 \pm 4.88 = 1.06 \sim 10.82$$

将上述两值（即 $L_上$ 与 $L_下$）用虚线在图 5 - 30 中表示出来。

5.12.2　概率评价法

1. 概述

概率评价法是一种定量评价法。该方法是先求出系统发生事故的概率，如用故障类型及影响和致命度分析、事故树定量分析、事件树定量分析等方法，在求出事故发生概率的基础上，进一步计算风险率，以风险率大小确定系统的安全程度。系统危险性的大小取决于两个方面，一是事故发生的概率，二是造成后果的严重度。风险率综合了两个方面的因素，它的数值等于事故的概率（频率）与严重度的乘积。其计算式为

$$R = PS$$

式中，R——风险率，事故损失/单位时间；

　　　P——事故发生概率（频率），事故次数/单位时间；

　　　S——严重度，事故损失/事故次数。

2. 概率评价法评价

概率评价法首先要求出系统发生事故的概率。生产装置或工艺过程发生事故是由组成它的若干元件相互复杂作用的结果决定的，总的故障概率取决于这些元件的故障概率和它们之间相互作用的性质，故要计算生产装置或工艺过程的事故概率，首先必须了解各个元件的故障概率。

1）元件的故障概率及其求法

构成设备或装置的元件，工作一定时间就会发生故障或失效。所谓故障，就是指元件、

子系统或系统在运行时达不到规定的功能，可修复的失效就是故障。

元件在两次相邻故障间隔期内正常工作的平均时间，称为平均故障间隔期，用 τ 表示。如某元件在第一次工作时间 t_1 后出现故障，第二次工作时间 t_2 后出现故障，第 n 次工作时间 t_n 后出现故障，则平均故障间隔期：

$$\tau = \frac{\sum\limits_{i=1}^{n} t_i}{n}$$

τ 一般是通过试验测定几个元件的平均故障间隔时间的平均值得到的。

元件在单位时间（或周期）内发生故障的平均值称为平均故障率，用 λ 表示，单位为故障次数/时间。平均故障率是平均故障间隔期的倒数，即

$$\lambda = \frac{1}{\tau}$$

故障率是通过试验测定出来的，实际应用时受环境因素的不良影响，如温度、湿度、振动、腐蚀等，故应给予修正，即考虑一定的修正系数（严重系数 k）。部分环境下严重系数 k 的取值见表 5-39。

表 5-39 严重系数值举例

使用场所	k	使用场所	k
实验室	1	火箭试验台	60
普通室	1.1～10	飞机	80～150
船舶	10～18	火箭	400～1000
铁路车辆、牵引式公共汽车	13～30		

元件在规定时间内和规定条件下完成规定功能的概率称为可靠度，用 $R(t)$ 表示。元件在时间间隔 $(0,t)$ 内的可靠度符合下列关系：

$$R(t) = e^{-\lambda t} \tag{5-10}$$

式中，t——元件运行时间。

元件在规定时间内和规定条件下没有完成规定功能（失效）的概率就是故障概率（或不可靠度），用 $P(t)$ 表示。故障概率是可靠度的补事件，计算式为

$$P(t) = 1 - R(t) = 1 - e^{-\lambda t} \tag{5-11}$$

式(5-10)和式(5-11)只适用于故障率 λ 稳定的情况。许多元件的故障率随时间而变化，显示出的浴盆曲线如图 5-35 所示。

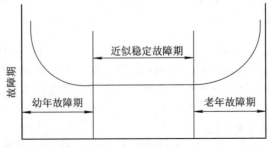

图 5-35 故障率曲线图

从图 5-35 可以看出,元件故障率随时间变化有 3 个时期,即幼年故障期(早期故障期)、近似稳定故障期(偶然故障期)和老年故障期(损耗故障期)。元件在幼年期和老年期故障率都很高。这是因为元件在新的时候可能内部有缺陷或在调试过程被损坏,因而故障率开始较高,但很快就下降了。当使用时间长了,由于老化、磨损,功能下降,故障率又会迅速提高。如果设备或元件在老年期之前更换或修理即将失效的部分,则可延长使用寿命。在幼年和老年两个周期之间(偶然故障期)的故障率低且稳定,式(5-10)和式(5-11)都适用。部分元件的故障率见表 5-40。

表 5-40 部分元件的故障率

元件	故障/(次/年)	元件	故障/(次/年)
控制阀	0.60	压力测量	1.41
控制器	0.29	泄压阀	0.022
流量测量(流体)	1.14	压力开关	0.14
流量测量(固体)	3.75	电磁阀	0.42
流量开关	1.12	步进电动机	0.044
气液色谱	30.6	长纸条记录仪	0.22
手动阀	0.13	热电偶温度测量	0.52
指示灯	0.044	温度计温度测量	0.027
液位测量(液体)	1.70	阀动定位器	0.44
液位测量(固体)	6.86	氧分析仪	5.65
PH 计	5.88		

注:资料来源于 Fank P. Lees Prevention in the Process (London：Butterworths, 1986)。

2) 元件的连接及系统故障(事故)概率计算

生产装置或工艺过程是由许多元件连接在一起构成的,这些元件发生故障常会导致整个系统故障或事故的发生。因此,可根据各个元件故障概率,依照它们之间的连接关系计算出整个系统的故障概率。

元件的相互连接有串联和并联两种情况。

串联连接的元件用逻辑或门表示,意思是任何一个元件故障都会引起系统发生故障或事故。串联元件组成的系统,其可靠度计算式如下:

$$R = \prod_{i=1}^{n} R_i \tag{5-12}$$

式中,R_i——每个元件的可靠度;

n——元件的数量;

$\prod$—— 连乘符号。

系统故障概率 P 的计算式为

$$P = 1 - \prod_{i=1}^{n} (1 - P_i) \tag{5-13}$$

式中,P_i——每个元件的故障概率。

只有 A 和 B 两个元件组成的系统，式(5-13)展开为

$$P(A \text{ 或 } B) = P(A) + P(B) - P(A)P(B) \tag{5-14}$$

如果元件的故障概率很小，则 $P(A)P(B)$ 项可以忽略。此时，式(5-14)可简化为

$$P(A \text{ 或 } B) = P(A) + P(B) \tag{5-15}$$

式(5-13)可简化为

$$P = \sum_{i=1}^{n} P_i \tag{5-16}$$

当元件的故障率不是很小时，不能用简化公式计算总的故障概率。

并联连接的元件用逻辑与门表示，即并联的几个元件同时发生故障，系统就会发生故障。并联元件组成的系统故障概率 P 的计算式为

$$P = \prod_{i=1}^{n} P_i \tag{5-17}$$

系统的可靠度计算式为

$$R = 1 - \prod_{i=1}^{n} (1 - R_i) \tag{5-18}$$

系统的可靠度计算得出后，可由式(5-10)求出总的故障率 λ。

3. 概率评价法应用实例

若某反应器内进行的是放热反应，当温度超过一定值后，会引起反应失控而爆炸。为及时移走反应热量，在反应器外面安装了夹套冷却水系统。由反应器上的热电偶温度测量仪与冷却水进口阀连接，根据温度控制冷却水流量。为防止冷却水供给失效，在冷却水进水管上安装了压力开关并与原料进口阀连接，当水压小到一定值时，原料进口阀会自动关闭，停止反应。反应器的超温防护系统如图5-35所示。试计算这一装置发生超温爆炸的故障率、故障概率、可靠度和平均故障间隔期，假设操作周期为1年。

解： 从图5-36可以看出，反应器的超温防护系统由温度控制和原料关闭两部分组成。温度控制部分的温度测量仪与冷却水进口阀串联，原料关闭部分的压力开关和原料进口阀也是串联的，而温度控制和原料关闭两部分则为并联关系。

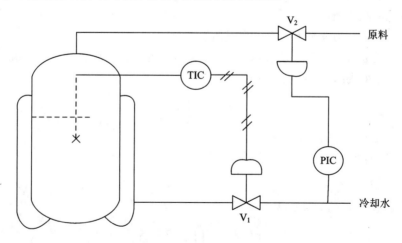

图 5-36　反应器的超温防护系统

由表 5 - 40 查得热电偶温度测量、控制阀、压力开关的故障率分别为 0.52、0.60、0.14 次/年。首先，根据式(5 - 10)和式(5 - 11)计算各个元件的可靠度和故障概率。

（1）热电偶温度测量仪：

$$R_1 = e^{-0.52 \times 1} = 0.59$$
$$P_1 = 1 - R_1 = 1 - 0.59 = 0.41$$

（2）控制阀：

$$R_2 = e^{-0.60 \times 1} = 0.55$$
$$P_2 = 1 - R_2 = 1 - 0.55 = 0.45$$

（3）压力开关：

$$R_3 = e^{-0.14 \times 1} = 0.87$$
$$P_3 = 1 - R_3 = 1 - 0.87 = 0.13$$

（4）温度控制部分：

$$R_A = R_1 R_2 = 0.59 \times 0.55 = 0.32$$
$$P_A = 1 - R_A = 1 - 0.32 = 0.68$$
$$\lambda_A = -\frac{\ln R_A}{t} = -\frac{\ln 0.32}{1}(次 / 年) = 1.14(次 / 年)$$
$$\tau_A = \frac{1}{\lambda_A} = \frac{1}{1.14}(年) = 0.88(年)$$

（5）原料关闭部分：

$$R_B = R_2 R_3 = 0.55 \times 0.87 = 0.48$$
$$P_B = 1 - R_B = 1 - 0.48 = 0.52$$
$$\lambda_B = -\frac{\ln R_B}{t} = -\frac{\ln 0.48}{1}(次 / 年) = 0.73(次 / 年)$$
$$\tau_B = \frac{1}{\lambda_B} = \frac{1}{0.73}(年) = 1.37(年)$$

（6）超温防护系统：

$$P = P_A P_B = 0.68 \times 0.52 = 0.35$$
$$R = 1 - P = 1 - 0.35 = 0.65$$
$$\lambda = -\frac{\ln R}{t} = -\frac{\ln 0.65}{1} = (次 / 年) = 0.43(次 / 年)$$
$$\tau = \frac{1}{\lambda} = \frac{1}{0.43}(年) = 2.3(年)$$

由以上计算可知，预计温度控制部分每 0.88 年发生一次故障，原料关闭部分每 1.37 年发生一次故障。两部分并联组成的超温防护系统，预计 2.3 年发生一次故障，防止超温的可靠性得到提高。

计算出安全防护系统的故障率，就可进一步确定反应器超压爆炸的风险率，从而可比较它的安全性。

5.12.3　层次分析综合评价法

1. 概述

层次分析法(Analytic Hiearchy Process，AHP)是建立在系统理论基础上的一种解决实际问题的方法。用层次分析法作系统分析，首先要把问题层次化。根据问题的性质和所达到的总目标，将问题分解为不同的组成因素，并按照因素间的相互关联、影响及隶属关系将因素按不同层次聚集组合，形成一个多层次的分析结构模型，并最终把系统分析归结为最低层(供决策的方案措施等)相对于最高层(总目标)的相对重要性权值的确定或相对优劣次序的排序问题。

在排序计算中，每一层次中的排序又可简化为一系列成对因素的判断比较，并根据一定的比率将判断定量化，形成比较判断矩阵。通过计算得出某层次因素相对于上一层次中某一因素的相对重要性排序(层次单排序)。为了得到某一层次相对上一层次的组合权值，用上一层次各个因素分别作为下一层次各因素间相互比较判断的准则，依次沿递阶层结构由上而下逐层计算，即可计算出最低因素(如待决策的方案、措施、政策等)相对于最高层(总目标)的相对重要性权值或相对优势的排序值。因此，层次分析法可以用来确定系统综合安全程度影响因素的权重。

2. 层次分析综合评价法步骤

1) 建立层次结构模型

层次分析法模型概念的基础是模型与对象之间存在某种相似性，因此，在这两个对象之间就存在着原型—模型关系。它一般具有三个特征：

① 它是现实系统的抽象或模仿；

② 它是由与分析问题有关的部分或因素构成的；

③ 它表明这些有关部分或因素之间的关系。

层次分析法常用的模型有符号模型、数学模型和模拟模型。

要建立一个有效的系统模型，必须符合以下三个要求。

(1) 相似性。模型与原型要有相似关系，即模型的结构和功能必须是研究对象(原型)的结构和功能的模仿。

(2) 简单性。模型必须由与原型有关的基本部分(要素)所构成。也就是说，模型必须撇开研究对象的次要成分或过程，而抓住研究对象的主要成分环节，这样才能起到对原型的模仿作用和简化作用。

(3) 正确性。模型必须反映原型的各种真实关系，即模型能表现出研究对象内部和外部的各种基本关系。

根据对问题的初步分析，将问题包含的因素按照是否具有某些特征聚集成组，并把它们之间的共同特征看做是系统中新的层次中的一些因素；而这些因素本身也按照另外一组特性组合形成更高层次的因素，直到最终形成单一的最高因素，这往往可以视为决策分析的目标，这样即构成由最高层、若干中间层和最低层排列的层次分析结构模型。决策问题通常可以划分为下面三类层次，如图 5-37 所示。

① 最高层：也称目标层，表示解决问题的目的，即层次分析要达到的总目标。

② 中间层：也称准则层，表示采取某种措施、政策、方案等来实现预定总目标所涉及的中间环节。

③ 最底层：也称评判指标层，表示解决问题要选用的各种措施、政策、方案等。

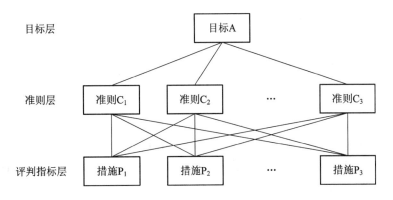

图 5 - 37　AHP 常用层次结构模型

建立了层次分析模型后，就可以在各层元素中两两进行比较，构造出比较判断矩阵，并引入合适的标度将判断定量化，通过数学运算即可计算出最低层对于最高层总目标相对优劣的排序权值。

在层次模型中，采用作用线标明上一层次因素和下一层次因素之间的联系。如果某个因素与下一层中所有因素均有联系，则称这个因素与下一层次存在着完全层次关系。目标层与准则层因素之间的关系即为完全层次关系。若某个因素仅与下一层中的部分因素有联系，如准则层与评判指标层因素之间的关系即为不完全层次关系。另外，层次之间可以建立子层次，子层次从属于主层次中某个因素，它的因素与下一层次的因素有联系，但不形成独立层次。

2）层次分析法中的排序

通过对问题的分析并建立了相应的层次分析结构模型后，问题即转化为层次中排序计算的问题。许多社会、经济、政治、人的行为以及科学管理等领域中决策、预测、计划、资源分配、冲突分析等问题都可归结为某种意义下的排序问题。

层次分析法层次中的排序计算采用特征向量方法。假定有 n 个物体，它们的质量分别为 w_1，w_2，$\cdots$，w_n，并假定它们的质量和为单位 1，比较它们之间的质量，很容易得到它们之间逐对比较的判断矩阵：

$$\boldsymbol{A} = \begin{bmatrix} \dfrac{w_1}{w_1} & \dfrac{w_1}{w_2} & \cdots & \dfrac{w_1}{w_n} \\[2mm] \dfrac{w_2}{w_1} & \dfrac{w_2}{w_2} & \cdots & \dfrac{w_2}{w_n} \\[1mm] \vdots & \vdots & \vdots & \vdots \\[1mm] \dfrac{w_n}{w_1} & \dfrac{w_n}{w_2} & \cdots & \dfrac{w_n}{w_n} \end{bmatrix} = (a_{ij})_{n \times n} \qquad (5-19)$$

显然

$$a_{ij} = \frac{1}{a_{ji}}, \; a_{ii} = 1$$

$$a_{ij} = \frac{a_{ik}}{a_{jk}} \quad (i, j, k = 1, 2, \cdots, n)$$

用质量向量 $\boldsymbol{W} = [w_1, w_2, \cdots, w_n]^{\mathrm{T}}$ 右乘矩阵 $\boldsymbol{A}$，其结果为

$$AW = \begin{bmatrix} \dfrac{w_1}{w_1} & \dfrac{w_1}{w_2} & \cdots & \dfrac{w_1}{w_n} \\[2mm] \dfrac{w_2}{w_1} & \dfrac{w_2}{w_2} & \cdots & \dfrac{w_2}{w_n} \\[2mm] \vdots & \vdots & & \vdots \\[2mm] \dfrac{w_n}{w_1} & \dfrac{w_n}{w_2} & \cdots & \dfrac{w_n}{w_n} \end{bmatrix} \begin{bmatrix} w_1 \\ w_2 \\ \vdots \\ w_n \end{bmatrix} = \begin{bmatrix} mw_1 \\ mw_2 \\ \vdots \\ mw_n \end{bmatrix} = nW \qquad (5-20)$$

从式(5-20)可以看出，以 n 个物体质量为分量的向量 W 是比较判断矩阵 A 对应于 n 的特征向量。根据矩阵理论可知，n 为上述矩阵 A 唯一非零的、也是最大的特征值，而 W 则为其对应的特征向量。

由以上分析可知，如果有一组物体需要估计它们的相对质量，而又没有称量仪器，那么可以通过逐对比较这组物体相对质量的方法，得出对每对物体相对质量比的判断，从而形成比较判断矩阵。通过求解判断矩阵的最大特征值和它所对应的特征向量问题，可以计算出物体的相对质量。同样，对于复杂的社会、经济及管理等领域中的问题，通过建立层次分析模型，构造两两因素的比较判断矩阵，就可以应用这种求判断矩阵最大特征值及其特征向量的方法，来确定出相应的各种方案、措施、政策等对于总目标的重要性排序权值，以供决策。

3）判断矩阵和标度

每个系统分析都以一定的信息为基础，层次分析的信息基础主要是人们对于每一层次中各因素相对重要性给出的判断。这些判断通过引入合适的标度用数值表示出来，写成判断矩阵。判断矩阵表示针对上一层次某因素，本层次与其有关因素之间相对重要性的比较。假定 A 层因素 a_k 中与下一层中 B_1，B_2，$\cdots$，B_n 有联系，其构造判断矩阵的一般形式如下：

$$\begin{bmatrix} a_k & B_1 & B_2 & \cdots & B_n \\ B_1 & b_{11} & b_{12} & \cdots & b_{1n} \\ B_2 & b_{21} & b_{22} & \cdots & b_{2n} \\ \vdots & \vdots & \vdots & & \vdots \\ B_n & b_{n1} & b_{n2} & \cdots & b_{nn} \end{bmatrix}$$

根据正矩阵理论可知，该矩阵具有唯一最大特征值 $\lambda_{\max}$。计算特征值和特征向量，也可采用方根法算出其近似特征值。近似特征向量 $W=(w_1，w_2，\cdots，w_n)$，W 即为评价因素重要性排序，也即权值分配。

最后，进行一致性检验，度量评价因素权重判断矩阵有无逻辑混乱。

计算一致性比率，其关系式为

$$CR = \frac{CI}{RI} \qquad (5-21)$$

$$CI = \frac{\lambda_{\max} - n}{n-1} \quad (n > 1) \qquad (5-22)$$

其中，RI 为随机一致性指标，其值见表5-41。

当 $CI < 0.10$ 时，认为一致性可以接受，否则调整判断矩阵直到接受。

表 5-41　RI 随机一致性指标

矩阵阶数	3	4	5	6	7	8	9	10	11	12	13	14	15
RI	0.52	0.89	1.12	1.26	1.36	1.41	1.46	1.49	1.52	1.54	1.56	1.58	1.59

在层次分析法中，为了使决策判断定量化，形成上述数值判断性矩阵，引用了标度方法（见表 5-42）。

表 5-42　判断矩阵标度及其含义

标度	含义
1	表示两个因素相比，具有同等重要性
3	表示两个因素相比，一个比另一个因素稍重要
5	表示两个因素相比，一个比另一个因素明显重要
7	表示两个因素相比，一个比另一个因素强烈重要
9	表示两个因素相比，一个比另一个因素极端重要
2, 4, 6, 8	上述两相邻判断的中值
倒数	因素 i 与 j 比较得判断 b_{ij}，因素 j 与 i 比较得判断 $b_{ji} = \dfrac{1}{b_{ij}}$

选择表 5-42 中 1～9 比率标度方法有以下依据：

（1）实际工作中当被比较的事物在所考虑的属性方面具有同一个数量级或很接近时，定性的区别才有意义，也才有一定的精度。

（2）在估计事物的区别性时，可以用 5 种判断表示，即相等、较强、强、很强、绝对强。当需要更高精度时，还可以在相邻判断之间做出比较，这样，总共有 9 个数字，它们有连贯性，因此在实际中可以应用。

（3）在对事物比较中，7±2 个项目为心理学极限。如果取 7±2 个元素进行逐对比较，它们之间的差别要用 9 个数字表示出来。

（4）社会调查也说明，在一般情况下，需要用 7 个标度点来区分事物之间质的差别或重要性程度的不同。

（5）如果需要用比标度 1～9 更大的数，可用层次分析法将因素进一步分解聚类，在比较这些因素之前，先比较这些类别，这样就可使所比较的因素之间质的差别落在 1～9 标度范围内。

3. 层次分析综合评价法优缺点及适用范围

层次分析法是一种能有效地处理那些难于完全用定量来分析的复杂问题的手段。层次分析法应用领域比较广阔，可以分析社会、经济以及科学管理领域中的问题。层次分析法所构造的模型是递阶层次结构，即从高到低或从低到高的层次结构。而在实际分析中，还会遇到更复杂的系统。在这些系统中，层次已经不能表明高或低了，这是因为某一层次即可直接或间接地影响其他层次，同时又直接或间接地被其他层次所影响。这种类型的问题，通常常用网络结构模型来描述。

4. 层次分析综合评价法应用实例

（1）油库安全层次结构模型。根据对油库安全系统的综合分析，得出影响油库安全的因素及其评价层次结构如图 5-38 所示。

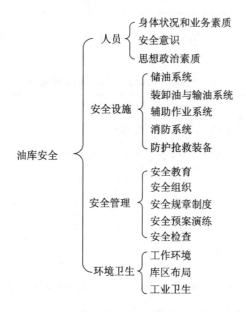

图 5-38　油库安全评价层次结构

（2）各因素相对权重计算。为了确定指标层各因素的相对重要程度，需要求出准则层每个因素相对于目标层的相对权重，就是将准则层每个因素对于总目标——油库的安全状况予以量化。同时，需要求出各个指标因素对于准则层各因素的相对权重。

① 准则层各因素对目标层的重要程度。准则层中的人员、安全设施、安全管理、环境卫生在目标层——油库安全中的相对重要程度，用两两比较求出各因素的重要程度。利用方根法计算权重，再计算最大特征值，写出其判断矩阵（见表 5-43）。

表 5-43　C—C 判断矩阵

目标层	C_1	C_2	C_3	C_4
C_1	1	1	2	3
C_2	1	1	2	3
C_3	$\frac{1}{2}$	$\frac{1}{2}$	1	1
C_4	$\frac{1}{3}$	$\frac{1}{3}$	1	1

以方根法求评价因素权重向量近似值 w_i：

$$w_i = \left(\prod_{j=1}^{n} a_{ij} \right)^{\frac{1}{n}} (i = 1, 2, \cdots, n)$$

$$w_1 = (1 \times 1 \times 2 \times 3)^{\frac{1}{4}} = 1.5651$$

$$w_2 = (1 \times 1 \times 2 \times 3)^{\frac{1}{4}} = 1.5651$$

$$w_3 = \left(\frac{1}{2} \times \frac{1}{2} \times 1 \times 1 \right)^{\frac{1}{4}} = 0.7071$$

$$w_4 = \left(\frac{1}{3} \times \frac{1}{3} \times 1 \times 1 \right)^{\frac{1}{4}} = 0.5774$$

将评价因素权重向量近似值称为 w_i'，作归一化处理求评价因素权重向量 w_i。其关系式为

$$w_i = \frac{w_i}{\sum\limits_{i=1}^{n} (a_{kj})} \qquad (i = 1, 2, \cdots n) \tag{5-23}$$

则

$$w_1 = 0.3545, \ w_2 = 0.3545, \ w_3 = 0.1602, \ w_4 = 0.1308$$

计算判断矩阵的最大特征值 $\lambda_{\max}$，得

$$\lambda_{\max} = 4.0206$$

$$W = (0.3545, \ 0.3545, \ 0.1602, \ 0.1308)$$

一致性指标为

$$CI = \frac{\lambda_{\max} - n}{n - 1} = 0.00687$$

通过表 5-41 查得 $RI = 0.89$，则一致性比率为

$$CR = \frac{CI}{RI} = \frac{0.00687}{0.89} = 0.0077 < 0.1$$

满足一致性。

② 指标层各因素对准则层的相对重要程度。指标层因素对准则层的相对重要程度计算结果，见表 5-44～表 5-47。

表 5-44　C_1—P 判断矩阵

C_1	P_1	P_2	P_3
P_1	1	2	4
P_2	$\frac{1}{2}$	1	2
P_3	$\frac{1}{4}$	$\frac{1}{2}$	1

由表 5-44 中数据计算得 $\lambda_{\max} = 3$，$W = (0.5714, 0.2857, 0.1429)$，$CR = 0 < 0.1$，满足一致性。

表 5 - 45 C_2—P 判断矩阵

C_2	P_4	P_5	P_6	P_7	P_8
P_4	1	1	4	2	6
P_5	1	1	4	3	6
P_6	$\frac{1}{4}$	$\frac{1}{4}$	1	$\frac{1}{2}$	2
P_7	$\frac{1}{2}$	$\frac{1}{3}$	2	1	4
P_8	$\frac{1}{6}$	$\frac{1}{2}$	$\frac{1}{2}$	$\frac{1}{4}$	1

由表 5 - 45 中数据计算得 $\lambda_{max}=5.0426$，$W=(0.33,0.3582,0.08746,0.1749,0.049)$，$CR=0.0095<0.1$，满足一致性。

表 5 - 46 C_3—P 判断矩阵

C_3	P_9	P_{10}	P_{11}	P_{12}	P_{13}
P_9	1	2	$\frac{1}{3}$	4	2
P_{10}	$\frac{1}{2}$	1	$\frac{1}{4}$	3	1
P_{11}	3	4	1	8	4
P_{12}	$\frac{1}{4}$	$\frac{1}{3}$	$\frac{1}{8}$	1	$\frac{1}{3}$
P_{13}	$\frac{1}{2}$	1	$\frac{1}{4}$	3	1

由表 5 - 46 中数据计算得 $\lambda_{max}=5.0426$，$W=(0.2101,0.1236,0.4943,0.04844,0.1236)$，$CR=0.0095<0.1$，满足一致性。

表 5 - 47 C_4—P 判断矩阵

C_4	P_{14}	P_{15}	P_{16}
P_{14}	1	5	2
P_{15}	$\frac{1}{5}$	1	$\frac{1}{2}$
P_{16}	$\frac{1}{2}$	2	1

由表 5 - 47 中数据计算得 $\lambda_{max}=3.0055$，$W=(0.5954,0.1283,0.2764)$，$CR=0.0053<0.1$，满足一致性。

(3) 排序。人员因素对油库安全状况的权重为

$$0.3545\times(0.5714,0.2857,0.1429)=(0.2026,0.1013,0.05066)$$

安全设施对油库安全状况的权重为

$$0.3545 \times (0.33, 0.3582, 0.08746, 0.1749, 0.049)$$
$$= (0.1170, 0.1270, 0.03100, 0.06200, 0.01737)$$

安全管理对油库安全状况的权重为

$$0.1602 \times (0.2101, 0.1236, 0.4943, 0.04844, 0.1236)$$
$$= (0.03366, 0.01980, 0.07919, 0.007760, 0.01980)$$

环境卫生对油库安全状况的权重为

$$0.1308 \times (0.5945, 0.1283, 0.22764) = (0.07776, 0.01678, 0.02977)$$

综上所述,排出各因素与油库安全相关程度的顺序,见表 5 - 48。

表 5 - 48　油库安全各影响因素的权重

目标层	准则层	指标层		排序
		分层	权重	
油库安全	人员(0.3545)	身体状况和业务素质	0.2026	1
		安全意识	0.1013	4
		思想政治素质	0.05066	8
	安全设施(0.3545)	储油系统	0.1170	3
		装卸油与输油系统	0.1270	2
		辅助作业系统	0.3100	10
		消防系统	0.06200	7
		防护抢救装备	0.01737	14
	安全管理(0.1602)	安全培训教育	0.03366	9
		安全组织	0.01980	12
		安全规章制度	0.07919	5
		安全预案演练	0.007760	16
		安全检查	0.01980	13
	环境卫生(0.1308)	工作环境	0.07776	6
		库区布局	0.01678	15
		工业卫生	0.02977	11

由表 5 - 48 可知,影响油库安全状况的各因素(指标),其重要程度是不均等的,有些对油库安全状况起决定性作用,有些则影响较小,其中人员和设施设备起主要作用,尤其是员工的身体状况和业务素质、装卸油和输油系统、储油系统、员工的安全意识占支配地位,这与实际相符合,证明了该方法的合理性与实用性。通过关注掌握主要因素可以提高对敏感因素的检测,警惕那些易忽略的因素,做到防患于未然,提高油库安全管理水平。

利用层次分析法进行安全评价,减少了评价工作中的随意性,对实际工作有一定的参考价值。

5.12.4 模糊数学综合评价法

1. 概述

在现实生活中,同一事物或现象往往具有多种属性,因此在对事物进行评价时,就要兼顾各个方面。特别是在生产规划、管理调度、社会经济等复杂的系统中,在做出任何一个决策时,都必须综合考虑多个相关因素,这就是所谓的综合评价问题。综合评价问题是多因素、多层次决策过程中所碰到的一个具有普遍意义的问题,它是系统工程的基本环节。模糊综合评价作为模糊数学的一种具体应用方法,将对如何进行评价,其数学模型如何建立,对其应用中出现的问题如何处理这些问题给予回答。

2. 模糊数学综合评价

(1) 模糊综合评价的原理及初始模型。模糊综合评价就是应用模糊变换原理和最大隶属度原则,考虑与被评价事物相关的各个因素,对其所作的综合评价。评价的着眼点是所要考虑的各个相关因素。

在评价某个事物时,可以将评价结果分成一定的等级(根据具体问题,以规定的标准来分等级)。例如,在对某煤矿的通风系统进行评价时,可把评价的等级分为"很好"、"较好"、"一般"、"较差"、"很差"5 个等级。

设着眼因素集合为

$$U = \{u_1, u_2, \cdots, u_m\}$$

抉择评语集合为

$$V = \{v_1, v_2, \cdots, v_n\}$$

首先对着眼因素集合 U 的单因素 $u_i(i=1, 2, \cdots, m)$ 作单因素评价,从因素 u_i 着眼确定该事物对抉择等级 $v_i(i=1, 2, \cdots, n)$ 的隶属度(可能性程度) r_{ij},这样就得出第 i 个因素 u_i 的单因素评判集 r_{ij},即 $r_{ij} = \{r_{i1}, r_{i2}, \cdots, r_{in}\}$。

r_{ij} 是抉择评语集合 V 上的模糊子集。这样,由 m 个着眼因素的评价集就构造出一个总的评价矩阵 $\boldsymbol{R}$。

$$\boldsymbol{R} = \begin{bmatrix} r_{11} & r_{12} & \cdots & r_{1n} \\ r_{21} & r_{22} & \cdots & r_{2n} \\ \vdots & \vdots & & \vdots \\ r_{m1} & r_{m2} & \cdots & r_{mn} \end{bmatrix}$$

$\boldsymbol{R}$ 即是着眼因素论域 U 到抉择评语论域 V 的一个模糊关系,$U_{\boldsymbol{R}}(u_i, v_j) = r_{ij}$ 表示因素 u_i 对抉择等级 v_j 的隶属度。

单因素评判是比较容易办到的。例如,在 100 位专家对某煤矿通风系统的评判中,若对煤矿的"风流稳定性"这一着眼因素分别有 50,30,10,5,5 人的评价为"很好"、"较好"、"一般"、"较差"、"很差",则对该矿的"风流稳定性"这一单因素的评判为(0.5, 0.3, 0.1, 0.05, 0.5)。

但很多因素的综合评判就比较困难了。因为,一方面,对于被评判事物从不同的因素着眼可以得到截然不同的结论;另一方面,在诸着眼因素 $u_i(i=1, 2, \cdots, m)$ 之间,有些因素在总评价中的影响程度可能大些,而有些因素在总评价中的影响程度可能要小些,但究

竟要大多少或小多少，则是一个模糊择优问题。因此，评价的着眼点可看做是着眼因素论域 U 上的模糊子集 A，记作

$$A = \frac{a_1}{u_1} + \frac{a_2}{u_2} + \cdots + \frac{a_m}{u_m}$$

或

$$A = (a_1, a_2, \cdots, a_m)$$

其中，$a_i (0 \leqslant a_i \leqslant 1,$ 且 $\sum_{i=1}^{m} a_i = 1)$ 为 u_i 对 A 的隶属度。它是单因素 u_i 总评价中的影响程度大小的度量，在一定程度上也代表根据单因素 u_i 评定等级的能力。注意，a_i 可能是一种调整系数或限值系数，也可能是普通权系数，A 称为 U 的重要程度模糊子集，a_i 称为因素 u_i 的重要程度系数。A 值的确定方法有层次分析法、专家评定法、德尔斐法、统计试验法等。

于是，当模糊向量 A 和模糊关系矩阵 R 为已知时，作模糊变换来进行综合评价。

$$B = A \times R = (b_1, b_2, \cdots, b_n) \tag{5-24}$$

或

$$(b_1, b_2, \cdots, b_n) = (a_1, a_2, \cdots, a_m) \begin{bmatrix} r_{11} & r_{12} & \cdots & r_{1n} \\ r_{21} & r_{22} & \cdots & r_{2n} \\ \vdots & \vdots & & \vdots \\ r_{m1} & r_{m2} & \cdots & r_{mn} \end{bmatrix} \tag{5-25}$$

式 (5-24) 是模糊综合评价的初始模型。B 中的各元素 b_j 是在广义模糊合成运算下得出的运算结果，其计算式为

$$b_j = (a_1^{\cdot} r_{1j})^{+} (a_2^{\cdot} r_{2j})^{+} \cdots (a_m^{\cdot} r_{1m})^{+} (j = 1, 2, \cdots, n) \tag{5-26}$$

简记为模型 $M\begin{pmatrix} \cdot & + \\ * & * \end{pmatrix}$。其中 $\overset{\cdot}{*}$ 为广义模糊"与"运算，$\overset{+}{*}$ 为广义模糊"或"运算。

B 称为抉择评语集 V 上的等级模糊子集，$b_j (j = 1, 2, \cdots, n)$ 为等级 v_j 对综合评价所得等级模糊子集 B 的隶属度。如果要选择一个决策，则可按照最大隶属度原则选择最大的 b_j 所对应的等级 v_j 作为综合评判的结果。

在广义模糊合成运算下，综合评判模型 $M\begin{pmatrix} \cdot & + \\ * & * \end{pmatrix}$，即式 (5-24) 或式 (5-25) 的意义在于 $r_{ij} (i = 1, 2, \cdots, m; j = 1, 2, \cdots, n)$ 为单因素 u_i 对等级 v_j 的隶属度；而通过广义模型"与"运算 $(a_i^{\cdot} r_{ij})$ 所得结果（记为 r_{ij}^*），就是在全面考虑各种因素时，因素 u_i 的评价对等级 v_j 的隶属度，也就是考虑因素 u_i 在总评价中的影响程度 a_i 时，对隶属度 r_{ij}^* 进行的调整或限制。最后通过广义模糊"或"运算对各个调整（或限制）后的隶属度 r_{ij}^* 进行综合处理，即可得出合理的综合评价结果。

式 (5-24) 所表示的模糊变换 R（单因素评判矩阵），可以看做是从着眼因素论域 U 到抉择评语论域 V 的一个模糊变换器，也就是说每输入一个模糊向量 A，就可输出一个相应的综合评价结果 B。模糊综合评价过程如图 5-39 所示。

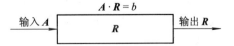

图 5-39　模糊综合评价过程

(2) 二级指标评价法。设着眼因素集合为

$$U = \{u_1, u_2, \cdots, u_m\}$$

抉择评语集合为

$$V = \{v_1, v_2, \cdots, v_n\}$$

对客观事物进行综合评价时，如果各因素 u_i 在评价中的作用无差异，则 u_i 对因素重要程度模糊子集 $\pmb{A}$ 的隶属度 α_i 可取相同的值。以上所述在广义模糊合成运算下的综合评价模型 $M\left(\begin{smallmatrix}\bullet & + \\ *, & *\end{smallmatrix}\right)$ 可以取以下三种模型。

① 模型 $M(\vee, \wedge)$。综合评价结果为

$$b_j = \bigvee_{i=1}^{m} (a_i \vee r_{ij})$$

$$\pmb{B} = (b_1, b_2, \cdots, b_n) = (\bigvee_{i=1}^{m}(a_i \wedge r_{i1}), \bigvee_{i=1}^{m}(a_i \wedge r_{i2}), \cdots, \bigvee_{i=1}^{m}(a_i \wedge r_{in}))$$

$$(5-27)$$

可取 $a_1 = a_2 = \cdots = a_m = 1$。

② 模型 $M(乘幂, \wedge)$。综合评价结果为

$$b_j = \bigwedge_{i=1}^{m} (r_{ij}^{a_i})$$

$$\pmb{B} = (b_1, b_2, \cdots, b_n) = (\bigwedge_{i=1}^{m}(r_{i1}^{a_i}), \bigwedge_{i=1}^{m}(r_{i2}^{a_i}), \cdots, \bigwedge_{i=1}^{m}(r_{in}^{a_i})) \qquad (5-28)$$

可取 $a_1 = a_2 = \cdots = a_m = 1$。

③ 模型 $M(\bullet, +)$。综合评价结果为

$$b_j = \sum_{i=1}^{m} a_i r_{ij}$$

$$\pmb{B} = (b_1, b_2, \cdots, b_n) = (\sum_{i=1}^{m} a_i r_{i1}, \sum_{i=1}^{m} a_i r_{i2}, \cdots, \sum_{i=1}^{m} a_i r_{in}) \qquad (5-29)$$

可取 $a_1 = a_2 = \cdots = a_m = \dfrac{1}{m}$，则得到 3 种简化综合评价模型。

$$\pmb{B}_1 = \bigvee_{i=1}^{m}(r_{i1}), \bigvee_{i=1}^{m}(r_{i2}), \cdots, \bigvee_{i=1}^{m}(r_{in}) \qquad (5-30)$$

$$\pmb{B}_2 = \bigwedge_{i=1}^{m}(r_{i1}), \bigwedge_{i=1}^{m}(r_{i2}), \cdots, \bigwedge_{i=1}^{m}(r_{in}) \qquad (5-31)$$

$$\pmb{B}_3 = \left(\frac{1}{m}\sum_{i=1}^{m} r_{i1}, \frac{1}{m}\sum_{i=1}^{m} r_{i2}, \cdots, \frac{1}{m}\sum_{i=1}^{m} r_{in}\right) \qquad (5-32)$$

采用上述 3 种简化模型作评价，相当于对各因素的特性指标分别取最大值、最小值和平均值作为评价指标，这是通常使用的评价方法。

在实际应用中，如果仅取最大值、最小值或平均值之一作为评价指标，可能有片面性。因此，可综合使用 $\pmb{B}_1$、$\pmb{B}_2$、$\pmb{B}_3$ 这 3 个指标，进行所谓的二级指标评价。

设评价指标集为

$$U_1 = (\pmb{B}_1, \pmb{B}_2, \pmb{B}_3)$$

U_1 的各指标 $B_1(i=1, 2, 3)$ 的权重分配为

$$\pmb{A}_1 = (a_1, a_2, \cdots, a_3)$$

其中 $a_i \geqslant 0$，且 $\sum\limits_{i=1}^{3} a_i = 1$。

评价指标集 U_1 总的评价矩阵为

$$
\boldsymbol{R}_1 = \begin{bmatrix} \boldsymbol{B}_1 \\ \boldsymbol{B}_2 \\ \boldsymbol{B}_3 \end{bmatrix} = \begin{bmatrix} \bigvee\limits_{i=1}^{m} r_{i1} & \bigvee\limits_{i=1}^{m} r_{i2} & \cdots & \bigvee\limits_{i=1}^{m} r_{in} \\ \bigwedge\limits_{i=1}^{m} r_{i1} & \bigwedge\limits_{i=1}^{m} r_{i2} & \cdots & \bigwedge\limits_{i=1}^{m} r_{in} \\ \dfrac{1}{m}\sum\limits_{i=1}^{m} r_{i1} & \dfrac{1}{m}\sum\limits_{i=1}^{m} r_{i2} & \cdots & \dfrac{1}{m}\sum\limits_{i=1}^{m} r_{in} \end{bmatrix}
$$

则总的（二级）综合指标评价结果为

$$
\boldsymbol{A}_1 \times \boldsymbol{R}_1 = \boldsymbol{B}_1 = (b_1, b_2, \cdots, b_n) \tag{5-33}
$$

式(5-33)中左端是普通矩阵乘法，$b_j(j=1, 2, \cdots, n)$ 称为二级评价指标，其中最大的 b_i 值所对应的等级 v_j 就是所要求的最佳结果。

在上述二阶综合指标评价中，指标 $\boldsymbol{B}_1$ 是从最突出的长处（优点）考虑问题的，指标 $\boldsymbol{B}_2$ 是从最突出的短处（缺点）考虑问题的，指标 $\boldsymbol{B}_3$ 是从平均的角度考虑问题的，最后又从综合的角度考虑上述 3 个方面的情况，使得评价结果更加合理。这种方法实际上提高了极值在评价中的作用和地位。另一种评价法是要降低极值在评价中的地位，例如，体操评价中常用一种"去极评价法"，把评价员对选手的打分去掉最大值和最小值后再进行平均，这也是一种二级指标评价。

（3）多层次综合评价方法。在复杂系统中，由于要考虑的因素很多，并且各因素之间往往还有层次之分，如果仍用上述综合评价的初始模型，则难以比较系统中事物之间的优劣次序，得不到有意义的评价结果。

在实际应用中，如果遇到这种情形，可把着眼因素集合 U 按某些属性分成几类，先对每一类（因素较少）作综合评价，然后在对评价结果进行"类"之间的高层次的综合评价，下面作具体介绍。

设着眼因素集合为

$$
U = \{u_1, u_2, \cdots, u_m\}
$$

抉择评语集合为

$$
V = \{v_1, v_2, \cdots, v_n\}
$$

多层次综合评价的一般步骤如下：

① 划分因素集 U。对因素集 U 作划分，即

$$
U = \{U_1, U_2, \cdots, U_N\}
$$

其中，$U_i = \{u_{i1}, u_{i2}, \cdots, u_{ik}\}$，$i=1, 2, \cdots, N$，即 U_i 中含有后 k_i 个因素 $\sum\limits_{i=1}^{m} k_i = n$，并且满足以下条件：

$$
\bigcup_{i=1}^{N} U_i = U
$$
$$
U_i \bigcap U_j = \varnothing, \qquad (i \neq j)
$$

② 初级评价。对每个 $U_i = \{u_{i1}, u_{i2}, \cdots, u_{ik}\}$ 的 k_i 个因素，按初始模型作综合评价。设 U_i 的因素重要程度模糊子集为 $\boldsymbol{A}_i$，U_i 的 k_i 个因素总的评价矩阵为 $\boldsymbol{R}_i$，则

$$A_i \times R_i = B_i = (b_{i1}, b_{i2}, \cdots, b_{in}) \qquad (i = 1, 2, \cdots, N)$$

式中，B_i 为 U_i 的单因素评价。

③ 二级评价。设 $U = \{U_1, U_2, \cdots, U_N\}$ 的因素重要程度模糊子集为 A，且 $A = (A_1, A_2, \cdots, A_N)$，则 U 的总体评价矩阵 R 为

$$R = \begin{bmatrix} B_1 \\ B_2 \\ \vdots \\ B_N \end{bmatrix} = \begin{bmatrix} A_1 \cdot R_1 \\ A_2 \cdot R_2 \\ \vdots \\ A_N \cdot R_N \end{bmatrix}$$

可得出总的（二级）综合评价结果，即 $B = A \cdot R$。

这也是着眼因素 $U = \{u_1, u_2, \cdots, u_m\}$ 的综合评价结果。其评价过程如图 5-40 所示。

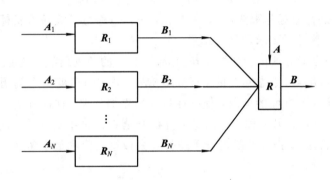

图 5-40　二级综合评价的过程

二级综合评价模型反映了客观事物因素间的不同层次，它可以避免因素过多时，因素重要程度模糊子集难以分配的弊病。

（4）等级参数评价法。由综合评价初始模型、二级指标评价法和多层次综合评价法所得到的评价结果均是一个等级模糊子集 $B = (b_1, b_2, \cdots, b_n)$，对 B 是按照"最大隶属度原则"选择其最大的 b_j 所对应的等级 v_j 作为评价结果的。此时，只利用了 $b_j (j = 1, 2, \cdots, n)$ 中的最大者，没有充分利用等级模糊子集 B 所带来的信息。而在实际应用中，往往要集结各种等级规定某些参数，借以作为评级标准。例如，按煤矿企业安全管理成绩区间（百分制）将煤矿企业安全管理水平分为 5 个等级：

第 I 等级，企业安全管理很好，成绩区间为 $[90, 100]$。

第 II 等级，企业安全管理较好，成绩区间为 $[80, 90]$。

第 III 等级，企业安全管理一般，成绩区间为 $[70, 80]$。

第 IV 等级，企业安全管理较差，成绩区间为 $[60, 70]$。

第 V 等级，企业安全管理很差，成绩区间为 $[0, 60]$。

可选择各等级成绩区间的下界 c_i 作为各等级的参数，它标志着各个等级之间的分界线。

为了充分利用等级模糊子集 B 所带来的信息，可把各种等级的评级参数和评价结果 B 进行综合考虑，使得评价结果更加符合实际。

设着眼因素 $U = \{u_1, u_2, \cdots, u_m\}$，抉择评语集合 $V = \{v_1, v_2, \cdots, v_n\}$，由综合评价初始模型、二级指标评价法或多层评价法所得出的评价结果等级模糊子集为

$$B = A \times R = (b_1, b_2, \cdots, b_n)$$

设相对于各等级 v_j 所规定的参数列向量为

$$C = (c_1, c_2, \cdots, c_n)^T$$

则等级评价结果为

$$B \cdot C = (b_1, b_2, \cdots, b_n) \cdot \begin{bmatrix} c_1 \\ c_2 \\ \vdots \\ c_j \end{bmatrix} = \sum_{j=1}^{n} b_j \cdot c_j = p$$

式中，p 为一个实数。

当 $0 \leqslant b_j \leqslant 1$，$\sum_{j=1}^{m} b_j = 1$ 时，p 可看做是以等级模糊子集 B 为权向量的关于等级参数 c_1，c_2，$\cdots$，c_n 的加权平均值。p 反映了等级模糊子集 B 和等级参数向量 C 所带来的综合信息，在许多实际应用中，它是十分有用的综合参数。

3. 模糊数学综合评价法优缺点及适用范围

模糊数学综合评价作为模糊数学的一种具体应用方法，最早是由我国学者汪培庄提出的。这一应用方法深受广大科技工作者的欢迎和重视，并且得到了广泛的应用。在矿业中它已被应用于地质勘探、矿井设计、矿井通风、煤炭开采、煤炭加工洗选、煤炭企业管理等方面。其优点是：数学模型简单，容易掌握，对多因素、多层次的复杂问题评价效果比较好，是别的数学分支和模型难以代替的方法。

4. 模糊数学综合评价法应用实例

实例 1　某矿务局在开展安全生产大检查过程中，对下属的 9 个矿井的安全状况进行评估，按照有关矿井生产条例以及该局的评比方法规定，各个矿井所得分数见表 5-49。

表 5-49　各矿井检查得分汇总

矿井名称	编号及其评价项目					
	1	2	3	4	5	6
	伤亡事故	非伤亡事故	违章情况	事故经济损失	事故影响产量	安全管理制度
矿井 A	80	52	88	70	82	90
矿井 B	40	50	70	89	76	85
矿井 C	70	86	80	100	60	90
矿井 D	28	36	70	74	65	56
矿井 E	0	92	62	78	68	81
矿井 F	38	30	69	0	0	80
矿井 G	50	68	96	100	100	75
矿井 H	63	82	49	52	87	90
矿井 I	45	86	57	36	46	71

（1）评价集。

$$V = \left\{ \frac{v}{\text{矿 A}}, \frac{v}{\text{矿 B}}, \frac{v}{\text{矿 C}}, \frac{v}{\text{矿 D}}, \frac{v}{\text{矿 E}}, \frac{v}{\text{矿 F}}, \frac{v}{\text{矿 G}}, \frac{v}{\text{矿 H}}, \frac{v}{\text{矿 I}} \right\}$$

（2）评价对象的因素。

$$U = \left\{ \begin{array}{l} u_1（伤亡事故） \\ u_2（非伤亡事故） \\ u_3（违章情况） \\ u_4（事故经济损失） \\ u_5（事故影响产量） \\ u_6（安全管理制度） \end{array} \right\}$$

（3）构造模糊关系。列出单因素评价矩阵，已知：

$$V = \{ v_1 \quad v_2 \quad v_3 \quad v_4 \quad v_5 \quad v_6 \quad v_7 \quad v_8 \quad v_9 \}$$
$$U = \{ u_1 \quad u_2 \quad u_3 \quad u_4 \quad u_5 \quad u_6 \}$$

则得模糊矩阵为

$$R = \begin{bmatrix} r_{11} & r_{12} & r_{13} & r_{14} & r_{15} & r_{16} & r_{17} & r_{18} & r_{19} \\ r_{21} & r_{22} & r_{23} & r_{24} & r_{25} & r_{26} & r_{27} & r_{28} & r_{29} \\ r_{31} & r_{32} & r_{33} & r_{34} & r_{35} & r_{36} & r_{37} & r_{38} & r_{39} \\ r_{41} & r_{42} & r_{43} & r_{44} & r_{45} & r_{46} & r_{47} & r_{48} & r_{49} \\ r_{51} & r_{52} & r_{53} & r_{54} & r_{55} & r_{56} & r_{57} & r_{58} & r_{59} \\ r_{61} & r_{62} & r_{63} & r_{64} & r_{65} & r_{66} & r_{67} & r_{68} & r_{69} \end{bmatrix}$$

将表 5-49 中的各矿得分均除以 100，得

$$R = \begin{bmatrix} 0.80 & 0.40 & 0.70 & 0.28 & 0.00 & 0.38 & 0.50 & 0.63 & 0.45 \\ 0.52 & 0.50 & 0.86 & 0.36 & 0.92 & 0.30 & 0.68 & 0.82 & 0.86 \\ 0.88 & 0.70 & 0.80 & 0.70 & 0.62 & 0.69 & 0.96 & 0.49 & 0.57 \\ 0.70 & 0.89 & 1.00 & 0.74 & 0.78 & 0.00 & 1.00 & 0.52 & 0.36 \\ 0.82 & 0.76 & 0.60 & 0.65 & 0.68 & 0.00 & 1.00 & 0.87 & 0.46 \\ 0.90 & 0.85 & 0.90 & 0.56 & 0.81 & 0.80 & 0.75 & 0.90 & 0.71 \end{bmatrix}$$

（4）确定权数。按"专家评议法"，确定权数为

$$A = \{ 0.55 \quad 0.10 \quad 0.06 \quad 0.12 \quad 0.02 \quad 0.15 \}$$

（5）模糊计算。

$$B = A \times R = (b_1 \quad b_2 \quad b_3 \quad b_4 \quad b_5 \quad b_6 \quad b_7 \quad b_8 \quad b_9)$$

$$B = \{ 0.55 \quad 0.10 \quad 0.06 \quad 0.12 \quad 0.02 \quad 0.15 \}$$

$$\times \begin{bmatrix} 0.80 & 0.40 & 0.70 & 0.28 & 0.00 & 0.38 & 0.50 & 0.63 & 0.45 \\ 0.52 & 0.50 & 0.86 & 0.36 & 0.92 & 0.30 & 0.68 & 0.82 & 0.86 \\ 0.88 & 0.70 & 0.80 & 0.70 & 0.62 & 0.69 & 0.96 & 0.49 & 0.57 \\ 0.70 & 0.89 & 1.00 & 0.74 & 0.78 & 0.00 & 1.00 & 0.52 & 0.36 \\ 0.82 & 0.76 & 0.60 & 0.65 & 0.68 & 0.00 & 1.00 & 0.87 & 0.46 \\ 0.90 & 0.85 & 0.90 & 0.56 & 0.81 & 0.80 & 0.75 & 0.90 & 0.71 \end{bmatrix}$$

$$= (0.7802 \quad 0.5615 \quad 0.7860 \quad 0.4178 \quad 0.3579 \quad 0.4004 \quad 0.6531 \quad 0.6727 \quad 0.5266)$$

将评价结果 $b_j (j = 1, 2, \cdots, 9)$ 乘以 100 取整数，得矿井安全管理状况成绩 $S_j (j = 1, 2, \cdots, 9)$ 为

$$S = (78 \quad 56 \quad 79 \quad 42 \quad 36 \quad 40 \quad 65 \quad 67 \quad 53)$$

（6）给出评价结果。由评价系数 b_i 及转化后的得分 S 可知，矿井安全管理状况的优劣依次为矿井 C、矿井 A、矿井 H、矿井 G、矿井 B、矿井 I、矿井 D、矿井 F、矿井 E。

实例 2　油气田天然气集气站是将气井中产出的天然气加热、节流、分离、脱水、计量、汇集处理后进行外输的生产场所。集气站生产过程存在高温、高压、易燃、易爆等危险，站内工艺流程复杂，管道密布，事故隐患极大，属于高危险场所。以苏里格气田苏 11-1 集气站为对象，分析站内工艺流程与危险危害因素特点，划分评价单元并建立评价等级集合，采用层次分析法、多维量表法构建评价单元权重及模糊关系矩阵，计算模糊综合评价结果，根据评价结果对集气站内权重较大单元提出安全应对措施。

1）苏里格气田苏 11-1 集气站工艺流程及主要危险有害因素

（1）苏 11-1 集气站工艺流程。其流程如图 5-41 所示。

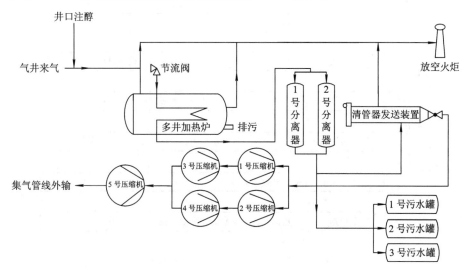

图 5-41　苏里格气田苏 11-1 集气站工艺流程

（2）苏 11-1 集气站危险危害因素分析。

① 天然气节流：节流时容易发生阀门失效故障，导致调压失灵；发生管道内气体压力过大造成管道超压，并导致设备损坏与火灾爆炸。

② 天然气加热：加热时容易发生加热介质泄漏引起容器腐蚀及管线腐蚀，同时气体泄漏可能引发炉膛火灾，导致容器爆炸。

③ 天然气分离：分离过程中容易发生安全阀失效，导致气体泄漏以及管线腐蚀。

④ 清管器发送：清管过程中容易发生清污不净，造成清管器卡阻，导致管线堵塞，并有可能引发容器爆炸。

⑤ 天然气加压：加压过程中易发生泵失效及设备损坏，同时伴有噪声危害。

⑥ 放空和排污：污水罐上部有热辐射且天然气浓度较大，遇火源容易发生火灾。另外污水处理可能外泄造成环境污染。

（3）苏 11-1 集气站工作介质危险性分析。苏 11-1 集气站的危险工作介质主要是天然气，甲醇。

① 天然气危险性：易燃易爆性，毒性。

② 甲醇危险性：易挥发性，易燃易爆性，剧毒性。

2）苏11-1集气站的模糊综合评价

通过以上分析，苏11-1集气站工艺流程中存在的危险危害因素，需要对集气站系统划分评价单元并建立评价等级集合，然后用层次分析法确定各单元权重，并通过多维量表法构建模糊关系矩阵，从而获得模糊综合评价结果，最后用加权平均原则才能确定该集气站系统安全等级。

（1）划分评价单元。从工艺流程角度，将苏11-1集气站划分为6个评价单元，即 U＝{天然气节流，天然气加热，天然气分离，清管器发送，天然气加压，放空和排污}，如图5-42所示。

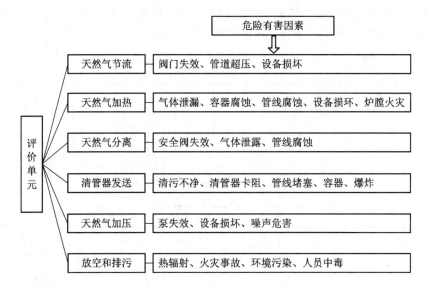

图5-42 各评价单元的危险有害因素

（2）建立评价等级集合。根据苏11-1集气站的安全生产特点，取5个安全等级，分别为很安全、较安全、中等安全、较不安全、很不安全。评价等级集合 V 的赋值为 V＝{很安全，较安全，中等安全，较不安全，很不安全}＝{1.0, 0.8, 0.6, 0.4, ≤0.2}。

（3）确定各评价单元权重。用层次分析法（AHP）来确定各评价单元权重。在层次分析法中，为了定量判断，需要将任意两个单元的相对优劣程度进行定量描述。这里层次分析法采用1～9标度方法，对不同情况的评比给予如表5-50所示的数量标度。

表5-50 指标相对重要度比例标定

标度	定义	说 明
1	同等重要	两个指标相比较，具有同样的重要性
3	稍微重要	两个指标相比较，一个指标比另一个稍微重要
5	明显重要	两个指标相比较，一个指标比另一个明显重要
7	非常重要	两个指标相比较，一个指标比另一个非常重要
9	绝对重要	两个指标相比较，一个指标比另一个绝对重要
2，4，6，8		介于上述相邻情况的中间值

① 建立判断矩阵。对苏 11-1 集气站 6 个评价单元按照表 5-50 准则进行两两比较，可得判断矩阵 A。

$$A = \begin{bmatrix} 1 & 1/2 & 2 & 2 & 1/2 & 3 \\ 2 & 1 & 3 & 1 & 2 & 4 \\ 1/2 & 1/3 & 1 & 1/2 & 1/3 & 1/2 \\ 2 & 1/2 & 3 & 2 & 1 & 2 \\ 1/3 & 1/4 & 2 & 1/2 & 1/2 & 1 \end{bmatrix}$$

② 层次分析法。

• 计算 6 个评价单元权重。对于构造出的判断矩阵 A，用方根法求出最大特征值所对应的特征向量，然后归一化后作为权重。具体计算步骤如下：

$M = [3 \quad 48 \quad 0.0139 \quad 1 \quad 12 \quad 0.0417]^{\mathrm{T}}$，$M_i$ 为矩阵 A 每行的乘积；

$\beta = [1.2009 \quad 1.9064 \quad 0.4903 \quad 1 \quad 1.5131 \quad 0.5889]^{\mathrm{T}}$，$\beta_i = \sqrt[n]{M_i}$；

β 进行归一化处理，$W = [0.1792 \quad 0.2846 \quad 0.0732 \quad 0.1493 \quad 0.2258 \quad 0.0879]^{\mathrm{T}}$，$W_i = \dfrac{\beta_i}{\sum \beta}$。

• 一致性检验。判断矩阵 A 偏离一致性应该有一个度，也就是判断矩阵 A 是否可以接受鉴别。

求最大特征值 $\lambda_{\max}$。当判断矩阵 A 不完全一致时，相应判断矩阵 A 的特征值也将发生变化，这就可以利用特征根的变化来检查判断的一致性程度。

$$A \times W = \begin{bmatrix} 1 & 1/2 & 2 & 2 & 1/2 & 3 \\ 2 & 1 & 3 & 1 & 2 & 4 \\ 1/2 & 1/3 & 1 & 1/2 & 1/3 & 1/2 \\ 2 & 1/2 & 3 & 2 & 1 & 2 \\ 1/3 & 1/4 & 2 & 1/2 & 1/2 & 1 \end{bmatrix} \begin{bmatrix} 0.1792 \\ 0.2846 \\ 0.0732 \\ 0.1493 \\ 0.2258 \\ 0.0879 \end{bmatrix} = \begin{bmatrix} 1.1431 \\ 1.8151 \\ 0.4515 \\ 0.9586 \\ 1.4205 \\ 0.5527 \end{bmatrix}$$

$$\lambda_{\max} = \sum_{i=1}^{6} \frac{(AW)_i}{nW_i} = 6.3207 \quad (n = 6)$$

层次分析法中引入判断矩阵一致性指标 CI，来检查判断矩阵 A 的一致性。

$$\mathrm{CI} = \frac{\lambda_{\max} - n}{n - 1} = \frac{0.3207}{5} = 0.064$$

CI 值越小，说明判断矩阵的一致性程度越好。可知所构建的判断矩阵 A 一致性较好，但同时仍有一定程度的非一致性。为了指明该非一致性是否可以接受，在分析时还需要引入一个度量的标准即平均随机一致性指标 RI。1～9 阶判断矩阵的 RI 数值见表 5-51。

表 5-51　判断矩阵的 RI 数值

n	1	2	3	4	5	6	7	8	9
RI	0	0	0.58	0.89	1.12	1.26	1.36	1.41	1.45

判断矩阵 A 为 6 阶矩阵，故由表 5-51 可知，RI=1.26，即 6 阶随机判断矩阵一致性指标的平均值为 1.26。

一致性的偏离可能由随机原因造成，因此在检验判断矩阵是否具有满意的一致性时，还需将判断矩阵一致性指标 CI 和平均随机一致性指标 RI 进行比较，得出随机一致性比率 CR，即

$$CR = \frac{CI}{RI} = 0.051$$

一般规定，当 CR ≤ 0.10 时，即认为判断矩阵 A 具有满意的一致性。否则，需要调整判断矩阵的元素，直至达到满意的一致性为止。

由以上分析可知，判断矩阵 A 赋值合理，具有满意的一致性。

• 确定各评价单元权重。为方便计算，对 6 个评价单元权重 W 取近似值，得单元权重集

$$W = \begin{bmatrix} 0.18 & 0.28 & 0.07 & 0.15 & 0.23 & 0.09 \end{bmatrix}$$

若以 100 分制，即各单元权重总和为 100 分，则天然气节流、天然气加热、天然气分离、清管器发送、天然气加压、放空和排污的权重值分别为 18，28，7，15，23，9 分。

（4）建立模糊关系矩阵。模糊关系矩阵的建立采用多维量表法，确定模糊关系矩阵 $R = (r_{ij})_{m \times n}$ 与 r_{ij} 取值，如表 5-52 所示。

表 5-52　评价单元与评价等级相关程度

单元与评价等级相关程度	非常相关	较相关	中等相关	较不相关	不相关
R 取值	1	0.75	0.5	0.25	0

对评价单元和安全等级的模糊关系进行统计，得出模糊关系矩阵 R。

$$R = \begin{bmatrix} 0.4 & 0.5 & 0.5 & 0.6 & 0.3 \\ 0.3 & 0.4 & 0.4 & 0.7 & 0.5 \\ 0.5 & 0.6 & 0.6 & 0.4 & 0.3 \\ 0.4 & 0.5 & 0.5 & 0.6 & 0.5 \\ 0.35 & 0.4 & 0.5 & 0.6 & 0.4 \\ 0.4 & 0.5 & 0.6 & 0.4 & 0.3 \end{bmatrix}$$

（5）模糊综合评价结果。为了全面考虑 6 个单元对苏 11-1 集气站安全的影响，将单元权重集 W 和模糊关系矩阵 R 进行模糊变换，得到模糊综合评价结果

$$B = \begin{pmatrix} b_1 & b_2 & b_3 & b_4 & b_5 \end{pmatrix} = W \times R = \begin{bmatrix} 0.368 & 0.456 & 0.488 & 0.596 & 0.409 \end{bmatrix}$$

其中，$b_j (j = 1, 2, 3, 4, 5)$ 表示系统对各安全等级的隶属程度。

（6）确定系统评价等级。为了避免信息的损失，用加权平均原则确定系统评价等级。加权平均原则就是把等级看做是一种相对位置，使其连续化。为了定量处理，用"1，2，3，4，5"表示各等级并称其为各等级的秩，再用模糊综合评价结果 B 中对应分量将各等级的秩加权求和，从而得到评价对象的相对位置 B'，即

$$B' = \frac{\sum_{j=1}^{n} b_j^k \cdot j}{\sum_{j=1}^{n} b_j^k}$$

其中，$k = 2$，目的是控制较大的 b_j 所起的作用。代入数据，计算得 $B' = 2.536$。

再将 B' 转换成 V 中建立的评价等级，用 S 表示系统安全级数，即

$$\frac{5}{1.0} = \frac{2.536}{S}$$

可得，系统安全级数 $S=0.507$，参照评价等级集合 V 的赋值，得出苏 11-1 集气站安全等级处于较不安全与中等安全之间。

3）安全应对措施

通过对苏里格气田苏 11-1 集气站进行模糊综合评价，发现危险隐患主要在天然气节流、天然气加热及天然气加压三个单元，因此提出如下应对措施：

（1）针对天然气节流单元，定期对仪器、仪表进行逐个校验，确保没有遗漏，并进行阀门维护，防止气体泄漏，保证装置平稳、安全、正常运行。

（2）针对天然气加热单元，加强对设备的日常安全检查，防止气体及加热介质泄漏。同时对加热炉进行定期、专门的防火安全检查，并对所发现的问题及时进行整改，防止炉膛发生火灾。

（3）针对天然气加压单元，按时对压缩机泵房进行巡检，认真检查泵房设备运转的每一个环节。同时对设备采用减振隔振措施，布局时将噪声区与职工生活区隔离，来减少噪声危害。

4）结论

（1）苏 11-1 集气站系统安全级数为 0.507，说明系统安全处于较不安全与中等安全之间，在权重系数较大的评价单元还存在安全隐患。为了保证集气站的安全生产，应采取相应的安全应对措施，确保整个系统的安全。

（2）由层次分析法得到苏 11-1 集气站 6 个评价单元权重，即天然气节流、天然气加热、天然气分离、清管器发送、天然气加压、放空和排污的权重值分别为 {18，28，7，15，23，9}。天然气节流、天然气加热、天然气加压在系统安全中权重较大，需要重点防范并加强管理。

5.12.5　BP 神经网络综合评价法

1. 概述

神经网络是人工神经网络（Artificial Neural Network，ANN）的简称，是一类模拟生物神经系统结构、由大量处理单元组成的非线性自适应动态系统，它具有学习能力、记忆能力、计算能力及智能处理功能，可在不同程度和层次上模仿大脑的信息处理机理，有非线性、非局域性、非定常性、非凸性等特点。神经网络把结构和算法统一为一体，可以看做是硬件与软件的结合体，对神经网络的研究在国际上已经形成一种热潮，其研究成果已在模式识别、自动控制、图像处理、语言识别等许多方面得到广泛的应用。目前比较典型的是BP（Backerror Propagation，误差反向传递）神经网络模型。

2. BP 神经网络综合评价

1）BP 神经网络理论

设网络输入为 P，输入神经元有 r 个，隐含层有 s_1 个神经元，激活函数为 f_1，输出层内有 s_2 个神经元，对应的激活函数为 f_2。输出为 A，目标矢量为 $\boldsymbol{T}$，网络节点输出数为 t_k。

（1）信息的正向传播。隐含层中第 i 个神经元的输出为

$$a_{1i} = f_1 \left(\sum_{j=1}^{r} w_{1ij} P_j + b_{1i} \right) (i = 1, 2, \cdots, s_1)$$

输出层第 k 个神经元的输出为

$$a_{2k} = f_2 \left(\sum_{i=1}^{s_1} w_{2kj} P_i + b_{2k} \right) \qquad (k = 1, 2, \cdots, s_2)$$

定义误差函数为

$$E(W, B) = \frac{1}{2} \sum_{k=1}^{s_2} (t_k - a_{2k})^2$$

网络通过学习找到一组权重，使总误差函数最小，这可归结为在权重空间为 E 寻优，BP 算法采用了梯度寻优法。

（2）求权值的变化及误差的反向传播。输出层的权值变化即从第 i 个输入到第 k 个输出的权值变化量

$$\Delta w_{2kj} = -\eta \frac{\partial E}{\partial w_{2ki}} = -\eta \frac{\partial E}{\partial a_{2k}} \times \frac{\partial a_{2k}}{\partial w_{2ki}} = \eta (t_k - a_{2k}) f_2' a_{1i} = \eta \delta_{ki} a_{1i}$$

其中，$\delta_{ki} = (t_k - a_{2k}) f_2' = e_k f_2'$，$e_k = t_k - a_{2k}$。

同理可得

$$\Delta b_{2k} = -\eta \frac{\partial E}{\partial b_{2ki}} = -\eta \frac{\partial E}{\partial a_{2k}} \times \frac{\partial a_{2k}}{\partial b_{2ki}} = \eta (t_k - a_{2k}) f_2' = \eta \delta_{ki}$$

隐含层权值的变化，即从第 j 个输入到第 i 个输出的权值变化量为

$$\Delta w_{1ij} = -\eta \frac{\partial E}{\partial w_{1ij}} = -\eta \frac{\partial E}{\partial a_{2k}} \times \frac{\partial a_{2k}}{\partial w_{1i}} \times \frac{\partial a_{1i}}{\partial w_{1ij}}$$

$$= \eta \sum_{k=1}^{s_2} (t_k - a_{2k}) f_2' w_{ki} f_1' p_j$$

$$= \eta \delta_{ij} p_j$$

其中，$\delta_{ij} = e_k f_1'$，$e_i = \sum_{k=1}^{s_2} \delta_{ki} w_{2ki}$。

同理可得

$$\Delta b_{1i} = \eta \delta_{ij}$$

（3）BP 网络误差的反向传播。误差的反向传播是 BP 网络的关键，其过程是先计算输出层的误差 e_k，然后将其与输出层激活函数的一阶导数 f_2' 相乘求得 δ_{ki}。由于隐含层中没有直接给出目标矢量，所以利用输出层的积进行误差反向传播求出隐含层的变化量 Δw_{2ki}，然后计算 $e_i = \delta_{ki} w_{2ki}$，并同样将 e_i 与该层激活函数的一阶导数 f_1' 相乘而求得 δ_{ij}，以此求出前一层的权值变化量 Δw_{1ij}。如果前面还有隐含层，则沿用上述同样方法依次类推，一直将输出误差一层一层地反向传播到第一层为止，如图 5 - 43 所示。

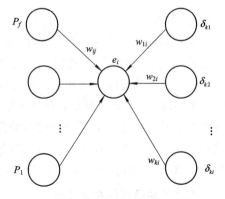

图 5 - 43　BP 网络误差反向传播流程图

BP 算法要求各层激活函数的一阶导数处处可微。对于 Sigmoid 函数 $f(x) = \dfrac{1}{1+e^{-x}}$，其一阶导数为

$$f'(n) = \frac{e^{-n}}{(1+e^{-n})^2} = \frac{1+e^{-n}-1}{(1+e^{-n})^2}$$
$$= \frac{1}{1+e^{-n}} \times \left(1 - \frac{1}{1+e^{-n}}\right)$$
$$= f(n)[1-f(n)]$$

对于线性激活函数，一阶导数为

$$f'(n) = n' = 1$$

2）BP 神经网络的设计

（1）确定网络的拓扑结构，包括中间隐含层的层次，输入层、输出层和隐含层的节点数。

（2）确定被评价系统的指标体系，包括特征参数和状态参数。运用神经网络进行安全评价时，首先必须确定评价系统的内部构成和外部环境，确定能够正确反映被评价对象安全状态的主要特征参数（输入节点数，各节点实际含义及其表达形式等），以及这些参数下系统的状态（输出节点数，各节点实际含义及其表达方式等）。

（3）选择学习样本，供神经网络学习。选取多组对应系统不同状态参数值时的特征数值作为学习样本，供网络系统学习。这些样本应尽可能地反映各种安全状态。神经网络的学习过程即根据样本确定网络的连接权值和误差反复修正的过程。

（4）确定作用函数，通常选择非线性 S 型函数。

（5）建立系统安全评价知识库。

（6）进行实际系统的安全评价。经过训练的神经网络将实际评价系统的特征值转换后输入到已具有推理功能的神经网络中，运用系统安全评价知识库处理后得到评价实际系统安全状态的评价结果。实际系统的评价结果又作为新的学习样本输入到神经网络中，使系统安全评价知识库进一步充实。

3. 神经网络综合评价法优缺点及适用范围

神经网络模拟人的大脑活动，具有极强的非线性逼近、大规模并行处理、自训练学习、自组织、内部有大量可调参数而使系统灵活性更强等优点。将神经网络理论应用于安全评价之中，能克服传统评价方法的一些缺陷，能快速、准确地得到评价结果。这将为企业安全管理提供科学的决策信息，从而避免事故的发生。

4. 神经网络综合评价法应用实例

煤矿是多工序、多环节的综合性行业，它的生产过程复杂，工作地点经常移动，环境也十分恶劣，所以影响煤矿安全管理的因素具有复杂性、模糊性、隐蔽性、非线性等特点。具体的实现过程和方法如图 5-44 所示。

网络设计及实现步骤如下：

（1）矿井安全管理评价的神经网络参数。在评价矿井安全管理水平时，必须用系统的观点，综合考察影响矿井安全管理的诸因素。根据选择评价指标的原则，参考矿井安全管理的评价指标体系，结合矿井安全管理的实际，确定安全管理评价参数（见表 5-53）。

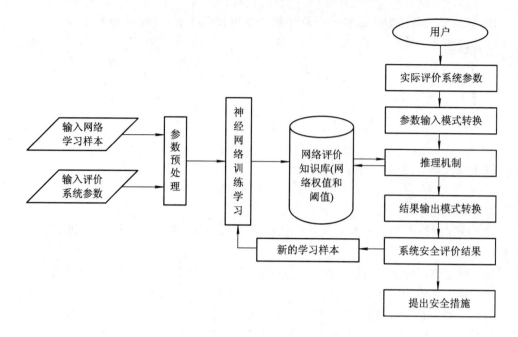

图 5 - 44 基于神经网络的矿井安全评价模型

表 5 - 53 矿井安全管理评价的神经网络参数

模型参数	输入层神经单元数	输出层神经单元数	隐含层个数	隐含层神经单元数
网络	23	1	1	12

（2）输入向量。由以上分析可确定神经网络的输入向量为 $X_p = (x_1, x_2, \cdots, x_{23})$，具体参数见表 5 - 54。

表 5 - 54 矿井安全管理评价的神经网络输入参数

输入参数 x	输入参数 x	输入参数 x
矿井质量标准达标率 x_1	心理素质状况 x_9	安全措施项目完成率 x_{17}
安全质量管理达标率 x_2	瓦斯管理状况 x_{10}	百万吨死亡率 x_{18}
安全合格班组建成率 x_3	火灾管理状况 x_{11}	千人重(轻)伤率 x_{19}
粉尘作业点合格率 x_4	水灾管理状况 x_{12}	尘肺患病率 x_{20}
干部持证率 x_5	冒顶管理状况 x_{13}	重大事故次数 x_{21}
新工人持证率 x_6	机械设备运行状况 x_{14}	影响时间 x_{22}
特殊工种持证率 x_7	通风管理状况 x_{15}	经济损失 x_{23}
身体素质状况 x_8	安全措施资金使用率 x_{16}	

（3）输入、输出参数的量化处理。调用训练好的神经网络，对某矿井的安全管理水平进行评价，结果见表 5 - 55。

表 5 – 55　某矿井安全管理的神经网络评价

x_1	x_2	x_3	x_4	x_5	x_6	x_7	x_8	x_9	x_{10}	x_{11}	x_{12}	x_{13}
0.87	0.93	0.86	0.90	0.96	0.78	0.88	0.76	0.75	0.89	0.85	0.80	0.85
x_{14}	x_{15}	x_{16}	x_{17}	x_{18}	x_{19}	x_{20}	x_{21}	x_{22}	x_{23}	评价结果		
0.85	0.91	0.88	0.87	1.00	0.95	0.87	1.00	0.75	0.84	0.84		

该评价结果较好地反映了矿井安全管理的实际水平。

5.12.6　灰色关联度分析评价法

1. 概述

灰色系统综合评价法是基于灰色系统理论和方法，对某个系统或所属因子在某一时段所处的状态，针对预定目标，通过系统分析，作出的一种半定性半定量的评价与描述的方法。灰色系统综合评价法可应用于多个领域，范围比较广泛。但其应用的具体方法主要有两种：灰色关联度分析法和灰色聚类安全评价法。

对于两个系统之间的因素，其随时间或不同对象而变化的关联性大小的量度，称为关联度。在系统发展过程中，若两个因素变化的趋势具有一致性，即同步变化程度较高，可谓两者关联程度较高；反之，则较低。

灰色关联度分析法的基本思想是根据序列曲线几何形状的相似程度来判断其联系是否紧密。曲线越接近，相应序列之间的关联度就越大，反之就越小。因此，灰色关联度分析法是根据因素之间发展趋势的相似或相异程度，即灰色关联度，作为衡量因素间关联程度的一种方法。灰色系统理论提出了对各子系统进行灰色关联度分析的概念，通过一定的方法去寻求系统中各子系统（或因素）之间的数值关系。因此，灰色关联度分析对于一个系统发展变化态势提供了量化的度量，非常适合动态历程分析。

2. 分析步骤

1）确定最优指标集

设最优指标集 $F*$ 为

$$F^* = (j_1^*, j_2^*, \cdots, j_h^*)$$

式中，j_h^*——第 h 个指标的最优值，$h = 1, 2, \cdots, n$。

此最优值可以是诸方案中的最优值（若某一指标取大值为优，则取该指标在各方案中的最大值；若取小值为优，则取各方案中最小值），也可以是评估者公认的最优值。不过在确定最优值时，既要考虑到先进性，又要考虑到可行性。若最优指标选得过高，则不现实。评价的结果也就不可能正确。选定最优指标集后，可构造矩阵 $\boldsymbol{D}$ 为

$$\boldsymbol{D} = \begin{bmatrix} j_1^* & j_2^* & \cdots & j_k^* \\ j_1^1 & j_2^1 & \cdots & j_k^1 \\ \vdots & \vdots & & \vdots \\ j_1^m & j_2^m & \cdots & j_k^m \end{bmatrix}$$

式中，j_k^i——第 i 个方案中，第 k 个指标的原始数值，$k = 1, 2, \cdots, n$。

2）指标值的规范化处理

由于评价指标间通常是不同的量纲和数量级，故不能直接进行比较，因此需要对原始指标值进行规范化处理。

设第 k 个指标的变化区间为 $[j_{k1}, j_{k2}]$，j_{k1} 为第 k 个指标在所有方案中的最小值，j_{k2} 为第 k 个指标在所有方案中的最大值，则可将矩阵 $\boldsymbol{D}$ 中的原始数值变换成无量纲值 $C_k^i \in (0, 1)$，其关系式为

$$C_k^i = \frac{j_{kj} - j_{k1}}{j_{k2} - j_{kj}} \qquad (i, j = 1, 2, \cdots, n) \tag{5-34}$$

这样矩阵 $\boldsymbol{D} \rightarrow \boldsymbol{C}$ 为

$$\boldsymbol{C} = \begin{bmatrix} C_1^* & C_2^* & \cdots & C_n^* \\ C_1 & C_2^1 & \cdots & C_n^1 \\ \vdots & \vdots & & \vdots \\ C_1^m & C_2^m & \cdots & C_n^m \end{bmatrix}$$

3）确定各评价指标的权重

用灰色关联度分析法确定评价指标的权重，实际上是对各位专家经验判断权重与某一专家的经验判断权重的最大值（设定）进行量化比较，根据其彼此间差异性的大小分析确定专家群体经验判断数值的关联程度，即关联度。

关联度越大，说明专家经验判断越趋于一致，该指标在整个指标体系中的重要程度就越大，权重也越大。据此对各个指标的关联度进行归一化处理，即可确定相应的权重。具体做法如下：

（1）给出各专家的经验判断权重；

（2）确定参考权重；

（3）计算关联系数和关联度。

设参考序列为

$$X_0 = \{x_0(1), x_0(2), \cdots, x_0(n)\}$$

比较序列为

$$X_i = \{x_i(1), x_i(2), \cdots, x_i(n)\}$$

关联系数定义为

$$\eta_i(k) = \frac{\min\limits_{j}\min\limits_{l}|x_0(l) - x_j(l)| + \rho \max\limits_{j}\max\limits_{l}|x_0(l) - x_j(l)|}{|x_0(k) - x_i(k)| + \rho \max\limits_{j}\max\limits_{l}|x_0(l) - x_j(l)|} \tag{5-35}$$

式中，$|x_0(k) - x_j(k)|$ 为第 k 点 x_0 与 x_l 的绝对差；$\min\limits_{j}\min\limits_{l}|x_0(l) - x_j(l)|$ 为两级最小差，其中，$\min\limits_{l}|x_0(l) - x_j(l)|$ 是第一级最小差，表示在 x_j 序列上找各点与 x_0 的最小差，$\min\limits_{j}\min\limits_{l}|x_0(l) - x_j(l)|$ 是第二级最小差，表示在各序列中找出的最小差基础上寻求所有序列中的最小差；$\max\limits_{j}\max\limits_{l}|x_0(l) - x_j(l)|$ 是两级最大差，其含义与最小差相似。ρ 称为分辨率，$0 < \rho < 1$，一般取 $\rho = 0.5$。

对单位不一、初值不同的序列，在计算关联系数之前应首先进行初值化，即将该序列的所有数据分别除以第一数据，将变量化为无单位的相对数值。

关联系数只表示了各个时刻参考序列和比较序列之间的关联程度，为了从总体了解序

列之间的关联程度，必须求出它们的时间平均值，即关联度。

因此，计算关联度的公式为

$$r_i = \frac{1}{n} \sum_{k=1}^{n} \eta_i(k) \tag{5-36}$$

（4）确定各评价指标的权重。

4）计算综合评价结果

根据灰色系统理论，将 $\{C^*\} = (C_1^*, C_2^*, \cdots, C_n^*)$ 作为参考数列，将 $\{C^i\} = (C_1^i, C_2^i, \cdots, C_n^i)$ 作为被比较数列，则用关联度分析法分别求得第 i 个方案第 k 个最优指标的关联系数 $\xi_i(k)$，即

$$\xi_i(k) = \frac{\min\limits_{i} \min\limits_{k} |C_k^* - C_k^i| + \rho \max\limits_{i} \max\limits_{k} |C_k^* - C_k^i|}{|C_k^* - C_k^i| + \rho \max\limits_{i} \max\limits_{k} |C_k^* - C_k^i|} \tag{5-37}$$

其中，$\rho \in [0, 1]$，一般取 $\rho = 0.5$。

由 $\xi_i(k)$ 即可求得 E。这样，综合评价结果为

$$R = EW$$

即

$$r_i = \sum_{k=1}^{n} W(k)\xi_i(k) \tag{5-38}$$

若关联度 r_i 最大，则说明 $\{C^i\}$ 与最优指标 $\{C^{i*}\}$ 最接近，即第 i 个方案优于其他方案，据此，可以排出各方案的优劣次序。

多层次评价的主要思路是多层次应用单层次灰色关联度分析法，具体的步骤：先对第 k 个指标进行单层次综合评价，得到评价结果 R_k（$R_k = W_k E_k$）；再将 R_k 作为上一层综合评价矩阵 A 中的一个列向量，进行第一层综合评价，得到第一层次的评价结果矩阵 R，从而得出评价结果。

3. 优缺点及适用范围

1）优点

灰色关联度分析法可把非量化、不可比的指标化为量化的、可比的指标进行定量计算。技术上简单易行，数据不必进行归一化处理。可用原始数据进行直接计算，可靠性强，评选方案的指标越多越能显示出其简便。构造理想评价对象可用多种方法，如可用预测的最佳值、有关部门规定的指标值、评价对象中的最佳值等，这时求出的评价对象关联度与其应用的最佳指标相对应，显示出这种评价方法在应用上的灵活性。

2）缺点

只能进行安全生产的优劣排队，而不能分类。用灰色关联度分析法进行方案评价时，评判指标体系的权重分配是一个关键问题，选择恰当与否直接影响最优方案的选择。

3）适用范围

灰色关联度分析法可应用于多个领域，范围比较广泛。

4. 灰色关联度分析评价实例

道路交通系统是由人、车、路、环境组成的动态系统，各要素必须协调地运动，才能达到整个系统安全、快速、经济、舒适的要求。在这个系统中，任何因素的不可靠、不平衡、不稳定都可能导致交通事故的发生。

道路交通事故是道路交通系统各要素失调的结果。事故的发生与众多因素相互关联和制约，但又很难找出影响事故发生的全部因素。也就是说，影响事故发生的信息不明确、不完全。同时，各种因素对事故影响程度的大小不同，对事故影响大的因素支配着交通事故次数的变化。灰色理论所研究的就是这种外延明确、内涵不明确的对象。该理论认为，尽管客观系统表象复杂，但总是有整体功能的，总是有序的，在离散的数据中必然蕴涵着某种内在规律。所以，把道路交通系统看成是一个灰色系统来研究。

灰色关联度分析法是灰色系统评价的重要组成部分，它是一种新颖的系统分析技术。主要是根据因素之间发展态势的相似性或相异程度，即系统中有关统计数据的关系、相似程度及内在的某种联系，来判断各因素的关联程度。其基本思路是通过计算交通安全的评价指标序列与参考序列的关联度，从而综合评价各区域交通安全的优劣。

1）比较数列矩阵的确定

某城市 4 个区(甲 1、乙 2、丙 3、丁 4)的万车死亡率 K_1、十万人口死亡率 K_2、亿车/公里死亡率 K_3，事故强度 K_4 4 个评价指标比较数列矩阵见表 5-56。以评价对象为矩阵的行，以评价指标为矩阵的列，组成四行四列的比较数列矩阵。

$$\boldsymbol{X}_{44} = \begin{bmatrix} 4.74 & 28.48 & 40.32 & 41.32 \\ 6.45 & 22.91 & 38.74 & 21.32 \\ 6.56 & 6.11 & 24.23 & 21.11 \\ 7.31 & 16.28 & 65.13 & 16.21 \end{bmatrix}$$

表 5-56　比较数列矩阵

区域	K_1	K_2	K_3	K_4
甲 1	4.74	28.48	40.32	41.32
乙 2	6.45	22.91	38.74	21.32
丙 3	6.56	6.11	24.23	21.11
丁 4	7.31	16.28	65.13	16.21

2）原始数列无量纲化

由于评价指标的量纲(单位)不同，对它们进行后续计算无意义，需要通过数学的方法将它们转化成无量纲的相对数，这种去掉指标量纲的过程称为数据的无量纲化，是指标综合的前提。原始数列无量纲化的方法有多种，如初值化、均值化、标准化等。运用标准化方法，对矩阵的样本指标进行无量纲化，得到矩阵：

$$\boldsymbol{X}_{44} = \begin{bmatrix} -0.9318 & 1.85236 & -0.3413 & 2.49958 \\ 0.47455 & 0.95126 & -0.42167 & 0.38371 \\ 0.56501 & -1.76662 & -1.16988 & 0.36149 \\ 1.18184 & -0.15369 & 0.92065 & -0.15689 \end{bmatrix}$$

3）参考数列的确定

参考数列由各个指标的最优值组成。在参加评价的各个区域中，分别挑选出各个指标的最优值，组成一个新的数列作为参考数列。最优值可为最大值也可为最小值，参考数列为

$$\boldsymbol{x}^* = \begin{bmatrix} x_1^* , & x_2^* , & \cdots , & x_m^* \end{bmatrix}$$

取各评价指标中的最大值作为最优值，则

$$\boldsymbol{x}^* = \begin{bmatrix} 1.18184 & 1.85236 & 0.92065 & 2.49958 \end{bmatrix}$$

4）求绝对差值

求参考数列与各个比较数列的绝对差值 Δx_{ij}。

通过以上评价得出相对不安全的区域，可选 $\Delta x_{ij} = |x_j^* - x_{ij}'|$ $(i=1, 2, \cdots, m)$，组成绝对差值矩阵：

$$\Delta \boldsymbol{X}_{44} = \begin{bmatrix} 2.11364 & 0 & 1.26195 & 0 \\ 0.70729 & 0.9011 & 1.34232 & 2.11587 \\ 0.61683 & 3.61898 & 2.09053 & 2.13809 \\ 0 & 2.00605 & 0 & 2.65647 \end{bmatrix}$$

5）求两级最大差和两级最小差并计算关联系数

第一级最大差 $\Delta x_i(\max) = \max_j \Delta x_{ij}$。

第二级最大差 $\Delta x(\max) = \max_i \{\Delta x_i(\max)\}$，即从绝对差值矩阵 $\Delta \boldsymbol{X}_{44}$ 中找出最大的 Δx_{ij} 就是两级最大差。

同理，可求两级最小差。

第一级最小差 $\Delta x_i(\min) = \min_j \Delta x_{ij}$

第二级最小差 $\Delta x(\min) = \min_i \{\Delta x_i(\min)\}$，即从绝对差值矩阵 $\Delta \boldsymbol{X}_{44}$ 中找出最小的 Δx_{ij} 就是两级最小差 $(i=1, 2, \cdots, n; j=1, 2, \cdots, m)$。

$\Delta x_{\max}$ 为绝对差值矩阵 Δx_{44} 中的最大值 3.61898；$\Delta x_{\min}$ 为绝对差值矩阵 $\Delta \boldsymbol{X}_{44}$ 中的最小值 0。

应用关联系数计算公式计算关联矩阵可得

$$\boldsymbol{\xi}_{ij} = \frac{\Delta_{\min} + \rho \Delta_{\max}}{\Delta_{ij} + \rho \Delta_{\max}} \tag{5-39}$$

式中，ρ 为分辨系数，$\rho \in [0, 1]$，一般取 $\rho = 0.5$，得到关联系数矩阵为

$$\boldsymbol{\xi}_{44} = \begin{bmatrix} 0.46124 & 1 & 0.58913 & 1 \\ 0.71897 & 0.66756 & 0.57411 & 0.46097 \\ 0.74578 & 0.33333 & 0.31692 & 0.45838 \\ 1 & 0.47424 & 1 & 0.40517 \end{bmatrix}$$

6）计算灰色关联度并排序

待评价对象的灰色关联度为

$$\gamma_i = \sum_{j=1}^{m} \alpha_j \xi_{ij} \quad (i, j = 1, 2, \cdots, n)$$

式中，α_j 为各指标的权重，各指标权重的计算方法有主观判断法、客观分析法等。如果评价指标为 m 个，则对应于 m 个指标的权重分别为 $\alpha_1, \alpha_2, \cdots, \alpha_m$，采用平均赋权的方法。

γ_i 表示各比较对象与参考对象的关联度，通过比较大小，可以得出各评价对象的安全程度，如 $\gamma_1 = \alpha_1 \xi_{11} + \alpha_2 \xi_{12} + \cdots \alpha_m \xi_{1m}$。依次计算出 $\gamma_2, \gamma_3, \cdots, \gamma_m$，并依照从最安全到最不安全的顺序进行排序，见表 5-57。

表 5 - 57　灰色关联度得分及排序

路段	甲 γ_1	乙 γ_2	丙 γ_3	丁 γ_4
关联度	0.76259	0.6054	0.4636	0.71985
排序	1	3	4	2

通过上述分析计算，得出 4 个区的交通安全性评价顺序是：甲、丁、乙、丙。

思 考 题

1. 简述安全检查表法的分析步骤、适用范围及优缺点。

2. 简述预先危险分析法的分析步骤与特点。

3. 简述故障假设分析法的基本步骤。

4. 简述危险与可操作研究法的分析步骤。

5. 论述基于引导词的 HAZOP 分析的特点及适用范围。

6. 比较事件树与故障树分析方法的异同，试举例说明如何构建事件树和故障树。

7. 某化工厂一气体缓冲罐为受压容器，如图 5-45 所示，配有调节阀、压力自控装置、安全阀及输出阀。请用故障树分析法对该气体缓冲罐进行安全评价，完成以下要求：

(1) 画出以压力容器爆炸为顶上事件的故障树；

(2) 建立故障树的结构函数，并计算其最小割集；

(3) 对故障树各基本事件的重要度进行排序。

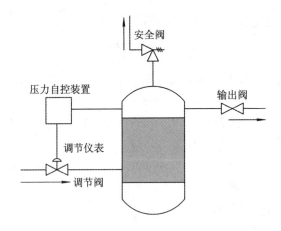

图 5-45　受压容器反应塔装置

8. 某联合站原油外输系统构成如图 5-46 所示，A 为手动调节阀门，B 为输油泵，C 为手动调节阀；A 阀门失效概率为 0.04，B 输油泵失效概率为 0.02，C 阀门失效概率为 0.04。请用事件树分析法对该原油外输系统进行安全评价，完成以下要求：

(1) 画出原油外输系统的事件树；

(2) 计算原油外输系统正常工作的概率。

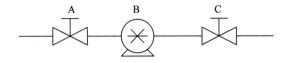

图 5-46　原油外输系统

9. 简述日本化工企业六阶段评价法的基本步骤及主要内容。

10. 简要论述道化学火灾、爆炸危险指数评价法的评价程序。

11. 某企业有一个大型石油库，安全监督管理部门要求对其进行专项安全评价，请问应选用什么方法，并简要说明理由。

12. 用道化学评价法① 评价某储罐单元，假定其中某储罐内存有丙烯腈 6%、丙酮 8%、丙三醇 86%，试确定该单元的危险物质，并写出其物质系数 MF 的值；② 某物质 A 的闭杯闪点为 −13℃，沸点为 20℃，通过差示扫描量热计测定实验发现在 201℃ 时显示升温，试确定物质 A 的物质系数 MF 的值。（要求写出求解过程。）

13. 综合分析题。

某城市拟对部分供水系统进行改造，改造工程投资 2900 万元，改造的主要内容包括：沿主要道路铺设长度为 15 km 的管线，并穿越道路，改造后的管网压力为 0.5 MPa；该项目增设 2 台水泵，泵房采用现有设施。

改造工程的施工顺序为：先挖管沟，再将管线下沟施焊，然后安装泵房设备，最后将开挖的管沟回填、平整。据查，管线经过的城市道路地下铺设有电缆、煤气等管线。管沟的开挖、回填和平整采用人工、机械两种方式进行，管沟深 1.5 m，管道焊接采用电焊。

请根据给定的条件，解答以下问题：

① 简述预先危险性分析法的分析步骤及能达到的目的；

② 简述预先危险性分析法是如何划分危险性等级的；

③ 采用预先危险性分析法对该项目施工过程中存在的危险、有害因素进行分析。

第6章 评价单元划分和评价方法选择

通常,评价的对象是一个项目或系统,对其进行评价时,一般先按一定原则将评价对象分成若干有限的、范围确定的单元,然后分别进行评价,最后再综合整个系统的评价。把系统划分为不同类型的单元,目的是方便评价工作的进行,简化评价工作,减少评价工作量,避免遗漏,提高评价的准确性。

安全评价方法是进行安全评价的手段和工具。安全评价方法有很多种,每种评价方法都有其适用范围和应用条件,而且,安全评价的目的和对象不同,安全评价的内容和指标也不同。所以,在进行安全评价时,应根据安全评价对象的特点和要实现的安全评价目标,选择合适的安全评价方法。本章就评价单元的划分及评价方法的选择作一简单介绍。

6.1 评价范围确定

6.1.1 评价范围的概念

评价范围是指评价机构对评价项目实施评价时,评价内容所涉及的领域(内容和时效)和评价对象所处的地理界限,必要时还包括评价责任界定。

对某新建项目进行安全预评价,其评价范围包括:评价内容仅涉及项目设计之前(时效)对新建项目的安全性进行预测并提出安全对策建议(内容);评价地域为新建项目地址及周边区域(地理界限);评价结论仅对实际施工建设落实设计上拟采取的安全措施和评价提出的安全对策建议时有效,评价安全对策属于建议,并非强制要求,企业建设时应根据项目实际情况进行调整(责任界定)。

评价范围保证评价项目包含了所有要做的工作,而且只包含要求的工作。这就要涉及评价范围的定义和说明,哪些是属于评价项目范围内的,哪些不是。虽然评价范围与委托评价单位需要达到的目的密切相关,但安全评价必须考虑评价系统的完整性,所以评价范围的确定要将评价目的与涉及系统一并考虑。如果仅依据委托评价单位的要求确定评价范围,在实施评价时就可能因为评价系统不完整,从而无法得出较准确的评价结果和结论。

6.1.2 评价对象的内容

在评价之前,需要了解评价对象的内容。评价对象的内容包括以下几项。

1. 评价目的

评价目的包含着评价责任的信息,又从性质上决定了评价范围。评价机构在接受评价委托前，先要了解委托单位进行安全评价的目的。有时，评价有多个目的，但总有一个目的是重点突出的。例如，安全评价目的是为了取得安全生产许可证，也附带了解本企业的安全状况，或者求证该单位制定的安全措施是否满足要求。

因此，确定评价目的是评价机构根据安全评价的特点，对委托评价单位的"评价目的"进行调整，使之与安全评价的技术行为相匹配。

2. 评价类型

评价类型分为两种：一种是前瞻性的评价，主要指"安全预评价"，预测评价项目未来的安全性；另一种是实时性的评价，主要指"安全实时评价"，判定评价项目当前的安全性。安全实时评价，又可细分为安全验收评价和安全现状评价。

3. 评价系统

系统指集合了若干相互依存和相互制约要素、为实现特定目的而组成的有机整体。系统由许多要素构成，系统最重要的特性是"整体性"。系统的整体性表现在系统内部各要素之间及系统与外部环境之间保持着有机的联系。

系统整体性包括：目的性、边界性、集合性、有机性、层次性、调节性和适应性。

评价系统包含评价边界和评价内容的信息，分析评价系统就是对需要进行安全评价的系统进行分析。先分析系统的结构，也就是分析系统内部各要素之间的联系；再分析系统的功能，也就是分析系统与外部环境之间的联系。要素、系统、环境三个层次由结构和功能两种联系相连，形成一个有机整体。

确定评价范围，要兼顾系统的整体性，必须先要分析要素、系统、环境、结构和功能，再分析为之配套的安全设施和安全生产条件，让系统的整体性体现在评价范围之中。

如果评价范围不能包括整个系统，则必须做出清晰的界定，并且说明可能导致的评价结果的偏差。

4. 评价主线

评价主线是指安全评价的基本工作必须涉及的评价内容。安全评价的基本工作包括以下几点：

（1）危险有害因素的识别。辨识出评价系统内涉及的危险有害因素，确定其存在的部位、方式，以及发生作用的途径及其变化规律。分析危险有害因素导致事故发生的触发条件，以及事故发生的概率，以判定发生事故的可能性。

（2）系统安全性评价。以危险有害因素存在的"严重性"和触发条件出现的"可能性"确定事故隐患，再与人员和财产损失的"破坏性"合并分析，确定发生事故风险。

（3）提出安全控制对策措施。安全评价对"事故隐患"和"不可接受"的风险，提出安全控制对策措施，主要考虑三个方面：控制危险源、控制触发条件以及控制人员和财产。

（4）后系统安全性评价：进一步估计系统在落实安全补偿对策后，系统的风险是否降至"可接受"范围内。

确定评价范围要顺着评价主线，不能忽视评价主线涉及的关键内容。如果委托评价单位的评价目的涉及范围未覆盖评价系统主线，评价机构应作出说明，并将评价主线的内容列入评价范围。

6.1.3 确定评价范围

1. 确定评价范围

(1) 评价范围的定义。评价范围一般由评价目的所决定，评价内容一般由评价类型、评价系统和评价主线所决定，地理界限一般由评价系统的边界性所决定，评价责任一般由评价目的、评价类型所决定。综合评价目的、评价类型、评价系统和评价主线的基本信息，确定评价范围的定义，并对评价范围做出说明，然后根据评价范围界定安全评价责任范围。

(2) 评价范围的说明。在评价范围说明中又要突出三点：说明评价内容所涉及的领域、说明评价对象所处的地理界限、说明评价责任的界定。

2. 确定评价范围需要注意的问题

(1) 评价范围的定义和说明，应该是评价机构、委托评价单位和相关方（政府管理部门）的共识，是进行安全评价的基础。评价范围的定义和说明必须写入《安全评价合同》和《安全评价报告》。

(2) 无原则地扩大评价范围，将使安全评价承担不可能担当的责任，属于危机转嫁，同时使安全评价结论无效。无原则地缩小评价范围，则使安全评价不能反映系统整体的安全状况，降低了评价结果的可信度。

(3) 对于某些难以确定评价范围的评价项目，需要组织相关专家进行论证。特别是增建、扩建及技术改造项目，与原建项目相连，难以区别，这时可以进行专家论证，依据初步设计范围、新增投资范围，或与委托评价单位协商划分，并兼顾系统的完整性确定评价范围。

6.2 评价单元划分

6.2.1 评价单元的概念

在危险有害因素识别与分析的基础上，根据评价目标和评价方法的需要，将系统分成有限的、范围确定的单元，这些单元就称为评价单元。

一个作为评价对象的建设项目、装置（系统），一般是由相对独立而又相互联系的若干部分（子系统、单元）组成的，各部分的功能、含有的物质、存在的危险因素和有害因素、危险性和危害性以及安全指标不尽相同。以整个系统作为评价对象实施评价时，一般按一定原则将评价对象分成若干有限的、范围确定的单元，然后分别进行评价，最后再综合为对整个系统的评价。美国道化学公司在火灾爆炸指数法评价中称："多数工厂是由多个单元组成的，在计算该类工厂的火灾爆炸指数时，只选择那些对工艺有影响的单元进行评价，这些单元可称为评价单元。"其评价单元的定义与我们的定义实质上是一致的。

6.2.2 划分评价单元的目的和意义

以整个系统作为评价对象实施评价时，一般按一定原则将评价对象分成若干个评价单元分别进行评价，再综合为整个系统的评价。划分评价单元的目的，是为了方便评价工作的进行，提高评价工作的准确性和全面性。

将系统划分为不同类型的评价单元进行评价，不仅可以简化评价工作，减少评价工作量，避免遗漏，而且由于能够得出各评价单元危险性（危害性）的比较概念，因此可以避免以最危险单元的危险性（危害性）来表征整个系统的危险性（危害性），夸大整个系统产生危险（危害）的可能，从而提高了评价的准确性，降低了采取对策措施所需的安全投入。

6.2.3　划分评价单元的基本原则和方法

评价单元的划分是为评价目标和评价方法服务的，要便于评价工作的进行，有利于提高评价工作的准确性。划分评价单元时，一般将生产工艺、生产装置、物料的特点、危险和有害因素的类别及分布等有机结合进行划分，还可以按评价的需要将一个评价单元再划分为若干个子评价单元或更细的单元。由于至今尚无一个明确通用的规则来规范评价单元的划分，因此会出现不同的评价人员对同一个评价对象划分出不同的评价单元的现象。由于评价目标不同，而且各种评价方法均有自身的特点，所以只要能达到评价的目的，评价单元的划分并不要求绝对一致。

1. 划分评价单元的基本原则

划分评价单元时要坚持以下几点基本原则：

（1）各评价单元的生产过程相对独立；

（2）各评价单元在空间上相对独立；

（3）各评价单元的范围相对固定；

（4）各评价单元之间具有明显的界限。

这几项评价单元划分原则并不是孤立的，而是有内在联系的，划分评价单元时应综合考虑各方面的因素进行划分。

2. 划分评价单元的方法

常用的评价单元划分方法有以下两类。

1）以危险、有害因素的类别为主划分评价单元

（1）对于工艺方案、总体布置及自然条件和社会环境对系统的影响等综合性的危险、有害因素的分析和评价，宜将整个系统作为一个评价单元。

（2）将具有共性危险因素、有害因素的场所和装置划为一个单元。

① 按危险因素的类别划分成若干单元，再按工艺、物料、作业特点（即其潜在危险因素的不同）划分成子单元分别进行评价。例如：炼油厂可将火灾爆炸作为一个评价单元，按馏分、催化重整、催化裂化、加氢裂化等工艺装置和贮罐区划分成子评价单元，再按工艺条件、物料的种类（性质）和数量细分为若干评价单元。

将存在起重伤害、车辆伤害、高处坠落等危险因素的各码头装卸作业区作为一个评价单元；有毒危险品、散粮、矿沙等装卸作业区的毒物和粉尘危害部分则列入毒物和粉尘有害作业评价单元；燃油装卸作业区作为一个火灾爆炸评价单元，其车辆伤害部分则在通用码头装卸作业区评价单元中进行评价。

② 进行安全评价时，宜按有害因素（有害作业）的类别划分评价单元。例如，将噪声、

辐射、粉尘、毒物、高温、低温、体力劳动强度危害的场所各划规为一个评价单元。

2）以装置和物质特征划分评价单元

应用火灾爆炸指数法、单元危险性快速排序法等评价方法进行火灾爆炸危险性评价时，除按照下列具体原则外，还应依据评价方法的有关规定划分评价单元。

（1）按工艺装置功能划分，主要可分为以下几个区域：

① 原料贮存区域；

② 反应区域；

③ 产品蒸馏区域；

④ 吸收或洗涤区域；

⑤ 中间产品贮存区域；

⑥ 产品贮存区域；

⑦ 运输装卸区域；

⑧ 催化剂处理区域；

⑨ 副产品处理区域；

⑩ 废液处理区域；

⑪ 通入装置区的主要配管桥区；

⑫ 其他（过滤、干燥、固体处理、气体压缩等）区域。

（2）按布置的相对独立性划分，主要有以下两点划分原则：

① 以安全距离、防火墙、防火堤、隔离带等与其他装置隔开的区域或装置部分可作为一个单元；

② 贮存区域内通常以一个或多个防火堤（防火墙、防火建筑物）内的贮罐、贮存空间作为一个单元。

（3）按工艺条件划分评价单元。按操作温度、压力范围的不同，划分为不同的单元；按开车、加料、卸料、正常运转、添加触剂、检修等不同作业条件划分为不同的单元。

（4）按贮存、处理的危险物品的潜在化学能、毒性和危险物品的数量划分评价单元，主要有以下两点划分原则：

① 一个贮存区域内（如危险品库）贮存不同危险物品，为了能够正确识别其相对危险性，可划分为不同单元；

② 为避免夸大评价单元的危险性，评价单元中的可燃、易燃、易爆等危险物品的最低限量为 2270 kg（5000 磅）或 2.73 m³（600 加仑），小规模实验工厂上述物质的最低限量为 454 kg（1000 磅）或 0.545 m³（120 加仑）（该限制为道化学公司火灾、爆炸危险指数评价法第七版的要求，其他评价方法，如 ICI 蒙德火灾、爆炸危险指数计算法没有此限制）。

（5）按事故后果的严重性划分评价单元。根据以往的事故资料，将发生事故时能导致停产、波及范围大、能造成巨大损失和伤害的关键设备作为一个单元；将危险性大且资金密度大的区域作为一个单元。

（6）将危险性特别大的区域、装置作为一个单元。

3）依据评价方法的有关规定划分

如蒙德火灾、爆炸、毒性指数评价法需结合物质系数以及操作过程、环境或装置采取措施前后的火灾、爆炸、毒性和整体危险性指数等划分评价单元；故障假设分析法则按问题的类别,例如按照电气安全、消防、人员安全等问题分类划分评价单元;模糊综合评价法需要从不同角度(或不同层面)划分评价单元,再根据每个单元中多个制约因素对事物作出综合评价,建立各评价集。

6.2.4 划分评价单元应注意的问题

评价单元划分是安全评价中一项极为重要的过程。在系统存在的各种危险有害因素得到全面辨识后,需要针对具体对象作进一步细致的分析,所以要进行评价单元的划分。在单元划分环节,我们应注意以下几个问题。

1. 把评价单元等同于工艺单元

有些安全评价报告将列出工艺流程中的工艺单元直接认定为安全评价单元,仅仅照搬可研阶段工艺流程中提出的工艺单元而不作延伸。也有些报告中的评价单元划分,仅列出物理概念上的系统,而对于作业条件安全性、作业现场职业危害程度、工程环境条件、项目周边的安全影响等其他需要相对独立评价的部分往往都被忽略。此类把评价单元等同于工艺单元的做法往往是熟悉工艺设计、熟悉工程技术的评价师们比较容易犯的错误。问题出在不理解评价单元划分的真正作用。

2. 评价单元划分与实际评价脱节

某些安全评价报告,章节安排完全按照《安全预评价导则》的要求进行编制,评价单元也有划分。但是划分出来的评价单元与实际评价过程采用的评价单元没有逻辑关系,甚至是自相矛盾,这是由于没有理解安全评价过程中单元划分的意义所致。

3. 评价单元划分的层次不清

对于一些比较复杂的工艺系统,评价单元的划分必须分层进行,有时,评价采用的指数评价单元还涉及第三层次的单元分析,往往给评价者带来麻烦,随意划分会造成混淆。评价者未必不清楚评价单元的划分原则,也不是不熟悉评价对象的工艺特点或行业特征,只是忽略了复杂系统在逻辑分析上的统一性。

4. 把评价单元等同于定量分析的指数评价单元

有些人在评价过程中,错误地将评价单元仅仅理解为火灾、爆炸、中毒指数评价方法中所使用的指数评价单元。其实安全评价的范围远远不止火灾、爆炸、中毒因素,切忌以偏概全。

6.3 常用安全评价方法比较

各种评价方法都有各自的特点和适用范围,在应用时应根据评价对象的特点、具体条件和需要以及评价目标分析和比较,慎重选用。必要时,根据实际情况,可同时选用几种评价方法对同一评价对象进行评价,互相补充、分析、综合,相互验证,以提高评价结果的准确性。在表6-1中大致归纳了一些评价方法的评价目标、特点、适用范围、应用条件、优缺点等,选择安全评价方法时可参考。

表 6-1 常用安全评价方法比较

评价方法	评价目标	评价能力	特点	优缺点	应用条件	适用范围
安全检查表法（SCA）	分析危险有害因素，确定安全等级	定性	按事先编制的有标准要求的检查表逐项检查，按规定的赋分标准赋分，评定安全等级	简便、易于掌握，但编制检查表难度及工作量大	有事先编制的各类检查表，有赋分、评级标准	各类系统的设计、验收、运行、管理、事故调查
专家评议法	分析危险有害因素，进行事故预测	定性	举行专家会议，对所提出的具体问题进行分析、预测，综合专家意见得出比较全面的结论	简单易行，比较客观，十分有用，但对专家要求比较高	相关专家熟悉系统，有丰富的知识和实践经验，专家覆盖面广	适合于对类似装置的安全评价和专项评价
预先危险性分析法（PHA）	分析危险有害因素，确定危险等级	定性	讨论分析系统存在的危险和有害因素、触发条件、事故类型，评定危险性等级	简便易行，但受分析评价人员主观因素影响	分析评价人员熟悉系统，有丰富的知识和实践经验	各类系统设计、施工、生产、维修前的概略分析和评价
故障假设分析法（WI）	分析危险有害因素以及触发条件	定性	讨论分析系统存在的危险和有害因素、触发条件及事故类型	简便易行，但受分析评价人员主观因素影响	分析评价人员熟悉系统，有丰富的知识和实践经验	适用于各类设备设计和操作的各个方面
危险性与可操作性研究法（HAZOP）	确定偏离及其原因，分析其对系统的影响	定性	通过讨论分析系统可能出现的偏离、偏离原因、偏离后果及对整个系统的影响	简便易行，但受分析评价人员主观因素影响	分析评价人员熟悉系统，有丰富的知识和实践经验	化工系统、热力系统及水力系统的安全分析
故障树分析法（FTA）	确定事故原因及事故发生的概率	定性定量	演绎法，由事故和基本事件逻辑推断事故原因，由基本事件概率计算事故发生的概率	精确但复杂、工作量大，故障树编制有误时容易失真	熟练掌握评价方法以及事故和基本事件间的联系，掌握了基本事件发生的概率	宇航、核电、工艺设备等复杂系统的事故分析
事件树分析法（ETA）	确定事故原因、触发条件及事故发生的概率	定性定量	归纳法，由初始事件判断系统事故原因及条件，由事件概率计算系统发生事故的概率	简便易行，但受分析评价人员主观因素影响	熟悉系统、元素间的因果关系，有各事件发生的概率	各类局部工艺

续表

评价方法	评价目标	评价能力	特　　点	优缺点	应用条件	适用范围
日本化工企业六阶段法	确定危险性等级	定性定量	基准局法定量评价，采取措施，用类比资料复评，一级危险性装置用 ETA、FTA 等方法再评价	综合应用几种方法反复评价，准确性高，但工作量大	熟悉系统，掌握有关方法，具有相关知识和经验，有类比资料	化工厂和有关装置
道化学指数法	确定火灾爆炸危险性等级和事故损失	定量	根据物质、工艺危险性计算火灾爆炸指数，判定采取措施前后的系统整体危险性，由影响范围、单元破坏系数计算系统整体经济损失	大量使用图表，简洁明了，参数取值宽，因人而异，但只能对系统整体作宏观评价	熟练掌握评价方法，熟悉系统，有丰富的知识和良好的判断能力，须有各类企业的各类装置经济损失目标值	生产、储存和处理易燃、易爆、具有化学活性或有毒物质的工艺过程及其他有关工艺系统
蒙德火灾、爆炸毒性指标评价法	确定火灾、爆炸毒性及系统整体危险性等级	定量	由物质、工艺、毒性、配置危险计算采取措施前后的火灾、爆炸、毒性和整体危险性指数，评定各类危险性等级	大量使用图表，简洁明了，参数取值宽，因人而异，但只能对系统整体作宏观评价	熟练掌握评价方法，熟悉系统，有丰富的知识和良好的判断能力	生产、储存和处理易燃、易爆、具有化学活性或有毒物质的工艺过程及其他有关工艺系统

6.4　安全评价方法的选择

　　任何一种安全评价方法都有其应用条件和适用范围，在安全评价中如果使用了不适合的安全评价方法，不仅浪费工作时间，影响评价工作的正常进行，而且还可能导致评价结果严重失真，使安全评价失败。因此，在安全评价中，合理选择安全评价方法是十分重要的。

6.4.1　安全评价方法的选择原则

　　在进行安全评价时，应该在认真分析和熟悉被评价系统的前提下，选择安全评价方法。选择安全评价方法应遵循充分性、适应性、系统性、针对性和合理性的原则。

1. 充分性原则

　　在选择安全评价方法之前，应该充分分析被评价系统，掌握足够多的安全评价方法，并充分了解各种安全评价方法的优缺点、应用条件和适用范围，同时为安全评价工作准备充分的资料。

2. 适应性原则

选择的安全评价方法应该适应被评价的系统。被评价的系统可能是由多个子系统构成的复杂系统，评价的重点各子系统可能有所不同，各种安全评价方法都有其适应的条件和范围，应该根据系统和子系统、工艺的性质和状态，选择合适的安全评价方法。

3. 系统性原则

安全评价方法与被评价的系统所能提供的安全评价初值和边值条件应形成一个和谐的整体，也就是说，安全评价方法获得的可信的安全评价结果，是必须建立在真实、合理和系统的基础数据之上的，被评价的系统应该能够提供所需的系统化的数据和资料。

4. 针对性原则

所选择的安全评价方法应该能够得出所需的结果。根据评价目的的不同，需要安全评价提供的结果也有所不同，可能是危险有害因素识别、事故发生的原因、事故发生的概率等，也可能是事故造成的后果、系统的危险性等，安全评价方法能够给出所要求的结果时才能被选用。

5. 合理性原则

应该选择计算过程最简单、所需基础数据最少和最容易获取的安全评价方法，使安全评价工作量和要获得的评价结果都是合理的。

6.4.2 安全评价方法的选择过程

安全评价方法选择过程有所不同，一般可按图 6-1 所示的步骤选择安全评价方法。

在选择安全评价方法时，应首先详细分析被评价的系统，明确通过安全评价要达到的目标，即通过安全评价需要给出哪些安全评价结果，然后应了解尽量多的安全评价方法，将安全评价方法进行分类整理，明确被评价的系统能够提供的基础数据、工艺参数和其他资料，然后再结合安全评价要达到的目标，选择合适的安全评价方法。

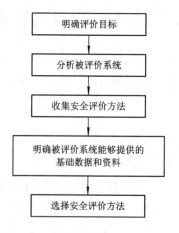

图 6-1 安全评价方法的选择过程

6.4.3 选择安全评价方法的准则和流程

选择安全评价方法的具体准则如图 6-2 所示，选择流程如图 6-3～图 6-6 所示。

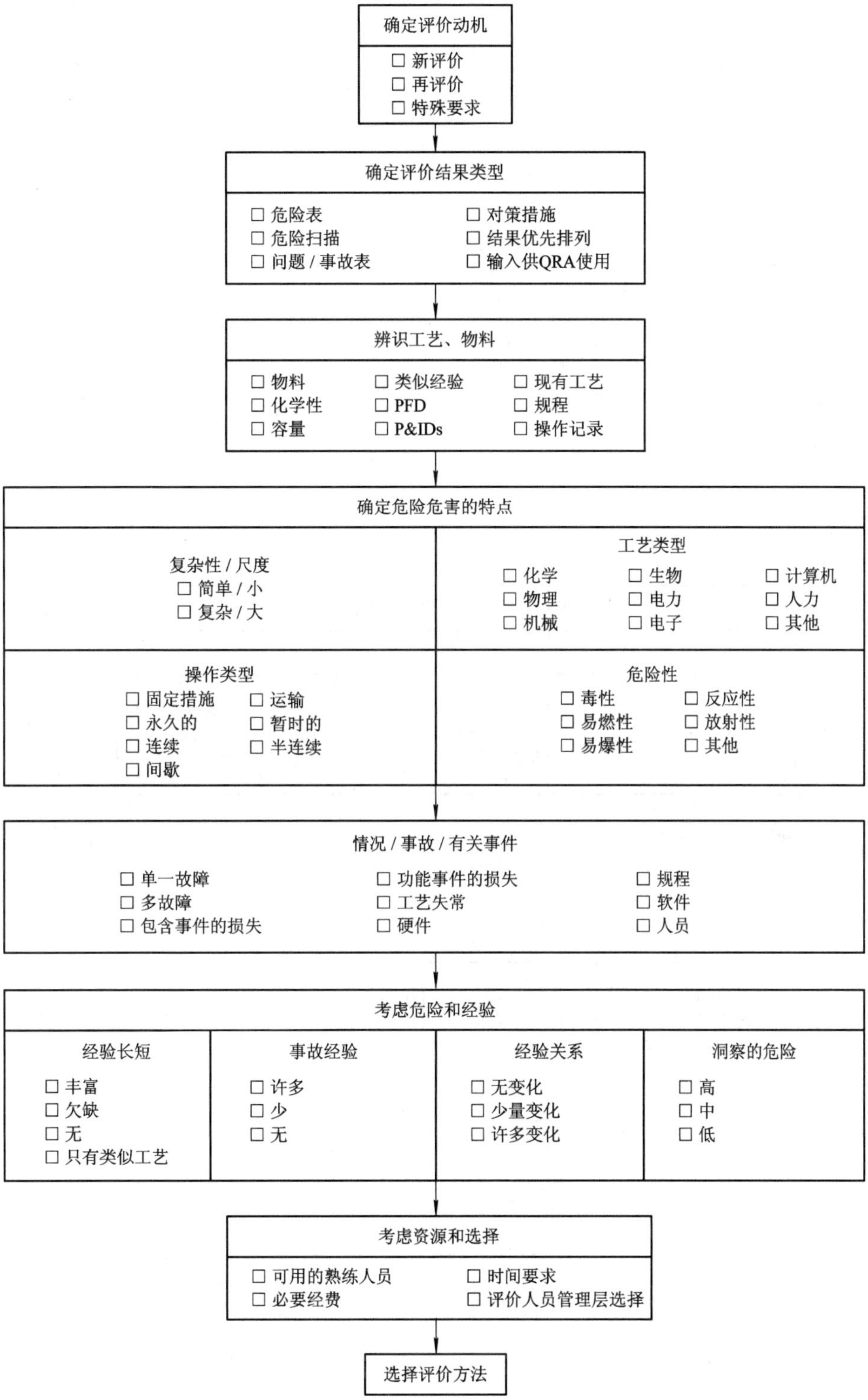

确定评价动机

- □ 新评价
- □ 再评价
- □ 特殊要求

确定评价结果类型

- □ 危险表
- □ 危险扫描
- □ 问题 / 事故表
- □ 对策措施
- □ 结果优先排列
- □ 输入供QRA使用

辨识工艺、物料

- □ 物料
- □ 化学性
- □ 容量
- □ 类似经验
- □ PFD
- □ P&IDs
- □ 现有工艺
- □ 规程
- □ 操作记录

确定危险危害的特点

复杂性 / 尺度	工艺类型
□ 简单 / 小　□ 复杂 / 大	□ 化学　□ 生物　□ 计算机 □ 物理　□ 电力　□ 人力 □ 机械　□ 电子　□ 其他
操作类型	危险性
□ 固定措施　□ 运输 □ 永久的　□ 暂时的 □ 连续　□ 半连续 □ 间歇	□ 毒性　□ 反应性 □ 易燃性　□ 放射性 □ 易爆性　□ 其他

情况 / 事故 / 有关事件

- □ 单一故障
- □ 多故障
- □ 包含事件的损失
- □ 功能事件的损失
- □ 工艺失常
- □ 硬件
- □ 规程
- □ 软件
- □ 人员

考虑危险和经验

经验长短	事故经验	经验关系	洞察的危险
□ 丰富 □ 欠缺 □ 无 □ 只有类似工艺	□ 许多 □ 少 □ 无	□ 无变化 □ 少量变化 □ 许多变化	□ 高 □ 中 □ 低

考虑资源和选择

- □ 可用的熟练人员
- □ 必要经费
- □ 时间要求
- □ 评价人员管理层选择

选择评价方法

图 6 - 2　选择安全评价方法准则示意图

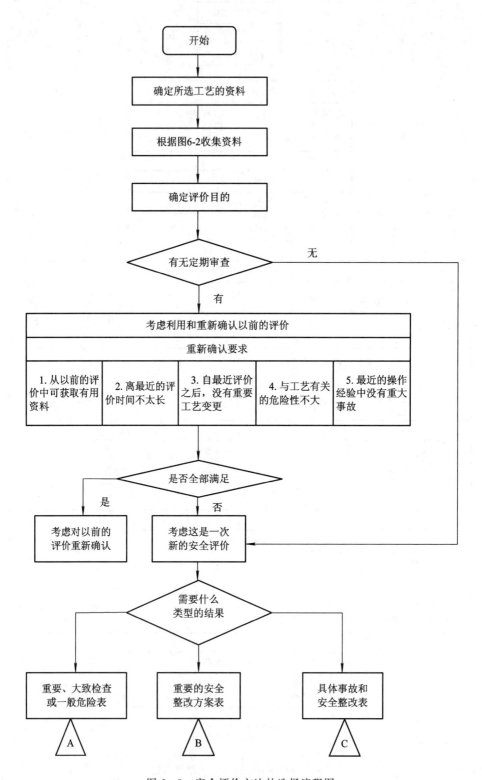

图 6-3 安全评价方法的选择流程图

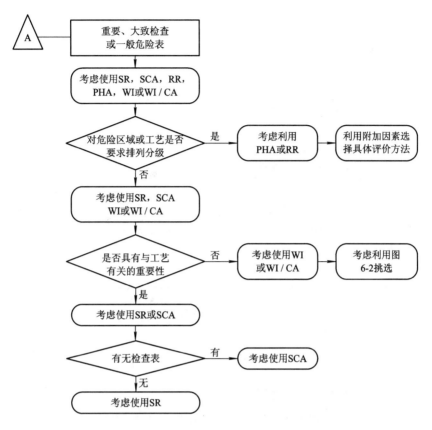

图 6-4　安全评价方法的选择流程图—A

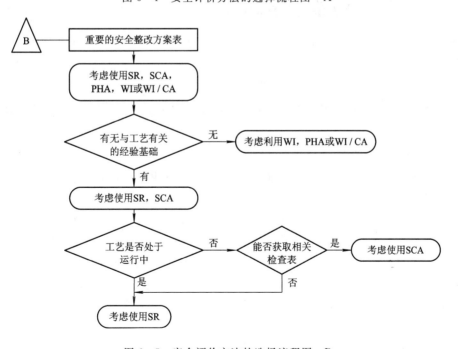

图 6-5　安全评价方法的选择流程图—B

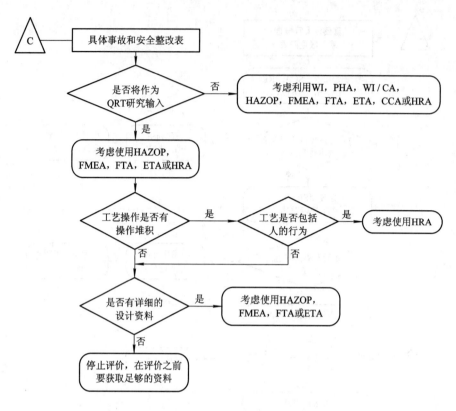

图 6-6　安全评价方法的选择流程图-C

6.4.4　选择安全评价方法应注意的问题

　　选择安全评价方法时应根据安全评价的特点、具体条件和评价目标，针对被评价系统的实际情况，经过认真地分析、比较，选择合适的安全评价方法。必要时，还要根据评价目标的要求，同时选择一种以上的安全评价方法进行安全评价，各种方法互相补充、分析、综合，相互验证，以提高评价结果的可靠性。在选择安全评价方法时应该特别注意以下几方面的问题。

1. 被评价系统的特点

　　（1）根据评价对象的规模、组成部分、复杂程度、工艺类型（行业类别）、工艺过程、原材料和产品、作业条件等情况，选择评价方法。

　　（2）根据系统的规模、复杂程度选择评价方法。随着规模、复杂程度的增大，有些评价方法的工作量、工作时间和费用相应地增大，甚至超过允许的范围。在这种情况下，应先用简捷的方法进行筛选，然后确定需要评价的详细程度，再选择适当的评价方法。对规模小或复杂程度低的对象，如机械工厂的清洗间、喷漆室、小型油库等，属火灾爆炸危险场所，可采用日本劳动省劳动基准局定量评价法（日本化工企业六阶段法的一部分）、单元危险性快速排序法等较简捷的评价方法。

　　（3）根据评价对象的工艺类型和工艺特征选择评价方法。评价方法大多适用于某些工艺过程和评价对象，如道化学、蒙德的评价方法等适用于化工类工艺过程的安全评价，故障类型和影响分析法适用于机械、电气系统的安全评价。

2. 评价对象的危险性

一般而言，对危险性较大的系统可采用系统的定性、定量安全评价方法，工作量也较大，如故障树、危险指数评价法、TNT 当量法等；反之，可采用经验的定性安全评价方法或直接引用分级（分类）标准进行评价，如安全检查表、直观经验法或直接引用高处坠落危险性分级标准等。

评价对象若同时存在几类主要危险、有害因素，往往需要用几种评价方法分别对评价对象进行评价。对于规模大、情况复杂、危险性高的评价对象，往往先用简单、定性的评价方法（如检查表法、预先危险性分析法、故障类型和影响分析等）进行评价，然后再对重点部位（单元）用较严格的定量法（如事件树、事故树、火灾爆炸指数法等）进行评价。

3. 评价的具体目标和要求的最终结果

在安全评价中，由于评价目标不同，要求的最终评价结果也是不同的，如查找引起事故的基本危险有害因素、由危险有害因素分析可能发生的事故、评价系统的事故发生可能性、评价系统的事故严重程度、评价系统的事故危险性、评价某危险有害因素对发生事故的影响程度等，因此需要根据被评价的目标选择适用的安全评价方法。

4. 评价资料的占有情况

如果被评价系统技术资料、数据齐全，可进行定性、定量评价并选择合适的定性、定量评价方法。反之，如果是一个正在设计的系统，缺乏足够的数据资料或工艺参数不全，则只能选择较简单的、需要数据较少的安全评价方法。

一些评价方法，特别是定量评价方法，应用时需要有必要的统计数据（如各因素、事件、故障发生概率等）作依据；若缺少这些数据，就限制了定量评价方法的应用。

5. 安全评价人员的情况

安全评价人员的知识、经验和习惯等，对安全评价方法的选择是十分重要的。安全评价需要全体员工的参与，使他们能够识别出与自己作业相关的危险有害因素，找出事故隐患。这时应采用较简单的安全评价方法，便于员工掌握和使用，同时还要能够提供危险性分级，因此作业条件危险性分析方法或类似评价方法适合采用。

6. 道化法和蒙德法的选择

（1）评价单元的主要物质是有毒物质，并且对毒物危害要求有具体的评价指标时，应考虑选用蒙德法；

（2）评价要求对火灾或爆炸后的影响范围、最大可能财产损失、最大可能工作日损失和停产损失等有具体的反应时，可考虑选用道化法；

（3）要求对单元的火灾、爆炸、毒性等危险因素指标有更全面的反映时，宜采用蒙德法；

（4）在进行项目预评价时，由于整个项目还处于初步设计阶段，很多参数处于待定状态，此时采用道化法会更合适些。

一个企业需要进行安全评价时，必须请专业的安全评价机构进行安全评价，参加安全评价的人员应都是专业的安全评价人员，他们应有丰富的安全评价工作经验，掌握一定的安全评价方法，甚至有专用的安全评价软件，这样才能确保使用定性、定量安全评价方法对被评价的系统进行深入的分析和系统的安全评价。

思 考 题

1. 什么是评价范围？如何确定评价范围。
2. 什么是评价单元？
3. 评价单元划分的原则是什么？
4. 简述评价单元划分的方法和注意事项。
5. 简述选择安全评价方法时应遵循的原则。
6. 论述选择安全评价方法时应注意的问题。

第 7 章　安全对策措施

安全对策措施是安全评价的重要组成部分,在对项目或系统进行了综合的评价之后,如果找出或发现了其危险、有害的因素,就要求项目或系统的设计单位、生产单位、经营单位在项目的设计、生产经营、管理中采取相应的措施,消除或减弱危险、有害因素,所以,制定安全对策措施是预防事故、控制和减少事故损失、保障整个生产和经营过程安全的重要手段。本章就安全对策措施的基本要求、技术管理对策以及应急预案作了简单阐述。

7.1　安全对策措施的基本要求和制定原则

7.1.1　安全对策措施的基本要求

在考虑、提出安全对策措施时,有如下基本要求:

(1) 能消除或减弱生产过程中产生的危险和危害;

(2) 处置危险和有害物,并降低到国家规定的限值内;

(3) 能预防生产装置失灵和操作失误产生的危险和危害;

(4) 能有效地预防重大事故和职业危害的发生;

(5) 发生意外事故时,能为遇险人员提供自救和互救条件。

7.1.2　安全对策措施的内容

安全对策措施主要包括安全技术对策措施、安全管理对策措施和制定事故应急救援预案。

1. 安全技术对策措施的主要内容

(1) 厂址厂区布置对策措施;(2) 防火、防爆对策措施;(3) 机械伤害对策措施;(4) 特种设备对策措施;(5) 电气安全对策措施;(6) 有毒、有害因素对策措施;(7) 其他安全对策措施。

2. 安全管理对策措施的主要内容

(1) 建立安全管理制度;(2) 安全管理的机构和人员编制;(3) 安全教育、培训与考核;(4) 安全投入和安全设施;(5) 安全生产过程控制和管理;(6) 安全监督与检查。

3. 制定事故应急救援预案的主要内容

(1) 事故应急救援预案的构成;(2) 事故应急救援预案的编制;(3) 事故应急救援预案的演练。

7.1.3 制定安全对策措施应遵循的原则

在制定安全对策措施时，应遵循以下几方面的原则。

1. 应按照安全技术措施等级顺序来制定

当安全技术措施与经济效益发生矛盾时，应优先考虑安全技术措施上的要求，并应按下列安全技术措施等级顺序选择安全技术措施。

（1）直接安全技术措施。生产设备本身应具有本质安全性能，不出现任何事故和危害。

（2）间接安全技术措施。若不能或不完全能实现直接安全技术措施时，必须为生产设备设计出一种或多种安全防护装置，最大限度地预防、控制事故或危害的发生。

（3）指示性安全技术措施。当间接安全技术措施也无法实现或实施时，须采用安装检测报警装置、警示标志等措施，警告、提醒作业人员注意，以便采取相应的对策措施或紧急撤离危险场所。

（4）若间接、指示性安全技术措施仍然不能避免事故和危害的发生，则应采用制定安全操作规程、进行安全教育和培训以及发放个体防护用品等措施来预防或减弱系统的危险、危害程度。

2. 应按照安全技术措施强弱顺序来制定

（1）消除。通过合理的设计和科学的管理，尽可能从根本上消除危险、有害因素，如采用无害化工艺技术，生产中以无害物质代替有害物质，实现自动化作业，采用遥控技术等。

（2）预防。当消除危险、有害因素确有困难时，可采取预防性技术措施，预防危险、危害的发生，如使用安全阀、安全屏护、漏电保护装置、安全电压、熔断器、防爆膜、危害物质排放装置等。

（3）减弱。在无法消除危险、有害因素并且难以预防的情况下，可采取减少危险、危害的措施，如采用局部通风排毒装置，生产中以低毒性物质代替高毒性物质，采取降温措施，安装避雷装置、消除静电装置、减振装置、消声装置等。

（4）隔离。在无法消除、预防、减弱危险和有害因素的情况下，应将人员与危险、有害因素隔开或将不能共存的物质分开，如采用遥控作业、安全罩、防护屏、隔离操作室、事故发生时的自救装置(如防护服、各类防毒面具)等。

（5）连锁。当操作者发生失误或设备运行一旦达到危险状态时，应通过连锁装置终止危险或危害的发生。

（6）警告。在易发生故障和危险性较大的地方，配置醒目的安全色或安全标志，必要时设置声、光或声光组合报警装置。

3. 应具有针对性、可操作性和经济合理性

（1）针对性是指针对不同行业的特点和评价中提出的主要危险、有害因素及其后果，提出对策措施。

（2）提出的对策措施是设计单位、建设单位、生产经营单位进行安全设计、生产、管理的重要依据，因而对策措施应在经济、技术以及时间上是可行的，是能够落实和实施的。此外，要尽可能具体指明对策措施所依据的法规、标准，说明应采取的具体的对策措施，以便于应用和操作。

（3）经济合理性是指不应超越国家及建设项目生产经营单位的经济、技术水平，即在采用先进技术的基础上，考虑到进一步发展的需要，以安全法规、标准和指标为依据，结合评价对象的经济、技术状况，使安全技术装备水平与工艺装备水平相适应，实现经济、技术与安全的合理统一。

4. 应符合国家标准和行业规定

安全对策措施应符合有关的国家标准和行业安全设计规定的要求，在进行安全评价时，应严格按照有关设计规定的要求提出安全对策措施。

7.2　安全技术对策措施

制定安全技术对策措施的原则是优先应用无危险或危险性较小的工艺和物料，广泛采用机械化、自动化生产装置（生产线）及自动化监测、报警、排除故障和安全连锁保护装置，实现自动化控制、遥控或隔离操作，尽可能避免操作人员在生产过程中直接接触可能产生危险因素的设备、设施和物料，使系统在人员误操作或生产装置（系统）发生故障的情况下也不会造成事故。

7.2.1　厂址及厂区平面布局的对策措施

1. 项目选址

选址时，除考虑建设项目的经济性和技术的合理性，并满足工业布局和城市规划的要求外，在安全方面应重点考虑地质、地形、水文、气象等自然条件对企业安全生产的影响和企业与周边地区的相互影响。

2. 厂区平面布局

在满足生产工艺流程、操作要求、使用功能需要和消防及环保要求的同时，主要从风向、安全（防火）距离、交通运输安全以及各类作业和物料的危险危害性出发，在平面布局方面采取对策措施。

7.2.2　防火、防爆对策措施

从理论上讲，对于使可燃物质脱离危险状态或者消除一切着火源这两项措施，只要控制其一，就可以防止火灾和化学爆炸事故的发生。但在实践中，由于生产条件的限制或某些不可控因素的影响，仅采取一种措施是不够的，往往需要采取多方面的措施，以提高生产过程的安全程度。另外，还应考虑其他辅助措施，以便在万一发生火灾或爆炸事故时，减少危害的程度，将损失降到最低限度，这些都是在防火防爆工作中必须全面考虑的问题，具体应做到以下几点。

1. 防止可燃可爆系统的形成

防止可燃物质、助燃物质（空气、强氧化剂）、引燃能源（明火、撞击、炽热物体、化学反应热等）同时存在；防止可燃物质、助燃物质混合形成的爆炸性混合物（在爆炸极限范围内）与引燃能源同时存在。

为防止可燃物与空气或其他氧化剂作用形成危险状态，在生产过程中，首先应加强对可燃物的管理和控制，利用不燃或难燃物料取代可燃物料，不使可燃物料泄漏和聚集形成爆炸性混合物；其次是防止空气和其他氧化性物质进入设备内，或防止泄漏的可燃物料与空气混合。具体可通过以下几项措施实现。

（1）取代或控制用量。在工艺上可行的条件下，在生产过程中不用或少用可燃可爆物质，如用不燃或不易燃烧爆炸的有机溶剂（如 CCl_4 或水）取代易燃的苯、汽油，根据工艺条件选择沸点较高的溶剂等。

（2）加强密闭。为防止易燃气体、蒸气和可燃性粉尘与空气形成爆炸性混合物，应设法使生产设备和容器尽可能处于密闭状态；对具有压力的设备，应防止气体、液体或粉尘溢出与空气形成爆炸性混合物；对真空设备，应防止空气漏入设备内部达到爆炸极限；开口的容器、破损的铁桶、容积较大且没有保护措施的玻璃瓶，不允许贮存易燃液体；不耐压的容器不能贮存压缩气体和加压液体。

（3）通风排气。为保证易燃、易爆、有毒物质在厂房生产环境中的浓度不超过危险浓度，必须采取有效的通风排气措施。在防火防爆环境中对通风排气的要求应从两方面考虑，即仅易燃、易爆的物质，其在车间内的浓度一般应低于爆炸下限的 1/4；对于具有毒性的易燃、易爆物质，在有人操作的场所，还应考虑该毒物在车间内的最高容许浓度。

（4）惰性化。在可燃气体或蒸气与空气的混合气中充入惰性气体，可降低氧气、可燃物的百分比，从而消除爆炸危险性和阻止火焰的传播。

2. 消除、控制引燃能源

为预防火灾及爆炸灾害，对点火源进行控制是消除燃烧三要素同时存在的一个重要措施。引起火灾爆炸事故的能源主要有明火、高温表面、摩擦和撞击、绝热压缩、化学反应热、电气火花、静电火花、雷击和光热射线等。在有火灾爆炸危险的生产场所，对这些着火源都应引起充分的注意，并采取严格的控制措施，具体应做到以下几点：

（1）尽量避免采用明火，避免可燃物接触高温表面。

对于易燃液体的加热应尽量避免采用明火。如果必须采用明火，设备应严格密封，燃烧室应与设备分开建造或隔离，并按防火规定留出防火间距。在使用油浴加热时，要有防止油蒸气起火的措施。在积存有可燃气体或蒸气的管沟、深坑、下水道及其附近，没有消除危险之前，不能有明火作业。

应防止可燃物散落在高温表面上；可燃物的排放口应远离高温表面，如果接近，则应有隔热措施；高温物料的输送管线不应与可燃物、可燃建筑构件等接触。

（2）避免摩擦与撞击。摩擦与撞击往往成为引起火灾爆炸事故的原因。如：机器上轴承等摩擦发热起火；金属零件落入粉碎机、反应器、提升机等设备内，由于铁器和机件的撞击而起火；磨床砂轮等相互摩擦及铁质工具相互撞击或与混凝土地面撞击而产生火花；导管或容器破裂，内部溶液和气体喷出时摩擦起火；在某种条件下乙炔与铜制件生成乙炔铜，一经摩擦和撞击即能起火引爆等等。因此在有火灾爆炸危险的场所，应尽量避免摩擦与撞击。

（3）防止电气火花。一般的电气设备很难完全避免电火花的产生，因此在火灾爆炸危险场所必须根据物质的危险特性正确选用不同的防爆电气设备；必须设置可靠的避雷设施；有静电积聚危险的生产装置和装卸作业应有控制流速、导除静电的静电消除器，或采取添加防静电剂等有效的消除静电措施。

3. 有效监控和及时处理

在可燃气体、蒸气可能泄漏的区域设置检测报警仪,这是监测空气中易燃易爆物质含量的重要措施。当可燃气体或液体发生泄漏而操作人员尚未发现时,检测报警仪可在设定的安全浓度范围之外发出警报,便于及时处理泄漏点,早发现,早排除,早控制,防止事故发生和蔓延。

7.2.3　电气安全对策措施

以防触电、防电气火灾爆炸、防静电和防雷击为重点,提出防止电气事故的对策措施。

1. 安全认证

电气设备必须具有国家指定机构的安全认证标志。

2. 备用电源

在停电能造成重大危险后果的场所,必须按规定配备自动切换的双路供电电源或备用发电机组、保安电源。

3. 防触电对策措施

为防止人体直接、间接和跨步电压触电(电击、电伤),应采取以下措施:

(1) 接零、接地保护系统;

(2) 漏电保护;

(3) 绝缘;

(4) 电气隔离;

(5) 安全电压(或称安全特低电压);

(6) 屏护和安全距离;

(7) 连锁保护;

(8) 其他对策措施。

4. 电气防火、防爆对策措施

(1) 在爆炸危险环境中,应根据电气设备使用环境的等级、电气设备的种类和使用条件等选择电气设备。

(2) 在爆炸危险环境中,电气线路安装位置、敷设方式、导体材质、连接方法等均应根据环境的危险等级来确定。

(3) 电气防火防爆的基本措施有:① 消除或减少爆炸性混合物;② 隔离和保留间距;③ 消除引燃源;④ 爆炸危险环境接地和接零。

5. 防静电对策措施

为预防静电妨碍生产、影响产品质量、引起静电电击和火灾爆炸,从消除、减弱静电的产生和积累着手制定对策措施,具体措施有:① 工艺控制;② 泄漏;③ 中和;④ 屏蔽;⑤ 综合措施;⑥ 其他措施。

根据行业、专业有关静电标准(化工、石油、橡胶、静电喷漆等)的具体要求,可采取其他对策措施。

6. 防雷对策措施

应当根据建筑物和构筑物、电力设备以及其他保护对象的类别和特征，分别对直击雷、雷电感应、雷电侵入波等采取适当的措施。

7.2.4 机械伤害防护措施

1. 设计与制造的本质安全措施

设计与制造的本质安全措施主要包括以下两个方面：

（1）选用适当的设计结构，主要包括：① 采用本质安全技术；② 限制机械应力；③ 提高材料和物质的安全性；④ 遵循安全人机工程学原则；⑤ 防止气动和液压系统的危险；⑥ 预防电的危险。

（2）采用机械化和自动化技术，主要包括：① 操作自动化；② 装卸搬运机械化；③ 确保调整、维修的安全。

2. 安全防护措施

安全防护是通过采用安全装置、防护装置或其他手段，对一些机械危险进行预防的安全技术措施，其目的是防止机器在运行时产生对人员的各种接触伤害。安全防护的重点是机械的传动部分、操作区、高处作业区、机械的其他运动部分、移动机械的移动区域，以及某些机器由于特殊危险形式需要采取的特殊防护等。

1）安全防护装置的一般要求

安全防护装置必须满足与其保护功能相适应的安全技术要求，其基本安全要求如下：

（1）防护装置的形式和布局设计合理，具有切实的保护功能，以确保人体不受到伤害。

（2）装置结构要坚固耐用，不易损坏；装置要安装可靠，不易拆卸。

（3）装置表面应光滑、无尖棱利角，不增加任何附加危险，不成为新的危险源。

（4）装置不容易被绕过或避开，不出现漏保护区。

（5）满足安全距离的要求，使人体各部位（特别是手或脚）不会接触到危险物。

（6）不影响正常操作，不与机械的任何可动零部件接触；对人的视线障碍最小。

（7）便于检查和修理。

2）安全防护装置的设置原则

安全防护装置的设置原则有以下几点：

（1）以操作人员所站立的平面为基准，凡高度在 2 m 以内的各种运动零部件均应设置防护装置。

（2）以操作人员所站立的平面为基准，凡高度在 2 m 以上，有物料传输装置、皮带传动装置以及在施工机械下方施工时，均应设置防护装置。

（3）在坠落高度基准面 2 m 以上的作业位置，应设置防护。

（4）为避免挤压伤害，直线运动部件之间或直线运动部件与静止部件之间的间距应符合安全距离的要求。

（5）运动部件有行程距离要求的，应设置可靠的限位装置，防止因超行程运动而造成伤害。

（6）对可能因超负荷而发生部件损坏并造成伤害的，应设置负荷限制装置。

（7）对有惯性冲撞的运动部件必须采取可靠的缓冲装置，防止因惯性而造成伤害事故。

（8）对运动中可能松脱的零部件必须采取有效措施加以紧固，防止由于启动、制动、冲击、振动而引起松动。

（9）每台机械都应设置紧急停机装置，使已有的危险得以消除或使即将发生的危险得以避免。紧急停机装置的标识必须清晰、易识别，并可使人迅速接近该装置，使危险过程可立即停止并且不产生附加风险。

3）安全防护装置的选择

选择安全防护装置时应考虑所涉及的机械危险和其他非机械危险，根据运动件的性质和人员进入危险区的需要来决定。特定机器的安全防护装置应根据对该机器的风险评价结果来选择。

（1）机械正常运行期间操作者不需要进入危险区的场合，应优先考虑选用固定式防护装置，包括进料、取料装置，辅助工作台，适当高度的栅栏及通道防护装置等。

（2）机械正常运转时需要进入危险区的场合，因操作者需要进入危险区的次数较多，经常开启固定防护装置会带来不便，可考虑采用连锁装置、自动停机装置、可调防护装置、自动关闭防护装置、双手操纵装置、可控防护装置等。

（3）对于在非运行状态的其他作业期间需进入危险区的场合，由于进行机器的设定、示教、过程转换、查找故障、清理或维修等作业时，防护装置必须移开或拆除，或安全装置功能受到抑制，因此这时可采用手动控制模式、操纵杆装置或双手操纵装置、点动操纵装置等。有些情况下，可能需要几个安全防护装置联合使用。

3. 安全人机工程学原则

遵循安全人机工程学原则要注意以下几方面的要求：

（1）操纵（控制）器的安全人机学要求；

（2）显示器的安全人机学要求；

（3）工作位置的安全性；

（4）操作姿势的安全要求。

4. 安全信息的使用

对文字、标记、信号、符号或图表等，以单独或联合使用的形式向使用者传递信息，用以指导使用者（专业或非专业）安全、合理、正确地使用机器。

5. 起重作业的安全对策措施

起重吊装作业潜在的危险性是物体打击。如果吊装的物体是易燃、易爆、有毒、腐蚀性强的物料，若因吊索吊具意外断裂、吊钩损坏或违反操作规程等而发生吊物坠落，除有可能直接伤人外，还会将盛装易燃、易爆、有毒、腐蚀性强的物料的包装损坏，使物料流散出来，造成污染，甚至会引发火灾、爆炸、腐蚀、中毒等事故。起重设备在检查、检修过程中，存在着触电、高处坠落、机械伤害等危险性，起重机在行驶过程中存在着引发交通事故的潜在危险性。进行起重作业的人员应认真执行以下安全对策措施。

（1）吊装作业人员必须持有两种作业证。吊装质量大于 10 t 的物体应办理《吊装安全作业证》。

（2）对吊装质量大于等于 40 t 的物体和土建工程主体结构，应编制吊装施工方案。吊物虽不足 40 t，但在形状复杂、刚度小、长径比大、精密贵重、施工条件特殊的情况下，也应编制吊装施工方案。吊装施工方案经施工主管部门和安全技术部门审查，报主管厂长或总工程师批准后方可实施。

（3）在进行各种吊装作业前，应预先在吊装现场设置安全警戒标志，并设专人监护，非施工人员禁止入内。

（4）吊装作业中，夜间应有足够的照明，室外作业遇到大雪、暴雨、大雾及六级以上大风时，应停止作业。

（5）吊装作业人员必须佩戴安全帽。高处作业时应遵守厂区高处作业安全规程的有关规定。

（6）进行吊装作业前，应对起重吊装设备、钢丝绳、揽风绳、链条、吊钩等各种机具进行检查，必须保证安全可靠，不准在机具有故障的情况下使用。

（7）进行吊装作业时，必须分工明确、坚守岗位，并按《起重吊运指挥信号》规定的联络信号，统一指挥。

（8）严禁利用管道、管架、电杆、机电设备等做吊装锚点。未经相关部门审查核算，不得将建筑物、构筑物作为锚点。

（9）进行吊装作业前必须对各种起重吊装机械的运行部位、安全装置以及吊具、索具等进行详细的安全检查，吊装设备的安全装置应灵敏可靠。吊装前必须试吊，确认无误方可作业。

（10）任何人不得随同吊装重物或吊装机械升降。在特殊情况下必须随之升降的，应采取可靠的安全措施，并经过现场指挥员批准。

（11）吊装作业现场如需动火时，应遵守厂区动火作业安全规程的有关规定。吊装作业现场的吊绳索、揽风绳、拖拉绳等应避免同带电线路接触，并保持安全距离。

（12）用定型起重吊装机械(履带吊车、轮胎吊车、桥式吊车等)进行吊装作业时，除遵守通用标准外，还应遵守该定型机械的操作规程。

（13）进行吊装作业时，必须按规定负荷进行吊装，吊具、索具要通过计算选择使用，严禁超负荷运行。所吊重物接近或达到额定起重吊装能力时，应检查制动器，用低高度、短行程试吊后，再平稳吊起。

（14）悬吊重物下方严禁人员站立、通行和工作。

（15）在吊装作业中，有下列情况之一者不准吊装：① 指挥信号不明；② 超负荷或物体质量不明；③ 斜拉重物；④ 光线不足，看不清重物；⑤ 重物下站人，或重物越过人头；⑥ 重物埋在地下；⑦ 重物紧固不牢，绳打结，绳不齐；⑧ 棱刃物体没有衬垫措施；⑨ 容器内介质过满；⑩ 安全装置失灵。

（16）进行汽车吊装作业时，除要严格遵守起重作业和汽车吊装的有关安全操作规程外，还应保证车辆的完好，不准在车辆有故障的情况下运行，做到安全行驶。

7.2.5　有害因素控制对策措施

有害因素控制对策措施的原则是优先采用无危害或危害性较小的工艺和物料，减少有害物质的泄漏和扩散；尽量采用生产过程密闭化、机械化、自动化的生产装置(生产线)，采用自动监测、报警装置以及连锁保护、安全排放等装置，实现自动控制、遥控或隔离操作。尽可能避免或减少操作人员在生产过程中直接接触产生有害因素的设备和物料，是优先采取的对策措施。

1. 预防中毒的对策措施

根据《职业性接触毒物危害程度分级》(GB 5044—1985)、《有毒作业分级》(GB12331—1990)、《工业企业设计卫生标准》(GBZ 1—2010)、《工作场所有害因素职业接触限值》(GBZ 2—2002)、《生产过程安全卫生要求总则》(GB 12801—2008)、国务院令第 352 号《使用有毒物品作业场所劳动保护条例》等，对物料和工艺、生产设备(装置)、控制及操作系统、有毒介质泄漏(包括事故泄漏)处理、抢险等技术措施进行优化组合，采取综合对策措施。

(1) 物料和工艺。尽可能以无毒、低毒的工艺和物料代替有毒、高毒的工艺和物料，是防毒的根本性措施。

(2) 生产设备(装置)。生产装置应密闭化、管道化，尽可能实现负压生产，防止有毒物质泄漏、外溢。生产过程机械化、程序化和自动控制，可使作业人员不接触或少接触有毒物质，防止误操作造成的中毒事故。

(3) 通风净化。应设置必要的机械通风排毒、净化(排放)装置，使工作场所空气中有毒物质浓度被限制在规定的最高容许浓度值以下。

(4) 应急处理。对有毒物质泄漏可能造成重大事故的设备和工作场所，必须设置可靠的事故处理装置和应急防护设施。应设置有毒物质事故安全排放装置(包括储罐)、自动检测报警装置、连锁事故排毒装置，还应配备有毒物质泄漏时的解毒(含冲洗、稀释、降低毒性)装置。

(5) 急性化学物中毒事故的现场急救。急性中毒事故的发生，可使大批人员受到毒害，病情往往较重。因此，现场及时有效的处理与急救，对挽救患者的生命，防止引起并发症可起到关键作用。

(6) 其他措施。

在生产设备密闭和通风的基础上实现隔离、遥控操作。

配备定期和快速检测工作环境空气中有毒物质浓度的仪器，有条件时应安装自动检测空气中有毒物质浓度和超限报警装置。配备检修时的解毒、吹扫、冲洗设施。生产、储存、处理极度危害和高度危害毒物的厂房和仓库，其天棚、墙壁、地面均应光滑，便于清扫；必要时应加设防水、防腐等特殊保护层以及专门的负压清扫装置和清洗设施。

采取加强防毒教育，进行定期检测、定期体检、定期检查及监护作业，开展急性中毒及缺氧窒息抢救训练等管理措施。

根据有关标准(石油、化工、农药、涂装作业、干电池、煤气站、铅作业、汞温度计等)的要求，还应采取其他的防毒技术措施和管理措施。

2. 预防缺氧、窒息的对策措施

(1) 针对有缺氧危险的工作环境发生缺氧窒息和中毒窒息的原因，应配备氧气浓度和有害气体浓度检测仪器、报警仪器、隔离式呼吸保护器具、通风换气设备以及抢救器具。

(2) 按先检测、通风，后作业的原则，当工作环境空气中氧气浓度大于 18% 和有害气体浓度达到标准要求时，在密切监护下才能实施作业；对氧气、有害气体浓度可能发生变化的作业场所，作业过程中应定时或连续检测，保证安全作业。

(3) 在由于防爆、防氧化的需要不能通风换气的工作场所，受作业环境限制不易充分通风换气的工作场所和已发生缺氧、窒息的工作场所，作业人员、抢救人员必须使用隔离式呼吸保护器具，严禁使用净气式面具。

（4）有缺氧、窒息危险的工作场所，应在醒目处设警示标志，严禁无关人员进入。

（5）有关缺氧、窒息的安全管理、教育、抢救等措施和设施的内容，同防毒措施部分。

3. 防尘对策措施

（1）工艺和物料。选用不产生或少产生粉尘的工艺，采用无危害或危害性较小的物料，是消除、减弱粉尘危害的根本途径。

（2）限制、抑制扬尘和粉尘扩散。

（3）通风除尘。建筑设计时要考虑工艺特点和除尘的需要，利用风压、热压差，合理组织气流（如进排风口、天窗、挡风板的设置等），充分发挥自然通风改善作业环境的作用。当自然通风不能满足要求时，应设置全面或局部机械通风除尘装置。

（4）其他措施。由于工艺、技术上的原因，通风和除尘设施无法达到劳动卫生指标要求的有尘作业场所，操作人员必须使用防尘口罩、工作服、头盔、呼吸器、眼镜等个体防护用具。

4. 噪声控制措施

根据《噪声作业分级》（LD 80—1995）、《工业企业噪声控制设计规范》（GB/T 50087—2013）、《工业企业噪声测量规范》（GBJ 122—1988）、《建筑施工场界环境噪声排放标准》（GB 12523—2011）、《工业企业厂界噪声标准》（GB 12348—2008）和《工业企业设计卫生标准》（GBZ1—2010）等，采取使用低噪声工艺及设备，合理布置平面，以及使用隔声、消声、吸声装置等综合技术措施，控制噪声危害。

1）工艺设计与设备选择

（1）减少冲击性工艺和高压气体排空的工艺。尽可能以焊代铆、以液压代冲压、以液动代气动，物料运输中避免大落差翻落和直接撞击。

（2）选用低噪声设备。采用振动小、噪声低的设备，使用哑音材料降低撞击噪声；控制管道内的介质流速，管道截面不宜突变，选用低噪声阀门；强烈振动的设备或管道与基础支架、建筑物及其他设备之间采用柔性连接或支撑等。

（3）采用操作机械化（包括进、出料机械化）和运行自动化的设备工艺，实现远距离的监视操作。

2）噪声源的平面布置

（1）主要强噪声源应相对集中（厂区、车间内），宜在低位布置，充分利用地形隔挡噪声。

（2）主要噪声源（包括交通干线）周围宜布置对噪声较不敏感的辅助车间、仓库、料场、堆场、绿化带及高大建（构）筑物，用以隔挡对噪声敏感区、低噪声区的影响。

（3）必要时，噪声敏感区与低噪声区之间需保持防护间距，设置隔声屏障。

3）隔声、消声、吸声和隔振降噪

采取上述措施后如果噪声级仍达不到要求，则应用采隔声、消声、吸声、隔振等综合控制技术措施，尽可能使工作场所的噪声危害指数达到《噪声作业分级》（LD 80—1995）规定的 0 级，且各类地点噪声 A 声级不得超过《工业企业噪声控制设计规范》（GB/T 50087—2013）规定的噪声限制值（55～90 dB）。

（1）隔声。采用带阻尼层、吸声层的隔声罩对噪声源设备进行隔声处理，根据结构形式的不同，其 A 声级降噪量可达到 14～40 dB。不宜对噪声源作隔声处理，且允许操作人员不经常停留在设备附近时，应设置操作、监视、休息用的隔声间（室）。强噪声源比较分散的大车间，可设置隔声屏障或带有生产工艺孔的隔墙，将车间分成几个不同强度的噪声区域。

（2）消声。对空气动力机械（通风机、压缩机、燃汽轮机、内燃机等）的空气动力性噪声，应采用消声器进行消声处理。当噪声呈中高频宽带特性时，可选用阻性型消声器；当噪声呈明显低中频脉动特性时，可选用扩展型消声器；当噪声呈低中频特性时，可选用共振型消声器。消声器的消声量一般不宜超过 50 dB。

（3）吸声。对原有的吸声较少、混响声较强的车间厂房，应采取吸声降噪处理。根据所需的吸声除噪量，确定吸声材料和吸声体的类型、结构、数量及安装方式。

（4）隔振降噪。对产生较强振动和冲击，从而引起固体声传播及振动辐射噪声的机器设备，应采取隔振措施。根据所需的振动传动比（或隔振效率），确定隔振元件的荷载、型号、大小和数量。

（5）个体防护。采取噪声控制措施后，如果工作场所的噪声级仍不能达到标准要求，则应采取个人防护措施并减少接触噪声的时间。

对流动性、临时性噪声源和不宜采取噪声控制措施的工作场所，主要依靠个体防护用具（耳塞、耳罩等）来防护。

5. 其他有害因素控制措施

1）防辐射（电离辐射）对策措施

（1）外照射源应根据需要和有关标准的规定，设置永久性或临时性屏蔽（屏蔽室、屏蔽墙、屏蔽装置）。屏蔽的选材、厚度、结构和布置方式应满足防护、运行、操作、检修、散热和去污的要求。

（2）设置与设备的电气控制回路连锁的辐射防护门，并采取迷宫设计，设置监测、预警和报警装置及其他安全装置，高能 x 射线照射室内应设紧急事故开关。

（3）在可能发生空气污染的区域（如操作放射性物质的工作箱、手套箱、通风柜等），必须设有全面或局部的送、排风装置，其换气次数、负压大小和气流组织应能防止污染的回沉和扩散。

（4）工作人员进入辐射工作场所时，必须根据需要穿戴相应的个体防护用具（防放射性服、手套、眼面防护用品和呼吸防护用品），佩戴相应的个人剂量计。

（5）开放型放射源工作场所入口处，一般应设置更衣室、淋浴室和污染检测装置。

（6）应有完善的监测系统和满足特殊需要的卫生设施（污染洗涤、冲洗设施等）。

（7）根据《放射卫生防护基本标准》（GB 4792—1984）和《辐射防护规定》（GB 8703—1988）的要求，对有辐射照射危害的工作场所的选址、防护、监测（个体、区域、工艺和事故的监测）、运输、管理等方面提出应采取的其他措施。

（8）核电厂的核岛区和其他控制的防护措施，按《核电厂环境辐射防护规定》（GB 6249—2011）以及由国家核安全局依据专业标准、规范提出。

2）防非电离辐射对策措施

（1）防紫外线措施。电焊等作业、灯具和炽热物体（达到 1200℃ 以上）发射的紫外线产生的危害，主要通过使用防护屏蔽（滤紫外线罩、挡板等）和保护眼睛、皮肤的个人防护用具（防紫外线面罩、眼镜、手套和工作服等）来减轻或避免。目前我国尚无紫外线卫生防护标准，建议采用美国的卫生防护标准(连续 7 h 接触时，每小时不超过 0.5 mW/cm²，连续 24 h 接触时，每小时不超过 0.1 mW/cm²)。

(2) 防红外线(热辐射)措施。主要是尽可能采用机械化、遥控作业，避开热源；其次，应采用隔热保温层、反射性屏蔽(铝箔制品、铝挡板等)、吸收性屏蔽(通过对流、通风、水冷等方式冷却的屏蔽)和穿戴隔热服、防红外线眼镜、面具等个体防护用具。

(3) 防激光辐射措施。为防止激光对眼睛、皮肤的灼伤和对身体的伤害，使激光强度不超过《作业场所激光辐射卫生标准》(GB 10435—1989)规定的眼直视激光束的最大容许照射量以及激光照射皮肤的最大容许照射量，应采取下列措施：

① 优先采用通过工业电视、安全观察孔监视的隔离操作。观察孔的玻璃应有足够的衰减指数，必要时还应设置遮光屏罩。

② 作业场所的地、墙壁、天花板、门窗、工作台等应采用暗色不反光材料和毛玻璃；工作场所的环境色与激光色谱错开(如红宝石激光操作室的环境色可取浅绿色)。

③ 整体光束通路应完全隔离，必要时设置密闭式防护罩。当激光功率能伤害皮肤和身体时，应在光束通路影响区设置保护栏杆，栏杆门应与电源、电容器放电电路连锁。

④ 设置局部通风装置，排除激光束与靶物相互作用时产生的有害气体。

⑤ 激光装置宜与所需高压电源分室布置；针对大功率激光装置可能产生的噪声和有害物质，采取相应的对策措施。

⑥ 穿戴有边罩的激光防护镜和白色防护服。

(4) 防电磁辐射对策措施。根据《电磁辐射防护规定》(GB 8702—2014)、《环境电磁波卫生标准》(GB 9175—1988)、《作业场所微波辐射卫生标准》(GB 10436—1989)、《作业场所超高频辐射卫生标准》(GB 10437—1989)，按辐射源的频率(波长)和功率，分别或组合采取对策措施。

3) 高温作业的防护措施

根据《高温作业分级》(GB 4200—2008)、《工业设备及管道绝热工程施工规范》(GB 50126—2008)、《高温作业分级检测规程》(LD 82—1995)，按各区对限制高温作业级别的规定采取措施。

(1) 尽可能实现自动化和远距离操作等隔热操作方式，设置热源隔热屏蔽装置(热源隔热保温层、水幕、隔热操作室等)。

(2) 通过合理组织自然通风气流，设置全面、局部送风装置或空调，降低工作环境的温度。

(3) 依据《高温作业允许持续接触热时间限值》(GB 935—1989)的规定，限制持续的接触热时间。

(4) 使用隔热服(面罩)等个体防护用具，尤其是特殊高温作业人员，应使用适当的防护用具，如防热服装(头罩、面罩、衣裤和鞋袜等)以及特殊防护眼镜等。

(5) 注意补充营养及制定合理的膳食制度，供应防高温饮料，口渴饮水以少量多次为宜。

4) 低温作业、冷水作业防护措施

根据《低温作业分级》(GB/T 14440—1993)、《冷水作业分级》(GB/T 14439—1993)提出相应的对策措施。

(1) 实现自动化、机械化作业，避免或减少低温作业和冷水作业。控制低温作业、冷水作业时间。

（2）穿戴防寒服（手套、鞋）等个体防护用具。

（3）设置采暖操作室、休息室、待工室等。

（4）冷库等低温封闭场所应设置通信、报警装置，防止误将人员关锁。

7.2.6　其他安全对策措施

1. 防高处坠落、物体打击对策措施

可能发生高处坠落危险的工作场所，应设置便于进行操作、巡检和维修作业的扶梯、工作平台、防护栏杆、安全盖板等安全设施；梯子、平台和易滑倒操作通道的地面应有防滑措施；设置安全网、安全距离、安全信号和标志、安全屏护以及佩戴个体防护用具（安全带、安全鞋、安全帽、防护眼镜等）是避免或减少高处坠落、物体打击事故伤害的重要措施。

针对特殊高处作业（指强风、高温、低温、雨天、雪天、夜间、带电、悬空、抢救等高处作业）特有的危险因素，应提出具有针对性的防护措施。另外，高处作业应遵守"十不登高"：

（1）患有禁忌症者不登高；

（2）未经批准者不登高；

（3）未戴好安全帽、未系安全带者不登高；

（4）脚手板、跳板、梯子不符合安全要求不登高；

（5）无攀爬设备不登高；

（6）穿易滑鞋、携带笨重物体不登高；

（7）石棉、玻璃钢瓦上无垫脚板不登高；

（8）高压线旁无可靠隔离安全措施不登高；

（9）酒后不登高；

（10）照明不足不登高。

2. 安全色、安全标志

根据《安全色》（GB 2893—2008）、《安全标志》（GB 2894—2008）的规定，充分利用红（禁止、危险）、黄（警告、注意）、蓝（指令、遵守）、绿（通行、安全）四种传递安全信息的安全色以及各种安全标志，使人员通过迅速发现并准确判断安全色或安全标志的意义，及时得到提醒，以防止事故、危害的发生。

1）安全标志的分类与功能

安全标志分为禁止标志、警告标志、指令标志和提示标志四类：

（1）禁止标志表示制止人们的某种行动；

（2）警告标志使人们注意可能发生的危险；

（3）指令标志表示必须遵守，用来强制或限制人们的行为；

（4）提示标志用来示意目标地点或方向。

2）制定安全标志应遵循的原则

制定安全标志应遵循以下几点原则：

（1）醒目清晰：一目了然，易从复杂背景中识别；符号的细节、线条之间易于区分。

（2）简单易辨：由尽可能少的关键要素构成，符号与符号之间易分辨，不致混淆。

（3）易懂易记：容易被人理解（即使是外国人或不识字的人）并牢记。

3）安全标志应满足的要求

安全标志应满足以下几方面要求：

（1）含义明确无误。标志、符号和文字警告应明确无误，不使人费解或误会，标志必须符合公认的标准。

（2）内容具体且有针对性。符号或文字警告应表明危险类别，具体且有针对性，不能笼统写"危险"两字。

（3）标志的设置位置应醒目。标志牌应设置在醒目且与安全有关的地方，使人们看到后有足够的时间来注意它所表示的内容。

（4）标志应清晰持久。直接印在机器上的信息标志应牢固，在机器的整个寿命期内都应保持颜色鲜明、清晰、持久。

3. 储运安全对策措施

1）厂内运输安全对策措施

（1）着重就铁路、道路线路与建筑物、设备、电力线、管道等的安全距离，安全标志和信号，人行通道，防护栏杆，以及车辆装卸等方面的安全设施提出对策措施。

（2）根据《工业企业厂内铁路、道路运输安全规程》（GB 4387—1994）、《工业企业铁路道口安全标准》（GB 6386—1997）、《机动工业车辆安全规范》（GB 10827—1999）和各行业有关标准的要求，提出其他对策措施。

2）化学危险品储运安全对策措施

（1）危险货物包装应按《危险货物包装标志》（GB 190—1990）设标志。

（2）危险货物包装运输应按《危险货物运输包装通用技术条件》（GB 12463—1990）执行。

（3）应按《化学危险品标签编写导则》（GB/T 15258—1999）编写危险化学品标签。

（4）应按《常用化学危险品储存通则》（GB 15603—1995）对上述物质进行妥善储存，加强管理。

（5）化学危险品作业场所的管理及使用应遵照《危险化学品安全技术说明书编写规定》（GB 16483—2000）。

（6）根据国务院第 591 号令《危险化学品安全管理条例》，危险化学品必须储存在专用仓库内，储存方式、方法与储存数量必须符合国家标准，并由专人管理。

危险化学品专用仓库，应当符合国家标准对安全、消防的要求，应设置明显标志。其储存设备和安全设施应当定期检测。

4. 焊割作业的安全对策措施

国内外不少案例表明，造船、化工等行业在进行焊割作业时发生的事故较多，有的甚至引发了重大事故。因此，对焊割作业应采取有力的对策措施，防止事故发生和减轻对焊工健康的损害。具体应做到以下几点。

（1）存在易燃、易爆物料的企业应建立严格的动火制度，动火必须经批准并制定动火方案。

（2）焊割作业应遵循相关要求。

焊割作业应遵守《焊接与切割安全》（GB 9448—1999）等有关国家标准和行业标准。

电焊作业人员除进行特殊工种培训、考核、持证上岗外，还应严格遵照焊割规章制度、安全操作规程进行作业。进行电弧焊作业时应采取隔离防护，保持绝缘良好，正确使用劳动防护用品，正确采取保护接地或保护接零等措施。

（3）焊割作业应严格遵守"十不焊"：

① 无操作证又无有证焊工在现场指导，不准焊割；

② 在禁火区，未经审批并办理动火手续，不准焊割；

③ 不了解作业现场及周围情况，不准焊割；

④ 不了解焊割物内部情况，不准焊割；

⑤ 盛装过易燃、易爆、有毒物质的容器或管道，未经彻底清洗置换，不准焊割；

⑥ 用可燃材料作保温层的部位及设备未采取可靠的安全措施时，不准焊割；

⑦ 有压力或密封的容器、管道，不准焊割；

⑧ 附近堆有易燃、易爆物品，未彻底清理或采取有效的安全措施时，不准焊割；

⑨ 作业点与外单位相邻，在未弄清对外单位或周围区域有无影响或明知有危险而未采取有效的安全措施时，不准焊割；

⑩ 作业场所及附近有与明火相抵触的工作时，不准焊割。

5. 防腐蚀安全对策措施

腐蚀的分类及针对各种腐蚀的安全对策措施如下：

（1）大气腐蚀。在大气中，由于氧、雨水以及腐蚀性物质的作用，裸露的设备、管线、阀、泵及其他设施会产生严重腐蚀，这些设备、设施、泵、螺栓、阀等的锈蚀，容易诱发事故。因此，设备、管线、阀、泵及其设施等，需要选择合适的材料及涂覆防腐涂层予以保护。

（2）全面腐蚀。在腐蚀介质及一定的温度、压力下，金属表面会发生大面积均匀的腐蚀，如果腐蚀速度控制在 $0.05 \sim 0.5$ mm/a 或者小于 0.05 mm/a，则金属材料耐蚀等级分别为良好、优良。

对于这种全面腐蚀，应考虑介质、温度、压力等因素，选择合适的耐腐蚀材料或在接触介质的内表面涂覆涂层，或加入缓蚀剂。

（3）电偶腐蚀。这是容器、设备中常见的一种腐蚀，亦称为"接触腐蚀"或"双金属腐蚀"。它是两种不同金属在溶液中直接接触，因其电极电位不同而构成腐蚀电池，使电极电位较负的金属发生溶解腐蚀。

（4）缝隙腐蚀。在生产装置的管道连接处以及衬板、垫片等处的金属与金属间、金属与非金属间或者金属涂层破损时金属与涂层所构成的窄缝中，如果积存电解液，会造成缝隙腐蚀。防止缝隙腐蚀的措施有：① 采用合适的抗缝隙腐蚀材料。② 采用合理的设计方案，如尽量减少缝隙宽度（$1/40$ mm≤缝隙宽度≤$8/25$ mm）、减少死角腐蚀液（介质）的积存，法兰配合严密，垫片要适宜等。③ 采用电化学保护。④ 采用缓蚀剂等。

（5）孔蚀。由于金属表面露头、错位以及介质不均匀等原因，使其表面膜的完整性遭到破坏，成为点蚀源，腐蚀介质会集中于金属表面的个别小点上形成深度较大的腐蚀。防止孔蚀的方法有：① 减少溶液中腐蚀性离子的浓度。② 减少溶液中氧化性离子的浓度，降低溶液温度。③ 采用阴极保护。④ 采用点蚀合金。

（6）其他。金属及合金在拉应力和特定介质环境的共同作用下会产生应力腐蚀破坏，从外观上看不到任何变化，但裂纹发展迅速，危险性更大。

建（构）筑物应严格按照《工业建筑防腐蚀设计规范》（GB 50046—2008）的要求进行防

腐设计,并按《建筑防腐蚀工程施工及验收规范》(GB 50212—1991)的规定进行竣工验收。

6. 生产设备的选用

在选用生产设备时,除考虑满足工艺功能外,应对设备的劳动安全性能给予足够的重视;保证设备在按规定使用时不会发生任何危险,不排放出超过标准规定的有害物质;应尽量选用自动化程度、本质安全程度高的生产设备。

选用的锅炉、压力容器、起重运输机械等危险性较大的生产设备,必须由持有安全、专业许可证的单位进行设计、制造、检验和安装,并应符合国家标准和有关规定的要求。

7. 采暖、通风、照明、采光

(1)根据《采暖通风与空气调节设计规范》(GBJ 50019—2003)提出采暖、通风与空气调节的常规措施和特殊措施。

(2)根据《工业企业照明设计标准》(GB 50034—1992)提出常规和特殊照明措施。

(3)根据《工业企业采光设计标准》(GB 50033—1991)提出采光设计要求。

必要时,根据工艺、建(构)筑物的特点和评价结果,针对存在的问题,依据有关标准提出其他对策措施。

8. 体力劳动

(1)为消除超重搬运和限制高强度体力劳动(例如消除 IV 级体力劳动),应采取降低体力劳动强度的机械化、自动化作业措施。

(2)根据成年男、女单次搬运重量、全日搬运重量的限制提出对策措施。

(3)针对女职工体力劳动强度、体力负重量的限制提出对策措施。

9. 定员编制、工时制度、劳动组织

(1)定员编制应满足国家现行工时制度的要求。

(2)定员编制还应满足女职工劳动保护规定(包括禁忌劳动范围)和有关限制接触有害因素时间(例如有毒作业、高处作业、高温作业、低温作业、冷水作业和全身强振动作业等)、监护作业的要求,还应根据其他安全的需要,做必要的调整和补充。

(3)根据工艺、工艺设备、作业条件的特点和安全生产的需要,在设计中对工作人员做出具体安排(作业岗设置、岗位人员配备和文化技能要求、劳动定额、工时和作业班制、指挥管理系统等)。

(4)劳动安全管理机构的设置。

(5)根据《中华人民共和国劳动法》及《国务院关于职工工作时间的规定》提出工时安排方面的对策措施。

10. 工厂辅助用室的设置

根据生产特点、实际需要和使用方便的原则,按照职工人数设计生产卫生用室(浴室、存衣室、盥洗室、洗衣房)、生活卫生用室(休息室、食堂、厕所)和医疗卫生、急救设施。

根据工作场所的卫生特征等级的需要,确定生产卫生用室。

11. 女职工劳动保护

根据《中华人民共和国劳动法》、国务院令第 619 号《女职工劳动保护规定》、《女职工禁忌劳动范围的规定》(劳安字[1990]2 号)、《女职工保健工作规定》(卫妇发[1993]11 号)提

出女职工"四期"保护等特殊的保护措施。

7.3　安全管理对策措施

与安全技术对策措施处于同一层面上的安全管理对策措施，在企业的安全生产工作中与前者起着同等重要的作用。安全管理对策措施通过一系列管理手段将企业的安全生产工作整合、完善、优化，将人、机、物、环境等涉及安全生产工作的各个环节有机地结合起来，保证企业生产经营活动在安全健康的前提下正常开展，使安全技术对策措施的作用最大地发挥。

安全管理对策措施的具体内容涉及面较为广泛，《中华人民共和国安全生产法》、《危险化学品安全管理条例》(国务院令第 591 号)、《特种设备安全监察条例》(国务院令第 549 号)、《化工企业安全管理规定》、《常用化学危险品储存通则》(GB 15603—1995)、《生产过程安全卫生要求总则》(GB 12801—2008)、《劳动防护用品选用规则》(GB 11651—1995)等包含了安全管理对策措施的许多具体内容。

7.3.1　建立安全管理制度

《中华人民共和国安全生产法》第四条规定"生产经营单位必须遵守本法和其他有关安全生产的法律、法规，加强安全生产管理，建立、健全安全生产责任制度，完善安全生产条件，确保安全生产。"

依据企业自身的特点，应建立《安全生产总则》、《安全生产守则》、《"三同时"管理制度》等指导性安全管理文件；制定《安全生产责任制》、《工艺技术安全生产规程》、《安全操作规程》，明确各级人员的安全生产岗位责任；对日常安全管理工作，应建立相应的《安全检查制度》、《安全生产巡视制度》、《安全生产交接班制度》、《安全监督制度》、《安全生产确认制度》、《安全生产奖惩制度》、《有毒有害作业管理制度》、《劳保用品管理制度》、《厂内交通运输安全管理条例》等管理制度。

对工伤事故应建立《伤亡事故管理制度》、《伤亡事故责任者处理规定》、《职业病报告处理制度》等制度。

对设备、工具等应建立《特种设备管理责任制度》、《危险设备管理制度》、《手持电动工具管理制度》、《吊索具安全管理规程》、《蒸汽锅炉、压力容器管理细则》等制度；对检修、动火和紧急状态，应建立《设备检修安全联络挂牌制度》、《动火作业管理规定》、《临时线审批制度》、《动力管线管理制度》、《危险作业审批制度》等管理制度。

在安全教育培训方面，应建立《各级领导安全培训教育制度》、《新进员工三级安全教育制度》、《转岗安全培训教育制度》、《日常安全教育和考核制度》、《违章员工教育》和《临时性安全教育》等制度；对特殊工种应建立《特种作业人员的安全教育》、《持证上岗管理规定》等制度。

7.3.2　完善安全管理机构和人员配置

建立并完善生产经营单位的安全管理组织机构和人员配置，保证各类安全生产管理制度能认真贯彻执行，各项安全生产责任能落实到人。明确各级第一负责人为安全生产第一责任人。

例如生产经营单位设立安全生产委员会，由单位负责人任主任，下设办公室，安全科长任办公室主任；建立安全员管理网络。各生产经营单位的安全管理机构设安全科，各作业区(包括物资储存区)设作业区级兼职安全员 1 名，分别由各作业区作业长兼任，各大班各设班组级兼职安全员 1 名，分别由各大班班长兼任。

《安全生产法》第十九条规定：矿山、建筑施工单位和危险物品的生产、经营、储存单位，应当设置安全生产管理机构或者配备专职安全生产管理人员。规定以外的其他生产经营单位，从业人员超过 300 人的，应当设置安全生产管理机构或者配备专职安全生产管理人员；从业人员在 300 人以下的，应当配备专职或者兼职的安全生产管理人员，或者委托具有国家规定的相关专业技术资格的工程技术人员提供安全生产管理服务。

国家安全生产监督管理局颁布的安监管管二字[2003]38 号文《危险化学品经营单位安全评价导则》内容规定：危险化学品经营单位应有安全管理机构或者配备专职安全管理人员；从业人员在 10 人以下的，应有专职或兼职安全管理人员；个体工商户可委托具有国家规定资格的人员提供安全管理服务。中、小型生产经营单位可根据上述两条规定的精神，结合本单位的特点，确定安全管理机构的设置和人员配置模式。在落实安全生产管理机构的设置和安全管理人员的配置后，还需建立各级机构和人员安全生产责任制。各级人员安全职责包括单位负责人及其副手、总工程师(或技术总负责人)、车间主任(或部门负责人)、工段长、班组长、车间(或部门)安全员、班组安全员、作业工人的安全职责。

7.3.3　安全培训、教育和考核

生产经营单位的主要负责人、安全生产管理人员和生产一线操作人员，都必须接受相应的安全教育和培训。生产经营单位的安全培训和教育工作分三个层面进行。

(1) 单位主要负责人和安全生产管理人员的安全培训教育，侧重面为国家有关安全生产的法律法规、行政规章以及各种技术标准、规范，了解企业安全生产管理的基本脉络，具备对整个企业进行安全生产管理的能力，取得安全管理岗位的资格证书。

(2) 从业人员的安全培训教育在于了解安全生产知识，熟悉有关的安全生产规章制度和安全操作规程，掌握本岗位的安全操作技能。

(3) 特种作业人员必须按照国家有关规定，经过专门的安全作业培训，取得特种作业操作资格证书。重大危险岗位作业人员还需要进行专门的安全技术训练，有条件的单位最好能对该类作业人员进行身体素质、心理素质、技术素质和职业道德素质的测定，避免由于作业人员先天性素质缺陷而留下安全隐患。

加强对新职工的安全教育、专业培训和考核，新进人员必须经过严格的三级安全教育和专业培训，并经考试合格后方可上岗。对职工每年至少进行两次安全技术培训和考核。

7.3.4　安全投入与安全设施

建立健全生产经营单位安全生产投入的长效保障机制，从资金和设施装备等物质方面保障安全生产工作正常进行，也是安全管理对策措施的一项内容。

建设项目在可行性研究阶段和初步设计阶段都应该考虑用于安全生产的专项资金的预

算。生产经营单位在日常运行过程中应该安排用于安全生产的专项资金，进行安全生产方面的技术改造，增添安全设施和防护设备以及个体防护用具；配备安全卫生管理、检查、事故调查分析、检测检验的用房以及通信、录像、照相等设施、设备；根据生产特点，适应事故应急预案措施的需要，配备必要的训练、急救、抢险设备和设施，以及安全卫生管理需要的其他设备和设施；配备安全卫生培训、教育（含电化教育）设备和场所。设计单位和生产单位应根据安全管理的需要，配备必要的人员及管理、检查、检测、培训教育和应急抢救必需的设备和设施，如设置卫生室并配置相应的急救药品，高温作业需要设置有空调的休息室，化工装置有的需要设置相应的防毒面具、淋洗、洗眼器等。

7.3.5　实施监督与日常检查

安全管理对策措施的动态表现就是监督与检查，即对于国家有关安全生产方面的法律法规、技术标准、规范和行政制度执行情况的监督与检查，对于本单位所制定的各类安全生产规章制度和责任制的落实情况的监督与检查。通过监督检查，保证本单位各层面的安全教育和培训能正常有效地进行，保证本单位安全生产投入的有效实施，保证本单位安全设施、安全技术装备能正常发挥作用。应经常性督促、检查本单位的安全生产工作，及时消除生产安全事故隐患。

7.4　事故应急救援预案

针对设备、设施、场所和环境，在评估了事故的形成、发展过程、危害范围、破坏区域的基础上，为降低事故损失，就机构人员，救援设备、设施、条件、环境，行动步骤和纲领，控制事故发展的方法和程序等预先做出的计划和安排，称之为事故应急救援预案。

编制事故应急救援预案在安全对策措施的制定中占有非常重要的地位。安全评价报告中有关对策措施的章节内必须要有应急救援预案的内容。编制事故应急救援预案的目的是为了在重大事故发生时能及时予以控制，有效组织抢险和救助，防止重大事故蔓延，减少事故损失。

7.4.1　应急救援预案的类型

根据事故应急救援预案的对象和级别，应急救援预案可分为以下四种类型。

1. 应急行动指南或检查表

应急行动指南是针对已辨识的危险规定应采取的特定应急行动，简要描述应急行动必须遵从的基本程序，如发生情况向谁报告，报告什么信息，采取哪些应急措施等。这种应急预案主要起提示作用，对相关人员要进行培训，有时将这种预案作为其他类型应急预案的补充。

2. 应急响应预案

应急响应预案是针对现场每项设施和场所可能发生的事故情况编制的应急救援预案，如化学泄漏事故的应急响应预案、台风应急响应预案等。应急响应预案要包括所有可能的危险状况，明确有关人员在紧急状况下的职责。这类预案仅说明处理紧急事务的必需的行动，不包括事前要求(如培训、演练等)和事后措施。

3．互助应急预案

互相应急预案是相邻企业为在事故应急处理中共享资源、相互帮助制定的应急预案。这类预案适合于资源有限的中、小企业以及高风险的大企业，需要高效的协调管理。

4．应急管理预案

应急管理预案是综合性的事故应急预案，这类预案详细描述事故发生前、事故过程中和事故发生后何人做何事、什么时候做、如何做等内容。这类预案要明确完成每一项职责的具体实施程序，包括事故应急的四个逻辑步骤：预防、预备、响应、恢复。

县级以上的政府机构、具有重大危险源的企业，除单项事故应急预案外，还应制定重大事故应急管理预案。

7.4.2　应急救援预案的编制内容

应急救援预案主要应包括以下内容。

1．基本情况

基本情况指企业的概况，主要包括企业的地址、经济性质、从业人数、隶属关系、主要产品、产量等内容。

2．危险目标的确定

可通过分析以下材料辨识的事故类别、危害程度，确定危险目标。

(1)针对危险品生产、储存、使用企业的现状形成的安全评价报告。

(2)健康、安全、环境管理体系文件。

(3)职业安全健康管理体系文件。

(4)重大危险源辨识结果。

(5)其他。

3．应急救援组织机构设置、人员组成和职责的划分

(1)应急救援组织机构设置。依据危险化学品事故的类别、危害程度和从业人员的评估结果，分级设置应急救援组织机构。

(2)人员组成。明确主要负责人、有关管理人员及现场指挥人。

(3)主要职责。组织编制事故应急救援预案；负责人员、资源配置以及应急队伍的调动；确定现场指挥人员；协调事故现场有关工作；批准预案的启动与终止；确定事故状态下各级人员的职责；完成事故信息的上报工作；接受政府的指令和调动；组织应急预案的演练；负责整理事故发生后的相关数据。

4．报警、通讯联络的选择

依据现有资源的评估结果，确定以下内容：

(1)24 小时有效的报警装置；

(2)24 小时有效的内部、外部通讯联络手段。

5．事故发生后应采取的工艺处理措施

根据工艺规程、操作规程的技术要求，确定应采取的处理措施。

6. 人员紧急疏散、撤离

依据对可能发生事故的场所、设施及周围情况的分析结果，确定以下内容：

(1) 事故现场人员清点和组织撤离的方式、方法；

(2) 非事故现场人员紧急疏散的方式、方法。

7. 危险区的隔离

依据可能发生的事故类别、危害程度，确定以下内容：

(1) 危险区的设定；

(2) 事故现场隔离区的划定方式、方法；

(3) 事故现场隔离方法。

8. 检测、抢险、救援及控制措施

依据有关国家标准和对现有资源的评估结果，确定以下内容：

(1) 检测的方式、方法及检测人员的防护、监护措施；

(2) 抢救和救援方式、方法及人员的防护、监护措施；

(3) 现场实时监测及异常情况下抢险人员的撤离条件、方法；

(4) 应急救援队伍的调度；

(5) 控制事故扩大的措施；

(6) 事故扩大后的应急措施。

9. 受伤人员现场救护、医院救治

依据对可能发生事故的现场情况以及附近地区医疗机构的设置情况的综合分析，确定以下内容：

(1) 伤亡人员的转移路线、方法；

(2) 受伤人员现场处置措施；

(3) 受伤人员进入医院前的抢救措施；

(4) 选定的受伤人员救治医院；

(5) 提供受伤人员致伤信息的方式、方法。

10. 应急救援保障

(1) 内部保障依据现有资源的评估结果，确定以下内容：

① 应急队伍；

② 消防设施配置图、工艺流程图、现场平面布置图、周围地区图、气象资料、危险用品安全技术说明书、互救信息等的存放地点及保管人；

③ 应急通信系统；

④ 应急电源、照明；

⑤ 应急救援装备、物资、药品等；

⑥ 保障制度目录。如责任制，值班制度，培训制度，应急救援装备、物资、药品等的检查、维护制度，演练制度等。

(2) 外部救援依据对外部应急救援能力的分析结果，确定以下内容：

① 企业互助的方式；

② 请求政府协调应急救援力量的途径；

③ 应急救援信息咨询方式；

④ 专家信息获得方式。

11. 预案分级响应条件

依据事故的类别、危害程度，从业人员的评估结果以及可能发生事故的现场情况分析结果，设定预案的启动条件。

12. 事故应急救援关闭程序

(1) 确定事故应急救援工作结束；

(2) 通知本单位相关部门、周边社区及人员，事故危险已解除。

13. 应急培训计划

依据对从业人员能力的评估和社区或周边人员素质的分析结果，确定以下内容：

(1) 应急救援人员的培训；

(2) 员工应急响应的培训；

(3) 社区或周边人员应急响应知识的宣传。

14. 演练计划

依据对现有资源的评估结果，确定以下内容：

(1) 演练准备；

(2) 演练范围及频次；

(3) 演练组织。

15. 附件

(1) 组织机构名单；

(2) 值班联系电话；

(3) 组织应急救援有关人员联系电话；

(4) 危险品生产单位应急咨询服务电话；

(5) 外部救援单位联系电话；

(6) 政府有关部门联系电话；

(7) 企业平面布置图；

(8) 消防设施配置图；

(9) 周边地区单位、住宅、重要基础设施分布图；

(10) 保障制度。

7.4.3　应急救援预案编制的格式及要求

1. 格式

(1) 封面：标题、企业名称、事故编号、实施日期、签发人（签字）、公章。

(2) 目录。

(3) 引言、概况。

(4) 术语、符号和代号。

（5）预案内容。

（6）附录。

（7）附加说明。

2．基本要求

（1）使用 A4 白色胶版纸(70 g 以上)。

（2）正文采用仿宋 4 号字。

（3）打印文本。

7.4.4　应急救援预案的编制步骤

应急救援预案的编制步骤如图 7-1 所示。

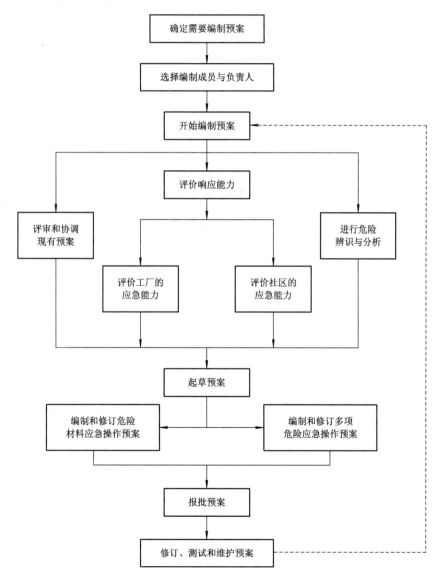

图 7-1　应急救援预案的编制步骤

思 考 题

1. 简述安全对策措施的基本要求。
2. 简述选择安全对策措施的原则和提出安全对策措施时应注意的事项。
3. 制定安全技术对策措施主要考虑哪几个方面？
4. 制定安全管理对策措施应主要考虑哪几个方面？
5. 简述编制事故应急救援预案对事故预防和控制的意义。

第 8 章 安全评价结论与评价报告

8.1 评价数据的处理

8.1.1 评价数据采集处理原则

安全评价资料、数据的采集是进行安全评价必要的基础工作。预评价与验收评价资料以可行性研究报告及设计文件为主，同时要求提供下列资料：可类比的安全卫生技术资料及监测数据，适用的法规、标准、规范、安全卫生设施及其运行效果，安全卫生的管理及其运行情况，安全、卫生、消防组织机构情况等。安全现状评价所需的资料要比预评价与验收评价复杂得多，它重点要求厂方提供反映现实运行状况的各种资料与数据，而这类资料、数据往往由生产一线的车间人员，设备管理部门，安全、卫生、消防管理部门，技术检测部门等分别掌握，有些甚至还需要财务部门提供。

在安全评价资料、数据采集处理方面，应遵循以下原则：首先应保证资料和数据全面、客观、具体、准确；其次应尽量避免不必要的资料索取，以免给企业带来不必要的负担。根据这一原则，参考国外评价资料要求，结合我国对各类安全评价的具体要求，可将各阶段安全评价所需的资料、数据总结于表 8-1 中。

表 8-1 安全评价所需资料、数据

资料类别 ＼ 评价类别	安全预评价	安全验收评价	安全现状评价	专项安全评价
有关法规、标准、规范	√	√	—	√
评价所依据的工程设计文件	√	√	√	—
厂区或装置平面布置图	√	√	√	√
工艺流程图与工艺概况	√	√	√	√
设备清单	√	√	√	√
厂区位置图及厂区周围人口分布	√	√	√	√
开车试验资料	—	√	√	√(有关的)
气体防护设备分布情况	√	√	√	—
强制检定仪器仪表标定检定资料	—	√	√	√(有关的)
特种设备检测和检验报告	—	√	√	√(有关的)
近年来的职业卫生监测数据	—	√	√	√(有关的)

评价类别 资料类别	安全预评价	安全验收评价	安全现状评价	专项安全评价
近年来的事故统计及事故记录	—	—	√	√(有关的)
气象条件	√	√	√	—
重大事故应急预案	—	√	√	√(有关的)
安全卫生组织机构网络	√	√	√	—
工厂消防组织、机构、装备	√	√	√	—
预评价报告	—	√	√	—
验收评价报告	—	—	√	—
安全现状评价报告	—	—	—	—
不同行业的其他资料要求	—	—	—	√

注：表中"√"表示该类评价需要该项资料，"—"表示该类评价不需要该项资料。

8.1.2 评价数据的分析处理

1. 数据收集

数据收集是进行安全评价最关键的基础工作。所收集的数据要以满足安全评价的需要为前提。由于相关数据可能分别掌握在管理部门（设备、安全、卫生、消防、人事、劳动工资、财务等）、检测部门（质量科、技术科）以及生产车间，因此，进行数据收集时要做好协调工作，使收集到的数据尽量全面、客观、具体、准确。

2. 数据范围

收集数据的范围以已确定的评价边界为限，兼顾与评价项目相联系的接口。如：对改造项目进行评价时，动力系统不属于改造范围，但动力系统的变化会导致被评价系统的变化，因此，数据收集时应该将动力系统的数据包括在内。

3. 数据内容

安全评价要求提供的数据内容一般分为：人力与管理数据、设备与设施数据、物料与材料数据、方法与工艺数据、环境与场所数据等。

4. 数据来源

安全评价数据的主要来源有：被评价单位提供的设计文件（可行性研究报告或初步设计）、生产系统实际运行状况和管理文件等；其他法定单位测量、检测、检验、鉴定、检定、判定或评价的结果和结论等；评价机构或其委托检测单位，通过对被评价项目或可类比项目进行实地检查、检测、检验得到的相关数据，以及通过调查、取证得到的安全技术和管理数据；相关的法律法规、相关的标准规范、相关的事故案例、相关的材料或物性数据以及相关的救援知识等。

5. 数据的真实性和有效性控制

对收集到的安全评价资料数据，应确保其真实性和有效性，主要关注这几个方面的问题；收集的资料数据，要对其真实性和可信度进行评估，必要时可要求资料提供方书面说明资料来源；对用作类比推理的资料要注意类比双方的相关程度和资料获得的条件；代表性不强的资料(未按随机原则获取的资料)不能用于评价；安全评价引用反映现状的资料必须在数据有效期限内。

6. 数据汇总及数理统计

通过现场检查、检测、检验及访问，得到大量数据资料，首先应将数据资料分类汇总，再对数据进行处理，保证其真实性、有效性和代表性，必要时可进行复测，经数理统计将数据整理成可与相关标准比对的格式，采用能说明实际问题的评价方法，得出评价结果。

7. 数据分类

安全评价的数据主要分为：① 定性检查结果，如符合、不符合、无此项或文字说明等；② 定量检测结果，如 20 mg/m³、30 mA、88 dB(A)、0.8 MPa 等带量纲的数据；③ 汇总数据，如起重机械 30 台/套、职工安全培训率 89% 等计数或比例数据；④ 检查记录，如易燃易爆物品储量 12 t、防爆电器合格证编号等；⑤ 照片、录像，如法兰间采用四氟乙烯垫片，反应釜设有防爆片和安全阀，用录像记录安全装置试验结果，特别是制作评价报告电子版本时，图像数据更为直观，效果更好；⑥ 其他数据类型，如连续波形对比数据、数据分布、线性回归、控制图等图表数据。

8. 数据结构(格式)

安全评价的数据结构主要分为：① 汇总类，如厂内车辆取证情况汇总、特种作业人员取证汇总等；② 检查表类，如安全色与安全标志检查表；③ 定量数据消除量纲加权变成指数进行分级评价，如有毒作业分级；④ 定性数据通过因子加权赋值变成指数进行分级评价，如机械工厂安全评价；⑤ 引用类，如引用其他法定检测机构专项检测、检验得到的数据；⑥ 其他数据格式，如集合、关系、函数、矩阵、树(林、二叉树)、图(有向图、串)、形式语言(群、环)、偏集和格、逻辑表达式、卡诺图等。

9. 数据处理

收集到的数据要经过筛选和整理，才能用于安全评价。对获得的数据进行处理，可消除或减弱不正常数据对检测结果的影响。整理后的数据应该满足：① 来源可靠，对收集到的数据要经过鉴别，舍去不可靠的数据；② 数据完整，凡安全评价中要使用的数据都应设法收集到；③ 取值合理，评价过程取值带有一定主观性，取值正确与否往往影响评价的结果，若采用了无效或无代表性的数据，会造成检查、检测结果错误，得出不符合实际情况的评价结论。

为了使样本的性质充分反映总体的性质，在样本的选取上应遵循随机化原则，即样本各个个体选取要具有代表性，不得任意删留；样本各个个体选取必须是独立的，各次选取的结果互不影响。在处理数据时应注意以下几种数据特性。

(1) 概率。随机事件在若干次观测中出现的次数叫频数，频数与总观测次数之比叫频率。当检测次数逐渐增多时，某一检测数据出现的频率总是趋近某一常数，此常数能表示现场出现此检测数据的可能性，这就是概率。在概率论中，把表示事件发生的可能性的数称为概率。在实际工作中，我们常以频率近似地代替概率。

(2) 显著性差异。概率在 0～1 的范围内波动。当概率为 1 时，此事件必然发生；当概率为 0 时，此事件必然不发生。数理统计中习惯上认为概率 p≤0.05 为小概率，并以此作为事物间有无显著性差别的界限。

为提高取值准确性，可从以下三方面着手：① 严格按技术守则规定取值；② 有一定范围的取值，可采用内插法提高精度；③ 较难把握的取值，可采用向专家咨询的方法，集思广益来解决。数据整理和加工有三种基本形式：① 按一定要求将原始数据进行分组，作出各种统计表及统计图；② 将原始数据按从小到大的顺序排列，从而由原始数列得到递增数列；③ 按照统计推断的要求将原始数据归纳为一组或几组特征数据。

10. 检测数据质量控制

经常采用两种控制方式来保证数据的正确性：一是用线性回归方法对原来制作的标准曲线进行复核；二是核对精密度和准确度。

记录精密度和准确度最简便的方法是制作"休哈特控制图"，通过控制图可以看出检测、检验是否在控制之中，有利于观察正、负偏差的发展趋势，及时发现异常，找出原因并采取措施。

11. "异常值"和"未检出"的处理

(1) "异常值"的处理。异常值是指现场检测或实验室分析结果中偏离其他数据很远的个别极端值，极端值的存在导致数据分布范围变大。当发现极端值与实际情况明显不符时，首先要在检测条件中直接查找可能造成干扰的因素，以便使极端值的存在得到解释，并加以修正；若发现极端值属外来影响造成则应舍去；若查不出产生极端值的原因，应对极端值进行判定再决定取舍。

对极端值有许多处理方法，在这里介绍一种"Q 值检验法"。

"Q 值检验法"是迪克森(W. J. Dixon)在 1951 年专为分析化学中少量观测次数 ($n<10$)提出的一种简易判据式。检验时将数据从小到大依次排列：X_1，X_2，X_3，…，X_{n-1}，X_n，然后将极端值代入以下公式求出 Q 值，将 Q 值与表 8-2 中的 $Q_{0.90}$ 对照，若 $Q \geqslant Q_{0.90}$，则有 90% 的置信，此极端值应被舍去。

$$Q = \frac{X_n - X_{n-1}}{X_n - X_1} \quad (\text{检验最大值 } X_n \text{ 时})$$

$$Q = \frac{X_2 - X_1}{X_n - X_1} \quad (\text{检验最小值 } X_1 \text{ 时})$$

式中分母表示极端值与邻近值间的偏差；分子表示全距。

表 8-2　观测次数的置信因素

观测次数	$Q_{0.90}$
3	0.94
4	0.76
5	0.64
6	0.56
7	0.51
8	0.47
9	0.44
10	0.41

例：现场仪器在同一点上 4 次测量，测出的数据为 0.1012，0.1014，0.1016，0.1025，其中 0.1025 与其他数值差距较大，是否应该舍去？

解：根据"Q 值检验法"得：

$$Q = \frac{X_n - X_{n-1}}{X_n - X_1}$$

$$= \frac{0.1025 - 0.1016}{0.1025 - 0.1012}$$

$$= 0.69 < 0.76$$

（4 次观测的 $Q_{0.90} = 0.76$）

所以，0.1025 不能舍弃，测出结果应用 4 次观测的均值 0.1017。

（2）"未检出"的处理。在检测上，有时因采样设备和分析方法不够精密，会出现一些小于分析方法检出限的数据，在报告中称为"未检出"。这些"未检出"并不是真正的零值，而是处于零值与检出限之间的值，用"0"来代替不合理（会造成统计结果偏低）。"未检出"在实际工作中可用两种方法进行处理：将"未检出"按标准的 1/10 加入统计数据；将"未检出"按分析方法最低检出限的 1/2 加入统计数据。总之，在统计分组时不要轻易将"未检出"舍掉。

8.2　安全评价结论

8.2.1　编制安全评价结论的一般步骤

安全评价结论应体现系统安全的概念，要阐述整个被评价系统的安全能否得到保障，系统客观存在的固有危险、有害因素在采取安全对策措施后能否得到控制及其受控的程度如何。

编制安全评价结论的一般工作步骤如下：

（1）收集与评价相关的技术与管理资料；

（2）按评价方法从现场获得与各评价单元相关的基础数据；

（3）通过数据的处理得到单元评价结果；

（4）将单元评价结果整合成单元评价小结；

（5）将各单元评价小结整合成评价结论。

8.2.2　评价结论的编制原则

对工程、系统进行安全评价时，通过分析和评价，将被评价单元和要素的评价结果汇总成各单元安全评价的小结，整个项目的评价结论应是各评价单元评价小结的高度概括，而不是将各评价单元的评价小结简单地罗列起来作为评价的结论。

评价结论的编制应着眼于整个被评价系统的安全状况，应遵循客观公正、观点明确的原则，做到概括性、条理性强且文字表达精练，具体的编制原则有以下几点：

1. 客观公正性

评价报告应客观地、公正地针对评价项目的实际情况，实事求是地给出评价结论。

（1）对危险和危害性分类、分级的确定，如火灾危险性分类、防雷分类、重大危险源辨识、火灾危险环境和电力装置危险区域的划分、毒性分级等，应恰如其分，实事求是。

（2）对定量评价的计算结果应进行认真的分析，看是否与实际情况相符，如果发现计算结果与实际情况出入较大，应认真分析所建立的数学模型或采用的定量计算式是否合理。

2. 观点明确

在评价结论中观点要明确，不能含糊其辞、模棱两可甚至自相矛盾。

3. 清晰准确

评价结论应是对评价报告的高度概括，层次要清楚，语言要精练，结论要准确，要符合客观实际，要有充足的理由。

8.2.3 评价结果分析、归类和评价结论的主要内容

1. 评价结果分析

评价结果应较全面地考虑评价项目各方面的安全状况，要从"人、机、料、法、环"理出评价结论的主线并进行分析。交待建设项目的安全卫生技术措施、安全设施上是否能满足系统安全的要求，安全验收评价还需考虑安全设施和技术措施的运行效果及可靠性。

1) 人力资源和管理制度方面

（1）人力资源。安全管理人员和生产人员是否经过安全培训，是否持证上岗等。

（2）管理制度。是否建立安全管理体系，是否建立支持文件(管理制度)和程序文件(作业规程)，设备装置运行是否建立台账，安全检查是否有记录，是否建立事故应急救援预案等。

2) 设备装置和附件设施方面

（1）设备装置。生产系统、设备和装置的本质安全程度是否达到要求，控制系统是否为故障保护型等。

（2）附件设施。安全附件和安全设施配置是否合理，是否能起到安全保障作用，其有效性是否得到证实。

3) 物质物料和材质材料方面

（1）物质物料。危险化学品的安全技术说明书是否提供，其生产、储存是否构成重大危险源，燃爆和急性中毒是否得到有效控制。

（2）材质材料。设备、装置及危险化学品的包装物的材质是否符合要求，材料是否采取防腐措施(如牺牲阳极法)，测得的数据是否完整(测厚、探伤等)。

4) 工艺方法和作业操作

（1）工艺方法。生产过程工艺的本质安全程度、生产工艺条件正常和工艺条件发生变化时的适应能力。

（2）作业操作。生产作业及操作控制是否按安全操作规程进行。

5) 生产环境和安全条件

（1）生产环境。生产作业环境是否符合防火、防爆、防急性中毒的安全要求。

（2）安全条件。自然条件对评价对象的影响，周围环境对评价对象的影响，评价对象总图布置是否合理，物流路线是否安全和便捷，作业人员安全生产条件是否符合相关要求。

2. 评价结果归类及重要性判断

由于系统内各单元评价结果之间存在关联，且各评价结果在重要性上不平衡，对安全评价结论的贡献有大有小，因此在编写评价结论之前最好对评价结果进行整理、分类并按严重度和发生频率将结果分别排序列出。

例如，按影响特别大的危险(群死群伤)或故障(或事故)频发的结果、影响重大的危险(个别伤亡)或故障(或事故)发生的结果、影响一般的危险(偶有伤亡)或故障(或事故)偶然发生的结果等将评价结果排序列出。

3. 评价结论的主要内容

安全评价结论的内容，因评价种类(安全预评价、安全验收评价、安全现状评价和专项评价)的不同而各有差异。通常情况下，安全评价结论的主要内容应包括：

1）对评价结果的分析

(1) 评价结果概述、归类，按危险程度排序；

(2) 对于评价结果可接受的项目，还应进一步提出要重点防范的危险、危害性；

(3) 对于评价结果不可接受的项目，要指出存在的问题，列出不可接受的充足理由；

(4) 对受条件限制而遗留的问题提出改进方向和建议措施。

2）评价结论

(1) 评价对象是否符合国家安全生产法规、标准的要求；

(2) 评价对象在采取所要求的安全对策措施后达到的安全程度。

3）建议

(1) 提出保持现已达到的安全水平的要求(加强安全检查、保持日常维护等)；

(2) 进一步提高安全水平的建议(额外配置安全设施，采用先进工艺、方法、设备等)；

(3) 其他建设性的建议和希望。

8.3　安全预评价及其评价报告

安全预评价的目的是贯彻"安全第一、预防为主"方针，为建设项目的初步设计提供科学依据，以利于提高建设项目本质安全程度。安全预评价是根据建设项目可行性研究报告内容，分析和预测该项目可能存在的危险危害因素的种类和程度，提出合理可行的安全对策措施及建议。本书附录 3 提供了《安全预评价导则》，可供参考。

8.3.1　安全预评价的内容

安全预评价内容主要包括危险危害因素辨识、危险度评价和安全对策措施及建议。危险危害因素辨识是指找出危险危害因素并分析其性质和状态的过程。危险度评价是指评价危险危害因素导致事故发生的可能性和严重程度，确定承受水平，并按照承受水平提出安全对策措施，使危险度降低到可承受的水平的过程。

8.3.2　安全预评价程序

安全预评价程序一般包括：准备阶段；危险危害因素辨识与分析；确定安全预评价单

元;选择安全预评价方法;定性、定量评价;提出安全对策措施及建议;得出安全预评价结论;编制安全预评价报告。

1. 准备阶段

准备阶段主要是明确被评价对象和范围,进行现场调查和收集国内外相关法律法规、技术标准及建设项目的资料。

2. 危险危害因素辨识与分析

根据建设项目周边环境、生产工艺流程及场所的特点,识别和分析其潜在的危险危害因素。

3. 确定安全预评价单元

在危险危害因素识别和分析的基础上,根据评价的需要,将建设项目分成若干个评价单元。

4. 选择安全预评价方法

根据被评价对象的特点,选择科学、合理、适用的定性和定量评价方法。

5. 定性、定量评价

采用选择的评价方法,对危险危害因素导致事故发生的可能性和严重程度进行定性、定量评价,以确定事故可能发生的部位、频次、严重程度的等级及相关结果,为制定安全对策措施提供科学依据。

6. 提出安全对策措施及建议

根据定性、定量评价结果,提出消除或减弱危险危害因素的技术和管理对策措施及建议。

7. 得出安全预评价结论

简要列出主要危险危害因素评价结果;指出建设项目应重点防范的重大危险危害因素,明确应重视的重要安全对策措施;给出建设项目从安全生产角度是否符合国家有关法律、法规、技术标准规定的结论。

8. 编制安全预评价报告

略。

8.3.3 安全预评价报告书的格式

安全预评价报告书一般按下面的格式编写。

(1)封面:封面上应有建设单位名称、建设项目名称、评价报告(安全预评价报告)名称、预评价报告编号、安全评价机构名称、安全预评价机构资质证书编号及报告完成日期。

(2)安全预评价机构资质证书影印件。

(3)著录项:安全预评价机构法人代表、审核定稿人、课题组长等主要责任者姓名;评价人员、各类技术专家以及其他有关责任者名单(评价人员和技术专家均要手写签名);评价机构印章及报告完成日期。

(4)摘要:评价的目的、范围、内容简述;评价过程简要说明;危险危害因素辨识结果;重大危险源辨识及评价结果;所采用的评价方法及划分的评价单元;获得的评价结果;

主要安全对策措施及建议概述；最终评价结论。

摘要编写一定要重点突出、层次清楚、言简意赅，表述要客观。文字宜控制在 2000～3000 字。

(5) 目录。

(6) 前言。

(7) 正文：包括概述、生产工艺简介、主要危险危害因素分析、评价方法的选择和评价单元划分、定性定量安全评价、安全对策措施及建议、预评价结论等。

(8) 附件。

(9) 附录。

8.3.4　安全预评价报告的编制

安全预评价报告的主要内容包括概述、生产工艺简介、主要危险危害因素分析、评价方法的选择和评价单元划分、定性定量安全评价、安全对策措施及建议、评价结论。

1. 概述

概述包括编制预评价报告书的依据、建设单位简介、建设项目简介和评价范围等内容。

(1) 安全预评价的依据：包括有关的法律、法规、技术标准、建设项目(新建、改建、扩建工程项目)可行性研究报告、立项文件等相关文件和参考资料。

(2) 建设单位简介：包括单位性质、组织机构、员工构成、生产的产品、自然地理位置、环境气候条件等。

(3) 建设项目简介：包括建设项目选址、总图及平面布置、生产规模、工艺流程、主要设备、主要原材料、中间体、产品、技术经济指标、公用工程及辅助设施等。

(4) 评价范围：一般整个建设项目包括的生产装置、公用工程、辅助设施、物料储运、总图布置、自然条件及周围环境条件等均应在评价范围之内，但有些技术改造项目新老装置交错共存，有些新建项目分期实施，诸如此类建设项目就需要明确评价范围。

2. 生产工艺简介

对生产工艺应简要介绍工艺路线、主要工艺条件、主要生产设备等。

3. 主要危险危害因素分析

在分析了建设项目资料和对同类生产厂家进行了初步调研的基础上，对建设项目建成投产后，在生产过程中所用原、辅材料及中间产品的数量、危险危害性及其储运，以及生产工艺、设备、公用工程、辅助工程、地理环境条件等方面的危险危害因素逐一进行分析，确定主要危险危害因素的种类、产生原因、存在部位及可能产生的后果，以便确定评价对象和选用合适的评价方法。

4. 评价方法的选择和评价单元划分

根据建设项目主要危险危害因素的种类和特征，选用评价方法。不同的危险危害因素，选用不同的方法。对重要的危险危害因素，必要时可选用两种(或多种)评价方法进行评价，相互补充、验证，以提高评价结果的可靠性。在选用评价方法的同时，应明确所要评价的对象和进行评价的单元。

5. 定性定量安全评价

定性定量安全评价是预评价报告书的核心章节,运用所选取的评价方法,对危险危害因素进行定性、定量的评价计算和论述。根据建设项目的具体情况,对主要危险因素采用相应的评价方法进行评价。对危险性大且容易造成群体伤亡事故的危险因素可选用两种或几种评价方法进行评价,以相互验证和补充,并且要对所得到的评价结果进行科学的分析。

6. 安全对策措施及建议

由于安全方面的对策措施对建设项目的设计、施工和今后的安全生产及管理具有指导作用,因此备受建设、设计单位的重视,这是预评价报告书中的一个重要章节。提出的安全对策措施针对性要强,要具体、合理、可行。一般情况下从下列几个方面分别列出可行性研究报告中已提出的和建议补充的安全对策措施。

(1)总图布置和建筑方面的安全对策措施。

(2)工艺设备、装置方面的安全对策措施。

(3)工程设计方面的安全对策措施。

(4)管理方面的安全对策措施。

(5)应采用的其他综合措施。

同时,本章节中应列出建设项目必须遵守的国家和地方安全方面的法规、法令、标准、规范和规程。

7. 评价结论

评价结论应包括以下几个方面:

(1)简要列出对主要危险危害因素评价(计算)的结果;

(2)明确指出本建设项目今后生产过程中应重点防范的重大危险因素;

(3)指出建设单位应重视的重要安全卫生技术措施和管理措施,以确保今后的安全生产。

8.3.5 安全预评价建设单位应提供的资料

安全预评价建设单位应提供的资料包括:

(1)建设项目综合性资料。

建设单位概况;建设项目概况;建设工程总平面图;建设项目与周边环境位置关系图;建设项目工艺流程及物料平衡图;气象条件等。

(2)建设项目设计依据。

建设项目立项批准文件;建设项目设计依据的地质、水文资料;建设项目设计依据的其他有关安全资料。

(3)建设项目设计文件。

建设项目可行性研究报告;改建、扩建项目相关的其他设计文件。

(4)安全设施、设备、工艺、物料资料。

生产工艺中的工艺过程描述与说明;生产工艺中的安全系统描述与说明;生产系统中主要设施、设备和工艺数据表;原料、中间产品、产品及其他物料资料。

(5)安全机构设置及人员配置。

（6）安全专项投资估算。

（7）历史性类比装置的监测数据和资料。

（8）其他可用于建设项目安全评价的资料。

8.4　安全验收评价及其评价报告

安全验收评价是在建设项目竣工、试生产运行正常后，通过对建设项目的设施、设备、装置的实际运行状况及管理状况的安全评价，查找该建设项目投产后存在的危险、有害因素的种类和程度，提出合理可行的安全对策措施及建议。本书附录 4 提供了《安全验收评价导则》，可供参考。

安全验收评价是运用系统安全工程的原理和方法，在项目建成试生产正常运行后，在正式投产前进行的一种检查性安全评价。其目的是验证系统安全，为安全验收提供依据。它对系统存在的危险和有害因素进行定性和定量评价，判断系统的安全程度和配套安全设施的有效性，从而得出评价结论并提出补救或补偿的安全对策措施，以促进项目实现系统安全。

《中华人民共和国安全生产法》第二十四条规定：新建、改建、扩建工程项目的安全设施必须与主体工程同时设计、同时施工、同时投入生产和使用。安全验收评价与"三同时"的关系如图 8-1 所示。

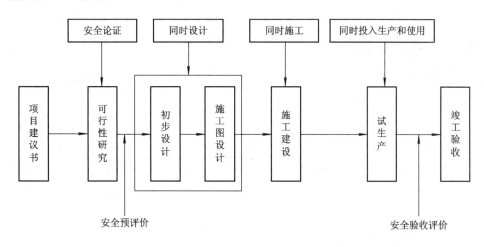

图 8-1　建设项目安全验收评价与"三同时"的关系

安全验收评价是检验和评判"三同时"落实效果的工具，是为安全验收进行的技术准备，"建设项目安全验收评价报告"将作为建设单位申请建设项目安全验收的依据。

8.4.1　安全验收评价概述

1. 安全验收评价的目的

安全验收评价的目的是：贯彻"安全第一，预防为主"的方针，为建设项目的安全验收提供科学依据，对未达到安全目标的系统或单元提出安全补偿及补救措施，以利于提高建设项目本质安全程度，满足安全生产的要求，也就是通过检查建设项目系统上的配套安全设施的状况(完备性和运行有效性)来验证系统安全,为安全验收提供依据。

2. 安全验收评价的意义

安全验收评价的意义在于,它能为安全验收把关,确保建设项目正式投产之后,系统能够安全运行;保障作业人员在生产过程中的安全和健康。此外,安全验收评价还可以作为今后企业持续改进、提高安全生产水平的基准。

3. 安全验收评价的内容

安全验收评价的内容是检查建设项目中的安全设施是否已与主体工程同时设计、同时施工、同时投入生产和使用;评价建设项目及与之配套的安全设施是否符合国家有关安全生产的法律法规和技术标准。安全验收评价工作主要内容有三个方面:

(1)从安全管理角度检查和评价生产经营单位在建设项目中对《中华人民共和国安全生产法》的执行情况。

(2)从安全技术角度检查建设项目中的安全设施是否已与主体工程同时设计、同时施工、同时投入生产和使用;检查和评价建设项目(系统)及与之配套的安全设施是否符合国家有关安全生产的法律、法规和标准。

(3)从整体上评价建设项目的运行状况和安全管理是否正常、安全、可靠。

4. 安全验收评价工作的特点

(1)评价符合性。依据法律、法规、标准,评价系统整体在安全上的符合性。

(2)评价有效性。通过检测、检验数据和统计分析,评价系统中安全设施的有效性。

8.4.2 安全验收评价工作要求

安全验收是安全"三同时"的最后一关。因此,安全验收评价工作要突出四个方面:

1. 安全"三同时"过程完整性的检查

检查安全"三同时"过程的完整性,就是检查建设项目在程序上、内容上是否按"三同时"的要求进行。避免在项目设计施工阶段不考虑安全配套设施,仅以安全验收评价报告提出的整改意见事后再补安全设施。安全验收评价的改进对策只是补救措施,不能替代安全设施与项目同时设计的作用。对安全验收评价来说,先进行"三同时"程序性检查,可以明确安全责任。

2. 安全设施落实情况调查

建设项目安全"三同时"的各过程都是环环相扣的。安全设施落实情况调查要从"同时设计"、"同时施工"、"同时投入生产和使用"三个方面展开,然后将调查结果形成证据文件,即解决安全设施"有没有"的问题。

3. 安全设施有效性评价

对安全设施有效性进行评价是安全验收评价的核心。安全设施有效性评价主要包括两个方面:

(1)依据国家有关安全生产的法律、法规和相关标准,用相应的评价方法,定性评价安全、卫生设施与系统是否匹配,即解决安全设施"对不对"的问题。

(2)依据国家有关安全生产的法律、法规和相关标准,用检测、检验及资料统计等手段，定量评价安全设施是否能达到保障系统(单元)安全的效果，即解决安全设施"好不好"的问题。

4. 生产经营单位的安全生产保障情况取证和评价

建设项目安全验收评价应对安全生产条件进行检查和评价。检查和评价的内容包括：

(1) 安全生产管理机构设置及安全生产管理人员配备状况。

(2) 安全生产规章制度(安全管理制度、安全生产责任制和安全操作规程)的制定。

(3) 事故上报制度及事故应急救援预案的建立。

(4) 重大危险源登记建档，进行定期检测、评估、监控。

(5) 对从业人员进行安全生产教育和培训的检查。

(6) 危险性较大的设备和特种设备的安全检验及取证状况检查。

8.4.3 安全验收评价工作程序

根据安全验收评价工作的要求制定安全验收评价工作程序。安全验收评价工作程序一般包括：前期准备、编制安全验收评价计划、安全验收评价现场检查、编制安全验收评价报告、安全验收评价报告评审。

1. 前期准备

前期准备工作包括：明确评价对象和范围，进行现场调查，收集国内外相关法律、法规、技术标准及建设项目的资料等并进行核查。

1) 明确评价对象和范围

确定安全验收评价范围可界定评价责任范围，特别是增建、扩建及技术改造项目，与原建项目相连难以区别，这时可依据初步设计、投资或与企业协商划分，并写入工作合同。

2) 现场调查

安全验收评价现场调查包括前置条件检查和工况调查两个部分。

(1) 前置条件检查。前置条件检查主要是考察建设项目是否具备申请安全验收评价的条件，其中最重要的是进行安全"三同时"程序完整性的检查，可以通过核查安全"三同时"过程的证据来完成。这些证据一般包括：① 建设项目批准(批复)文件；② 安全预评价报告及评审意见；③ 初步设计及审批表；④ 安全生产监督管理部门对建设项目安全"三同时"审查的文件；⑤ 试生产调试记录和安全自查报告(或记录)；⑥ 安全"三同时"过程中其他证据文件。

(2) 工况调查。工况调查主要是了解建设项目的基本情况，了解项目规模，与企业建立联系以及了解企业自述的问题等。

① 基本情况包括：企业全称、注册地址、项目地址、建设项目名称、设计单位、安全预评价机构、施工及安装单位、项目性质、项目总投资额、产品方案、主要供需方、技术保密要求等。

② 项目规模包括：自然条件、项目占地面积、建(构)筑面积、生产规模、单体布局、生产组织结构、工艺流程、主要原(材)料耗量、产品规模、物料的储运等。

③ 与企业建立联系包括：向企业出示安全评价机构资质证书、介绍安全验收评价原则和评价工作程序、送达并解释资料清单的内容、说明需要企业配合的工作、确定通讯方

式等。

④ 企业自述问题包括：项目中未进行初步设计的单体、项目建成后与初步设计不一致的单体、施工中变更的设计、企业对试生产中已发现的安全及工艺问题是否提出了整改方案等。

3）资料收集及核查

在熟悉企业情况的基础上，对企业提供的文件资料进行详细核查，对项目资料缺项提出增补资料的要求，对未完成专项检测、检验或取证的单位提出补测或补证的要求，将各种资料汇总成图表形式。需要核查的资料根据项目实际情况决定，一般包括以下内容：

（1）相关法规和标准。相关法规和标准包括建设项目涉及的法律、法规、规章及规范性文件，项目所涉及的国内外标准（国标、行标、地标、企业标准）、规范（建设及设计规范）。

（2）安全管理及工程技术资料。

① 项目的基本资料：主要包括项目平面、工艺流程、初步设计（变更设计）、安全预评价报告、各级政府批准（批复）文件。若实际施工与初步设计不一致，还应提供"设计变更文件"或批准文件、项目平面布置简图、工艺流程简图、防爆区域划分图、项目配套安全设施投资表等。

② 企业编写的资料：主要包括项目危险源布控图、应急救援预案及人员疏散图、安全管理机构及安全管理网络图、安全管理制度、安全责任制、岗位（设备）安全操作规程等。

③ 专项检测、检验或取证资料：主要包括特种设备取证资料汇总、避雷设施检测报告、防爆电气设备检验报告、可燃（或有毒）气体浓度检测报警仪检验报告、生产环境及劳动条件检测报告、专职安全员证、特种作业人员取证汇总资料等。

2. 编制安全验收评价计划

编制安全验收评价计划是在前期准备工作基础上，分析项目建成后存在的危险、有害因素的分布与控制情况，依据有关安全生产的法律法规和技术标准，确定安全验收评价的重点和要求，依据项目实际情况选择验收评价方法，测算安全验收评价进度。评价机构根据建设项目安全验收评价实际运作情况，自主决定编制安全验收评价计划书。编制安全验收评价计划要做好以下几方面的工作。

1）主要危险危害因素分析

（1）项目所在地周边环境和自然条件的危险危害因素分析。

（2）项目边界内平面布局及物流路线等的危险危害因素分析。

（3）工艺条件、工艺过程、工艺布置、主要设备设施等方面的危险危害因素分析。

（4）原辅材料、中间产品、产品、副产品、溶剂、催化剂等物质的危险危害因素分析。

（5）辨识是否有重大危险源，是否有需监控的化学危险品。

2）确定安全验收评价单元和评价重点

按安全系统工程的原理，考虑各方面的综合或联合作用，将安全验收评价的总目标，从"人、机、料、法、环"的角度，分解为人力与管理单元、设备与设施单元、物料与材料单元、方法与工艺单元、环境与场所单元等几个评价单元，各评价单元的评价内容见表8-3。

表 8-3　评价单元划分及评价内容表

序号	评价单元	评 价 内 容
1	人力与管理单元	安全管理体系、管理组织、管理制度、责任制、操作规程、持证上岗、应急救援等
2	设备与设施单元	生产设备、安全装置、辅助设施、特种设备、电器仪表、避雷设施、消防器材等
3	物料与材料单元	危险化学品、包装材料、储存容器材质等
4	方法与工艺单元	生产工艺、作业方法、物流路线、储存养护等
5	环境与场所单元	周边环境、建(构)筑物、生产场所、防爆区域、作业条件、安全防护等

根据危险危害因素的分布与控制情况,按递阶层次结构分解,确定安全验收评价的重点。安全验收评价的重点一般有:易燃易爆、急性中毒、特种设备、安全附件、电气安全、机械伤害、安全连锁等。

3)选择安全验收评价方法

选择安全验收评价方法主要考虑评价结果是否能达到安全验收评价所要求的目的,还要考虑进行评价所需的信息资料是否能收集齐全。可用于安全验收评价的方法很多,但就其实用性来说,目前进行安全验收评价经常选用以下几种方法。

(1)一般采用"安全检查表"法,以法规、标准为依据,检查系统整体的符合性和配套安全设施的有效性。

(2)对比较复杂的系统经常采用以下方法:

① 采用顺向追踪方法检查分析,运用"事件树分析"方法评价。

② 采用逆向追溯方法检查分析,运用"故障树分析"方法评价。

③ 采用已公布的行业安全评价方法评价。

对于未达到安全预评价要求或建成系统与安全预评价的系统不对应时,可补充其他评价方法。安全验收评价典型的评价方法适应的生产过程见表 8-4。

表 8-4　典型评价方法适应的生产过程

评价方法	各 生 产 阶 段					
	设计	试生产	工程实施	正常运转	事故调查	拆除报废
安全检查表	×	●	●	●	×	●
危险指数法	●	×	×	●	×	×
预先危险性分析	●	●	●	●	●	×
危险可操作性研究	×	●	●	●	●	×
故障类型及影响分析	×	●	●	●	●	×
事件树分析	×	●	●	●	●	×
故障树分析	×	●	●	●	●	×
人的可靠性分析	×	●	●	●	●	×
概率危险评价	●	●	●	●	●	×

注:"●"表示通常采用,"×"表示很少采用或不适用。

4）测算安全验收评价进度

安全验收评价工作的进度安排应能有效地实施科学的进度管理方法（如网络计划技术），能反映工作量和工作效率，必要时可画出"甘特图"。

3. 安全验收评价现场检查

安全验收评价现场检查是按照安全验收评价计划，对安全生产条件与状况独立进行验收评价的现场检查和评价。评价机构对现场检查及评价中发现的隐患或尚存在的问题，应提出改进措施及建议。

1）制定安全检查表

安全检查表是前期准备工作策划性的成果，是安全验收评价人员进行工作的工具。编制安全检查表的作用是在检查前可使检查内容比较周密和完整，既可保持现场检查时的连续性和节奏性，又可减少评价人员的随意性；可提高现场检查的工作效率，并留下检查的原始证据。

（1）安全检查表的基本格式。编制安全检查表时要解决两个问题，即"查什么"和"怎么查"，见表 8-5。

表 8-5　安全检查表的基本格式

序号	检查部位	检查内容	安全要求	依据标准	检查结果	改进意见	整改负责人

检查日期：　　　　年　　　　月　　　　日　　　　　　检查者：　　　　　

（2）安全验收评价需要编制的安全检查表。安全验收评价需要编制的安全检查表包括：① 安全生产监督管理机构有关批复中提出的整改意见落实情况检查表；② 安全预评价报告中提出的安全技术和管理对策措施落实情况检查表；③ 初步设计（包括变更设计）中提出的安全对策措施落实情况检查表；④ 人力与管理方面的检查表；⑤ 人机功效方面的安全检查表；⑥ 设备与设施方面的安全检查表；⑦ 物质与材料方面的安全检查表；⑧ 方法与工艺方面的安全检查表；⑨ 环境与场所方面的安全检查表；⑩ 事故预防及应急救援预案方面的检查表；⑪ 其他综合性措施的安全检查表。

2）现场检查及测定

现场检查及测定主要是对项目生产、辅助、生活三个区域进行检查测定。

（1）检查方式。检查方式有按部门检查、按过程检查、顺向追踪、逆向追溯等，各有利弊，工作中可以根据实际情况灵活应用。

① 按部门检查也称按"块"检查，是以企业部门（车间）为中心进行检查的方式。

② 按过程检查也称按"条"检查，是以受检项目为中心进行检查的方式。

③ 顺向追踪也称"归纳"式检查，是从"可能发生的危险"顺向检查其安全和管理措施的方式。

逆向追溯也称"演绎"式检查，是从"可能发生的危险"逆向检查其安全和管理措施的方式。

（2）证据收集。证据收集的方法一般有问、听、看、测、记，它们不是独立的而是连贯的、有序的，对每项检查内容都可以用一遍或多遍。

① 问：以检查计划和检查表为主线，逐项询问，可作适当延伸。

② 听：认真听取企业有关人员对检查项目的介绍，当介绍偏离主题时可作适当引导。

③ 看：定性检查，在问、听的基础上，进行现场观察、核实。

④ 测：定量检查，可用测量、现场检测、采样分析等手段获取数据。

⑤ 记：对检查获得的信息或证据，可用文字、复印、照片、录音、录像等方法记录。

检查的内容在前期准备阶段制定的安全检查表中规定，检查过程中也可按实际工况进行调整。

3) 安全评价

通过现场检查、检测、检验及访问，得到大量数据资料，首先将数据资料分类汇总，再对数据进行处理，保证其真实性、有效性和代表性。采用数据统计方法将数据整理成可以与相关标准比对的格式，考察各相关系统的符合性和安全设施的有效性，列出不符合项，按不符合项的性质和数量得出评价结论并采取相应措施。评价结论判别举例见表 8 - 6。

表 8 - 6　评价结论判别举例

不符合率	高于 40%	高于 20%	20%～5%	低于 5%
评价结论	不具备安全条件	不合格	合格	优秀
相应措施	终止评价	整改后全面复查	对整改项复查	整改后备案

注：对所有不合格项(否决项或非否决项)，均应整改；整改结果由评价机构复查或认定，评价机构依据检查及整改的结果重新出具评价结论。

4) 安全对策措施

对通过检查、检测、检验得到的不符合项进行分析，对照相关法规和标准，提出技术及管理方面的安全对策措施。

安全对策措施分类：

① "否决项"不符合时，提出必须整改的意见。

② "非否决项"不符合时，提出要求改进的意见。

③ 对相关标准"适宜"的要求，提出持续改进建议。

4. 编制安全验收评价报告

编制安全验收评价报告是根据前期准备、制定评价计划、现场检查及评价三个阶段的工作成果，对照相关法律法规、技术标准，编制安全验收评价报告。

5. 安全验收评价报告评审

安全验收评价报告评审是建设单位按规定将安全验收评价报告送专家评审组进行技术评审，并由专家评审组提出书面评审意见。评价机构根据专家评审组的评审意见，修改、完善安全验收评价报告。

8.4.4　安全验收评价计划书

安全验收评价计划书是正式开展安全验收评价前，向被评价企业交待安全验收评价依据、评价内容、评价方法、评价程序、检查方式、需要企业配合事项及评价日程安排的技术文件，使企业预先了解安全验收评价的全过程，以便有计划地开展评价工作。

1. 编制安全验收评价计划书的要求

安全验收评价计划书应在安全验收评价工作前期准备阶段进行了工况调查的基础上编制；安全验收评价计划要求目的明确，对危险、有害因素分析准确，评价重点单元划分恰当，安全验收评价方法的选择科学、合理、有针对性。

2. 安全验收评价计划书的基本内容

（1）安全验收评价的主要依据。安全验收评价的主要依据有适用于安全验收评价的法律法规、相关安全标准及设计规范、建设项目初步设计和变更设计、安全预评价报告及批复文件等。

（2）建设项目概况。建设项目概况包括建设项目地址、总图及平面布置、生产规模、主要工艺流程、主要设备、主要原材料及其消耗量、经济技术指标、公用工程及辅助设施、建设项目开工日期及竣工日期、试运行情况等。

（3）主要危险、有害因素及相关作业场所分析。这些分析包括参考安全预评价报告，根据项目建成后周边环境、生产工艺流程或场所特点，列出危险及有害因素，并指出危险及有害因素存在的部位。

（4）安全验收评价重点的确定。围绕建设项目的危险、有害因素，按照科学性、针对性和可操作性的原则，确定安全验收评价的重点。

（5）安全验收评价方法的选择。依据建设项目实际情况选择安全验收评价方法，通常选择安全检查表法。有重大设计变更、前期未进行安全预评价的建设项目或在评价机构认为有必要的情况下，可选择其他评价方法，或选择多种评价方法。

（6）安全检查表的编制。安全验收评价需要编制的安全检查表（定性型、定量型、否决型、权值评分型等）一般分为以下几种：

① 建设项目周边环境安全检查表；

② 建（构）筑及场地布置安全检查表；

③ 工艺及设备安全检查表；

④ 安全工程设计安全检查表；

⑤ 安全生产管理安全检查表；

⑥ 其他综合性措施安全检查表。

（7）安全验收评价工作安排。安全验收评价计划应对安全验收评价工作做出初步安排，包括安全验收评价工作进度、现场检查抽查比例、进入现场的安全防护措施等。

8.4.5 安全验收评价报告的格式

安全验收评价报告一般按下面的格式编写。

（1）封面：封面上应有建设单位名称、建设项目名称、评价报告（安全验收评价报告）名称、安全评价机构名称和安全验收评价机构资质证书编号。

（2）评价机构安全验收评价资格证书影印件。

（3）著录项：包括安全评价机构法人代表、审核定稿人、课题组长等主要责任者姓名，评价人员、各类技术专家以及其他有关责任者名单，评价机构印章及报告完成日期等。评价人员和技术专家均要手写签名。

（4）摘要。

（5）目录。

（6）前言。

（7）正文。

（8）附件。

（9）附录。

8.4.6 安全验收评价报告的编制

安全验收评价报告是安全验收评价工作过程形成的成果，其内容应能反映安全验收评价工作两方面的任务：一是为企业服务，帮助企业查出安全隐患，落实整改措施以达到安全要求；二是为政府安全生产监督管理机构服务，提供建设项目通过安全验收的证据。

1. 安全验收评价报告的要求

（1）安全验收评价报告应涉及以下几方面的内容：

① 初步设计中提出的安全设（措）施，是否已按设计要求与主体工程同时建成并投入使用。

② 建设项目中的特种设备，是否经具有法定资格的单位检验合格，并取得安全使用证书（或检验合格证书）。

③ 工作环境、劳动条件等，经测试是否符合国家有关规定。

④ 建设项目中的安全设（措）施，经现场检查是否符合国家有关安全规定或标准。

⑤ 是否建立了安全生产管理机构，是否建立、健全了安全生产规章制度和安全操作规程，是否配备了必要的检测仪器、设备，是否组织进行劳动安全卫生培训教育及特种作业人员培训、考核及取证情况。

⑥ 是否制定了事故预防和应急救援预案。

（2）安全验收评价报告编制要求。安全验收评价报告的编制要求内容全面、重点突出、条理清楚、数据完整、取值合理，整改意见具有可操作性，评价结论客观、公正。

2. 安全验收评价报告主要内容

安全验收评价报告的主要内容包括以下几个方面。

（1）概述。这部分内容包括 ① 安全验收评价依据；② 建设单位简介；③ 建设项目概况；④ 生产工艺；⑤ 主要安全卫生设施和技术措施；⑥ 建设单位安全生产管理机构及管理制度。

（2）主要危险、有害因素识别。这部分内容包括 ① 主要危险、有害因素及相关作业场所分析；② 列出建设项目所涉及的危险、有害因素并指出存在的部位。

（3）总体布局及常规防护设施措施评价。这部分内容包括 ① 总平面布局；② 厂区道路安全；③ 常规防护设施和措施；④ 评价结果。

（4）易燃易爆场所评价。这部分内容包括 ① 爆炸危险区域划分符合性检查；② 可燃气体泄漏检测报警仪的安装检查；③ 防爆电气设备安装认可；④ 消防检查（主要检查是否取得消防安全认可）；⑤ 评价结果。

（5）有害因素安全控制措施评价。这部分内容包括 ① 防急性中毒、窒息措施；② 防止粉尘爆炸措施；③ 高、低温作业安全防护措施；④ 其他有害因素控制安全措施；⑤ 评价结果。

（6）特种设备监督检验记录评价。这部分内容包括 ① 压力容器与锅炉（包括压力管道）；② 起重机械与电梯；③ 厂内机动车辆；④ 其他危险性较大的设备；⑤ 评价结果。

（7）强制检测设备设施情况检查。这部分内容包括 ① 安全阀；② 压力表；③ 可燃、有毒气体泄漏检测报警仪及变送器；④ 其他强制检测设备设施情况；⑤ 检查结果。

（8）电气安全评价。这部分内容包括 ① 变电所；② 配电室；③ 防雷、防静电系统；④ 其他电气安全检查；⑤ 评价结果。

（9）机械伤害防护设施评价。这部分内容包括 ① 夹击伤害；② 碰撞伤害；③ 剪切伤害；④ 卷入与绞碾伤害；⑤ 割刺伤害；⑥ 其他机械伤害；⑦ 评价结果。

（10）工艺设施安全连锁有效性评价。这部分内容包括 ① 工艺设施安全连锁设计；② 工艺设施安全连锁相关硬件设施；③ 开车前工艺设施安全连锁有效性验证记录；④ 评价结果。

（11）安全生产管理评价。这部分内容包括 ① 安全生产管理组织机构；② 安全生产管理制度；③ 事故应急救援预案；④ 特种作业人员培训；⑤ 日常安全管理；⑥ 评价结果。

（12）安全验收评价结论。这部分是在对现场评价结果分析归纳和整合的基础上，得出安全验收评价结论，主要内容包括 ① 建设项目安全状况综合评述；② 归纳、整合各部分评价结果并提出存在问题及改进意见；③ 建设项目安全验收总体评价结论。

（13）安全验收评价报告附件。这部分内容包括 ① 数据表格、平面图、流程图、控制图等安全评价过程中制作的图表文件；② 建设项目存在问题与改进意见汇总表及反馈结果；③ 评价过程中专家提出的意见及建设单位证明材料。

（14）安全验收评价报告附录。这部分内容包括 ① 与建设项目有关的批复文件（影印件）；② 建设单位提供的原始资料目录；③ 与建设项目相关的数据资料目录。

8.5　安全现状评价及其评价报告

安全现状评价是在系统生命周期内的生产运行期，通过对生产经营单位的生产设施、设备、装置等的实际运行状况及管理状况的调查和分析，运用安全系统工程的方法，进行危险危害因素的辨识及其危险度的评价，查找出该系统在生产运行中存在的事故隐患并确定其危险程度，提出合理可行的安全对策措施及建议，将系统在生产运行期内的安全风险控制在安全、合理的范围内。本书附录5提供了《安全现状评价导则》，可供参考。

8.5.1　安全现状评价的内容

安全现状评价是根据国家有关的法律、法规规定或者生产经营单位的要求进行的，应对生产经营单位的生产设施、设备、装置、储存、运输及安全管理等方面进行全面、综合的安全评价，主要包括以下几点内容。

（1）收集评价所需的信息资料，采用恰当的方法进行危险危害因素识别。

（2）对于可能造成重大后果的事故隐患，采用科学合理的安全评价方法建立相应的数学模型进行事故模拟，预测极端情况下事故的影响范围、造成的最大损失以及发生事故的可能性或概率，给出量化的安全状态参数值。

（3）对发现的事故隐患，根据量化的安全状态参数值，按照整改优先度进行排序。

（4）提出安全对策措施与建议。

生产经营单位应将安全现状评价的结果纳入生产经营单位事故隐患整改计划和安全管理制度中，并按计划进行实施和检查。

8.5.2　安全现状评价的工作程序

安全现状评价工作程序一般包括：前期准备、危险危害因素和事故隐患的辨识、定性和定量评价、安全管理现状评价、提出安全对策措施及建议、得出评价结论、完成安全现状评价报告。

1. 前期准备

明确评价的范围，收集所需的各种资料，重点收集与现实运行状况有关的各种资料与数据，包括涉及到生产运行、设备管理、安全、职业危害、消防、技术检测等方面内容的资料与数据。评价机构依据生产经营单位提供的资料，按照确定的评价范围进行评价。

安全现状评价所需的主要资料可以从工艺、物料、生产经营单位周边环境、设备、管道、电气和仪表自动控制系统、公用工程系统、事故应急救援预案、规章制度和企业标准以及相关的检测和检验报告等方面进行收集。

（1）工艺：主要包括工艺规程和操作规程、工艺流程图、工艺操作步骤或单元操作过程（包括从原料的储存、加料的准备到产品产出及储存的整个过程的操作说明）、工艺变更说明等。

（2）物料：包括主要物料及其用量，基本控制原料说明，原材料、中间体、产品、副产品和废物的安全卫生及环保数据，规定的极限值和（或）允许的极限值。

（3）生产经营单位周边环境：包括区域图和厂区平面布置图、气象数据、人口分布数据、场地水文地质等资料。

（4）设备：包括建筑和设备平面布置图、设备明细表、设备材质说明、大机组监控系统以及设备厂家提供的图纸。

（5）管道：包括管道说明书、配管图和管道检测相关数据报告。

（6）电气和仪表自动控制系统：包括生产单元的电力分级图、电力分布图、仪表布置及逻辑图、控制及报警系统说明书、计算机控制系统软硬件设计、仪表明细表。

（7）公用工程系统：包括公用设施说明书、消防布置图及消防设施配备和设计应急能力说明、系统可靠性设计、通风可靠性设计、安全系统设计资料以及通信系统资料。

（8）事故应急救援预案：包括事故应急救援预案、事故应急救援预案演练计划及演练记录。

（9）规章制度和企业标准：包括内部规章、制度、检查表和企业标准，有关行业安全生产经验，维修操作规程，已有的安全研究、事故统计和事故报告。

（10）相关的检测和检验报告。

2. 危险危害因素和事故隐患的辨识

针对评价对象的生产运行情况及工艺、设备的特点，采用科学、合理的评价方法，进行危险危害因素识别和危险性分析，确定主要危险部位、物料的主要危险特性、有无重大危险源，以及可能导致重大事故的缺陷和隐患。

3. 定性和定量评价

根据生产经营单位的特点，确定评价的模式及采用的评价方法。对系统生命周期内的生产运行阶段，应尽可能采用定量化的安全评价方法。通常按照"预先危险性分析—安全检查表检查—危险指数评价—重大事故分析与风险评价—有害因素现状评价"的顺序，依次渐进，采取定性与定量相结合的综合性评价模式，进行科学、全面、系统的分析评价。

通过定性定量的安全评价，重点对工艺流程、工艺参数、控制方式、操作条件、物料种类与理化特性、工艺布置、总图、公用工程等内容，运用选定的分析方法，逐一分析存在的危险危害因素和事故隐患。通过危险度与危险指数的量化分析与评价计算，确定事故隐患存在的部位，预测事故可能产生的严重后果，同时进行风险排序。结合现场调查结果以及同类事故案例，分析其发生的原因和概率。运用相应的数学模型进行重大事故模拟，确定灾害性事故的破坏程度和严重后果。为制定相应的事故隐患整改计划、安全管理制度和事故应急救援预案提供数据。

安全现状评价通常采用的定性评价方法有预先危险性分析、安全检查表法、故障类型和影响分析、故障假设分析、故障树分析、危险与可操作性研究、风险矩阵法等；通常采用的定量评价方法有道化学火灾、爆炸危险指数法，蒙德火灾、爆炸、毒性危险指数法，QRA 定量评价，安全一体化水平评价，事故后果灾害评价等。

4. 安全管理现状评价

安全管理现状评价包括安全管理制度评价、事故应急救援预案的评价、事故应急救援预案的修改及演练计划等。

5. 提出安全对策措施及建议

综合评价结果，提出相应的安全对策措施及建议，并按照安全风险程度的高低对解决方案进行排序，列出存在的事故隐患及其整改紧迫程度。针对事故隐患提出改进措施及提高安全状态水平的建议。

6. 得出评价结论

根据评价结果，明确指出生产经营单位当前的安全生产状态水平，提出提高安全程度的意见。

7. 完成安全现状评价报告

评价单位按安全现状评价报告的内容和格式要求完成评价报告。生产经营单位应当依据安全评价报告编制事故隐患整改方案并制定实施计划。生产经营单位与安全评价机构对安全评价报告的结论存在分歧的，应当将双方的意见连同安全评价报告一并提交安全生产监督管理部门。

8.5.3 安全现状评价报告的格式

安全现状评价报告一般按下面的格式编写。

(1) 封面：封面上应有(建设项目)安全现状评价报告书名称、现状评价单位全称、完成评价报告书的日期(年、月)和现状评价报告书的编号(与大纲的编号相同)。

(2) 评价机构安全验收评价资格证书影印件。

(3) 著录项：包括安全评价机构法人代表、审核定稿人、课题组长等主要责任者姓名，评价人员、各类技术专家以及其他有关责任者名单，评价机构印章及报告完成日期。评价人员和技术专家均要手写签名。

(4) 摘要。

(5) 目录。

(6) 前言。

(7) 正文。

(8) 附件。

(9) 附录。

8.5.4　安全现状评价报告的编制

安全现状评价报告应内容全面、重点突出、条理清楚、数据完整、取值合理、评价结论客观公正。特别是对危险危害因素的分析要准确，提出的事故隐患整改计划要科学、合理、可行和有效。安全现状评价工作要由懂工艺操作、仪表电气、消防以及安全工程的专家共同参与完成。评价组成员的专业能力应涵盖评价范围所涉及的专业内容。

安全现状评价报告的主要内容包括以下几个方面。

(1) 摘要。

(2) 前言。

(3) 目录。

(4) 评价项目概述：包括评价项目概况、评价范围以及评价依据。

(5) 评价程序和评价方法。

(6) 危险危害因素分析：包括对工艺过程，物料，设备，管道，电气和仪表自动控制系统，水、电、气、风、消防等公用工程系统，危险物品的储存方式、储存设施、辅助设施、周边防护距离等方面进行的危险危害因素分析。

(7) 定性、定量评价及计算：通过分析，对上述生产装置和辅助设施所涉及到的内容进行危险危害因素识别后，运用定性、定量的安全评价方法进行定性和定量评价，确定危险程度和危险级别以及事故发生的可能性和将会造成的严重后果，为提出安全对策措施提供依据。

(8) 事故原因分析与重大事故的模拟：包括重大事故原因分析，重大事故概率分析，重大事故预测、模拟。

(9) 对策措施与建议。

(10) 评价结论。

(11) 附件：主要包括 ① 数据表格、平面图、流程图、控制图等安全评价过程中制作的图表文件；② 评价方法的确定过程和评价方法介绍；③ 评价过程中专家的意见；④ 评价机构和生产经营单位交换意见汇总表及反馈结果；⑤ 生产经营单位提供的原始数据资料目录及生产经营单位证明材料；⑥ 法定的检测检验报告。

思考题

1. 简述安全评价资料、数据采集分析处理的原则和需要注意的的问题。
2. 简述安全评价结论的编制原则和一般步骤。
3. 简述安全评价结论的主要内容。
4. 论述安全评价结果与评价结论的异同。
5. 论述建设项目安全验收评价与"三同时"的关系。
6. 阐述安全预评价和安全验收评价的区别。
7. 简述安全预评价的工作程序和主要内容以及安全预评价报告的核心内容。
8. 比较安全现状评价与安全验收评价的异同。

第9章　安全评价实例

9.1　气田产能开发工程安全预评价

9.1.1　总论

1. 概述

根据《陆上石油和天然气开采业安全评价导则》、《安全预评价导则》，结合××气田产能开发工程项目可行性研究报告及地面工程建设方案等相关资料，受××××公司委托，对其××气田产能开发工程项目进行安全预评价。通过定性、定量分析，分析和预测该建设项目可能存在的主要危险危害因素及其危险危害程度，提出合理可行的安全对策措施及建议，对工程设计、建设和运行管理给予指导。

2. 委托单位及建设项目情况简介

1）委托单位情况简介

（1）单位名称：××××公司

（2）法人代表名称：×××

（3）单位性质：国有控股的股份制有限责任公司

（4）建设项目总工程师：××（高级工程师）

（5）证照情况：工商营业执照，编号为××××××××××××××，有效期为 2004 年 11 月 11 日～2008 年 11 月 11 日

2）建设项目情况简介

（1）地理位置。××建设项目位于××市××县城北，距××县大约 20 公里；生产气井分布于××县境内。

（2）地形、地貌。本地区属于黄土高原丘陵沟壑地形，受地理特征、气候以及人为因素的影响，该地区植被单一稀疏，森林覆盖率低，黄土裸露，生态环境较为恶劣。输油管道所经区域为河谷阶地，地形相对平坦开阔，高度变化幅度较小，从地貌上看有利于管道建设，但是河流的蛇曲形态限制了阶地的平面发育，发育差的约几百米甚至几十米，发育较好的也不过一千多米，造成管道要跨越河流、冲沟。

（3）气象条件。该评价区属于暖温带半干旱大陆性季风气候，一般春季东南风盛行，秋季多雨，温差较大。统计的相关气象数据如下：

年平均温度	7.7℃
极端最高温度	39.3℃
极端最低温度	−26℃

平均大气压力	873 mmHg
年平均风速	1.31 m/s
全年盛行风向	北风
最小风频方向	东风
最大风速	24 m/s
最大冻土深度	1.05 m
最大积雪深度	14 cm

(4) 地震烈度。根据全国第三代烈度图，本地区的地震烈度为6度，属抗震有利地区。

(5) 水文。输油管道经过的河流为延河支流，因地壳抬升而使河谷急剧下切，在黄土塬梁间延伸，形成树枝状水系结构。该河流具有壮年期河谷特征，河谷纵断面接近平衡剖面，但坡度较大；河谷横剖面呈不对称的"U"型，侧向侵蚀剧烈，河床堆积物较薄，松散堆积物厚度不足2.0 m，河谷属侵蚀河谷，松散堆积层均不稳定。枯水期水位低，水深不足0.4 m；遇到暴雨，河水迅涨，易发洪水。

地下水：根据地貌、地质构造、含水层岩性、地下水分布状态和富水性的情况，判断输油管线全线为河谷川台孔隙潜水区，主要分布在河谷阶地区，含水层为冲积粉细砂及砾石层，地下水位一般在3.0~12.0 m左右，水质较好。

(6) 防洪。××建设项目选址所在地区多暴雨，由于植被覆盖少，多发洪水。

(7) 地质。输气管道通过的区域属于湿陷性黄土地区，主要为洛河一级阶地，其黄土层分布较薄，一般厚度在3~5 m。

3. 评价依据

1) 法律、法规

(1)《中华人民共和国安全生产法》，2002年11月1日

(2)《中华人民共和国劳动法》，1994年7月5日

(3)《中华人民共和国消防法》，1998年4月

(4)《中华人民共和国职业病防治法》，2001年10月27日

(5)《石油天然气管道保护条例》，中华人民共和国国务院第33号令

(6)《特种设备安全监察条例》，中华人民共和国国务院第373号令

(7)《危险化学品安全管理条例》，中华人民共和国国务院第344号令

(8)《安全评价通则》，国家安全生产监督管理局安监管技装字[2003]37号文件(见附录2)

(9)《陆上石油和天然气开采业安全评价导则》，国家安全生产监督管理局安监管技装字[2003]115号文件(见附录6)

2) 技术标准

(1)《油田注水设计规范》，SY/T 0005—1999

(2)《钢质管道及储罐防腐工程设计规范》，SY/T 0007—1999

(3)《供配电系统设计规范》，GB 50052—1995

(4)《爆炸和火灾危险环境电力装置设计规范》，GB 50058—1992

(5)《输油管道工程设计规范》，GB 50253—1994

(6)《原油和天然气输气管道穿越工程设计规范(穿越工程)》，SY/T 0015.1—1998

(7)《原油和天然气输气管道穿越工程设计规范(跨越工程)》，SY/T 0015.2—1998

(8)《生产过程安全卫生要求总则》，GB 12801—1997

(9)《建筑灭火器配置设计规范》，GBJ 140—1990

(10)《工业与民用电力装置的接地设计规范》，GBJ 65—1983

(11)《油田油气集输设计规范》，SY/T 0004—1998

(12)《原油和天然气工程设计防火规范》，GB 50183—1993

(13)《油田集输管道施工及验收规范》，SY/T 0422—1997

(14)《油田及管道仪表控制系统设计规范》，SY/T 0090—1996

(15)《油田开采出水处理设计规范》，SY/T 006—1999

(16)《石油与天然气钻井、开发、储运防火防爆安全生产管理规定》，SY/T 5225—1994

(17)《油田防静电接地设计规范》，SY/T 0060—1992

(18)《石油化工静电接地设计规范》，SH 3097—2000

(19)《石油天然气管道安全规程》，SY 6186—1996

(20)《原油库运行管理规范》，SY/T 5920—1994

(21)《污水综合排放标准》，GB 8978—1996

(22)《石油部工业企业职业安全卫生设计规范》，SH 3047—1993

(23)《工作场所有害因素职业接触限值》，GBZ 2—2002

(24)《职业性接触毒物危害程度分级》，GB 5044—1985

(25)《工业企业噪声控制设计规范》，GBJ 87—1985

(26)《建筑抗震设计规范》，GBJ 11—1998

(27)《生产设备安全卫生设计总则》，GB 5308—1985

(28)《石油与石油设施防震安全规范》，GB 15599—1995

(29)《石油化工企业可燃气体和有毒气体检测报警设计规范》，SH 3063—1994

(30)《防止静电事故通用导则》，GB 12158—1990

(31)《化工企业安全卫生设计规则》，HG 2057—1995

(32)《安全色》，GB 28893—1982

(33)《安全标志》，GB 2894—1982

(34)《火灾分类》(ISO 3941—1977)，GB 4968—1985

(35)《安全帽》，GB 2811—1989

(36)《绝缘导体和裸导体的颜色标志》，GB 7947—1987

(37)《防护屏安全要求》，GB 8197—1987

(38)《常用危险化学品的分类及标志》，GB 13690—1992

(39)《用电安全导则》，GB 13869—1992

(40)《消防安全标志设置要求》，GB 15630—1995

(41)《工业企业采光设计规范》，GB 50033—1991

3）评价单位提供的资料

(1)××气田产能开发工程项目的立项文件，包括：建设单位的立项报告、主管部门的批文。

（2）××气田产能开发工程项目的设计依据及设计文件，包括：建设单位的设计依据文件、《××气田产能开发工程项目可行性研究报告》。

（3）××公司关于××气田产能开发工程项目安全预评价委托书。

（4）建设项目综合资料：① 建设单位的概况；② 建设项目的概况；③ 工业场地布置图。

4. 评价目的和评价范围

根据气田开发方案的内容，依据国家法律、法规、标准、规范，通过定性、定量分析，对工程可能存在的危险、有害因素及其危险、危害程度进行分析、预测；在分析和评价的基础上，针对工程存在的问题，提出合理可行的安全对策措施及建议，对工程设计、建设和运行管理的安全给予指导。

评价范围主要包括气田产能开发的钻井、完井工程，采气工程，集输工程及给排水、供配电、消防、通讯等配套系统工程。

5. 评价程序（略）

9.1.2 评价单元划分

为了便于评价，可将工程划分为五个单元。

（1）钻井、完井工程单元：包括气田产能工程中钻井、完井工程方案，钻井、完井工程中搬迁安装、钻井施工、下套管、固井、测井、复杂情况处理等施工作业过程。

（2）采气工程单元：包括气田产能工程的采气工程方案，采气工程中射孔、压裂改造，采气生产，采气生产中的气井维修、气层改造等作业施工过程。

（3）管道单元：包括气田产能工程新建的单井采气管道、集气干线及附属设施等。

（4）站场单元：包括气田产能工程新建集气站等站场。

（5）生产辅助设施单元：包括气田产能工程供配电系统，防雷、防静电系统，照明设施，给排水系统及消防系统等。

9.1.3 工艺设备、设施危险因素分析

1. 钻井、完井作业危险因素

钻井、完井作业危险因素见表 9-1。

表 9-1 钻井、完井作业危险因素一览表

类　别	具 体 危 险 因 素
危险性物质	天然气、冷凝物、液压油、润滑油和密封油、其他易燃物、炸药
压力危险	压力管道、压力容器、压力下的水、管道中承受压力的物体、高压空气、高压操作
高度危险	空中人员，吊车、绞车或其他提升设备
受力状态下的物体	吊车、绞车、绞盘、吊环、钢丝、安全阀、启动器、液压（气动）装置
活动区域危险	泵和压缩机、发电机、危险的手工工具、刀具
环境危险	恶劣天气、地震

续表

类　别	具 体 危 险 因 素
热表面	热蒸汽管道、钻杆、柴油机和锅炉排气系统
热流体	蒸汽、钻井液
冷表面	作业时周围温度低于 −10℃
辐射	储存或测井期间的辐射源
窒息	有限空间内或罐中工作、空气中氧气不足、火灾时的大量烟雾
有毒气体	地层硫化氢气体泄漏、焊接烟雾
有毒液体	钻探和钻井工作中的液体添加剂和盐水、污水
有毒固体	水泥、钻井液添加剂、水泥浆钻屑
心理危险	长期离家工作等
人为破坏	阴谋破坏、偷窃

钻井、完井作业过程中可能发生的重大危险事故是井喷失控或井喷着火。井喷时大量天然气从井口喷出，在空气中形成爆炸云团，当浓度达到 $5\%\sim14\%$ 时，遇点火源(明火、电气火花、静电火花等)发生爆炸，在爆炸浓度范围内，极易发生火灾，其主要影响因素包括：

(1)设计或施工失误：不能正确预计气层位置；钻井中遇到漏气或气层夹有漏层；钻井液漏失；气层钻井液不足；没有可靠的防喷设备。

(2)钻井液密度过低，液柱的压力不足以平衡地层压力；钻井液粘度过高，滞留于钻井液中的气体不能很快排出，使钻井液密度降低。

(3)钻井过程中套管破裂，气体从套管裂口喷出地面。

(4)卡钻、起钻抽吸或地面设备故障造成井喷。

如果井场发生井喷失控，可能会带来灾难性的后果。现场和危险区域的人员如果撤离不及，可能造成人员中毒和死亡。

2. 采气作业危险因素

采气作业危险因素见表 9-2。

表 9-2 采气作业危险因素一览表

类　别	具 体 危 险 因 素
危险性物质	天然气、甲醇
泄漏	阀门、法兰泄漏，放空，井口爆炸，管线爆炸或穿孔
承压设备	井口装置、采气管道
火源	静电火花、雷电、撞击火花、电气火花、机械火花、检修动火、其他明火
设计	井场选址、井口承压、材质选择、防腐设计
操作管理	操作规程不完善、违章操作、蓄意破坏
环境	地震、腐蚀介质
毒物	天然气、甲醇

由于采气井口承受较高的压力，而天然气又具有易燃、易爆的特性，所以采气井场的主要危险因素是天然气泄漏引起的火灾、爆炸。

如果由于操作失误或井口设备失效，引起天然气大量泄漏，遇火源可能发生火灾、爆炸，现场和危险区域的人员还可能发生中毒事故。

3. 管道危险因素

管道危险因素见表9-3。

表9-3　管道危险因素一览表

类　　别	具 体 危 险 因 素
危险性物质	天然气、凝析油、甲醇、乙二醇
泄漏	阀门泄漏、接头泄漏、气体放空、管线爆炸或穿孔、其他
火源	静电火花、雷电、撞击火花、电气火花、机械火花、检修动火、其他明火
设计误差	管线走向、埋深、壁厚、材质、加工制造、抗震设计、防腐层、阴极保护、防雷、标志桩
设施不完整	防护等级不够、自动控制系统故障、超压保护装置失效、安全放空系统故障、阴极保护系统故障、防冻设施故障
不良环境	暴雨、低温、地震、土壤中腐蚀介质、地下水、介质含硫化氢、介质含水、介质含二氧化碳、植物根茎、违章建筑、违章施工
操作与管理	危险控制措施不充分、应急能力不足
操作规程不完善	工人技能低、违章指挥、违章操作、蓄意破坏
施工	焊接缺陷、管沟不符合要求、防腐层损伤、管线本体机械损伤、管沟回填不符合要求

单井集气管线和集气干线输送的介质为易燃、易爆的天然气；注醇管线输送介质为乙二醇(或甲醇)，甲醇易燃、易爆，乙二醇可燃。上述管线都承受较高压力，在下列情况下，可能导致火灾、爆炸事故的发生：

(1) 管线材质低劣或施工质量差，导致管线强度达不到技术要求而出现裂缝或断裂，使得输送介质泄漏。

(2) 因地下水或输送介质的腐蚀，导致管线穿孔造成泄漏。

(3) 外部原因导致管线破裂，如在管线上方或附近施工，使管线遭受意外损伤，导致发生泄漏事故。

(4) 操作失误或人为破坏而使管线发生泄漏事故。

(5) 地震等不确定外界因素导致管线断裂而发生泄漏事故。

4. 站场危险因素

站场危险因素见表9-4。

表 9 - 4 站场危险因素一览表

类 别	具 体 危 险 因 素
危险性物质	天然气、凝析油、甲醇、乙二醇、柴油
泄漏	阀门泄漏、接头泄漏、气体放空、管线爆炸或穿孔、储罐泄漏、其他
承压设施	收发球筒、计量装置、分离装置、注醇装置、管线、汇管、凝析油储罐、其他承压设施
火源	静电火花、雷电、撞击火花、电气火花、机械火花、检修动火、感应电、其他明火
设计误差	站场选址、管线和容器壁厚、管线和容器材质、管线和容器加工制造、抗震设计、设备选型、连锁保护系统、检测报警系统、通信、防腐设计、排水排污系统、防静电系统、防雷系统、消防系统、放空系统
设施不完整	危险区人员无防护、防护等级不够、自动控制系统故障、超压保护装置失效、监测报警装置失效、安全放空系统故障、防雷接地系统故障、防静电系统故障、供电系统故障、消防系统故障、通信系统故障、应急措施不到位
不良环境	暴雨、低温、高温、地震、腐蚀介质、违章建筑、其他危险性设施
操作与管理	危险控制措施不充分、操作规程不完善、人员技能不熟练、人员违章指挥、人员违章操作、蓄意破坏、设备带病运行
施工	焊接缺陷、基础不牢固、防腐层损伤、探伤不全面、其他施工

单井集气站、抑制剂处理站的主要设施有分离装置、计量装置、抑制剂注入装置、脱水装置、抑制剂再生装置等。由于操作压力较高，且操作介质具有易燃、易爆性，故站场的主要危险因素是因天然气、凝析油或抑制剂泄漏引起的火灾、爆炸。造成泄漏的主要原因有：

（1）设计失误：基础设计错误，如地基下沉造成容器底部产生裂缝或设备变形、错位等；选材不当，如强度不够、耐腐蚀性差、规格不符等；布置不合理。

（2）设备原因：加工不符合要求；加工质量差；施工和安装精度不高；阀门损坏或开关泄漏；设备附件质量差，或长期使用后材料老化、腐蚀或破裂等。

（3）人为失误：违反操作规程、误操作；擅自脱岗；异常情况未正确处理等。

9.1.4 危险度评价

1. 评价方法的确定

在进行危险度评价时，借鉴日本化工企业"六阶段"评价法的定量评价表，结合我国国家标准 GB 50160—1992《石油化工防火设计规范》(1999 修订版)、HG 20660—1991《压力容器中化学介质毒性危害和爆炸危险度评价分类》等技术规范标准编制了"危险度评价取值表"，规定危险度由物质、容量、温度、压力和操作等 5 个项目共同确定，其危险度分别按 A=10 分，B=5 分，C=2 分，D=0 分赋值计分，由累计分值确定单元危险度。危险度分级如下式和表 9-5 所示。

表 9－5　危　险　度　分　级

总分值	≥16 分	11～15 分	≤10 分
等级	Ⅰ	Ⅱ	Ⅲ
危险程度	高度危险	中度危险	低度危险

$$\{物质\}+\{容量\}+\{温度\}+\{压力\}+\{操作\}=\begin{cases}16\ 点以上 \\ 11～15\ 点 \\ 1～10\ 点\end{cases}$$

$$0～10\quad 0～10\quad 0～10\quad 0～10\quad 0～10$$

16 点以上为Ⅰ级，属高度危险；11～15 点为Ⅱ级，需同周围情况及其他设备联系起来进行评价；1～10 点为Ⅲ级，属低度危险。

物质：物质本身固有的点火性、可燃性和爆炸性的程度；

容量：反应装置的空间体积；

温度：运行温度和点火温度的关系；

压力：运行压力（超高压、高压、中压、低压）；

操作：运行条件引起爆炸或异常反应的可能性。

2. 各单元危险度评价

各单元危险度评价的取值如表 9－6 所示。

表 9－6　危险度评价取值表

分值 内容 项目	A（10 分）	B（5 分）	C（2 分）	D（0 分）
物质（指单元中危险、有害程度最大的物质）	1. 甲类可燃气体① 2. 甲 A 类物质及液态烃类 3. 甲类固体 4. 极度危害介质②	1. 乙类可燃气体 2. 甲 B、乙 A 类可燃液体 3. 乙类固体 4. 高度危害介质	1. 乙 B、丙 A、丙 B 类可燃液体 2. 丙类固体 3. 中、轻度危害介质	不属于 A、B、C 项的物质
容量③	气体：1000 m³ 以上 液体：100 m³ 以上	气体：500～1000 m³ 液体：50～100 m³	气体：100～500 m³ 液体：10～50 m³	气体：<100 m³ 液体：<10 m³
温度	1000℃ 以上使用，其操作温度在燃点以上	1. 1000℃ 以上使用，但操作温度在燃点以下 2. 在 250～1000℃ 使用，其操作温度在燃点以上	1. 在 250～1000℃ 使用，但操作温度在燃点以下 2. 在低于 250℃ 使用，其操作温度在燃点以上	在低于 250℃ 使用，操作温度在燃点以下
压力	100 MPa	20～100 MPa	1～20 MPa	1 MPa 以下

续表

项目\分值\内容	A(10 分)	B(5 分)	C(2 分)	D(0 分)
操作	1. 临界放热和特别剧烈的放热反应操作 2. 在爆炸极限范围内或其附近的操作	1. 中等放热反应（如烷基化、酯化、加成、氧化、聚合、缩合等反应）操作 2. 系统进入空气或不纯物质，可能发生危险的操作 3. 使用粉状或雾状物质，有可能发生粉尘爆炸的操作 4. 单批式操作	1. 轻微放热反应（如加氢、水合、异构化、烷基化、磺化、中和等反应）操作 2. 在精制过程中伴有化学反应 3. 单批式操作，但开始使用机械等手段进行程序操作 4. 有一定危险的操作	无危险的操作

注：① 见 GB 50160—1992《石油化工防火设计规范》(1999 年修订版)中可燃物质的火灾危险性分类。

② 见 HG 20660—1991《压力容器中化学介质毒性危害和爆炸危险度评价分类》表 1、表 2、表 3。

③ 有触媒的反应，应去掉触媒层所占空间；气液混合反应，应按其反应的形态选择上述规定。

1) 钻井、完井工程单元

钻井、完井单元的主要危险物质为天然气，属甲类可燃气体，工程中气井井筒容积一般小于 100 m³，操作温度在燃点以下，井口最大静压为 25 MPa，操作具有一定危险性，其危险程度取值为

$$\{物质\}+\{容量\}+\{温度\}+\{压力\}+\{操作\}=17 \text{ 点}$$
$$\quad 10 \qquad 0 \qquad 0 \qquad 5 \qquad 2$$

其总分值为 17 点，危险程度为 I 级，属高度危险。

2) 采气工程单元

采气单元的主要危险物质为天然气，属甲类可燃气体，井筒容积小于 100 m³，操作温度在燃点以下，井口最大静压为 25 MPa。采气作业操作无危险，采气工程采气作业危险程度取值为

$$\{物质\}+\{容量\}+\{温度\}+\{压力\}+\{操作\}=15 \text{ 点}$$
$$\quad 10 \qquad 0 \qquad 0 \qquad 5 \qquad 0$$

采气工程井下作业(射孔、压裂、修井等)操作具有一定的危险性，井下作业危险程度取值为

$$\{物质\}+\{容量\}+\{温度\}+\{压力\}+\{操作\}=17 \text{ 点}$$
$$\quad 10 \qquad 0 \qquad 0 \qquad 5 \qquad 2$$

可见，采气工程单元采气作业危险程度为 II 级，属中度危险；井下作业危险程度为 I 级，属高度危险。

3) 管道单元

天然气集输管道输送的介质为天然气，单井集气压力为 15～10 MPa，抑制剂注入压

力高于井口 0.3 MPa 以上，集气干线设计压力为 5.5 MPa，单井集气管线、集气干线注醇管线都承受较高压力。单井集气管线、集气干线的危险程度取值为

$$\{物质\} + \{容量\} + \{温度\} + \{压力\} + \{操作\} = 12\ 点$$
$$\quad 10 \qquad 0 \qquad 0 \qquad 2 \qquad 0$$

注醇管线的危险程度取值为

$$\{物质\} + \{容量\} + \{温度\} + \{压力\} + \{操作\} = 15\ 点$$
$$\quad 10 \qquad 0 \qquad 0 \qquad 5 \qquad 0$$

可见，单井集气管线、集气干线危险程度为 Ⅱ 级，属中度危险；注醇管线危险程度为 Ⅱ 级，也属中度危险。

4) 站场单元

站场单元包括集气站、抑制剂(甲醇)集中处理站。集气站的危险物质为天然气及甲醇，甲醇集中处理站的危险物质主要有甲醇、天然气和天然气凝液。根据开发方案中地面工程部分给各集气站场的主要工程量，估算出集气站天然气容量超过 1000 m^3。集气站危险程度取值为

$$\{物质\} + \{容量\} + \{温度\} + \{压力\} + \{操作\} = 24\ 点$$
$$\quad 10 \qquad 10 \qquad 0 \qquad 2 \qquad 2$$

总分值为 24 点，危险程度为 Ⅰ 级，属高度危险。

地面工程方案推荐使用甲醇作为水合物抑制剂，建设甲醇集中处理站。甲醇集中处理站内主要设备基本为低压设备，并有凝析油储罐和甲醇储罐各 2 个，操作具有一定危险性，其危险程度取值为

$$\{物质\} + \{容量\} + \{温度\} + \{压力\} + \{操作\} = 22\ 点$$
$$\quad 10 \qquad 10 \qquad 0 \qquad 0 \qquad 2$$

其总分值为 22 点，危险程度为 Ⅰ 级，属高度危险。

3. 危险度评价结论

汇总以上评价结果(见表 9-7)，可以看出，钻井、完井工程单元和站场单元危险程度属于高度危险。气田开发过程中，应对钻井队、井下作业队及站场生产和管理予以高度重视，针对这两个单元存在的危险性，制定严格的防范和应急措施，严防各类事故发生。

表 9-7 单元危险度汇总表

单　元	分　值	等　级	危险程度
钻井、完井工程单元	17	Ⅰ	高度危险
采气工程单元	14～17	Ⅰ～Ⅱ	中度至高度危险
管道单元	12～15	Ⅱ	中度危险
站场单元	19～24	Ⅰ	高度危险

9.1.5　劳动安全评价

1. 钻井、完井工程单元

对气田产能工程的钻井、完井工程中的搬迁安装、钻进施工、下套管、固井、测井、复

杂情况处理等施工作业过程及钻井、完井工程方案进行安全评价。

1）概述

为了便于评价，应对钻井、完井工程方案进行具体的描述。气田钻井、完井工程方案主要包括井身结构、井身质量要求、主要设备及配套工具、钻具组合、井口装置及井控设施、钻井完井液体系、完井方式、固井、测井等内容。

2）钻井、完井工程施工危险性分析及安全要求

（1）钻井、完井施工作业项目。气田开发井单井施工作业包括以下项目。

① 搬迁安装：钻机的搬迁、安装及辅助设备和设施的安装。

② 钻进施工：ϕ311 mm 钻头钻进；ϕ216 mm 钻头钻至完井井深。

③ 录井：气测录井和地质录井。

④ 下套管：下 ϕ245 mm 及 ϕ140 mm 套管。

⑤ 固井：表层固井和生产套管固井。

⑥ 测井：完钻电测和固井质量检测。

⑦ 复杂情况处理：顿钻、顶天车等地面复杂情况；井涌、井漏、卡钻、井喷、井下落物等井下复杂情况；井下事故。

⑧ 井口装定。

（2）钻井、完井作业伤亡事故分布状况及其控制重点。根据一定时间内我国陆上钻井作业中所发生的人身伤亡事故，对钻井、完井作业伤亡事故分布状况及其控制重点进行分析。

① 事故类别分布。事故类别分布情况见表 9-8。

表 9-8　事故类别分布情况

类　　　别	次　　数	死 亡 人 数	所占比例/%（按死亡人数计）
物体打击	22	22	28.21
车辆伤害	4	4	5.13
机械伤害	20	20	25.64
起重伤害	10	10	12.82
触电	8	8	10.25
高处坠落	8	9	11.54
爆炸	1	1	1.28
流体伤害	4	4	5.13
合计	77	78	100.00

由表 9-8 可以看出，按死亡人数计，物体打击事故造成的伤害居首位，其次是机械伤害、起重伤害、高处坠落、触电。以上五类事故造成的死亡人数占死亡总人数的 88.46%，是石油钻井作业系统安全管理控制的重点，尤其是防止物体打击事故和机械伤害事故的发生，是重中之重。

② 事故原因分布。就事故死亡人数按事故发生的原因分类作表，其情况见表 9-9。

表 9 - 9 事故原因分布

事 故 原 因	死亡人数	所占比例/%
无安全、保险装置	1	12.82
防护、保险等装置缺乏或有缺陷	20	25.84
设备、工具、附件有缺陷	18	23.08
个人防护用品缺乏或有缺陷	7	8.97
光线不足或通风不良	1	1.28
无规程或制度不健全	1	1.28
劳动组织不合理	2	2.56
对现场缺乏检查或指导有错误	4	5.13
设计有缺陷	1	1.28
不懂规程与技术知识	2	2.56
违反操作规程或劳动纪律	21	26.92

从表 9 - 9 可以看出，由于违章作业(违反操作规程或劳动纪律)造成的死亡人数占首位，说明严格执行各类规章制度，严肃劳动纪律，是搞好钻井作业系统安全生产的关键所在。

特别需要重视的是，因设备和设施方面的不足造成的事故占非常大的比例。因此，在钻井作业系统安全管理工作中，一定要注重抓好设备本质安全，解决设备和设施本身的缺陷及缺乏安全、保险装置的突出问题，要注重加强设备的检修与维护保养，使之处于良好的运行状态。

另外，值得注意的是，由于职工个人防护用品缺乏或有缺陷而引发的事故居第四位，对此亦应采取相应的控制措施。

③ 发生事故时的作业种类分布。发生事故时钻井队(或死者)作业种类的分布情况见表 9 - 10。

表 9 - 10 发生事故时作业种类分布

作业种类	死亡人数	所占比例/%	作业种类	死亡人数	所占比例/%
搬迁	3	3.85	钻进过程	14	18.03
安装	10	12.82	起重吊物	6	7.69
拆卸作业	3	3.85	下套管	4	5.13
起钻作业	5	64.1	卸钻具与钻具下钻台	9	11.54
下钻作业	4	5.13	处理井下情况	3	3.85
检修、保养	13	16.67	其他情况	4	5.13

表 9 - 10 表明，钻井队在正常钻进过程中发生的死亡事故最多，共计死亡 14 人，占死亡总人数的 18.03%，其中接单根作业死亡 8 人，倒、开泵作业死亡 4 人，其他情况死亡 2 人。检修、保养作业死亡人数居第二位；安装作业死亡人数居第三位；卸钻具及钻具下钻台作业死亡人数居第四位。以上四种作业，应作为加强钻井作业系统安全管理的重点。在钻进过程中，钻井队应把控制接单根作业和倒、开泵作业作为安全管理的重中之重。在检修、保养过程中发生死亡事故多，主要是由于缺乏监控措施，人员之间配合不当所致。对此，钻井队应在检修、保养工作中，采取得力的监控与控制措施，防止误操作现象的出现。

④ 事故发生地点分布。事故发生地点分布情况见表 9 - 11。

表 9 - 11 事故发生地点分布

地 点	死亡人数	所占比例/%	地 点	死亡人数	所占比例/%
钻台上	37	47.44	循环罐区	2	2.56
钻台下	2	2.56	水泵房	2	2.56
机房	5	6.41	井架	5	6.41
泵房	8	10.26	场地	15	19.23
发电机	1	1.28	其他	2	2.56

由表 9 - 11 可以看出,钻井作业系统的死亡事故最突出的易发地点是钻台上;在场地上发生的事故居第二位;在泵房发生的事故居第三位。

由此说明,石油钻井作业系统应特别加以控制的要害地点是钻台和场地上。其中,钻台上为最重要的事故发生地点。

表 9 - 12 列出了致害设备与设施的分布情况,从中可以看出,石油钻井作业系统死亡事故与电动、液气葫芦的操作有关的占首位,其次是绞车、泥浆泵、吊钩绳索。实际上,在与吊钳有关的事故中,与操作绞车气开关有关的占 5 起,故与绞车有关的可达 12 起,占首位。

护罩方面主要是封闭效果差、未安装护罩或护罩本身有缺陷。吊物绳索方面常出问题的原因,在于所用绳索强度不够,结法不对,或者用法不对。

表 9 - 12 致害设备与设施分布

致害设备与设施	死亡人数	所占比例/%	致害设备与设施	死亡人数	所占比例/%
绞车	7	8.97	拖拉机	4	5.13
吊钳	6	7.70	吊车	3	3.85
吊卡	4	5.13	气路	5	6.41
电动、液气葫芦	8	10.25	电路	5	6.41
泥浆泵	7	8.97	吊钩绳索	7	8.97
电焊机	3	3.85	其他	12	15.38

⑤ 死者岗位分布。表 9 - 13 列出了死者岗位分布情况,从中可以看出,在一个钻井队的安全生产工作中,副司钻是第一要害岗位,内钳工为第二要害岗位,外钳工为第三要害岗位,司钻为第四要害岗位,此后依次为井架工、场地工、司机、泥浆工和司助。值得提出的是,内、外钳工的死亡有许多是司钻、副司钻的错误操作造成的。由此可见,人员的继续安全教育和培训,是石油钻井作业系统安全管理的一项十分重要而紧迫的任务。

表 9 - 13 死者岗位分布

岗位类别	死亡人数	所占比例/%	岗位类别	死亡人数	所占比例/%
司钻	8	10.26	场地工	4	5.13
副司钻	17	21.79	司机	3	3.85
井架工	6	7.69	司助	2	2.56
内钳工	12	15.38	泥浆工	3	3.85
外钳工	11	13.92	其他	12	15.38

3) 钻井、完井工程施工作业安全要求

(1) 设备迁装过程安全要求。设备迁装过程中动用人员多，使用车辆多，相互协作的单位也多。该过程中的主要危险是：容易发生车辆挤碰甚至碾压事故；在高处作业过程中可能出现人员坠落和高空落物事故；吊装作业时易发生起重伤害事故；因井架质量低劣、安装质量差易造成井架倒塌事故；运输过程中易发生各种交通事故等。

搬迁工作应对井场、道路和周围环境情况进行调查，制定搬迁施工方案。在井架、设备安装过程中，作业人员要注意登高架设作业和电气安装作业的安全，并使其安装质量达到规定要求。

钻井队对安装质量进行全面的检查，验收合格后方可开钻。设备拆装应严格执行 SY 6043—1994《钻井设备拆装安全规定》。

(2) 钻进过程安全要求。钻进的工作内容包括：首次开钻钻进、下表层套管和固井、二次开钻高压试运转、下钻、钻进和起钻等。钻进工作过程复杂，危险因素多。

根据表 9 - 10 可知，钻井队在正常钻进工程中发生的死亡事故最多。在钻进过程中，钻井队应把控制接单根作业和倒、开泵作业纳入安全管理的重点内容中。钻井作业应严格执行 SY 5874—1994《钻井作业安全规程》。

(3) 完井作业安全要求。完井作业包括测井、下套管、固井、套管柱试压和电测固井质量等工作。

在固井施工过程中，泵压会越来越高，井口、泵房、高压管汇、安全阀附近存在一定的流体伤人的危险。

固井施工要注意：摆车时，要有专人指挥，防止车辆伤害现场工作人员；下完套管后当套管内钻井液未灌满时，不能接尼龙带开泵洗井；开泵顶水泥浆时，特别是当泵压逐渐升高临近碰压时，所有人员都不得靠近井口、泵房、高压管汇、安全阀附近，在管线放压方向上也不得有人靠近。

测井施工作业最突出的问题是放射事故和爆炸事故。

做好放射防护工作应做到：严格操作规程，正确使用操作工具；限时或限剂量操作；采用有效的屏蔽防护。放射防护应执行《放射卫生防护基本标准》。

放射源源库管理及放射源的运输、储存、保管工作应按照国务院颁发的《放射源同位素与射线装置放射保护条例》、《放射工作人员健康管理规定》，以及 SY 6332—1997《油(气)田测井用密封型放射源库安全技术要求》、SY 8131—1987《放射性测井安全防护》的规定进行。放射性测井工作人员应持有"放射工作人员证"。

放射源一旦丢失或失去屏蔽层保护，将会产生一个相当大的辐射区，使人员及环境受到无法估量的伤害。增强用源人员的安全技术素质和责任心，并从技术装备上(如应用放射源预控装置)解决防护和防丢源问题，才能真正杜绝放射源对人员及环境的危害。

井壁取心特别是气井射孔时，一定要对爆炸物品的储存和运输进行严格管理，从事取心、射孔施工的人员必须经过安全教育和培训，持证上岗，并严格执行操作规程。爆炸物品的储存、运输、管理、使用应严格执行 SY 5436—1998《石油射孔和井壁取心用爆炸物品的储存、运输和使用规定》。

为减少乃至杜绝爆炸器材安全事故的发生，首先要使用安全性能高的雷管，其次是采用射孔安全避爆系统。

（4）钻遇硫化氢的安全防护。根据目前的勘探开发资料，确定地层天然气中是否含有硫化氢，并根据硫化氢的含量提出相应的对策措施。即使地层中不含硫化氢，但在滚动勘探、开发过程中不可预见因素较多，不能完全排除会钻遇含硫化氢气层的可能性，如果没有有效的控制，容易发生恶性事故。了解有关硫化氢的基本知识，掌握钻遇硫化氢的安全防护与应急处理技术，是对钻井作业人员的一项突出要求。应按照现行石油标准 SY 5087—2004《含硫油气田安全钻井推荐做法》的规定进行钻井设计、材质选择、井场及钻机设备布置、硫化氢的监测、井控装置的安装，以及钻井施工。

4）钻井、完井工程设计安全评价及要求

在钻井、完井施工过程中，存在着众多的危险因素。油气藏在地下，滚动勘探开发过程中不可预见的因素多，决定了钻井是石油天然气工程各项工作中一项相对高危的工作，钻井过程中的事故发生频率相对较高。因此，控制钻井、完井工程的风险，除了加强施工过程中的安全管理外，首先必须从其安全设计入手。

（1）井身结构设计。井身结构设计是油气田开发勘探过程中极其重要的环节，是钻井工程设计的基础，它直接关系到钻井、完井、测试、试采等工程作业的安全、质量、效率和成本。合理选择气田井身结构，是保证气田勘探开发安全的前提。

产能建设项目宜在建设前期开发先导试验井，应用试验地层压力预测及检测技术、优化钻井液技术、喷射钻井技术、优选参数钻井技术、压井控制技术、水平井工艺技术、平衡压力固井技术、气层保护技术等多项先进的工程工艺技术，为气田开发奠定良好的技术基础。

气田钻井、完井工程方案在选择井身结构时，应以地层压力剖面和破裂压力剖面为依据，确定合理的工程设计参数；根据地区地层的特点，确定地层必封点，以避免井壁垮塌、井漏等井下复杂情况。

气田钻井、完井工程方案在选择井身结构时，表层套管下深 300 m。如表层套管下深小于 300 m，则不符合《天然气井工程安全技术规范》中"设计井深超过 500 m 的气井，表层套管一般下深 300～500 m"的要求，会给井控留下隐患。建议表层套管封固段应大于 300 m，并封过疏松地层，下到致密岩层上，以提高井口承压能力和井控能力，避免后续钻进时的上部漏失、垮塌等复杂情况。

（2）随钻地层压力监测与预测。钻井设计应增加随钻地层压力监测与预测的内容。工程、地质应紧密结合，利用钻井、录井和测井等资料随钻监测和预测地层压力。

（3）钻井液。钻井液性能差，会引起井内压力失衡，诱发井涌、井喷。

工程所选用的钾铵基聚合物＋屏蔽暂堵钻井完井液，有利于提高井下安全及形成保护气层。

气田钻井、完井工程方案应根据地层的特点，对钻井液的分段维护和处理作出合理的设计。

对易漏失井应储备同性能的钻井液及堵漏材料。施工中应根据随钻压力监测数据和实际情况及时调整钻井液密度。

（4）井控装置。气田钻井、完井工程方案可选择额定工作压力为 35 MPa 的套管头、双闸板防喷器和环形防喷器。套管头的压力等级高于最高地层压力（气田地层压力相当于静水柱压力，3000 m 左右井深，井底压力预测为 30 MPa）。气井若需进一步采取增产措施，套管头的压力级别应能满足压力增高的需求。二开可采用 35 MPa 双闸板防喷器和环形防喷器，防喷器组合形式应安全、合理，符合压力和地层特点。

施工中应注意节流管汇、压井管汇的压力等级和组合形式要与全井防喷器相匹配。井控设备是实现安全钻井的可靠保证，施工中要强化井控设备的管理，保证设备的正常运行。

（5）主要设备。远程控制台必须具有两种独立的动力系统（如电动和手动），用于控制防喷器，其蓄能器要有足够的容积，以及充足的压力和液压油储量。

计量罐的体积不应小于 5 m^3，并宜配有备用离心泵，要配有在司钻位置能读数的液面指示计，以及时观察溢流，发现井漏。

应在安全的位置设置应急发电机，以便在井喷、着火、意外停电时主动力不能工作或在被迫停止工作的紧急情况下，对钻台、主发电区、指挥室、蓄能器的电动泵、空气压缩机等重要部位供电。

若井场远离基地，要在现场储备常用的备用闸板，准备试压泵用于井控系统的试压，准备用于现场修理、更换和维护防喷器的液压扭矩扳手等。

（6）完井设计。目前，国内气田主要根据经验或对气藏的定性认识分析选择完井方式和进行完井设计。国内一些气田由于没有关于完井方式各种因素影响程度的定量化判断指标，无系统化、科学化的完井方式选择方法及完井设计方法，因此造成不少气井因完井方式选择不当或设计不合理而导致出砂、井壁垮塌或套管被腐蚀破坏，严重影响了气井的正常安全生产。建议气田开发工程根据气藏类型、气层特征及合采等采气工程要求，在定量化判断的基础上优选完井方式，并进行系统的完井设计。

（7）固井设计。固井质量的好坏，对天然气安全生产起着十分重要的作用。若固井质量差，可导致层间窜流、套管腐蚀加快，甚至导致井口周围窜漏或者井喷。

通过室内试验和现场固井情况的统计分析，气田采用 DZJ 和 GSJ 两种水泥浆体系作为开发井固井的主要水泥浆体系。这两种体系都具有水泥浆体系早期强度高、API 失水小、水泥浆体系稠化和凝结过渡时间短、流变性能好等特点，是防止油、气、水窜，保护油气层，提高固井质量较为理想的水泥浆体系。

气田钻井、完井工程方案应对水泥浆体系进行优化，并对水泥浆体系进行流变学计算。为了确保固井质量，还应采取以下措施：进行气井套管柱的强度、密封和腐蚀设计，气井套管柱的强度应满足抗内压、外挤的要求，若采取压裂等增产措施，还应满足压裂压力增加值和测井的要求；对于二氧化碳含量较高的气井，在满足强度设计系数的情况下，应使用抗二氧化碳套管；固井施工前应进行室内试验；各层套管水泥浆均应返至地面；气井应进行密封设计。

2. 采气工程单元

对气田产能工程的采气工程方案及采气工程中射孔、采气、压裂改造等作业施工过程进行安全评价。

1）概述

为了便于评价，在报告书中应对采气工程的射孔工艺、压裂工艺、采气工艺予以介绍。

2）采气工程施工安全评价及要求

（1）采气。采气井口是天然气生产的源头，也是天然气安全生产的关键部位。井口一且失控，不但会对地层产生严重破坏，使国家资源受到巨大损失，而且对地面的危害极大。一般波及范围与井口压力、风速、风向、周围地形和建筑物、人员密集状况及天然气组分等因素有关。天然气密度较小，在失控状态下，井口压力几乎等于井底压力，危害波及范围可达几公里。因此应特别重视采气井口安全。

（2）井下作业。井下作业内容主要有气井维修、气井大修、气层改造和试气。

防喷、防爆在井下作业施工中非常重要，应防止防喷器失效和抢喷工具配件不全造成的井喷事故。井喷可引起井场着火、爆炸。

井下作业是多工种协作施工，井下作业施工中，需要使用一些专门的机械设备，动力设备有通井机、修井机等，提升设备有井架、游动滑车、大钩、钢丝绳等，施工过程中危险性较大。

采气工程单元危险性分析汇总见表 9-14。

表 9-14 采气工程单元危险性分析汇总表

事故类别	危险因素	预测事故模式	事故后果	危险等级	安全措施
火灾	天然气、明火、静电	（1）管线或设备漏气遇到明火；（2）切割或焊接油气管线和设备时，安全措施不当；（3）井下作业造成井喷；（4）闪电或静电等原因引起火灾；（5）电气设备损坏、导线短路引起火灾；（6）点燃天然气火头时，未按"先点火、后开气"的次序操作	设备损坏人员伤亡	Ⅰ	（1）经常检查设备、管线，及时堵漏；（2）切割、焊接油气管线和设备时，要有安全防护措施；（3）按"先点火，后开气"的次序点燃火头；（4）严格执行有关规定搞好用气管理；（5）设备管线放空吹扫时，一般情况下要点火烧掉；（6）井站的电气设备、仪表，应有防爆设施；（7）井站内禁止堆放油料、木材、干草等易燃物品
爆炸	受压介质、爆炸器材	（1）设备的操作压力大于设计工作压力；（2）设备腐蚀使设备的实际承压能力降低；（3）射孔、压裂、修井作业造成井喷；（4）天然气被突然压缩成高压；（5）水合物冰堵；（6）爆炸器材地面爆炸	设备损坏人员伤亡	Ⅰ	（1）定期进行设备、管线腐蚀检查，及时检修或更换；（2）严禁设备、管线超压工作；（3）定期检查、校验安全阀和压力表；（4）采气井站严禁烟火；（5）井站动火按照操作规程；（6）开关、调节气井阀门时切忌猛开猛关；（7）采取加热、抑制剂注入等方法防冰堵；（8）严格按有关规定进行爆炸器材的运输、使用和管理

事故类别	危险因素	预测事故模式	事故后果	危险等级	安全措施
物体打击	受压设备、零部件	（1）违章带压操作，设备零部件飞出伤人；（2）开关闸阀、拆卸压板顶丝等操作，身体正对闸阀或孔板阀顶部等；（3）修井作业高空落物；（4）修井作业吊环摆动或单吊环挂提、顶天车、顿钻等事故伤人；（5）射孔作业发生撞击、溜钻、顿钻事故	人员伤亡	Ⅱ、Ⅲ	（1）严格操作规程；（2）高压设施的固定应牢固；（3）高压设备承压部件应连接牢固
机械伤害	井下作业机械设备	（1）设备故障；（2）违章操作；（3）操作不熟练；（4）精力不集中	人员伤亡	Ⅱ、Ⅲ	（1）加强设备检修；（2）制定安全操作规程并严格执行；（3）严格上岗制度
高压伤害	高压介质	（1）高压管线、闸阀刺漏，高压气体、砂等伤人；（2）下井后的射孔枪内热胀气体压力伤人	人员伤亡	Ⅱ、Ⅲ	（1）设备选择、安装应符合要求；（2）高压设备经常检查，处于良好状态；（3）按操作规程检查、拆卸射孔枪
中毒	天然气、甲醇	（1）设备损坏造成天然气或甲醇泄漏；（2）井喷造成天然气大量泄漏	人员伤亡	Ⅰ、Ⅱ	（1）按操作规程操作；（2）采取有效的防护措施
触电	电气设备	（1）井场用电线路架设、布置不合理；（2）动力线使用裸线或照明线；（3）线路绝缘不良；（4）用电设备未接地	人员伤亡	Ⅲ、Ⅳ	（1）合理架设、布置用电线路；（2）动力线使用正规电线；（3）及时检修电力线路；（4）电器开关装设触电保护器；（5）用电设备必须接地，防护措施可靠
其他		（1）低温天气致人员冻伤；（2）酸液致人员灼伤；（3）人员落入池、罐等	人员受伤	Ⅲ、Ⅳ	（1）冬季野外作业注意保暖；（2）按要求穿戴防护用品；（3）压裂罐等开口设防护盖

通过以上分析可以看出：采气生产及井下作业过程中存在的主要危险为井喷、火灾、爆炸、物体打击、机械伤害和高压伤害等。其中，一旦发生火灾、爆炸事故，将造成财产损失和人员伤亡，应重点防范。

3）采气工程设计安全评价及要求

（1）井口装置。井口装置关键部件见表 9-15。

表 9 - 15　井口装置一览表

型　号	闸阀类型	底法兰型号	适用压力范围(MPa)
CQ250	楔形阀	R45	＜25
KQ250	平板阀	R45	＜25
CQ350	楔形阀	BX - 156	＜35
KQ350	平板阀	BX - 156	＜35
CQ600	楔形阀	BX - 156	＜60
KQ600	平板阀	BX - 156	＜60
KQ700	平板阀	BX - 156	＜70

气田地层破裂压力较高，为 40～60 MPa，压裂作业时开关井频繁，容易出砂。试气时选择 KQ600 型或 KQ700 型井口装置，可满足压裂作业压力较高的要求。

气田上古生界地层压力较低，均在 30 MPa 以下，而采气井开关不频繁。对地层出砂少的气井选用楔形阀井口装置即可，否则，应选用使用寿命长、密封可靠和自封效果好的平板阀。

采气井口装置选择 CQ350 型，其压力适用范围满足气田气藏的最大井口压力要求。

气田产出的天然气中若不含硫化氢，采气工程方案可不采用抗硫井口装置。但对于天然气中硫化氢和二氧化碳含量较高的气井，应考虑采用抗硫井口装置。

(2) 生产管柱。生产管柱的选择由气井的产能、携液能力，油管的规格、性能及成本等几项因素综合确定。采气工程方案根据不同油管中气流的压力损失大小，应用气井生产系统节点分析方法，同时利用携液理论，确定生产管柱的尺寸：如果采用原试气管柱进行单层采气，其生产管柱选择 62 mm(外径 73 mm)的油管，多层合采可采用 50.7 mm 的油管。

生产管柱的确定，应从油井生产的优化原则出发，还应满足增产措施和采气期间其他工程作业(如生产测井等)对油管尺寸的要求。

油管材质的选择应根据气井中的硫化氢、二氧化碳的含量来确定。

(3) 水合物防治。冬季生产若不采取有效措施，地面管线部分将会生成水合物。而当气井产量较高，节流效应引起的热能损失较大时，即使在环境温度较高的季节，也有可能形成水合物。若不采取适当的水合物防治措施，会影响正常生产施工，地面管线被水合物堵塞会造成设备、管道的憋压爆破，引发恶性事故。

采气工程方案主要可采取三种方法来防止水合物的生成，即在地面管线中加热、井下管柱加注水合物热力学抑制剂和井下节流。

采气工程方案应根据气田各采气层位形成水合物的条件，以及相邻气田天然气井的实际生产情况，采用合理的预防和处理水合物措施，以对采气生产起到有力的保证。水合物抑制剂采用甲醇，解堵快，效果好。甲醇虽具有毒性，但是若能保证加注过程在密闭装置中进行，并采取措施，则可防止甲醇泄漏。

3. 管道单元

管道单元包括各气井到集气站的单井采气管线、集气干线、注醇管道以及管道附属设施。

1) 概述

为了便于评价分析，报告书中应对工程单井集气采用的集气工艺，以及集气管网的规格、材质、敷设方式、腐蚀控制等进行介绍。

2）危险性分析

工程采气管道和集气干线输送的是天然气，其火灾危险性属于甲类。天然气在正常情况下是在密闭的管线中及密闭性良好的设备间输送的，一旦带压的天然气泄漏，就会在空气中形成爆炸性气体，遇火源会发生火灾、爆炸事故。

工程中，采气管道、注醇管道、天然气集气干线的设计压力高，天然气和甲醇都易燃，如果高压气体泄漏到空间，即便是少量天然气或甲醇蒸气也易形成爆炸性混合气体。同时高压下发生爆炸的威力比常压下大，后果也严重。天然气在管道中带压运行时，管道中聚集了大量的气体压缩能，一旦破裂，材料裂纹扩展的速度极快，不易止裂，从而造成更多的天然气或甲醇泄漏。

另外，天然气本身为烃类混合物，属低毒性物质。甲醇为Ⅲ级毒物，在一定量或浓度下与人员无防护的接触，会产生中毒、窒息等危害。因此工程在运行中的主要危险为火灾、爆炸和中毒。

管道单元预先危险性分析汇总见表 9－16。

表 9－16　管道单元预先危险性分析汇总表

事故类别	危险因素	预测事故模式	事故后果	危险等级	安全措施
管道泄漏	（1）泄漏点附近有火源；（2）抢险人员在现场	（1）管线设计承压不够；（2）管线材质缺陷，密封部分老化；（3）流程倒错、管线超压；（4）管线内腐蚀磨损、管线外腐蚀；（5）焊接质量不高；（6）地层运动等地质、自然原因；（7）外部施工、不法分子破坏等	人员伤亡财产损失	Ⅰ	（1）管线选材、设备选型、设计、施工应符合要求；（2）采取有效的防腐措施；（3）采取有效的防震措施；（4）操作人员严格按照操作规程进行操作维护；（5）按计划进行清管等保养维护工作；（6）按计划进行管线、设备巡检；（7）采用先进的实时监控手段；（8）发现泄漏现象及时整改；（9）严格遵守动火规定
雷电、静电危害	（1）产生静电放电；（2）雷电影响	（1）避雷、防雷措施不当或不健全；（2）防静电措施不当或不健全	人员伤亡财产损失	Ⅱ	（1）严格执行接地防静电、防雷电措施；（2）按时巡查，发现损坏及时维修
缺氧窒息	人员处于泄漏天然气的环境之中	（1）天然气泄漏；（2）抢险人员在没有防护的情况下进行抢险	人员伤亡	Ⅳ	（1）劳保、防护用品佩戴齐全；（2）按时巡查、检修设备管线；（3）抢险时应严格按制定的规章制度和安全操作规程进行

3) 蒸气云爆炸定量计算

集气干线输送的天然气泄漏到空气中，与空气混合形成可燃性云雾，当这种云雾的浓度处于爆炸范围内时，遇到火源将发生爆炸，产生冲击波，对周围的人员和设备造成一定的损伤和破坏。

(1) 评价内容。管道中的高压天然气泄漏到空间，易形成爆炸性混合气体。而且高压下发生爆炸的威力比常压下大，后果也严重。由于地处沙漠，交通条件相对较差，从集气站发现压力异常，到采取措施成功降压这段时间内，天然气很有可能已经大量泄漏并积聚。天然气大量泄漏后，若在地面形成一个蒸气云团，遇火源将发生爆炸事故，后果会十分严重。

定量计算时，可把目的层的无阻流量作为泄漏量，并考虑泄漏时间较长，在静小风速情况下形成的蒸气云发生爆炸时对周围的影响。

(2) 评价方法。

① 冲击波超压及冲量。在蒸气云爆炸时，其冲击波参数可以用下面的公式计算：

$$\ln(P_s/P_a) = -0.9126 - 1.5058\ \ln R' + 0.1675\ \ln^2 R' - 0.0320\ \ln^3 R' \qquad (9-1)$$
$$(0.3 \leqslant R' \leqslant 12)$$

$$\ln(I_s/E_0) = -1.5666 - 10.8978\ \ln R' - 0.0096\ \ln^2 R' - 0.0323\ \ln^3 R' \qquad (9-2)$$
$$(0.3 \leqslant R' \leqslant 12)$$

式中：P_s——冲击波正向最大超压，Pa；

$\quad\ i_s$——冲击波正向冲量，Pa·s；

$\quad\ P_a$——大气压力（1.013×10^5 Pa）；

$\quad\ R'$——无量纲距离，按下式计算：

$$R' = \frac{R}{(E_0/P_a)^{1/3}} \qquad (9-3)$$

$\quad\ R$——目标到蒸气云中心的距离，m；

$\quad\ E_0$——爆炸源总能量（J），按下式计算：

$$E_0 = 1.8aWQ_c \qquad (1.8\ 为地面爆炸系数) \qquad (9-4)$$

$\quad\ a$——蒸气云当量系数，这里取 0.04；

$\quad\ W$——蒸气云中对爆炸冲击波有实际贡献的燃料质量，kg；

$\quad\ Q_c$——燃料燃烧热，J/kg。

② 人员伤害分区。估计爆炸可能造成的人员伤亡情况时，一种简单也较为合理的预测程序是将危险源周围划分为死亡区、重伤区、轻伤区和安全区。可根据人员因爆炸而伤亡的概率不同，将爆炸危险源周围由里向外依次划分为以下四个区域。

• 死亡区：该区内的人员如缺少防护，将被认为将无一例外地遭受严重伤害或死亡，其内径为零，外径记为 $R_{0.5}$，表示圆周处人员因冲击波作用导致肺出血死亡的概率为 50%。

• 重伤区：该区内的人员如缺少防护，则绝大多数将遭受严重伤害，极少数人将死亡或受轻伤。其内径就是死亡半径 $R_{0.5}$，外径记为 $R_{e0.5}$，代表该处人员因冲击波作用而使耳膜破裂的概率为 50%，它要求的冲击波峰值超压为 44 000 Pa。

• 轻伤区：该区内的人员如缺少防护，则绝大多数人员将遭受轻微伤害，极少数人将受重伤或平安无事，死亡的可能性极小。该区内径为重伤半径 $R_{e0.5}$，外径记为 $R_{e0.01}$，表示外边界处人员因冲击波作用而导致耳膜破裂的概率为1‰，它要求的冲击波峰值超压为17 000 Pa。

• 安全区：该区的人员即使无防护，绝大多数人也不会受伤，死亡的概率几乎为零。该区内径为 $R_{e0.01}$，外径为无穷大。

（3）评价过程。

① 选取评价对象。选取集气干线输送的天然气发生泄漏作为评价对象，评价其发生蒸气云爆炸对人体的伤害程度。其中天然气密度为 0.56 kg/m³，燃烧热为 18.61 MJ/kg。

假设建设产能为 1×10^8 m³/a，若集气干线发生泄漏，1 h 后发生爆炸事故，则泄漏气体体积约为 35 582.2 m³，质量约为 22 416.8 kg。

② 死亡区域计算。死亡区外径记为 $R_{0.5}$，它与爆炸量间的关系由下式确定：

$$R_{0.5} = 13.6 \times \left(\frac{W_{\mathrm{TNT}}}{1000}\right)^{0.37} \tag{9-5}$$

式中：W_{TNT}——源的 TNT 当量（k），按下式计算：

$$W_{\mathrm{TNT}} = \frac{1.8\,WQ_{\mathrm{c}}}{Q_{\mathrm{TNT}}} \tag{9-6}$$

Q_{TNT}——TNT 爆炸热，可取为 4.52×10^6 J/kg。

将天然气燃烧热 18.61×10^6 J/kg，质量 22 416.8 kg 分别代入式（9-5）、式（9-6）中，得到死亡半径 $R_{0.5}$ 为 27 m。

③ 重伤区域计算。根据式（9-1）、式（9-3）和式（9-4）及重伤区的冲击波超压值（44 000 Pa），确定蒸气云爆炸形成冲击波超压时，人的重伤区域半径 $R_{e0.5}$ 为 63 m。

④ 轻伤区域计算。根据式（9-1）、式（9-3）和式（9-4）及轻伤区的冲击波超压值（17 000 Pa），确定蒸气云爆炸形成冲击波超压时，人的轻伤区域半径 $R_{e0.01}$ 为 124 m。

集气干线蒸气云爆炸的冲击波超压对人体的伤害情况见表 9-17。

表 9-17　集气干线蒸气云爆炸的冲击波超压对人体的伤害情况

伤害区域	范围	伤害区域	范围
死亡半径 $R_{0.5}$/m	27	重伤区/m	27～63
重伤半径 $R_{e0.5}$/m	63	轻伤区/m	63～124
轻伤半径 $R_{e0.01}$/m	124	安全区/m	124～+∞
死亡区/m	0～27		

（4）评价结果。

① 从以上评价来看，集气干线泄漏 1 h 后，若发生蒸气云爆炸着火事故，距泄漏点位置 124 m 范围内的暴露人员和设施将会遭受不同程度的伤害或损伤。其中，距泄漏点位置 27 m 范围内的暴露人员极可能因遭受蒸气云爆炸冲击波的巨大伤害而受重伤或死亡。

② 蒸气云爆炸冲击波的超压不仅对人体产生伤害，对周围的建(构)筑物及设备同样会产生破坏力。

③ 为防止或减轻天然气爆炸的危害，在天然气集输过程中应当采取措施防止泄漏发生。

4. 站场单元

站场单元包括新建集气站和甲醇集中处理站。

1) 概述

为了便于评价分析，在评价报告书中应对各站场的主要功能、规模、主要设置、生产流程分别进行介绍。

2) 危险性分析

站场单元的危险危害主要有火灾、爆炸、中毒窒息、机械伤害、触电等，其中最易于发生及危害最为严重的事故是火灾和爆炸。

(1) 可燃物质泄漏引起的火灾、爆炸。若站内管道、设备穿孔或破裂，将导致可燃物质(天然气或甲醇)泄漏。泄漏的可燃气体(天然气、甲醇蒸气)遇点火源(明火、雷电、机械火花、静电火花等)可引发火灾爆炸事故。

(2) 加热炉爆炸。地面工程方案选择水套炉加热作为天然气在气温度较低时的加热方式。

加热炉盘管、烟管工作条件恶劣，加热炉制造、安装有缺陷，材质、类别的选用不当，加热炉盘管、烟管破裂导致炉壳爆炸、炉管腐蚀、结垢，这些都将严重影响加热炉的安全运行。

加热炉熄火或重新点火，炉膛内存在大量天然气可导致加热炉爆炸。防爆门、安全阀、压力表等安全附件不齐全，或不能正常启用，紧急放空管线堵塞等，可导致超压爆炸。

(3) 换热器爆炸。换热器设计有缺陷、制造质量差、焊接质量差等导致泄漏或材料疲劳，零部件被破坏，大量甲醇溢出，发生爆炸；腐蚀使管束失效或严重泄漏，遇明火发生爆炸；违章操作、操作失误、阀门关闭等引起超压爆炸等。

(4) 氨制冷机组爆炸。压缩机安全装置失灵，超压、超温、超速运行，缺油、缺水运行，出入口阀、法兰泄漏导致制冷剂泄漏，润滑油标号不符合规定，积炭未及时清除，因长期超压或超低温运行，缸套、活塞杆等疲劳破坏，压缩机组、附属设备、管路系统吹扫和置换未按有关规定执行等都可能导致压缩机爆炸。

(5) 天然气发电机组爆炸。进气管道泄漏，发电机气缸、活塞杆曲轴等零部件损坏，积炭自燃等都可导致内燃机爆炸或空间爆炸。

(6) 压力容器、管道物理爆炸。集气站有计量分离器、油水分离器等一、二类压力容器，以及天然气管道和注醇管道等高压管道。由于设计、施工存在缺陷，腐蚀严重，遭受雷击或强烈日光曝晒，违章动火，安全泄放失效等原因，压力容器、管道受力超过强度极限，发生物理爆炸。伴随压力容器、管道的物理爆炸，易燃易爆介质大量泄漏，引发"二次火灾爆炸"。

站场单元预先危险性分析汇总见表 9-18。

表 9 - 18 站场单元预先危险性分析汇总表

事故类别	危险因素	预测事故模式	事故后果	危险等级	安 全 措 施
火灾爆炸	天然气甲醇氨	(1) 管线设计承压不够；(2) 管线材质缺陷，密封部分老化；(3) 流程倒错、管线超压；(4) 焊接质量不合格；(5) 阀门、法兰等附件密封不好；(6) 地层运动等地质、自然原因；(7) 泄压设备失灵、不动作；(8) 随意排放清管杂物；(9) 其他原因如站内施工等；(10) 在火灾爆炸危险场所使用的电气防爆等级不够或未采用防爆电气设备；(11) 压缩机泄漏、疲劳断裂；(12) 雷击	人员伤亡财产损失	Ⅰ	(1) 管线选材、设备选型、设计、施工应符合要求；(2) 采取有效的防腐措施；(3) 采取有效的防震措施；(4) 严格操作规程；(5) 做好清管等保养维护；(6) 管线、设备及时巡检；(7) 采用先进的实时监控手段；(8) 严格遵守动火规定；(9) 爆炸危险场所使用防爆电气设备；(10) 严格执行接地防静电、防雷电措施
中毒窒息	天然气甲醇氨	(1) 天然气泄漏；(2) 抢险人员在没有防护的情况下进行抢险；(3) 注醇系统、甲醇处理系统设备、管道损坏；(4) 压缩机氨气泄漏	人员伤亡	Ⅲ Ⅳ	(1) 劳保、防护用品佩戴齐全；(2) 按时巡查、检修设备管线；(3) 严格按制定的规章制度和安全操作规程精心操作
触电	电气设备	(1) 防触电保护失效；(2) 工作人员疏忽或违章操作		Ⅲ Ⅳ	(1) 相关设备严格执行防漏电措施；(2) 按时巡查设备，发现损坏及时维修；(3) 操作、维修电气设备时应按电工操作规程操作；(4) 必要的区域应使用防爆工具
物体打击	承压零部件	操作时身体正对阀门顶丝、收发球装置快开盲板等	人员伤亡	Ⅲ Ⅳ	(1) 严格执行操作规程；(2) 及时检修，保证设备完好
机械伤害	机械设备	(1) 机械外露运转部件如防护罩缺损或不符合规范；(2) 检修时设备意外启动	人员伤亡	Ⅲ Ⅳ	(1) 严格执行操作规程；(2) 机械外露运转部件应做有效防护

3）火灾、爆炸危险指数评价

根据地面工程方案提供的有关资料数据，针对工程特点，采用美国《道化学公司火灾、爆炸危险指数评价方法》（第七版），计算凝析油储存区的火灾、爆炸危险指数，划分危险等级，预测火灾、爆炸事故可能导致的实际危害及财产损失。

选取表 9-19 中的各单元进行定量评价，其评价结果可作为装置采取安全对策措施的依据。

表 9-19　工　艺　单　元

工　艺　单　元	物　　质	场　　所
甲醇储罐	甲醇	甲醇集中处理站
凝析油储罐	凝析油	
甲醇处理装置	甲醇	
天然气计量分离装置	甲烷	集气站

将 $700\ m^3$ 浮顶罐作为一个评价单元，预测其发生火灾、爆炸事故可能导致的实际危害及损失。其火灾、爆炸危险指数评价过程如下：

（1）确定物质系数。在火灾、爆炸指数计算和危险性评价过程中，物质系数 MF 是最基础的数值，是表述物质在由燃烧或其他化学反应引起的火灾、爆炸过程中释放的能量的大小的内在特性。在美国《道化学公司火灾、爆炸危险指数评价方法》（第七版）附表中查得甲醇的物质系数 $MF_{甲醇}=16$。

（2）求取工艺单元危险系数。

① 一般工艺危险性。一般工艺危险基本系数为 1.00。

物料处理和输送：根据《道化学公司火灾、爆炸危险指数评价方法》（第七版），取甲醇潜在的火灾、爆炸危险系数为 0.85。

排放和泄漏控制：设有防火堤以防止泄漏液流到其他区域，危险系数取为 0.50。

则一般工艺危险系数 $F_1=1.00+0.85+0.50=2.35$。

② 特殊工艺危险性。特殊工艺危险基本系数为 1.00。

毒性：根据《道化学公司火灾、爆炸危险指数评价方法》（第七版），取甲醇毒性危险系数为 0.20。

燃烧范围或其附近操作：只有在仪表或装置失灵时，储罐才处于爆炸极限范围内，取系数为 0.50。

易燃及不稳定物质的量：通过计算储罐总能量值，并根据《道化学公司火灾、爆炸危险指数评价方法》（第七版），确定其危险系数为 1.20。

腐蚀：储罐内部采取了防腐措施，根据类比工程，取设备腐蚀速率小于 $0.127\ mm/a$，故取腐蚀系数为 0.10。

接头和填料泄漏：假定储罐、管道、阀门的接头、填料连接处可能产生轻微泄漏，取泄漏系数为0.10。

则特殊工艺危险系数 $F_2 = 1.00 + 0.20 + 0.50 + 1.20 + 0.10 + 0.10 = 3.10$。

③ 工艺单元危险系数。工艺单元危险系数 $F_3 = F_1 \times F_2 = 2.35 \times 3.10 = 7.30$。

④ 计算火灾、爆炸危险指数(F&EI)。火灾、爆炸危险指数用来估计生产过程中事故可能造成的破坏。储罐的固有火灾、爆炸危险指数

$$F\&EI = MF \times F_3 = 16 \times 7.30 = 116.80$$

表9-20是F&EI值与危险等级之间的关系。根据F&EI可确定评价单元的火灾、爆炸危险等级。由表9-20可知，甲醇储罐的固有火灾、爆炸危险等级为中等。

表 9-20 F&EI 及危险等级

F&EI	危险等级	F&EI	危险等级
1~60	最轻	128~158	很大
61~96	较轻	>159	非常大
97~127	中等		

其他单元的评价过程与此类似。通过定量分析，各单元火灾、爆炸危险指数评价结果见表9-21。

表 9-21 各工艺单元火灾、爆炸危险指数评价结果

工艺单元	F&EI 值	危险等级
甲醇储罐	116.8	中等
凝析油储罐	123.2	中等(偏大)
甲醇处理装置	80.0	较轻
天然气计量分离装置	85.1	较轻

火灾、爆炸危险指数评价结果表明，甲醇储罐单元和凝析油储罐单元固有的火灾、爆炸暴露区域半径、暴露区域面积较大，在暴露区域内的人员或建筑物都有可能受到伤害或破坏，因此必须避免其他设施布置在其火灾、爆炸暴露区域之内。

为保证甲醇回收处理站的安全运行，必须加强罐区的安全管理，采取可靠的安全防护措施，并确保各项安全措施有效，如：安装可燃气体检测器，采用防火涂料，保证消防水压力及用量，设置泡沫灭火系统，配备与火灾危险相适应的手提或移动式灭火器等。

5. 生产辅助设施单元

生产辅助设施单元包括气田产能开发工程的供配电系统,防雷、防静电系统,照明设施,给排水系统,消防系统,通信系统等。

1) 概述

为了便于评价分析,应根据实际情况和开发方案,在安全评价报告书中对气田产能开发工程的电源现状、供配电方案、给排水及消防方案、站场消防设置、通信系统等进行介绍。

2) 火灾、爆炸危险环境区域划分

根据现行国家标准 GB 50058—1992《火灾爆炸危险环境电力装置设计规范》和 SY/T 0025—1995《石油设施电气装置场所分类》的有关要求,对工程应进行爆炸性气体环境危险区域划分,并对危险区域的电力设计提出要求。

爆炸危险区域的划分应按释放源级别和通风条件确定。工程集气站主要生产装置正常运行时不可能出现爆炸性气体混合物,为第二级释放源。装置露天放置。

(1) 罐区防爆区域划分。工程站、场罐区储存物质主要为凝析油、甲醇和燃料柴油,这些物质都重于空气。罐区防爆区域划分如图 9-1 所示。

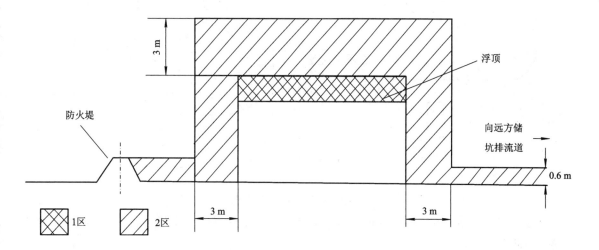

图 9-1　浮顶储罐区防爆区域划分图

(2) 主要生产装置区防爆区域划分。集气站主要生产装置为计量分离装置,其防爆区域划分如图 9-2 所示。

3) 电力设计及防雷设计要求

(1) 电力设计。设计中,应根据爆炸危险区域的分区选用相应的防爆电气设备。爆炸性气体环境内设置的防爆电气设备,必须是符合现行国家标准的产品。

爆炸性气体环境内不宜采用携带式电气设备。

(2) 防雷设计。

① 建(构)筑物的防雷分类。甲醇、凝析油及其他甲乙类液体储罐区具有 1 区爆炸危险环境,为第一类防雷建筑物。

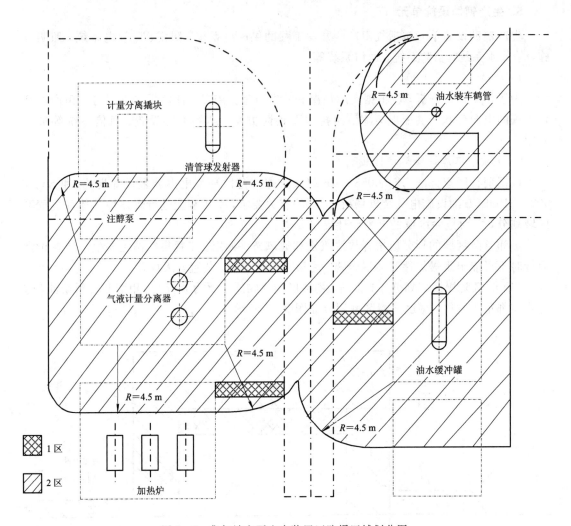

图 9-2　集气站主要生产装置区防爆区域划分图

该工程集气站、甲醇集中处理站工艺装置区具有 2 区爆炸危险环境，这些生产装置为第二类防雷建筑物。

② 防雷措施。气田开发方案地面工程部分中，各集气站可设 30 m 高避雷针 1 座，站内工艺装置区内金属设备及金属管道设防雷防静电接地装置。控制室屋顶设避雷带防雷保护，在控制室遭受直接雷击或附近遭雷击的情况下，为防止线路和设备产生过电流和过电压，可采取安全、适用的防雷击电磁脉冲措施。

此外，根据《建筑防雷设计规范》的要求：第一类防雷建筑物应装设独立的避雷针或架空避雷线（网）。因此甲醇、凝析油及其他甲乙类液体储罐应设防雷防静电接地装置。

4）消防设置安全评价

根据工程集气站危险源的特性，配备一定数量的手提式干粉灭火器、推车式干粉灭火器和其他灭火设施，基本可满足消防要求。

甲醇集中处理站设有甲醇及凝析油储罐，储存数量较大，构成重大危险源。

由火灾、爆炸危险指数评价可知，甲醇集中处理站甲醇和凝析油火灾爆炸影响范围较大，如果出现火灾事故，可能殃及其他功能区。由于火灾危险性大，储罐除了采取设置必要的安全装置、保证防火间距等措施外，消防冷却设施的配备尤为重要。因此，在储罐区的设计中，消防设计就成为重中之重，必须引起设计人员的高度重视。以下就甲醇集中处理站的消防设计进行分析评价。

（1）消防系统的分类。消防系统可分为以下两类。

① 水消防系统。水消防系统在可燃液体储罐区消防中的主要作用是对着火罐、邻近罐进行冷却。该系统的消防水源有三种：一是外部的给水管网；二是天然水源；三是自备消防水池。由于可燃液体储罐区的火灾危险性大，涉及范围广，根据该工程远离城镇，周边没有可以依托的供水设施的实际情况，以及消防主管部门的通常要求，消防水源采用自备消防水池（罐）储水。

采用自备消防水池（罐）的水消防系统组成见图9-3。

消防水池(罐) → 消防水泵 → 消防给水管网 → 罐体消防冷却水喷水设施

图9-3 水消防系统组成

② 泡沫消防系统。空气泡沫消防设施对可燃液体储罐能起到良好的灭火效果，该系统设施简单，操作方便，投资和日常费用都比较低。根据《原油和天然气工程设计防火规范》，工程宜设置移动式低倍数泡沫消防系统。

甲醇为水溶性液体，甲醇储罐必须注意使用抗溶性泡沫灭火剂。

（2）甲醇集中处理站罐区消防系统。

① 冷却方式的选择。采用固定冷却方式，罐区的水消防设施除消防水池外，还应包括管道系统及阀门等附件。但是，从规范规定的供水强度来看，采用固定冷却方式的供水强度比采用移动式水枪冷却方式小；移动式水枪冷却水的压力要求高，不易操作；火灾时罐体附近温度高，热辐射强，消防人员不易靠近；移动式消防系统，消防人员劳动强度大。地面工程方案可采用固定式消防冷却水系统。

② 消防系统供水压力形式选择。泡沫消防系统目前均采用临时高压系统，即消防的临时开启泡沫灭火设备，向储罐供给泡沫混合液。

高压给水系统虽然安全可靠，但系统组成复杂，维护费用高，投资大。低压给水系统消防时必须借助消防车或机动消防泵对消防管网进行临时加压，该系统安全性差，操作麻烦，劳动强度大。临时高压给水系统不但能在短时间内供给系统所需要的消防水流量和消防水压，安全性能较好，而且该系统投资少，操作方便，维护费用低。从各方面来看，临时高压给水系统都比较合适，建议甲醇集中处理站采用临时高压给水系统。

（3）主要消防设备选择。

① 消防水泵。根据消防流量和压力的要求，综合分析目前各类水泵的供水性能，选用扬程、流量易满足要求的水泵。

② 泡沫灭火设备。泡沫灭火设备是泡沫消防过程中最主要的设备之一，灭火设备的形式直接影响灭火的效果。按压力形式，灭火设备分为常压式和压力式两种。压力式价格高、

投资大；常压式除价格低外，还有流程简单、操作方便、日常维护费低等优点，建议选用常压式泡沫灭火设备。

③ 消防泵房、水池。可燃液体储罐区的消防冷却水泵应采用自灌式进水。为了达到自灌式进水，同时为了施工方便，降低工程造价，消防水池可采用半地下式的钢筋混凝土水池。

消防水池和生产、生活用水水池合并时，应有确保消防水不做他用的技术措施。另外，消防水池还应有防冻措施。

消防泵房内应设备用泵，备用泵和工作泵应采用同型号泵，以便互为备用，方便操作，便于维修。

（4）消防站。从气田的长远发展出发，可以考虑在站场布置集中、靠近主要公路、交通方便的地段，以及火灾危险性较大的站场附近设置消防站，这有利于从整体上提高气田产能建设工程的消防救援能力。随着气田开发的逐步进行，消防站消防车辆、通信设备以及人员配置亦应随之逐步配套、完善，确保在气田开发的整个过程中，火灾都能被及时发现和及时处理。

9.1.6　安全对策措施

工程设计方案在钻井、完井工程设计，采气工程设计，集输流程，设备选型，管材选用，自动化控制，防腐，供配电，消防，给排水，防雷，抗震，通讯等各方面都应进行较为充分的考虑，能较为有效地控制钻井、采气、集输各个环节中的危险因素。为了维持整个系统长期正常、平稳运行，应在设计、施工和生产管理中考虑以下安全对策措施。

1. 管道线路及站场选址

（1）管道工程和站场工程应按当地地震烈度设防。

（2）集输管线应尽量避开活动沙丘等不良地质，不能避开时应采取防范措施。

（3）站场选址应尽量避开人员密集的村落，保证与其他有火灾、爆炸、毒害危险的厂矿企业有一定的安全距离。

2. 站场平面布局

（1）功能分区。将生产区、动力区、储罐区、装卸区、生活区以及管理区按功能相对集中布置，布置时应考虑周边地形，特别是风向的影响，如管理区、生活区布置在最小频率风向的下风侧；集气计量处理装置布置在有明火或散发火花地点的全年最小频率风向的上风侧；加热炉、装卸区布置在厂区边缘部位；火炬位于集气站最小频率风向的上风侧。

（2）生产设施布置。主要生产设施应布置在管理生活楼等人员集中场所、配电装置全年最小频率风向的上风侧，并保持安全距离。

井场、集输管道、站区应与站外居民区、厂矿企业、道路、电力线路、通信线路保持安全距离。

3. 钻井、完井工程安全对策措施

（1）优化井身结构，表层套管封固段应大于 300 m，以提高井口承压能力和井控能力。

（2）钻井设计应增加随钻地层压力监测与预测的内容。工程、地质应紧密结合，利用钻井、录井和测井等资料随钻监测和预测地层压力。

（3）对完井方式应进行定量化的判断和系统设计。

（4）对易漏失井应有钻井液及堵漏材料储备。

（5）施工中应根据随钻压力监测和实际情况及时调整钻井液浓度。

（6）施工中应强化对井控设备的管理，保证设备的正常运行。

（7）在现场储备常用的备用闸板，准备试压泵用于井控系统的试压，准备用于现场修理、更换和维护防喷器的液压扭矩扳手。

（8）对于二氧化碳含量较高的气井，在满足强度设计系数的情况下，应使用抗二氧化碳套管。

（9）固井施工前应进行室内试验，各层套管水泥浆均应返至地面。

（10）钻井作业应严格执行 SY 5874—1994《钻井作业安全规程》。

（11）钻井生产中按照 SY/T 6277—2004《含硫化氢油气田硫化氢监测与人身安全防护规程》，对硫化氢进行监测，配备防护面具、报警器、消防器材等安全设施和防护用品。

（12）含硫气井应按照 SY/T 5087—2004《含硫油气井安全钻井推荐作法》的规定进行钻井设计、材质选择、井场及钻机设备布置、硫化氢的监测、井控装置的安装，以及钻井施工。

4. 采气工程安全对策措施

（1）对于二氧化碳含量高的气井，应考虑对管线材质的选择和加注缓蚀剂。

（2）含硫化氢及二氧化碳等酸性气体的井应采用抗硫化氢、二氧化碳的采气工艺。

（3）定期对设备、管线进行腐蚀调查，发现严重腐蚀的，应立即组织检修或更换。

（4）采气设备、管线严禁超压工作。

（5）设备和管线上的安全阀和压力表，应定期检查、校验，保证准确灵敏。

（6）井场设备检修进行气焊、电焊作业时，必须按照操作规程，精心组织安排，严格施行有效的安全措施。

（7）应采取有效的防冻堵措施。

（8）高压、高产及硫化氢气井应安装液压控制的井下安全阀和地面安全阀。

（9）按照 SY/T 6228—1996《油气井钻井及修井作业职业安全的推荐做法》中推荐的做法和程序进行射孔、压裂及修井作业。

5. 天然气集输安全对策措施

（1）井口、集输管道和天然气气液分离装置应有防止天然气形成水合物的措施。

（2）储罐、容器、工艺设备、地面管道的保温材料应采用非燃烧材料。

（3）对于二氧化碳含量低的单井集气管线，可采取适当增加壁厚的措施来保证腐蚀裕量。对于二氧化碳含量高的气井，应考虑管线材质的选择和加注缓蚀剂。

（4）集气干线应有防止二氧化碳酸性腐蚀的措施。

（5）天然气凝液采用压力储存，设液位计、温度计、压力表和高液位报警仪，且不得与其他储罐同组布置，防火堤内应设置可燃气体浓度报警装置。

（6）天然气计量处理装置区应设置可燃气体浓度报警装置。

（7）进出集气站的天然气总管应设紧急切断阀。

（8）天然气计量处理装置应设安全阀。

（9）放空管应直接与火炬连通，火炬应有可靠的点火设施。

（10）工艺过程的重要参数应连续监测记录。

（11）天然气计量处理装置现场应有就地显示仪表。

（12）根据爆炸危险场所的分区，确定安装的电气设备的防爆形式。

（13）仪表系统的交流电源应与动力、照明用电分开，仪表系统的事故用电应采用不间断电源设备。

（14）仪表系统应设工作接地和保护接地。

（15）站内燃料气管线应设气水分离、过滤和稳压设备，在进燃烧器前的燃料气管线上应有快速截断阀、放空阀和调节阀。

（16）站内生活用气应有稳压措施。

（17）站内工艺管线、管件，阀门设计、制造、安装及试压应符合国家及行业现行标准和规范。

（18）应有保证消防供水源中消防用水量的措施，消防设备应有备用电源。

（19）应有保证饮用水和锅炉、加热炉用水水质的措施。

（20）在采取有效防火措施的同时，应根据集气站的处理规模、火灾危险性和消防协作条件，设置相应的灭火设施。

（21）甲醇、乙二醇火灾应使用抗溶性泡沫灭火剂。

6．安全管理对策措施

（1）遵照《中华人民共和国安全生产法》和其他有关安全生产的法律、法规，加强安全生产管理，健全安全生产责任制度，完善安全生产条件，确保安全生产。

（2）建立并完善生产经营单位的安全管理机构和人员配置，保证各类安全生产制度能认真贯彻实行。

（3）安全管理人员和操作人员都必须进行相应的安全教育和培训，作业人员要熟悉相应的业务，有熟练的操作技能，具备有关物料、设备、设施、危险危害方面的知识和应急处理能力。

（4）保障资金和设施装备等物质方面的安全投入，新建和扩建工程的安全设施必须与主体工程同时设计、同时施工、同时投入生产使用。

（5）安全设施、防护设备、个体防护用品以及卫生设施的配备应满足生产特点和事故应急措施的需要。

（6）加强设备的监督和日常检查，安全设备应进行经常性的维护、保养并定期监测。

（7）采取相应措施减少恶劣的气候和地理环境对生产生活产生的不利影响。

（8）针对井喷、火灾、爆炸、中毒等重大事故，编制应急预案并定期演练。

7．其他安全对策措施

（1）人员可能触及的运动零部件应设可靠防护。

（2）在坠落高度基准面 2 m 以上的作业位置应设防护装置。

（3）钻井井场应有防止坠楼、物体打击、高压伤害的具体措施，如设置护栏、安全标志，使用个体防护用具（安全带、安全帽等）。

（4）强风、高温、低温、雨雪天、夜间等特殊条件下作业，应有针对性的防护措施。

（5）井场、站场应正确使用安全标志，能使人员及时得到提醒。

9.1.7　结论

通过对工程进行安全预评价，综合定性、定量分析结果，可得出以下结论：

危险度评价法结果表明，钻井施工和站场运行过程属于高度危险单元。气田开发过程中，应对钻井队和集气站的生产和管理予以高度重视，针对钻井施工和集气站运行过程中存在的危险性，制定严格的防范措施以消除事故隐患，管理部门应制定相应的应急措施，严防各类事故发生。

工程存在的重大危险有钻井施工中的井喷失控、井场火灾爆炸、集气站火灾爆炸、管道泄漏引起的火灾爆炸。以上危险发生后危害程度高，影响范围大，应严格防范。只要严格按照标准规范要求实施钻井、完井、采气、集输作业，以上危险就能得到有效控制。

气田在滚动勘探、开发过程中不可预见因素较多，特别是在钻井施工过程中针对硫化氢中毒等危险，必须具有预防和应急措施。

较高的设备本质安全程度、操作管理人员素质、机构组织管理能力是工程今后很长一段时期安全运行的保证。设计部门应在先导性试验的基础上，随着勘探开发的滚动进行，不断优化开发设计方案，并根据气田的实际情况，采用先进的工艺、方法和设备。钻井、采气、集输工艺设计在选址，平面布置，设备和材料质量，自动控制，监测报警，防腐、防火、防爆措施等各方面，应严格执行国家和行业相关标准和规范。施工和运行过程中，应加强管理，采取有效的安全措施，建立有效的应急管理系统。

9.2　煤气厂安全验收评价

9.2.1　总论

1. 概述

××煤气厂位于××市××镇工业园区，是一家焦炉煤气的储存供应企业。该厂已于2003 年底建成，根据国家对建设项目（工程）劳动安全卫生工作的规定和要求，该煤气厂委托陕西省×××评价公司对该厂进行安全验收评价。

×××评价公司组织人员在对该厂作了现场勘查、资料审查后接受委托，在该厂有关人员的配合下，按照国家安全生产监督管理局《安全验收评价导则》等规定的要求对其进行了验收评价。

2. 评价依据

（1）《中华人民共和国劳动法》，1994 年 7 月 5 日

（2）《中华人民共和国安全生产法》，2002 年 11 月 1 日

（3）《城市燃气安全管理规定》，建设部、劳动部、公安部第 10 号令

（4）《建筑设计防火规范》，GBJ 16—87（2001 年版）

（5）《建筑物防雷设计规范》，GB 50057—1994（2000 年版）

(6)《建筑抗震设计规范》，GB 50011—2001

(7)《工业建筑防腐设计规范》，GB 50046—1995

(8)《防止静电事故通用导则》，GB 12158—1990

(9)《爆炸和火灾危险场所电力装置设计规范》，GB 50058—1992

(10)《工业企业煤气安全规程》，GB 6222—1986

3. 被评价单位基本情况

该煤气厂位于××市××镇工业园区内，属村办企业。该厂于 2003 年年底建成，项目由中国化工第×设计研究院设计，主体工程由××防腐安装工程总公司承担。

该厂总投资约 300 万元，现有员工 19 人，其中管理人员 7 人，目前人员资质证书正在办理之中。其防雷、防静电检测已由××市气象局完成，取得检验合格报告，满足安全生产的要求。

煤气厂毗邻五个焦化厂，地理位置优越，目前主要依托两个焦化厂的焦炉煤气，通过架空管道送至厂内，使其变废为利，既能有效地减少焦炉气的污染，同时也能创造经济效益，增加农民收入。

4. 评价程序

具体内容略。

9.2.2 生产工艺介绍

××煤气厂是将两个焦化厂的煤气汇入同管(管径 377 mm(进)～529 mm(出))后，通过风机房加以不同压力，再送至气罐不同塔节储存，最后通过出气管分送至用户，架空管线总长约 1100 米，整个生产流程较为简单，煤气进气管道采用水封抑止装置，防止煤气回流。

储气罐采用 10 000 m^3 螺旋式活动容积储罐，罐体分三塔节，第一节罐径 32 m，压力为 2.8 kPa；第二节罐径 31 m，压力为 3.5 kPa；第三节罐径 30 m，压力为 4.0 kPa。

9.2.3 危险危害因素分析

1. 物料的危险性

该厂的煤气是煤干馏后所产生的干馏煤气，其主要成分为：

CO：7%

H_2：58%～60%

CH_4：20%～30%

碳氢化合物(C_nH_m)：2%

N_2：7%～8%

CO_2：3%

O_2：0.5%

煤气中的主要成分甲烷、氢及一氧化碳都属于可燃气体，其突出的特点是具有易燃、易爆性。根据可燃气体与惰性气体混合后爆炸极限的计算方法，将煤气中的可燃气体和阻燃性气体组合为三组：

(1) CO 及 CO_2，即 $7\%(CO)+3\%(CO_2)=10\%(CO+CO_2)$，其中 $CO_2/CO=3/7=0.429$。查图得 $L_s=69\%$，$L_x=20\%$。（其中 L_s 为爆炸上限，L_x 为爆炸下限。）

(2) N_2 及 H_2，即 $58\%(H_2)+7\%(N_2)=65\%(H_2+N_2)$，其中 $N_2/H_2=7/58=0.12$。查图得 $L_s=72\%$，$L_x=4\%$。

(3) CH_4。查图得 $L_s=15.0\%$，$L_x=5\%$。

代入公式得到煤气爆炸极限为

$$L_s=100/(10/69+65/72+23/15.0)=38.7\%$$

$$L_x=100/(10/20+65/4+23/5)=4.7\%$$

通过计算所得的爆炸极限仅针对目前提供的煤气组分，若组分发生变化，建设单位应重新计算，以作为设定报警预值的依据。

由其爆炸极限可见，空气中的煤气在较低浓度时即可发生着火爆炸，具有较大的危险性，同时煤气还存在一定程度的毒害和烃类窒息作用，其主要的有毒成分是一氧化碳。

一氧化碳是具有 Ⅱ 级高度危害的生产性有毒物质，其在作业场所空气中的最高容许浓度为 30 mg/m³。一氧化碳对健康的危害是在血液中与血红蛋白结合而造成组织缺氧，其急性中毒症状为：轻度中毒者出现头痛、头晕、耳鸣、心悸、恶心、呕吐、无力，血液中碳氧血红蛋白浓度可高于 10%；中度中毒者除上述症状外，还有皮肤粘膜呈樱红色、脉快、烦躁、步态不稳、浅至中度昏迷，血液中碳氧血红蛋白浓度可高于 30%；重度患者会出现深度昏迷、瞳孔缩小、肌张力增强、频繁抽搐、大小便失禁、休克、肺水肿、严重心肌损害等症状，血液中碳氧血红蛋白浓度可高于 50%。部分患者昏迷苏醒后，约经 2～60 天的症状缓解期后，有可能出现迟发性脑病，以意识精神障碍、锥体系或锥体外系损害为主。一氧化碳能否造成慢性中毒及对心血管产生影响尚无定论。

2. 储存设施的危险性

该厂有螺旋式湿式储气罐一个，容积为 10 000 m³，为三塔节构造，罐体靠安装在侧板的导轮与安装在平台上的导轨的相对滑动产生旋转而上升或下降，从而改变气罐的有效容积，达到储存煤气的目的。

在运行过程中，若操作失误造成抽气过多或进气过量，会使储气罐被抽瘪，或将钟罩顶出水封槽造成煤气喷出；施工质量不好，储气罐受腐蚀，可能造成裂隙漏气；地基不好，产生不均匀沉陷，使罐体倾斜；升降不灵活，钟罩倾倒，可能造成气体泄漏，泄漏的煤气和空气混合形成爆炸性混合物，在爆炸极限范围内如遇点火源，会造成燃烧爆炸事故。而且煤气中含氧量过高，水封冻结漏气，缺乏安全装置及在动火检修气体置换不净等情况下都可能造成燃烧爆炸事故，其危险性十分突出。

该厂煤气需经 1100 m 架空管线运输，若气体温度过高导致局部压力过大，加上管道质量不合格，会造成管道破裂，同时，若管道法兰连接处密封不良，出现泄漏，如遇火源，会引发火灾。

3. 作业场所的危险性

根据《建筑设计防火规范》的规定，煤气按火灾危险性的类别划分为乙类，其爆炸极限 L_s 为 38.7%，L_x 为 4.7%。由于气体具有强扩散性，故若作业场所气体泄漏，会迅速与空气混合，形成爆炸性混合气体，在爆炸浓度范围内，遇火源，即可发生爆炸。

根据煤气厂的经营范围、站场情况以及目前安全评价方法的适用范围和应用条件等，结合国家安全监管局《安全验收评价导则》的要求，选用安全检查表法作为主要评价方法。

9.2.4　安全评价检查表

煤气厂安全评价检查表见表 9 - 22。

表 9 - 22　安 全 检 查 表

项目	检 查 内 容	依据标准	评价结论
安全管理	有各级各类人员的安全管理责任制	1.《建筑设计防火规范》GBJ 16—8（2001 年版） 2.《建筑物防雷设计规范》GB 50057—1994（2000 年版） 3.《建筑抗震设计规范》GB 50011—2001 4.《工业建筑防腐设计规范》GB 50046—1995 5.《防止静电事故通用导则》GB 12158—1990 6.《爆炸和火灾危险场所电力装置设计规范》GB 50058—1992 7.《工业企业煤气安全规程》GB 6222—1986	合格
安全管理	有健全的安全管理制度（包括防火、动火、用火检修、安全检查、安全教育、隐患整改等）		不合格
安全管理	有安全管理机构，配备安全管理人员，应设立安全领导小组，厂长任组长，并配备专职安全员		合格
安全管理	建立安全检查（包括巡回检查、夜间及节假日检查）制度		合格
安全管理	制定有完善的事故应急救援预案，内容应包括：应急处理组织与职责、事故类型和原因、事故防范措施、事故应急处理原则和程序、事故报警和报告、抢险和医疗救护		合格
安全管理	应建立专职和兼职消防队伍，制定灭火预案并经常进行消防演练		合格
安全管理	明确煤气厂各主要领导为安全负责人，全面负责煤气厂安全管理工作		合格
安全管理	煤气厂领导、主管人员和安全管理人员应经过省级或市级安全生产监督管理部门的培训考核取得上岗资格		合格
安全管理	其他从业人员经过专业培训，并经考核合格，取得上岗资格		合格
安全管理	设备是否有运行记录及事故处理登记台账		合格
厂区布置	储罐与室外变、配电站的防火间距不应小于 30 m		不合格
厂区布置	储罐距离明火或散发火花的地点（民用建筑，甲、乙、丙类液体储罐，易燃材料堆场，甲类物品库房）的距离不应小于 30 m		合格
厂区布置	储罐距离一、二级耐火等级的建筑不应小于 15 m；距离三级耐火等级的建筑不应小于 20 m；距离四级耐火等级的建筑不应小于 25 m		合格
厂区布置	厂区是否设置有两个以上的安全疏散口		合格
厂区布置	厂房建筑耐火等级是否符合国家火灾危险性类别规定的要求		合格
厂区布置	是否在厂区最高位置设置有风向指示标志		不合格

续表

项目	检 查 内 容	依据标准	评价结论
储气罐	储气罐基础及结构设计是否按 8 级地震设防	同上	合格
	气罐防火堤外侧基脚线至建筑物的距离不应小于 10 m		合格
	气罐的设计、安装单位是否具有相应的资质		合格
	气罐建造完成后，焊缝是否经过严格的探伤检验，合格后才投入使用		合格
	充气前，气罐是否经过惰性气体置换，合格后才投入使用		合格
	气罐溢水口、上水管是否保持畅通、无阻塞，管道有无破裂		合格
	气罐的罐体和活塞部分是否均设置了良好的电气连接和防雷设施，并保证接地良好		合格
	气罐是否设有储气量指示器以及高低限位声、光报警装置，防止意外发生		合格
	气罐的液位指示器、报警仪是否灵敏、可靠、有效并作定期检验		合格
	气罐的气体进出管线是否设置安全水封，保证气体不回流		合格
	气罐的进出气管水封阀和闸阀是否操作灵活、无锈蚀现象		合格
	气罐是否进行过气密性试验，有无漏气现象发生		合格
	气罐的消防水是否满足 6 h 连续不间断供水		合格
	气罐的外表面有无裂纹、变形、局部过热等不正常现象		合格
	气罐的接管焊缝、受压元件等有无泄漏		合格
	气罐基础有无下沉、倾斜等异常现象		合格
	罐基周围排水是否畅通		合格
	气罐内外壁是否锈蚀，防腐层是否完好，油漆是否脱落		合格
	储罐的旋梯、扶手、平台是否牢固，是否锈蚀、断裂		合格
	管道、阀门有无泄漏现象发生		合格
	各种仪表如压力表、液位仪是否正常和稳定，并有检定合格证书		合格
	管道是否有裂缝，焊口是否完好		合格
	管道有无严重变形、扭曲		合格
	管道有无锈蚀，防腐层是否完好，油漆有无脱落		合格
	管道法兰连接处螺栓有无松动，是否有完好的垫层		合格
	管道的安全色、安全标志是否符合国家标准和规范		合格
	是否制定有检修作业操作规程，并严格执行		合格
	进行罐内检修时，是否保证有监护人协助作业		合格
	需进行动火作业时，是否严格执行动火作业操作规程，并穿戴防护用具进行操作		合格
	是否根据厂区布置配备有一定数量的移动灭火器材，并保证有效、好用		合格
	储罐的避雷设施是否经当地气象部门进行检验，并有检验合格报告		合格
	是否为员工配发了合格的劳动防护用具，并要求员工正确使用		不合格
风机房	风机房的泄压面积是否满足规范要求		合格
	是否配备了可燃气体检测报警仪		合格
	电气设备是否选用防爆型		合格
	是否按规定种类、数量配置一定数量的移动灭火器材		合格
	照明用具及操作开关是否均采用防爆型		合格

9.2.5 安全对策措施及建议

通过对××煤气厂的评价分析可知，其主要危险是煤气的火灾爆炸事故，一旦发生事故，后果将是极其严重的。该厂作为村办企业，虽然自建立之初即加大了安全投入，购入了高、低位声光报警仪，气体检漏仪等安全装置，在一定程度上保证了企业的安全运行，但仍存在一定问题，故提出以下安全对策措施及建议：

（1）应尽快制定健全的安全管理制度并完善应急救援预案，责任到人，不能流于形式。

（2）风机房的电机必须更换为防爆型。

（3）厂墙外面的变压器必须尽快挪开，以满足防火距离要求。

（4）尽快为员工配发合格的劳动防护用具。

（5）定期对员工进行培训教育，提高从业人员整体素质。

同时，应加强对周围村民的宣传教育，明确事故发生时的逃生方向及避免管道的人为破坏等，共同维护煤气厂的安全运行。

9.2.6 结论

本评价报告对××煤气厂存在的危险、危害因素作了分析，通过资料审查，现场检查，对厂区布置、安全管理、安全防护设施等的综合评价，认为该项目基本符合国家有关的法规、规范和标准的要求，具备生产经营条件，可以申请验收。

9.3 加油站安全现状评价

9.3.1 总论

1. 概述

根据国家经贸委第 36 号令《危险化学品经营许可证管理办法》和陕西省安全生产监督管理局关于危险化学品管理的有关规定精神，依据 GB 50156—2002《汽车加油加气站设计和施工规范》、国家安全生产监督管理局《危险化学品经营单位安全评价导则（试行）》等标准和规范的要求，对××加油站进行安全现状评价。

2. 评价依据

（1）《中华人民共和国安全生产法》，中华人民共和国主席令第 70 号

（2）《危险化学品安全管理条例》，国务院第 344 号令

（3）《危险化学品经营许可证管理办法》，国家经贸委第 36 号令

（4）《危险化学品经营单位安全评价导则（试行）》，安监管二字[2003]38 号（见附录 7）

（5）《危险化学品登记管理办法》，安监管二字[2002]103 号

（6）《仓库防火安全管理规定》，公安部 1994 年 4 月 10 号第 6 号

（7）《爆炸危险场所安全规定》，劳动部发[1995]56 号

（8）《汽车加油加气站设计与施工规范》，GB 50156—2002

（9）《建筑设计防火规范》，GBJ 16—87(2001 年版)

（10）《常用化学危险品储存通则》，GB 15603—1995

（11）《危险化学品经营企业开业条件和技术要求》，GB 18624—2000

（12）《爆炸和火灾危险环境电力配置设计规范》，GB 50058—1992

（13）《重大危险源辨识》，GB 18218—2000

（14）《安全标志》，GB 2894—19996

3. 评价程序

安全评价程序主要包括：准备阶段；危险、有害因素辨识与分析；定性、定量评价；提出安全对策措施；形成安全评价结论及建议；编制安全评价报告。

9.3.2　被评价单位基本情况

××加油站位于××公路东侧，北侧为××面粉厂，西临×××国道，南边是苹果园，东边是耕地。加油站距×××国道 12 m，占地面积 2.9 亩，主要从事汽油、柴油的零售业务。目前，该站有工作人员 8 人，其中安全管理人员 2 人；总储油量 30 t，日销售量为 0.6 t。

该加油站消防器材齐全，其中 35 kg 推车式干粉灭火器 2 具，8 kg 手提式干粉灭火器 4 具，石棉灭火被 4 条。2005 年 5 月 10 日经××县公安局消防科进行审核检查，该站符合消防安全条件要求，并持有易燃易爆化学品消防安全审核符合消防安全条件意见书。2005 年 5 月 10 日××市防雷中心对该站防爆、防静电设施进行了安全检测，检测项目符合规范要求。

该加油站自成立以来，一直严抓安全管理，努力提高操作人员安全意识，从未发生过重大安全事故。其防雷、防爆、防静电、消防等设施经当地职能部门检测，均符合安全生产要求。

9.3.3　主要危险危害因素分析

汽油、柴油属易燃液体，在卸油、储存、加油过程中有发生火灾和爆炸的危险；存储这些物质的储罐、管道有发生爆炸的危险；汽油还具有一定的毒性，接触人员有发生中毒的可能。

1. 危险有害物质分析

1）汽油

（1）标识。

中文名：汽油。

英文名：gasoline; petrol。

分子式：$C_4 \sim C_{12脂}$肪烃和环烷烃。

CAS 号：8006—61—9。

危险货物编号：31001。

（2）理化性质。

外观与形状：无色或淡黄色易挥发液体，具有特殊臭味。

主要用途：主要用作汽油机的燃料，用于橡胶、制鞋、印刷、制革、颜料等行业，也可用作机器零件的去污剂。

熔点(℃)：<−60。

沸点(℃)：40～200。

相对密度(水＝1)：0.70～0.79。

相对密度(空气＝1)：3.5。

溶解性：不溶于水，易溶于苯、二硫化碳、醇、脂肪。

(3) 燃烧爆炸危险性。

燃烧性：易燃。

闪点(℃)：−50。

引燃温度(℃)：415～530。

建规火险分级：甲类。

爆炸上限(V%)：6.0。

爆炸下限(V%)：1.3。

危险特性：其蒸气与空气可形成爆炸性混合物；遇明火、高热极易燃烧爆炸；与氧化剂能发生强烈反应；其蒸气比空气重，能在较低处扩散到相当远的地方，遇明火会引着回燃。

燃烧(分解)产物：一氧化碳、二氧化碳。

稳定性：稳定。

聚合危害：不聚合。

禁忌物：强氧化剂 。

灭火方法：喷水冷却容器，可能的话将容器从火场移至空旷处。

灭火剂：泡沫、干粉、二氧化碳；用水灭火无效。

(4) 包装与运输。

危险性类别：第 3.1 类，低闪点易燃液体。

危险货物包装标志：7。

包装类别：Ⅰ类包装。

储运注意事项：储存于阴凉、通风仓库内，远离火种、热源，库内温度不宜超过 30℃，防止阳光直射；保持容器密封；应与氧化剂分开存放；储存间内的照明、通风等设施应采用防爆型，开关设在仓外；桶装堆垛不可过大，应留墙距、顶距、柱距及必要的防火检查走道；罐储时要有防火防爆技术措施，禁止使用易产生火花的机械设备和工具；灌装时应注意流速(不超过 3 m/s)，且有接地装置；搬运时要轻装轻卸，防止包装及容器损坏。

(5) 毒性及健康危害。

接触限值：中国 WAC 300 mg/m^3(溶剂汽油)。

侵入途径：吸入、食入、经皮吸收。

毒性：LD_{50} 67000 mg/kg(小鼠经口)，LC_{50} 103000 mg/m^3，2 小时(小鼠吸入)。

健康危害：① 急性中毒：对中枢神经系统有麻醉作用。轻度中毒症状有头晕、头痛、恶心、呕吐、步态不稳、共济失调；高浓度吸入出现中毒性脑病；极高浓度吸入引起意识突然丧失、反射性呼吸停止，可伴有中毒性周围神经病及化学肺炎，部分患者出现中毒性精神病。液体吸入呼吸道可引起吸入性肺炎。溅入眼内可致角膜溃疡、穿孔，甚至失明。皮肤接触引起急性接触性皮炎，甚至灼伤。吞咽引起急性胃肠炎，重者出现类似急性吸入中毒症状，并可引起肝、肾损害。② 慢性中毒：神经衰弱综合征、植物神经功能紊乱、周围神经病；严重中毒出现中毒性脑病，症状类似精神分裂症。

（6）急救。

皮肤接触：立即脱去被污染的衣物，用肥皂水和清水彻底清洗皮肤。

眼睛接触：立即提起眼睑，用大量流动清水或生理盐水彻底冲洗至少 15 分钟，然后迅速就医。

吸入：迅速脱离现场至空气新鲜处，保持呼吸道通畅；如呼吸困难，给输氧；如呼吸停止，立即进行人工呼吸，就医。

食入：给饮牛奶或用植物油洗胃和灌肠，就医。

（7）防护措施。

工程控制：生产过程密闭，全面通风。

呼吸系统防护：一般不需要特殊防护，高浓度接触时可佩戴自吸过滤式防毒面具（半面罩）。

眼睛保护：一般不需要特殊防护，高浓度接触时可戴化学安全防护眼镜。

身体防护：穿防静电工作服。

手防护：戴耐油手套。

（8）泄漏处置。

人员迅速撤离泄漏污染区至安全区，并进行隔离，严格限制出入。切断火源。建议应急处理人员戴自给正压式呼吸器，穿消防防护服。尽可能切断泄漏源，防止进入下水道、排洪沟等限制性空间。小量泄漏可用砂土、蛭石或其他惰性材料吸收，或在保证安全情况下，就地焚烧。大量泄漏时应构筑围堤或挖坑收容；用泡沫覆盖，降低蒸气灾害；用防爆泵转移至槽车或专用收集器内，回收或运至废物处理场所处理。

2）柴油

（1）标识。

中文名：柴油。

英文名：Diesel oil；Diesel fuel。

危险货物编号：33648。

（2）理化性质。

外观与形状：稍有粘性的棕色液体。

主要用途：用作柴油机的燃料。

熔点（℃）：−18。

沸点（℃）：282～338。

相对密度（水＝1）：0.87～0.9。

溶解性：不溶于水，可溶于有机溶剂。

（3）燃烧爆炸危险性。

燃烧性：易燃。

闪点（℃）：55。

建规火险分级：丙类。

危险特性：遇明火、高热或与氧化剂接触有燃烧、爆炸的危险。

燃烧(分解)产物：一氧化碳、二氧化碳。

稳定性：稳定。

聚合危害：不聚合。

禁忌物：氧化剂。

灭火方法：泡沫、二氧化碳、干粉、1211灭火剂、砂土。

(4) 包装与运输。

危险性类别：第3.3类，高闪点易燃液体。

包装类别：Ⅲ类包装。

储运注意事项：远离火种、热源，密闭运输，防止曝晒，勿与氧化剂混装混运。

(5) 毒性及健康危害。

侵入途径：吸入、食入、经皮吸收。

毒性：具有刺激作用。

健康危害：皮肤接触可引起接触性皮炎、油性痤疮，吸入可引起吸入性肺炎，能经胎盘进入胎儿血液中，柴油废气可引起眼、鼻刺激症状，引起头晕、头痛。

(6) 急救。

皮肤接触：脱去污染衣物，用肥皂和大量清水清洗被污染的皮肤。

眼睛接触：立即翻开眼睑，用流动清水冲洗至少15分钟，就医。

吸入：脱离现场至空气新鲜处，就医。

食入：饮牛奶或植物油，洗胃并灌肠，就医。

(7) 防护措施。

工程控制：密闭操作，注意通风。

呼吸系统防护：一般不需要防护，特殊情况下，佩戴供气式呼吸器。

眼睛保护：必要时戴安全防护眼镜。

身体防护：穿防静电工作服。

手防护：必要时戴防护手套。

其他：工作现场严禁吸烟，避免长期反复接触。

(8) 泄漏处置。

切断火源，应急处理人员戴防毒面具，穿化学防护服，在确保安全的前提下堵漏。禁止泄漏物进入下水道、地沟等受限制空间。用活性碳或其他惰性材料吸收，然后收集至空旷处焚烧，如大量泄漏应利用围堤收集、转移，回收或无害化处理后废弃。

2. 生产过程的危险性

1) 储存设施的危险性分析

汽油属挥发性极强的易燃液体，柴油也有一定的挥发性，其储存于储罐、管道中，如受热会使容器内压增大，如果内压超出容器耐受压力，则可能导致容器、管道爆炸。

2) 卸油、加油作业的危险性分析

汽油属易燃液体，其引燃温度为415~530℃，明火、高热、静电都可能致其燃烧。在卸油、加油时，如遇明火、高热，或卸油、加油流速(应不超过3 m/s)过高，可能造成静电集聚，导致燃烧、爆炸。

3）经营储存场所的危险性分析

根据《建筑设计防火规范》的规定，汽油按物质的火灾危险性分类分为甲类，柴油按物质的火灾危险性分类分为丙类。根据《石油化工企业设计防火规范》的规定，汽油物质的火灾危险性为甲 A 类，其爆炸极限为 1.3%～6.0%。易燃液体在任一温度下都能蒸发，汽油的挥发性更强，所以经营汽油、柴油的场所容易蒸发出大量的易燃液体蒸气，并在空气中弥漫。高挥发性的蒸气与空气混合，达到爆炸浓度范围时，遇火源就会发生爆炸。

3. 职业卫生危险性

汽油的职业接触限值为 300 mg/m³，若人员长期在弥漫汽油蒸气的环境下工作，可引起慢性中毒，浓度过高时，可引起急性中毒症状。柴油具有刺激作用，柴油废气可引发眼、鼻刺激症状，引起头痛、头晕等。

9.3.4　安全评价现场检查表

根据加油站的经营范围、站场情况以及目前安全评价方法的适用范围、应用条件等，结合国家安全监管局《关于印发〈危险化学品经营单位安全评价导则（试行）〉的通知》的要求，选用安全检查表法作为主要评价方法。

1. 被评价单位基本情况检查表

被评价单位的基本情况列于表 9 - 23 中。

表 9 - 23　危险化学品经营单位基本情况表

企业名称					
注册地址					
联系电话		传真		邮政编码	
企业网址					
电子信箱					
企业类型					
非法人单位					
特别类型					
经济性质		□ 全民所有制	□ 集体所有制	□ 私有制	
主管单位					
登记机关					
法定代表人			主管负责人		
职工人数	人	技术管理人数	人	安全管理人数	人
注册资本	万	固定资产	万	上年销售额	万
经营场所	地址				
	产权		□ 自有	□ 租赁	□ 承包
储存设施	地址				
	建筑结构		储存能力		
	产权		□ 自有	□ 租赁	□ 承包

续表

储存设施设计单位资质		仓储设施施工单位资质	
主要管理制度名称	《消防安全管理制度》、《安全管理制度》、《岗位安全操作规程》、《巡回检查和月查制度》、《安全防火管理制度》、《夜间安全值班制度》、《计量器具使用管理制度》、《质量管理制度》、《油品采购验收入库制度》、《车辆进站须知》、《工作纪律》、《卸油员岗位职责》、《站长安全责任制》、《加油员岗位职责》、《安全员岗位职责》、《维修工岗位职责》、《计量员岗位职责》		

主要消防安全设施工、器具配备情况				
名 称	型号、规格	数 量	状 况	备 注
推车式干粉灭火器				
手提式灭火器				
消防毯				
防火砂				

经营危险化学品范围								
剧毒化学品			成品油(液化气)			其他危险化学品		
品名	规格	用途	品名	规格	用途	品名	规格	用途

经营方式	□ 批发 □ 零售 □ 化工企业外设销售网点

经营单位法定代表人或负责人签字：	
年 月 日	（经营单位盖章） 年 月 日

2. 被评价单位必要条件检查表

被评价单位必要的评价条件列于表 9 - 24 中。

表 9 - 24 被评价单位必要条件检查表

序 号	检 查 项 目	事实记录	结 论
1	工商营业执照	有	合格
2	成品油零售(批发)经营许可证	有	合格
3	防雷设施检验报告	有	合格
4	消防安全许可证	有	合格
5	经营单位场地证明文件(合同)	有	合格

3. 加油站安全检查表

加油站安全检查的内容及结论列于表 9-25 中。

表 9-25　加油站安全检查表

项目	序号	检查内容		类别	评价结论
安全管理制度	1.1	有各级各类人员的安全管理责任制		A	合格
	1.2	有健全的安全管理制度(包括防火、动火、用火检修、安全检查、安全教育、隐患整改等)		A	合格
	1.3	有完善的安全操作规程(包括卸油作业、加油作业、电工作业、检测作业、劳动防护用具的佩戴和发放)		A	合格
	1.4	有安全管理机构,配备安全管理人员。应设立安全领导小组,站长任组长,配专职安全员,从业人员 10 人以下的加油站设专职或兼职安全员		A	合格
	1.5	建立安全检查(包括巡回检查、夜间和节假日检查)制度		B	合格
	1.6	制定有完善的事故应急救援预案,内容应包括:应急处理组织与职责、事故类型和原因、事故防范措施、事故应急处理原则和程序、事故报警和报告、抢险和医疗救护		A	合格
	1.7	所制定的应急救援预案是否定期进行演练(每年至少两次)		A	合格
安全管理	2.1	应建立专职或兼职消防队伍,制定灭火预案并经常进行消防演练		B	合格
	2.2	明确加油站主要领导为安全负责人,全面负责加油站安全管理工作		B	合格
	2.3	加油站领导、主管人员和安全管理人员应经过省级或市级安全生产监督管理部门的培训考核,取得上岗资格		A	合格
	2.4	其他从业人员经过专业培训,并经考核合格,取得上岗资格		A	合格
防火距离	3.1	埋地油罐	距重要公共建筑物不小于 50 m; 距明火或散发火花的地点不小于:一级站 30 m/二级站 25 m/三级站 18 m;	B	合格
	3.2	道气管口	距甲、乙类物品,生产厂房,库房和甲、乙类液体储罐不小于:一级站 25 m/二级站 22 m/三级站 18 m; 距其他类物品生产厂房,库房和丙类液体储罐以及容积不大于 50 m³ 的埋地甲、乙类液体储罐不小于:一级站 18 m/二级站 16 m/三级站 15 m;	B	合格
	3.3	加油机	距室外变配电站不小于:一级站 25 m/二级站 22 m/三级站 18 m;	B	合格
	3.4	站内设施	距铁路不小于 22 m;距城市快速路、主干路不小于:一级站 10 m/二、三级站 8 m; 距城市次干路、支路不小于:一级站 8 m/二、三级站 6 m	B	合格

续表一

项目	序号	检查内容	类别	评价结论
加油站场及站房	4.1	加油站场是否遵守《建筑设计防火规范》GBJ16—87(2001年版)，是否满足车辆着火时紧急撤离疏散的要求	B	合格
	4.2	加油站的进、出口的设置和进、出口道路的坡度及流水坡度是否符合安全规范标准	B	合格
	4.3	车辆入口和出口是否分开设置	B	合格
	4.4	站场内单车道宽度不应小于3.5 m，双车道宽度不应小于6 m	B	合格
	4.5	站场内停车场及道路路面不应采用沥青路面	B	合格
	4.6	加油岛及汽车加油场地应设罩棚，罩棚应采用非燃烧材料制作，其有效高度不应小于4.5 m，罩棚边缘与加油机的平面距离不小于2 m	B	合格
	4.7	罩棚的照明用具是否均为防爆灯具、防爆开关	B	不合格
	4.8	站房内的采暖锅炉间、热水间、样品、休息室等可能有明火的房间是否符合安全规范，是否有妥善的防护措施和严格的用火管理制度	B	合格
	4.9	加油站的工艺设施与站外建、构筑物之间的距离小于或等于25 m以及小于或等于相关标准规定的防火距离的1.5倍时，相邻一侧应设置高度不低于2.2 m的非燃烧实体围墙	B	合格
	4.10	站内的站房及其他附属建筑物的耐火等级不应小于二级，其爆炸危险区域内的房间地面应采用不发火地面，站内不得建经营性的住宿、餐饮和娱乐等设施	B	合格
储油罐	5.1	油罐的外表面防腐设计应符合国际现行标准《钢质管道及储罐腐蚀控制工程设计规范》SY0007的有关规定，并应采用不低于加强级的防腐绝缘保护层	B	合格
	5.2	储罐是否为地埋式，储油罐的呼吸阀、阻火器、量油孔、入孔、进油出口结合管、排污管、梯子平台等附件是否符合规范标准，是否作定期检修	B	合格
	5.3	有关的量油孔应设带锁的量油帽，量油帽下部的接合管宜向下伸至罐内距罐底0.2 m处	B	合格
	5.4	油罐防雷、防静电接地是否经当地气象部门检验合格，并有检验报告	A	合格
	5.5	地下储罐应设35 kg推车式干粉灭火器1个，当两种介质储罐之间的距离超过15 m时，应分开设置	B	合格
	5.6	一、二级加油站应配置灭火毯5块，沙子2 m³，三级加油站应配置灭火毯2块，沙子2 m³	B	合格
	5.7	汽、柴油罐距离变配电间不应小于5 m	B	合格
	5.8	油品通气管的设置：汽油罐与柴油罐的通气管应分开设置，管口应高出地面4 m及以上，通气管管口应安装阻火器	B	合格
	5.9	地上或管沟敷设的油品，管道的始、末端和分支处应设防静电和防感应雷的联合接地装置，其接地电阻不应大于30 Ω	B	合格

项目	序号	检 查 内 容	类别	评价结论
加油卸油工艺	加油工艺			
	6.1.1	当采用自吸式加油机时，每台加油机应按加油品种单独设置进油管	B	合格
	6.1.2	加油枪宜采用自封式加油枪，流量不应大于 60 L/min	B	合格
	6.1.3	加油机的防雷、防静电接地是否经当地气象部门验收合格，并具有验收报告	A	合格
	6.1.4	每台加油机应配置的消防设施是否符合安全规范标准	B	合格
	6.1.5	每 2 台加油机应至少设置 1 只 4 kg 手提式干粉灭火器或 1 只泡沫灭火器(加油机不足 2 台按 2 台计算)	B	合格
	6.1.6	加油站场是否制定外来车辆加油时的安全规程，并要求车辆坚决执行	B	合格
	6.1.7	应严禁给未熄火的车辆加油和直接给塑料桶加油	B	合格
	6.1.8	加油员是否正确穿戴合格的劳动防护用具	B	合格
	6.1.9	加油员应亲自操纵加油枪，不得折扭软管或拉长到极限	B	合格
	卸油工艺			
	6.2.1	油罐车卸油必须采用密闭卸油方式	B	合格
	6.2.2	油罐车卸油时用的卸油连通软管应采用导静电耐油软管，连通软管的直径不应小于 50 mm	B	合格
	6.2.3	快速卸油接头密封情况是否完好	B	合格
	6.2.4	油罐接地体与接地极的连接螺栓无松动	B	合格
	6.2.5	输油管线阀门操作灵活，应无泄漏	B	合格
	6.2.6	油罐入孔盖板内应无油或积水	B	合格
	6.2.7	卸油防静电接地导线应无断裂、断股现象	B	合格
	6.2.8	卸油防静电接地夹应能有效连接	B	合格
	6.2.9	一级加油站油罐应设带有高液位报警功能的液位计	B	无此项
	6.2.10	油罐车卸油时，司机和卸油工的岗位操作是否按照操作规程及相关规范正确操作	B	合格
	6.2.11	卸油时，油罐的进油管应向下伸至罐内距罐底 0.2 m 处	B	合格
	6.2.12	卸完油后，油罐车不可立即启动，应待罐周围油气消散后(约 5 分钟)再启动，油罐中油位的复测也应在卸完油后静置一段时间(约 30 分钟)再进行	B	合格

续表三

项目	序号	检查内容	类别	评价结论
消防与电气设施	7.1	加油站的消防给水和灭火设备应符合《建筑设计防火规范》GBJ 16—87（2001 年版）中的相关要求	A	合格
	7.2	加油站的消防设施应经当地消防部门检验合格，并持有检验报告	A	合格
	7.3	加油站的消防设施、器材有专人管理，消防器材设置在明显和便于取用的地点，周围不准放物品和杂物	B	合格
	7.4	加油站的电气设备符合《建筑设计防火规范》GBJ 16—87（2001 年版）第十章的规定	B	不合格
	7.5	加油站的信息系统应采用铠装电缆或导线穿钢管配线，配线电缆外皮两端和保护钢管两端均应接地	B	合格
	7.6	加油站是否有消防报警装置，有供对外报警、联络的通讯设备	B	合格
	7.7	加油站场应设置醒目的防火、禁止吸烟和动用明火等警示标志	B	合格
	7.8	加油站应有符合国家标准《建筑物防雷设计规范》规定的防雷装置	A	合格
	7.9	加油站的配电箱、配电间是否满足安全规范要求	B	合格
	7.10	配电间内的线路应无搭接、零乱现象	B	合格

9.3.5 加油站重大危险源评价

1. 加油站重大危险源评价理论

根据油品的化学性质（易燃、易爆），可以确定加油站的主要危险源为：蒸气云爆炸（VCE）和沸腾液体扩展蒸气云爆炸（BLEVE）。下面将根据相应的伤害模型来评价其危险性。

1）蒸气云爆炸（VCE）

借鉴军事上的试验数据，用 TNT 当量表示事故爆炸的威力。

（1）TNT 当量的计算。

用 TNT 当量法预测蒸气云爆炸严重度的原理：假定一定百分比的蒸气云参与了爆炸，对形成冲击波有实际贡献，并以 TNT 当量来表示蒸气云的爆炸威力。用下式来估算蒸气云爆炸的 TNT 当量：

$$W_{TNT} = \frac{\alpha A W_f Q_f}{Q_{TNT}}$$

式中：A——蒸气云的 TNT 当量系数，取值范围为 $0.02\% \sim 14.9\%$，这个范围的中值是 $3\% \sim 4\%$，取 4%；

　　W_{TNT}——蒸气云的 TNT 当量，kg；

　　W_{f}——蒸气云中燃料的总质量，kg；

　　Q_{f}——燃料的燃烧热，MJ/kg；

　　α——地面爆炸系数，取 1.8；

　　Q_{TNT}——TNT 的爆炸热，$4.12 \sim 4.69$ MJ/kg。

（2）伤害、破坏半径的计算。

根据荷兰应用科研院的建议，可按下式预测蒸气云爆炸的冲击波损害半径：

$$R = C_{\text{s}} (N \cdot E)^{1/3}$$

式中：R——损害半径，m；

　　C_{s}——经济常数，取决于损害等级；

　　N——效率因子，其值与燃烧浓度持续展开所造成损耗的比例和燃料燃烧所得机械能的数量有关，一般取 $N = 10\%$；

　　E——爆炸能量，kJ，可按下式取

$$E = V \cdot H_{\text{c}}$$

　　V——参与反应的可燃气体的体积，m^3；

　　H_{c}——可燃气体的高燃烧热值，kJ/m^3；

死亡区半径：该区内的人员如缺少防护，则被认为将无一例外地遭受严重伤害或死亡，其内径为零，外径记为 $R_{0.5}$，表示外圆周处人员因冲击波作用导致肺出血而死亡的概率为 0.5，它与爆炸量间的关系由下式确定：

$$R_{0.5} = 13.6 \left(\frac{W_{\text{TNT}}}{1000} \right)^{0.37}$$

重伤区半径：该区内的人员如缺少防护，则绝大多数将遭受严重伤害，少数人可能死亡或受轻伤。其内径为死亡半径 $R_{0.5}$，外径记为 $R_{\text{e0.5}}$，表示该处人员因冲击波作用使耳膜破裂的概率为 0.5，它要求的冲击波峰值超压为 44 000 Pa。冲击波超压计算公式为

$$\Delta P = 0.137 Z^{-3} + 0.119 Z^{-2} + 0.269 Z^{-1} - 0.019$$

式中：$Z = R_{\text{e0.5}} (P_0/E)^{1/3}$，$R_{\text{e0.5}}$ 为目标到爆源的水平距离，即重伤区半径，单位为 m；P_0 为环境压力，单位为 Pa。

轻伤区半径：该区内的人员如缺少防护，则绝大多数人将遭受轻微伤害，少数人将受重伤或平安无事，死亡的可能性极小。该区内径为重伤区的外径 $R_{\text{e0.5}}$，外径为 $R_{\text{e0.01}}$，表示外边界处耳膜因冲击波作用破裂的概率为 0.01，它主要的冲击波峰值超压为 17 000 Pa。计算冲击波超压仍用公式：

$$\Delta P = 0.137 Z^{-3} + 0.119 Z^{-2} + 0.269 Z^{-1} - 0.019$$

财产损失区半径为

$$R = \frac{K W_{\text{TNT}}^{1/3}}{\left[1 + \left(\dfrac{3175}{W_{\text{TNT}}} \right)^2 \right]^{1/6}}$$

式中：R——财产损失区半径，m；

$\quad\;\;$ K——常量，取 4.6。

2）沸腾液体扩展蒸气云爆炸（BLEVE）

火球的特征可用国际劳工组织（ILO）建议的沸腾液体扩展蒸气云爆炸模型来估计。

（1）火球半径的计算。

实验表明，火球半径和可燃物质量的立方根成正比，火球半径计算公式为

$$R = 2.96W^{1/3}$$

式中：R——火球半径，m；

$\quad\;\;$ W——火球中消耗的可燃物质量，kg。对单罐储存，W 取罐容量的 50%；对双罐储存，W 取罐容量的 70%；对多罐储存，W 取罐容量的 90%。

（2）火球持续时间的计算。

实验证明，火球的持续时间也和可燃物质量 W 的立方根成正比。火球持续时间可按下式计算：

$$t = 0.45W^{1/3}$$

式中：t——火球持续时间，s。

（3）目标接受到的热辐射通量的计算。

当 $r > R$ 时，目标接受到的辐射通量按下式计算：

$$q(r) = \frac{q_0 R^2 r (1 - 0.058 \cdot \ln r)}{(R^2 + r^2)^{3/2}}$$

式中：q_0——火球表面的热辐射通量，W/m³。对柱形罐取 270 kW/m³；对球形罐取 200 kW/m³；

$\quad\;\;$ r——目标到火球中心的水平距离，m。

（4）目标接受到的热量的计算。

目标接受到的热量 $Q(r)$（J/m²）按下式计算：

$$Q(r) = q(r)t$$

（5）热辐射对人体的伤害。

热辐射对人体的伤害通过热辐射模型计算。得到各区的热辐射通量后，由公式

$$q(r) = \frac{q_0 R^2 r (1 - 0.058 \cdot \ln r)}{(R^2 + r^2)^{3/2}}$$

可计算死亡区、重伤区和轻伤区的伤害半径。

（6）财产烧毁热通量的计算。

财产烧毁热通量可用下面的公式计算：

$$q = 6730 t^{-0.8} + 24\,500$$

2. 加油站重大危险源评价流程

加油站重大危险源评价流程如图 9 - 4 所示。

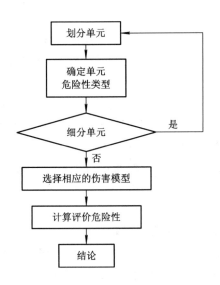

图 9 - 4　加油站重大危险源评价流程

3. 加油站重大危险源评价结论

(1) 将整个储罐区分为一个单元，由此可确定单元内燃料的总质量为

汽油：$W_f = 20.000(m^3)$，14 000(kg)

柴油：$W_f = 10.000(m^3)$，8700(kg)

汽油的燃烧热为：45 360(kJ/kg)

柴油的燃烧热为：42 840(kJ/kg)

TNT 当量为：18 013.0(kg)

(2) 按照蒸气云爆炸伤害模型可计算出其伤亡半径如下：

死亡半径：52.14 m

重伤半径：98.12 m

轻伤半径：182.14 m

财产损失半径：154.04 m

(3) 按照沸腾液体扩展蒸气云爆炸伤害模型可计算出其伤亡半径如下：

死亡半径：148.20 m

重伤半径：253.90 m

轻伤半径：297.00 m

财产损失半径：248.40 m

在实际应用中，以严重程度较大的事故形态为准。这里，在开展救灾行动时，应以沸腾液体扩展蒸气云爆炸的伤亡半径为准。

9.3.6　安全技术对策措施

本报告对该加油站进行了评价分析，其安全设施和技术措施以及安全管理基本符合安全要求，为了提高加油站的安全程度，保证加油站的持续安全营运，提出以下安全对策措施：

（1）按规范增补安全标志；

（2）进一步完善各安全责任制、管理制度、操作规程，同时要求员工严格遵照执行；

（3）加强对储罐区的安全管理工作，定期进行检查、检测，同时应加强夜间巡查，防止油的泄漏和偷盗事故的发生；

（4）对于消防设施、避雷装置等要定期维护保养，失效设备要及时更新；

（5）加强对加油站的动火管理，对于来往的加油车辆要求减速慢行，在加油时应熄火，进场人员禁止吸烟，并杜绝一切形式的火源；

（6）应定期对站区的事故应急救援预案进行演练，使员工在事故发生时应能尽快撤离，减少损失；

（7）加油亭所有灯具应采用防爆型灯具；

（8）加油机连接管法兰未跨接，应予以跨接；

（9）灭火砂存量不足 2 m³，砂粒大，应按标准要求储备 2 m³ 以上合格砂；

（10）搞好站内的排水工作，站内积水时应强制进行排水；

（11）严格规范加油站照明线路。

9.3.7 整改复查情况

2005 年 6 月 9 日对该加油站经营现场进行了安全检查，对检查存在的问题已提出了安全整改建议，要求予以整改，该站根据安全评价过程中提出的整改建议，进行了扎实认真的整改，其中大部分已整改到位，对近期不能整改的，该站已制定了整改计划。2005 年 6 月 26 日对该站整改情况进行了复查。复查结果列于表 9-26 中。

表 9-26 ××加油站安全整改情况表

序号	整 改 项 目	已 整 改 情 况	复查人签名
1	按规范增设安全标志	已增补了安全标志	
2	完善安全管理制度和操作规程	已完善并进一步健全	
3	加油机法兰未跨接	已按规定要求跨接	
4	灭火砂量不足，砂粒大	已按要求储备合格灭火砂 2 m³	
5	加油亭顶部 2 盏灯具非防爆型	已更换	
6	积水问题	已计划于 2005 年 9 月 30 日前筑防护堤和排水沟	
7	加油亭顶板照明线路不规范	已重新安装	

9.3.8 结论

根据对该加油站安全现状的分析评价，得出其安全设施及安全技术措施达到国家对危险化学品经营单位的安全条件要求，确定该单位符合安全生产要求。

9.4　非煤矿山安全现状评价

9.4.1　概述

1. 评价项目概况

1）评价单位基本情况

××××有限责任公司是 1999 年元月批准组建的股份制企业。该公司××灰石矿总投资 30 万元人民币，其中固定资产 28 万元，流动资金 2 万元。公司现有职工 22 人，其中管理人员 5 人，运输车队 5 人，采掘工人 12 人。公司的采矿矿种为 D 级普通硅酸盐水泥灰岩，总储量经探明为 1428.92 万吨，设计年产量为 15 万吨。采矿回收率≥90％，贫化率＋损失率≤5％，采矿方法是露天开采，所采灰石供给××县水泥厂。

2）评价项目基本情况

（1）矿区位置及交通。

矿区位于××县城北约 9 km 处，属××县××镇××村管辖。××公路从矿区西侧100 m 处通过，交通便利。

（2）地质特征。

矿区位于秦岭构造带东段的北秦岭褶皱系石门复背斜南侧的次级构造楼村向斜北翼。出露地层为寒武系三川组、辋峪组。其岩性主要为碳酸岩加碎屑岩类岩石。区内主构造线近东西向展布，还有与之配套的北东、北西向断裂构造。区内未出现大的岩浆侵入活动，仅见一些切层方解石脉在局部分布。

（3）矿体特征。

矿体产于楼村组上部层位的鲕装灰岩、深灰色灰岩中，呈层状展布，控制长度为400 m，厚度为 128.5 m，倾向北，倾角为 73°～78°。矿体产出标高为 938.8～1152 m。矿石呈深灰色，细晶-显微细晶结构，块状构造，鲕装构造。主要矿物有方解石，少量、微量白云石、石英等。

（4）开采方式及采矿方法。

矿区属于高山区，地形陡峭，7～9 月份为雨季，10 月下旬至翌年 4 月上旬为降雪冰冻期，矿体厚度大，倾角大，为 73°～78°，呈层状展布，与周围岩层界线不是很清楚，故选为露天开采。考虑到矿区地形陡峭，矿体倾角陡及前期主要开采侵蚀基准面以上矿体等因素，矿床采取分段露天剥离开拓法。

据矿体厚度大、产状陡和矿体顶底板围岩的稳定性和矿床水文地质条件，采矿方法为台阶式露天开采，阶段高度为 2～5 m，宽度为 5～10 m，长度为 50～100 m，阶段坡面角度不大于 80°，采矿回收率≥90％，贫化率＋损失率≤5％。

（5）矿区水文地质。

矿体位于石门河水系旁，平时水量为 2～3 m³/s，可满足矿区生产、生活用水。逢雨季涨水，但对于矿体的开采影响不大。区内含水层有白云质灰岩、鲕装灰岩、深灰色灰岩、千枚岩及第四系潜水层，其中白云质灰岩、鲕装灰岩和深灰色灰岩为主要含水岩层。地下水流由东向西呈泉水状排泄。区内水文地质条件简单。

3）生产工艺简介

采场生产工艺流程如图 9-5 所示。

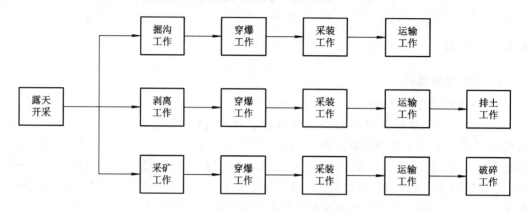

图 9-5　采场生产工艺流程图

2. 评价依据

1）国家法律、法规

（1）《中华人民共和国安全生产法》，国家主席令第 70 号。

（2）《中华人民共和国职业病防治法》，国家主席令第 60 号。

（3）《中华人民共和国劳动法》，国家主席令第 28 号。

（4）《中华人民共和国消防法》，国家主席令第 4 号。

（5）《中华人民共和国矿山安全法》，国家主席令第 65 号。

（6）《特种设备安全监察条例》，国务院第 373 号令。

（7）《中华人民共和国矿山安全法实施条例》，劳动部第 4 号令。

（8）《安全生产许可证条例》，国务院第 397 号令。

（9）《非煤矿山安全生产许可证实施办法》，国家安全生产监督管理局第 9 号令。

（10）《安全评价通则》，安监管技装字[2003]37 号。

（11）《非煤矿山安全评价导则》，安监管技装字[2003]93 号（见附录 8）。

（12）《关于开展金属非金属矿山安全生产状况评估工作的通知》，安监管管一字[2003]40 号。

2）技术标准、规程、规范

（1）《金属非金属露天矿安全规程》，GB 16423—1996。

（2）《爆破安全规程》，GB 6722—2003。

（3）《民用爆破器材工厂设计安全规范》，GB 50089—1998。

（4）《工业企业设计卫生标准》，GB Z1—2002。

（5）《工业场所有害因素职业接触限值》，GB Z2—2002。

（6）《生产设备安全卫生设计总则》，GB 5083—1999。

（7）《建筑设计防火规范》（2001 版），GBJ 16—1987。

（8）《建筑灭火器配置设计规范》，GBJ 140—1990。

（9）《手持电动工具的管理、使用、检查和维修安全技术规程》，GB 3787—1983。

（10）《厂内机动车辆安全管理规定》，1995 年 4 月 7 日。

(11)《噪声作业分级》，LD 80—1995。

(12)《重大危险源辨识》，GB 18218—2000。

(13)《生产过程安全卫生要求总则》，GB 12801—1991。

(14)《工业与民用电力装置的接地设计规范》，GBJ 65—1983。

(15)《安全色》，GB 2893—2001。

(16)《安全标志》，GB 2894—1996。

3）企业提供的资料

(1) 安全现状评价项目委托书。

(2)××××有限责任公司营业执照。

(3)××××有限责任公司采矿许可证。

(4)××石灰石矿可行性研究报告。

(5)×××水泥灰岩地质检测报告及其审查意见。

(6)××××有限责任公司××石灰石矿产资源合理开发利用与保护方案。

(7)××××有限责任公司××灰石矿开采初步设计。

(8)××××有限责任公司××灰石矿安全管理制度。

3. 评价范围

受××××建材有限责任公司委托对其灰石岩矿采矿场的采面生产、炸药库、矿区运输、安全管理及职业安全卫生进行安全现状综合评价。

4. 安全现状评价的目的

本次安全现状评价的目的是针对××××有限责任公司××灰石矿总体的安全现状进行评价，通过评价查找其存在的危险有害因素并确定危险程度，提出合理可行的安全对策措施及建议，具体目的有以下几点：

(1) 针对危险有害因素及事故发生的主要条件，优选消除、预防和减弱事故隐患的技术措施和对策方案，提高系统在生产运行期内的本质安全化水平；

(2) 有助于提高企业的安全管理水平，使企业安全管理变事后处理为事先预测、预防，变纵向单一管理为全面系统管理，变经验管理为目标管理；

(3) 有助于安全投资的合理选择，使安全投资和可能减少的负效益达到合理的平衡；

(4) 为企业的安全管理系统化、标准化和科学化提供依据和条件；

(5) 为安全生产监督管理部门实施监督管理提供依据，有助于政府安全监督管理部门对企业安全生产实行宏观控制。

5. 评价程序

略。

9.4.2　危险危害因素辨识与分析

1. 自然危险、有害因素

1）滑坡危险性分析

滑坡为一大型高势能剧冲式高速滑坡。在长期的地质历史过程中，由于地下水的侵蚀作用，使斜坡底部的泥灰岩、页岩溶蚀软化，形成潜在的滑动面。采矿场的人工开挖加剧了斜坡的变形破坏，最后由于高强度暴雨的触发，使斜坡失稳下滑。

（1）滑坡运动学特征。

滑坡主要具有以下运动学特征：

① 滑坡启动迅速；

② 滑程中加速；

③ 高速运动中突然受阻减速停止。

（2）滑坡形成原因和机制分析。

① 滑坡形成原因：

边坡滑坡的形成具有其特定的物质基础和影响因素。采矿场人工开挖是滑坡形成的主要原因，斜坡变形是从由于地下水侵蚀所形成的潜在滑动面开始的。由于开挖的作用，塑性区由上向下沿地层向下发展，在采矿场底面附近出现破坏区；同时在斜坡的锁固段部位出现剪切破坏单元，这是采矿场开挖产生应力释放和应力集中部位向下转移的结果。暴雨突然加载打破了坡体的极限平衡，此时锁固段的岩体已完全破坏，滑动面（带）全面贯通，斜坡整体沿滑动面向下滑动。上部坡体传来的推力使斜坡发生顺层滑移变形，后缘出现拉裂缝。雨水沿裂隙进入坡体，使坡体突然加载，锁固段彻底破坏，坡体失稳高速下滑。所以暴雨是滑坡发生的触发因素。

② 滑坡形成机制分析：

• 在斜坡变形初期，锁固段以上岩体向下发生轻微位移，坡体表面附近的块体位移较大。变形体底部块体由于前缘受阻，因此位移较小。锁固段的块体向坡外鼓胀变形明显，潜在滑动面还未完全贯通。

• 随着时间的推移，斜坡的变形加剧，锁固段鼓胀更加强烈；同时出现鼓胀裂缝，上部坡体的位移也有所增加，最终使锁固段的岩体彻底破坏。由于锁固段集中了大量的应力，且未风化的泥灰岩和玉龙山段石灰岩破坏特性为脆性破坏，因此锁固段岩体一旦破坏，就立即崩解。一方面使上部坡体失去支撑，使滑动面完全贯通；另一方面也为主滑体的快速下滑提供了空间。由于主滑体底面的滑动面强度极低，而其本身岩体强度较高，当斜坡失稳后，主滑体岩体呈整体的形式向下滑动。

• 当滑体运动到一定距离时，前缘受阻，随着时间的推移，斜坡的变形加剧，锁固段鼓胀更加强烈；同时出现鼓胀裂缝，上部坡体的位移也有所增加，最终使锁固段的岩体彻底破坏。由于锁固段集中了大量的应力，所以锁固段岩体一旦破坏，一方面使上部坡体失去支撑，使滑动面完全贯通；另一方面也为主滑体的快速下滑提供了空间。

（3）滑坡危害特性。

滑坡事故是一种重大灾害事故，一旦发生即群死群伤，对人们的生命财产造成极大损害。

（4）滑坡的预防。

根据以上的分析可知：滑坡的形成固然有其地质、地貌等方面的原因，但采矿场人工开挖是滑坡形成的主要原因，暴雨是滑坡发生的触发因素。因此在滑坡的预防方面应做好：

① 石场开采前应做详细的地质地貌调查工作；

② 采面的布置应合理，尽量使工作面与山坡走向成90°角；

③ 雨天严禁采矿；

④ 定期检查山坡情况，查看有无异常；

⑤ 采矿场应有良好的疏散通道。

2) 崩塌危险、危害分析

采矿场的开采控制长度为 400 m，厚度为 128.5 m，倾向北，倾角为 73°～78°。矿体产出标高为 938.8～1152 m。边坡角一定的情况下，工作面高度越大，边坡稳定性越差；边坡角太陡会增加上部的载重，从而使坡脚岩体承受的压力增加，在超过一定限度后坡脚岩体被压碎引起边坡崩塌；边坡角太大也会增加弱结构面滑动破坏的可能性，降低边坡稳定系数。边坡的水平和垂直断面形状对岩体内的应力分布有很大影响，从而影响边坡稳定。

采面上松动岩石多见，部分已成危石，并时有岩块坠落，这些直立的边坡遇到持续的爆破震动或强降水时，会形成崩塌灾害，造成人员伤亡和设备严重损坏，还有引发更大事故的可能性。

3) 泥石流危险性分析

(1) 泥石流的形成因素。

对矿区而言，形成泥石流的动力条件充足，且几条沟内都有松散碎屑，具备发生泥石流的物质条件，历史上留下大量泥石流强烈活动的痕迹，近期开采矿料产生大量弃碴，毁坏森林，使松散碎屑物质剧增，为泥石流的形成提供了更为丰富的松散固体物质。

① 动力因素：

• 地形：岭谷相对高度之悬殊，使松散碎屑物质拥有巨大的势能，而陡峻的地形则为势能转化成动能提供了有利条件。

• 暴雨：当地处于暖温带季风半湿润气候区(降水较充沛)，为暴雨型泥石流分布区。

② 松散碎屑物质因素：

矿区处于构造带上，采区出露的地层及岩体构造裂隙发育，沿裂隙风化作用强烈，表层崩解、剥落发育，松散碎屑物质汇聚于沟道内。在自然状态下，矿区内松散碎屑物质积累过程较慢，相应的泥石流活动频率较低。

③ 人为因素：

引起矿区内泥石流发生的不合理经济活动主要有以下几点：

• 采矿与筑路弃碴排放不合理。

• 毁坏林木。为满足生产生活的需要，大量森林被砍伐，植被遭到严重破坏。一但山坡植被大片被毁，为弃碴所占，或成裸露山坡，森林植被蓄水保土、拦截径流、削减洪峰的能力削弱或消失，水土流失加剧，流域水文状况恶化。在暴雨激发下，沟谷内的采矿弃碴启动，形成泥石流。

(2) 泥石流发展趋势。

矿区泥石流发展趋势分析如下：

今后矿区是否发生泥石流，主要取决于降雨多寡，当地夏季降雨主要受东南季风影响，降水从东向西递减。受地形的影响，降水量随海拔增高而增加，历时短、强度大的暴雨时常出现。矿区内暴雨再度激发泥石流是完全可能的。如果发生五十年一遇或百年一遇的暴雨，会激发特大型泥石流，造成更大灾害。

2. 采场作业危险性

1）爆破作业危险因素分析

（1）爆破机理。

爆破是物质的一种急剧的物理、化学变化，在变化过程中，物质所含的能量快速释放，变为对物质本身、变化产物或周围介质的压缩能或运动能。爆破时物体压力急剧增高。矿采爆破的过程包括炸药的装填、起爆装置的组合、引爆装置的安装和爆炸，整个过程如果发生任何偏差，都会造成爆炸或早炸事故的发生。

（2）危险物质。

该采矿场爆破前采用凿岩机打眼，爆破主要使用岩石膨化硝铵炸药，其具体化学组成列于表 9 - 27 中。

表 9 - 27　岩石膨化硝铵炸药的化学组成

组分	分 子 式	摩尔质量	组分含量/%	1千克炸药中各组分的摩尔数	1千克炸药中各元素的原子摩尔数			
					n(C)	n(H)	n(O)	n(N)
硝酸铵	NH_4NO_3	80	92	11.5	0	46	34.5	23
木粉	$C_{16}H_{22}O_{10}$	362	4	0.1105	1.658	2.246	1.105	0
石蜡	$C_{18}H_{38}$	254	1.5	0.0591	1.064	2.246	0	0
轻柴油	$C_{16}H_{32}$	224	2.5	0.1116	1.786	3.571	0	0
1千克炸药中各原子摩尔数合计					4.508	54.246	35.605	23

① 岩石膨化硝铵炸药的理化性质：

比容：966.13 kJ/kg；

爆热：901.33 kcal/kg；

爆温：2469.2℃；

② 岩石膨化硝铵炸药的危险特性：岩石膨化硝铵炸药是一种烈性炸药，遇高温或明火即爆炸，爆炸产生的飞石、冲击波等，对人有致命的伤害，爆炸产生的有毒、有害气体，振动和噪声也可对人的健康构成危害。

③ 岩石膨化硝铵炸药的危害防护：妥善保管炸药，严格遵守炸药领取、使用制度，防止炸药流失；炸药周围严禁存放高温物体，严禁出现明火；爆破时，人应撤离至警戒区外，防止飞石和冲击波对人的伤害。

（3）爆破危险原因分析。

爆破作业是采矿场生产的经常性工作，爆破事故包括早爆事故、拒爆事故、飞石事故、警戒疏漏事故、毒气事故和爆破次生事故等。采矿场采用电雷管起爆系统，由于爆破规模较小，且爆破后按规定时间进入爆区查炮，因此发生炮烟中毒的可能性极小。爆破事故的主要原因有：

① 爆破设计不合理，包括爆破设计前未详细了解爆区的工程地质条件，爆破参数选择不合理，无安全防护措施或措施不到位等；

② 炮孔质量不合格；

③ 爆破施工质量不合格，炸药的装填、爆破网络的连接和检查、起爆等不符合规程要求；

④ 起爆前未进行安全确认；

⑤ 现场管理混乱，职责不清；

⑥ 警戒人员未尽职；

⑦ 未按规定处理盲炮。

2）高空作业危险因素分析

采矿生产作业中，由于放炮打眼、班前排险、装卸作业等都要面临高空作业，而采矿场有些工作面的高度在几十米，容易发生高处坠落事故，而高处坠落事故往往使人员受到较严重程度的伤害，非死即伤，造成的经济损失巨大。高空作业的主要危险因素有：

① 不采取安全防护措施，进行危险作业；

② 穿孔作业无安全防护和监护人；

③ 作业人员疲劳作业，注意力不集中、嬉闹、情绪化上岗作业；

④ 安全防护设施不当或不到位；

⑤ 安全管理存在缺陷。

上述因素中的任何一个都可能造成高处坠落事故。

3）机械伤害因素分析

机械伤害包括：机械转动部分的绞入、碾压和拖带伤害；机械工作部分的钻、刨、削、锯、击、撞、挤、砸、轧等的伤害；滑入、误入机械容器和运转部分的伤害；机械部件的飞出伤害；机械失稳和倾翻事故的伤害；其他因机械安全保护设施欠缺、失灵和违章操作所引起的伤害。采矿场使用的机械主要有凿岩机、推土机、挖掘机等。

采场机械伤害事故的发生有以下原因：

① 设备安全管理不善。只注重赶生产，忽视了设备的安全管理和维修保养，致使设备经常带病工作，存在众多隐患，极易造成伤害。

② 设备安装不符合规范要求，不通过验收即投入使用。

③ 安全装置和防护设施不齐全或失灵，无法起到安全防护作用。

④ 生产队伍素质差。某些操作人员不但技术素质差，安全意识和自我保护能力也差，有的甚至未经培训就上岗，无知识，无经验，也不懂规章，一味冒险蛮干和违章作业。

4）电气伤害因素分析

触电事故是由于人体直接接触了带电的导线或设备，电流通过人体而造成的伤害事故。触电事故可分为电击和电伤两种情况，电击是电流通过人体内部引起的可感知的物理效应。电伤是电流的热效应、化学效应或机械效应对人体造成的伤害。

该建设项目中使用的穿孔机、电器输送设备、采场照明设施、电机设备，存在大量的操作开关、外露电缆等，如果其安全防护装置损坏或失效，或者进行违章操作、带电作业，都会造成触电事故。

5）静电、雷电伤害因素分析

该工程项目涉及露天爆破作业，如果进行阴天作业、雷雨作业或雷电作业，可引起爆炸危险。如果作业人员没有按规定穿戴有效的劳动防护用具，或者携带了手机、传呼机等电场接收器，也会引起爆炸事故的发生。

3. 职业安全卫生危害分析

1）噪声

噪声是一种不协调的声音，属感觉公害，采矿过程中机械性噪声比较严重，产生噪声的主要是凿岩机。采矿操作者所用的凿岩机分为两种类型，其中 RT—24 有 2 台，RT—27 有 1 台。每个工人平均每天接触噪声 5～6 h。

凿岩机产生的是连续性噪声，在这样的噪声环境下作业，其危害是多方面的，不仅会损坏人的听力，而且会诱发疾病，干扰语言交流，降低劳动生产率，影响人的睡眠。

2）粉尘

采矿场由采掘到矿石运输的整个工艺过程中会产生粉尘，粉尘是悬浮在空气中的小颗粒。粉尘对人体的危害主要是吸入肺部的粉尘量达到一定浓度后，能引起肺部组织发生纤维化病变，并逐渐硬化，使人失去正常的呼吸功能，发生尘肺病。粉尘危害人体的途径主要是通过呼吸进入人体，侵害部位主要是呼吸系统，常见的症状有咳嗽、咳痰、胸疼、气短等，严重的可造成尘肺病症。

3）高温作业

采矿涉及到露天作业，夏天矿体温度要高出平常天气温度，存在高温作业危害。

高温易引起中暑，长期高温作业可出现高血压、心肌受损和消化功能障碍等疾病，高温作业人员受环境热负荷影响，作业能力随温度的升高而明显下降，使劳动效率降低，增加操作失误率。

9.4.3 评价单元的划分与评价方法的选择

根据本项目中采矿场生产存在的危险有害因素，结合生产作业特点，本报告将评价单元划分为采面生产单元、炸药库单元、矿区运输单元、机械单元、电气单元、特种设备单元和职业卫生单元，另外把安全管理作为一个独立单元进行评价。评价单元与对应的评价方法见表 9-28。

表 9-28 评价单元和评价方法

评 价 单 元		评 价 方 法
采面生产单元		安全检查表
炸药库单元		安全检查表
矿区运输单元		安全检查表
机械单元		故障树法(FTA)
电气单元		预先危险性分析
特种设备单元		安全检查表
安全管理单元		安全检查表
职业卫生单元	噪声子单元	作业危害程度分级法
	高温作业子单元	作业危害程度分级法
	粉尘子单元	作业危害程度分级法

9.4.4 安全定性、定量评价

1. 采面生产单元

采面生产单元是整个采矿作业的核心单元，也是事故高发单元，通过实地调研，可将本评价单元分为七项：技术资料、开采设计、凿岩打眼、爆破作业、边坡管理、排土场、安全生产管理。通过现场考察，确定宜采用安全检查表法进行现场安全评价。表 9-29 为采面生产单元现场安全检查表。

表 9-29 采面生产单元现场安全检查表

序号	项目	检查内容	依据标准	检查结果
1.1	技术资料	有具有相应资质的地勘部门提供的矿山地质报告及附图	《中华人民共和国安全生产法》；《中华人民共和国劳动法》；《中华人民共和国矿山安全法》；《中华人民共和国工会法》；《矿山安全条例》；《特种设备安全监察条例》；《建设项目（工程）劳动安全卫生监察规定》；《陕西省劳动安全条例》；《中华人民共和国民用爆破器材管理条例》；《爆破安全管理条例》；《金属非金属露天矿安全规程》GB 1642—1996；《乡镇露天矿场爆破安全规程》1989 年 6 月 16 日；《爆破安全规程》GB 6722—1986；《大爆破安全规程》GB 13349—1992；	合格
1.2		有具有相应资质的设计单位设计的矿山开采设计方案及附图		合格
1.3		有能够反映本企业情况，能指导生产并及时填绘的各种图纸		合格
2.1	开采设计	露天开采必须自上而下进行		合格
2.2		露天开采必须分台阶式开采		合格
2.3		采面的阶段高度设计必须符合要求		合格
2.4		台阶的平台宽度必须符合要求		合格
2.5		台阶的边坡角必须符合要求		合格
2.6		采面的最终边坡角必须符合要求		合格
2.7		作业现场应设计人行通道，并有安全标志和照明装置		不合格
3.1	凿岩打眼	凿岩机操作人员应经过培训，熟悉凿岩机的性能和方法		合格
3.2		在坡面超过 30°或高度大于 2 m 的台阶坡面，凿岩工人要使用安全绳		合格
3.3		凿岩打眼前应检查作业面的安全情况，看有无松石，支架是否完好牢固		合格
3.4		打眼前应先检查凿岩机各部件和风水管路，确认正常方可套上钎杆进行凿岩		合格
3.5		打眼时，不准骑在气眼上凿岩，应站在凿岩机两侧，以防断钎伤人		不合格
3.6		应该采用湿式打眼法，做好个人防护		合格
3.7		工作中遇到支架倒落，有落物浮石及其他异常情况，应立即退出现场，采取措施后，方能继续工作		合格

序号	项目	检查内容	依据标准	检查结果
4.1		炸药的储存、购买和使用符合《民用爆炸物品管理条例》的规定	《工业企业设计卫生标准》GB Z1—2002；	合格
4.2		炸药有严格的管理、领用和清退登记制度	《工作场所有害因素职业接触限值》GB Z2—2002；	合格
4.3		炸药使用必须有《爆炸物品使用许可证》		合格
4.4		露天爆破作业，必须按审批的爆破设计书或爆破说明进行，爆破设计书应由单位主要负责人批准	《手持电动工具的管理、使用、检查和维修安全技术规程》GB 3787—83；	合格
4.5		爆破员应经考核，具有《爆破作业证》		合格
4.6		爆破开始前应确定危险区边界，并设置明显标示和岗哨		合格
4.7		装药前应对铜室、药壶和炮眼进行清理和验收	《重大危险源辨识》GB 18218—2000；	合格
4.8		大爆破装药量应根据实测资料校核修正，经爆破工作领导人批准	《生产过程安全卫生要求总则》GB 12801—1991；	合格
4.9		刚打的眼须过30分钟后方能装药		合格
4.10		装药时应使用木质炮棍装药	《工业与民用电力装置的接地设计规范》GBJ 65—1983；	合格
4.11	爆	装起爆药包、起爆药柱和炸药时严禁投掷或冲击		合格
4.12	破	禁止使用石块和易燃材料填塞炮孔	《安全色》GB 2893—2001；	合格
4.13	作	装药周边禁止烟火，禁止明火照明		合格
4.14	业	禁止使用冻结的或解冻不完全的硝化甘油炸药	《安全标志》GB 2894—1996；	合格
4.15		点燃导火索前，切头不大于5 cm		合格
4.16		导爆索支线应顺主线传爆方向连接，搭接长度不少于15 cm，支线与主线传爆方向的夹角大于90°		合格
4.17		起爆导爆索时，雷管的集中穴应向着导爆索传爆方向		合格
4.18		爆破前必须有明确的警戒信号		合格
4.19		爆破时，个别飞散物对人员的安全距离不得小于《规程》中的规定		合格
4.20		露天爆破需设人工掩体时，掩体应在冲击波之外，结构必须坚固，位置和方向应能防止飞石炮烟的危害		合格
4.21		在爆破危险区域内有两个以上作业组进行爆破作业时，必须统一指挥		合格
4.22		爆破后须按规定的时间等待，然后才可进入爆破地点		合格
4.23		爆破后须检查采面有无危石、浮石，确认后方可作业		合格
4.24		爆破后应立即检查有无盲炮现象		合格
4.25		发现盲炮应立即处理		合格
4.26		处理盲炮，应在危险区边界设警戒，禁止进行其他作业		合格
4.27		盲炮处理后应仔细检查爆堆情况		合格
4.28		每次处理盲炮应由处理者填写登记卡片		不合格
4.29		雨天、夜间和大雾天，禁止爆破		合格
4.30		每次爆破后，爆破员应认真填写爆破记录		不合格

续表二

序号	项目	检查内容	依据标准	检查结果
5.1	边坡管理	应有专人负责边坡管理工作		合格
5.2		边坡的松石或裂隙有引起塌落或片帮危险时，必须及时处理		合格
5.3		应采取措施防止地表水渗入边坡岩体弱层裂隙或直接冲刷边坡		合格
5.4		重点边坡部位和有潜在滑坡危险的地段，应综合采取砌筑挡墙、打抗滑桩等加固措施		合格
6.1	排土场	排土场应保证不致威胁采矿场、工业场所、居民点、铁路、道路、耕种区、水域、隧洞的安全		合格
6.2		排土场不得影响矿山正常开采和边坡稳定		合格
6.3		排土场坡脚与矿体开采点之间必须有一定的安全距离		合格
6.4		排土场的阶段高度、总堆置高度、平台宽度、相邻阶段同时作业的超前堆置宽度，均应在设计中明确规定	同上	合格
6.5		排土场必须有可靠的截流、防洪和排水设施		合格
6.6		高阶段排土场，应有专人负责观测和管理，发现危险必须采取有效措施		合格
6.7		排土场进行排弃作业时必须圈定危险范围，并设立警戒标志		合格
7.1	安全生产管理	应设置安全生产管理机构或配备专职安全生产管理人员		合格
7.2		各队、各班组应设立专(兼)职安全员		合格
7.3		有规范完善的作业规程和各工程岗位操作规程		合格
7.4		所有在职从业员每年都要接受必要的安全生产教育和培训		合格
7.5		特种作业人员必须持证上岗		合格
7.6		新职工上岗前必须经过"三级"安全教育，并考试合格，调换工种的人员必须进行新岗位安全操作教育和培训		不合格

通过对本单元 7 个项目 48 个指标的现场检查评价发现：该灰石矿采矿场在开采设计、爆破、安全防护、排土场等方面总体良好，但在凿岩机的操作方式、安全教育培训的某些环节还存在一些问题，在日后的生产中应加以注意。

2. 炸药库单元

该采矿场设有临时存放爆破器材炸药库，单独存放，指定专人看管。炸药库是采矿场的事故频发区域。表 9-30 分 16 个指标对炸药库单元进行现场安全检查评价。

表 9-30　炸药库单元现场安全检查表

序号	检查内容	依据标准	检查结果
1	爆破器材必须存在专用仓库		合格
2	储存仓库必设专人管理		合格
3	严禁将爆破器材分发给承包户或个体保存		合格
4	必须具有《爆炸物储存许可证》		合格
5	临时存放爆破器材时要选择安全可靠的地方单独存放，指定专人看管		合格
6	有严格的入库检查、登记制度		合格
7	收存和发放爆破器材必须进行登记，做到账目清楚，账物相符	《中华人民共和国民用爆破器材管理条例》；	不合格
8	库房内储存的爆破器材数量不得超过设计容量		合格
9	性质相抵触的爆破器材必须分库储存		合格
10	库房内严禁存放其他物品	《金属非金属露天矿安全规程》；	合格
11	严禁无关人员进入库区		合格
12	库区内严禁吸烟和用火	《爆破安全管理条例》	合格
13	严禁把其他容易引起燃烧、爆炸的物品带入仓库		合格
14	严禁在库房内住宿和进行其他活动		合格
15	危险品库应设火灾报警电话，设置防盗报警装置		不合格
16	发现爆破器材丢失、被盗，必须及时报告所在地公安机关		合格
17	变质和过期失效的爆破器材必须及时清理出库，予以销毁前要登记造册，提出实施方案，报上级主管部门批准，并向公安机关备案		合格

通过采用安全检查表法进行现场安全检查，我们发现该采矿场在爆破器材的储存、管理上基本上按照《民用爆破器材管理条理》的规定执行，但检查发现炸药库没有报警设施，须增设。

3. 矿区运输单元

本单元采用安全检查表，分 24 个指标进行现场安全检查评价，具体情况如表 9-31 所示。

表 9 - 31　矿区运输单元现场安全检查表

序号	检 查 内 容	依据标准	检查结果
1	挖掘机工作时，其平衡装置外形的垂直投影到阶段坡底的水平距离，应不小于 1 m		合格
2	挖掘机操作室所处的位置应使操作人员危险性最小		合格
3	挖掘机上下坡时，驱动轴应始终处于下坡方向，铲斗要空载，并与地面保持适当距离，悬臂应与行进方向一致		合格
4	挖掘机铲装作业时，禁止铲斗从车辆驾驶室上方通过		合格
5	严禁挖掘机在运转中调整悬臂架的位置		合格
6	机械铲装时，应保证最终边坡的稳定性，合并的阶段数不应超过三个	《中华人民共和国矿山安全法》；《矿山安全条例》；《建设项目（工程）劳动安全卫生监察规定》；《陕西省劳动安全条例》；《金属非金属露天矿安全规程》GB 16423—1996；《乡镇露天矿场爆破安全规程》1989 年 6 月 16 日；《厂内机动车辆安全管理规定》1995 年 4 月 7 日；《重大危险源辨识》GB 18218—2000；《安全色》GB 2893—2001；《安全标志》GB 2894—1996	合格
7	深凹露天矿运输矿石的汽车，应采取废气净化措施		合格
8	装车时，禁止检查、维护车辆		合格
9	装车时驾驶员不得离开驾驶室，不得将头和手臂伸出驾驶室外		不合格
10	卸矿平台要有足够的调车宽度		合格
11	卸矿地点必须设置牢固可靠的挡车设施，并设专人指挥		合格
12	在举升的车斗下检修时，必须采取可靠的安全措施		合格
13	禁止采用溜车方式发动车辆，下坡行驶严禁空挡滑行		合格
14	在坡道上停车时，司机不能离开，必须使用停车制动并采取安全措施		合格
15	汽车驾驶室外平台、脚踏板及车斗不准载人		合格
16	禁止在运行中升降车斗		合格
17	车辆在矿区道路上宜中速行驶，急弯、陡坡、危险地段应限速行驶		合格
18	汽车在危险地段应减速通过，急拐弯处严禁超车		合格
19	雾天和烟尘弥漫影响能见度时，应开亮车前黄灯与标志灯，并靠右侧减速行驶，前后车间距不得小于 30 m		合格
20	视距不足 20 m 时，应靠右暂停行驶，并不得熄灭车前及车后的警示灯		合格
21	冰雪和多雨季节，道路较滑时，应有防滑措施并减速行驶，前后车距不得小于 40 m		合格
22	山坡填方的弯道、坡度较大的填方地段以及高堤路基段外侧应设置护拦、挡车墙等		合格
23	对主要运输道路及联络道的长大坡道，应根据运行安全需要设置汽车避难道		合格
24	夜间装卸车工作地点，应有良好的照明装置		合格

通过对矿区运输安全进行现场检查，确定其整体情况良好，基本上按照相关规范操作，但发现，矿车司机对一些安全规程不太重视，如装料时司机不待在驾驶室，不戴安全帽，却在采场工作面转悠。采矿场须对汽车司机加强安全管理。

4. 安全管理单元

按照事故致因理论，人的不安全行为是造成事故的主要因素之一，加强管理是控制人的不安全行为的重要途径，它对于促进企业的安全生产，减少工伤事故的发生具有很重要的作用。企业生产活动是一个系统，安全管理是这个系统中的子系统。从功能上看，它起着手段、方法的作用，也起着监督、控制的作用，因此安全管理体系是企业安全生产工作所不可缺少的。基于上述原因，本报告将综合安全管理体系作为一个独立的部分进行评价，目的是检查××县×××××××公司××灰石矿采矿场安全管理体系及其管理工作的有效性和可靠性，组织措施的完善性，以及企业管理者、领导者和操作者的安全素质高低和对不安全行为的控制能力。评价的对象是企业的安全管理体系，涉及各部门、各项工作、各种人员和生产作业全过程。本报告将安全管理评价指标体系分为9个项目48个指标，具体检查情况见表9-32。

事故的发生可简单地归为两大因素，即物的不安全因素和人的不安全因素，两大因素交叉重叠在一起，必然导致事故的发生。本评价把安全管理单独列为一个评价单元，说明安全管理对于矿山安全生产至关重要。通过现场检查发现该矿安全管理体系比较完善，安全机构健全，安全生产责任明确，但在员工的安全教育和培训、矿山风险的识别以及事故分析统计方面的工作需加强。

表 9-32　安全管理单元检查表

项目	序号	评价内容	依据标准	检查结果
安全生产责任制	1.1	矿长对安全生产工作负全面领导责任	《中华人民共和国安全生产法》；《中华人民共和国劳动法》；《中华人民共和国矿山安全法》；《中华人民共和国工会法》；《矿山安全条例》；《建设项目（工程）劳动安全卫生监察规定》；《陕西省劳动安全条例》；	合格
	1.2	分管安全生产工作的副矿长对安全生产负主要领导责任		合格
	1.3	班组长对本职范围的安全生产工作负责		合格
	1.4	生产工人对本岗位的安全生产负直接责任		合格
安全生产教育	2.1	新工人上岗前三级安全教育		不合格
	2.2	特殊工种工人专业培训		合格
	2.3	对采用新技术、新工艺、新设备、新材料的工人进行安全技术教育		合格
	2.4	对复工工人进行安全教育		合格
	2.5	对调换新工种的工人进行安全教育		合格
	2.6	班组长安全教育		合格
	2.7	全员安全教育		合格

项目	序号	评价内容	依据标准	检查结果
安全技术措施	3.1	企业在编制生产、技术、财务计划时，必须同时编制安全措施计划	《金属非金属露天矿安全规程》GB 16423—1996；《安全色》GB 2893—2001；《安全标志》GB 2894—1996	合格
	3.2	按规定提取安全措施费用，专款专用		合格
	3.3	安全技术措施计划有明确的期限和负责人		合格
	3.4	企业年度工作计划中有安全目标值		合格
安全生产规章制度	4.1	安全生产奖惩制度		合格
	4.2	安全值班制度		合格
	4.3	各工种安全操作程序		合格
	4.4	特种作业安全管理制度		合格
	4.5	特种设备安全管理制度		合格
	4.6	危险作业安全审批制度		合格
	4.7	易燃易爆、剧毒、放射性、腐蚀性危险物品的生产、使用、储运、管理制度		合格
	4.8	安全防护用品发放和使用制度		合格
	4.9	事故调查报告制度		合格
	4.10	危险材料登记制度		合格
	4.11	风险评估管理制度		不合格
	4.12	安全检查评审制度		合格
	4.13	安全标志管理制度		合格
安全管理机构及人员设置	5.1	企业建立有专门的安全管理机构		合格
	5.2	安全管理人员数量符合法定要求		合格
	5.3	专职安全管理人员具备安监部门认可的资格		合格
安全生产检查	6.1	定期进行全面安全检查评审		合格
	6.2	班组进行经常性检查		合格
	6.3	安全管理人员进行专门的安全检查		合格
	6.4	定期按计划进行专业安全检查		合格
	6.5	对要害部位进行重点检查		合格
	6.6	每年进行一次外部安全评审		不合格

续表二

项目	序号	评价内容	依据标准	检查结果
事故分析统计	7.1	有系统完整的事故记录	同上	合格
	7.2	有完整的事故调查、分析报告		合格
	7.3	有年度、月度事故统计分析报告		合格
风险识别与控制	8.1	有完整的风险识别与控制程序		合格
	8.2	有关管理人员接受过风险识别与控制的培训		合格
	8.3	企业是否进行过全面的风险识别		不合格
	8.4	对风险是否采取了预防控制措施		合格
	8.5	重大风险是否列为重要管理对象，并定期进行评审		合格
应急计划反应	9.1	有矿区应急反应计划、事故应急处理程序和措施		合格
	9.2	有应急指挥和组织机构		合格
	9.3	员工接受急救培训		不合格

5. 机械单元

在机械单元中，主要的危险在于机械伤害，虽然在近期内没有发生大的机械伤害事故，但是机械伤害事故在采矿生产作业过程中发生的频率却不低，有必要对机械伤害事故进行分析。本评价对机械伤害事故采用事故树法进行分析评价。

1) 画出事故树

采矿生产作业过程中的机械伤害树如图 9-6 所示。

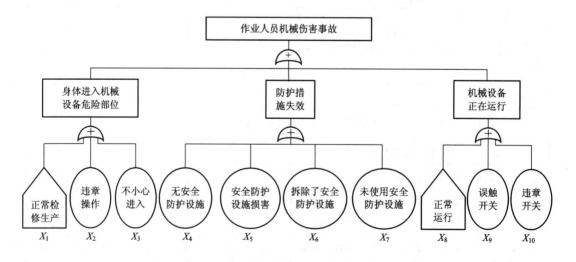

图 9-6 机械伤害事故树

2）求最小割集

该事故树的结构函数为

$$T = A_1 \cdot A_2 \cdot A_3$$

$$= (X_1 + X_2 + X_3)(X_4 + X_5 + X_6 + X_7)(X_8 + X_9 + X_{10})$$

$$= (X_1 X_4 + X_1 X_5 + X_1 X_6 + X_1 X_7 + X_2 X_4 + X_2 X_5 + X_2 X_6 + X_2 X_7 + X_3 X_4 + X_3 X_5$$
$$+ X_3 X_6 + X_3 X_7)(X_8 + X_9 + X_{10})$$

$$= (X_8 X_1 X_4 + X_8 X_1 X_5 + X_8 X_1 X_6 + X_8 X_1 X_7 + X_8 X_2 X_4 + X_8 X_2 X_5 + X_8 X_2 X_6$$
$$+ X_8 X_2 X_7 + X_8 X_3 X_4 + X_8 X_3 X_5 + X_8 X_3 X_6 + X_8 X_3 X_7 + X_9 X_1 X_4 + X_9 X_1 X_5$$
$$+ X_9 X_1 X_6 + X_9 X_1 X_7 + X_9 X_2 X_4 + X_9 X_2 X_5 + X_9 X_2 X_6 + X_9 X_2 X_7 + X_9 X_3 X_4$$
$$+ X_9 X_3 X_5 + X_9 X_3 X_6 + X_9 X_3 X_7 + X_{10} X_1 X_4 + X_{10} X_1 X_5 + X_{10} X_1 X_6 + X_{10} X_1 X_7$$
$$+ X_{10} X_2 X_4 + X_{10} X_2 X_5 + X_{10} X_2 X_6 + X_{10} X_2 X_7 + X_{10} X_3 X_4 + X_{10} X_3 X_5 + X_{10} X_3 X_6$$
$$+ X_{10} X_3 X_7)$$

得出最小割集 K：

$K_1 = \{X_8, X_1, X_4\}$	$K_2 = \{X_8, X_1, X_5\}$	$K_3 = \{X_8, X_1, X_6\}$
$K_4 = \{X_8, X_1, X_7\}$	$K_5 = \{X_8, X_2, X_4\}$	$K_6 = \{X_8, X_2, X_5\}$
$K_7 = \{X_8, X_2, X_6\}$	$K_8 = \{X_8, X_2, X_7\}$	$K_9 = \{X_8, X_3, X_4\}$
$K_{10} = \{X_8, X_3, X_5\}$	$K_{11} = \{X_8, X_3, X_6\}$	$K_{12} = \{X_8, X_3, X_7\}$
$K_{13} = \{X_9, X_1, X_4\}$	$K_{14} = \{X_9, X_1, X_5\}$	$K_{15} = \{X_9, X_1, X_6\}$
$K_{16} = \{X_9, X_1, X_7\}$	$K_{17} = \{X_9, X_2, X_4\}$	$K_{18} = \{X_9, X_2, X_5\}$
$K_{19} = \{X_9, X_2, X_6\}$	$K_{20} = \{X_9, X_2, X_7\}$	$K_{21} = \{X_9, X_3, X_4\}$
$K_{22} = \{X_9, X_3, X_5\}$	$K_{23} = \{X_9, X_3, X_6\}$	$K_{24} = \{X_9, X_3, X_7\}$
$K_{25} = \{X_{10}, X_1, X_4\}$	$K_{26} = \{X_{10}, X_1, X_5\}$	$K_{27} = \{X_{10}, X_1, X_6\}$
$K_{28} = \{X_{10}, X_1, X_7\}$	$K_{29} = \{X_{10}, X_2, X_4\}$	$K_{30} = \{X_{10}, X_2, X_5\}$
$K_{31} = \{X_{10}, X_2, X_6\}$	$K_{32} = \{X_{10}, X_2, X_7\}$	$K_{33} = \{X_{10}, X_3, X_4\}$
$K_{34} = \{X_{10}, X_3, X_5\}$	$K_{35} = \{X_{10}, X_3, X_6\}$	$K_{36} = \{X_{10}, X_3, X_7\}$

从以上分析得知，共有 36 种引起机械伤害事故的途径，说明该事故发生的可能性较大。

3）结构重要度分析

计算结构重要度系数得到：

$$I(1) = I(2) = I(3) = I(8) = I(9) = I(10) = (1/2)^{(3-1)} \times 12 = 3$$

$$I(4) = I(5) = I(6) = I(7) = (1/2)^{(3-1)} \times 9 = 2.25$$

结构重要度顺序为：

$$I(1) = I(2) = I(3) = I(8) = I(9) = I(10) > I(4) = I(5) = I(6) = I(7)$$

4）结论

该事故树有 36 个最小割集，通过对结构重要度的分析可知：在正常检修、生产时进入机械危险部位，或者在机械正常运行的情况下防护措施失效，都会导致事故的发生。因此，加强生产作业中的安全防护，包括保持安全防护设施的完好，按规定使用安全防护用品等是防止机械伤害事故的关键。另外，禁止违章作业和冒险接触机械危险部位，操作时集中精力，防止非操作人员随意开机，做好正常检修设备时的安全防护措施等对于预防机械事故的发生也很重要。通过对现场的安全检查，发现该采矿场使用的机械安全防护装置有缺损，而且没有很好的利用劳动防护用品，通过对事故树的分析，发现这些都是导致机械伤害事故的基本事件，在以后的生产中应避免这些事件发生。

6. 电气单元

对电气单元采用预先危险性分析法，其预先危险性分析情况见表 9－33。

表 9－33　电气单元预先危险性分析表

危险危害因素	触发事件	形成事故原因事件	事故情况	事故结果	危险等级	预防措施
电气火灾	电气超载、短路或雷击	① 超载短路保护器失效； ② 避雷系统失灵； ③ 电线、电缆绝缘老化、破损，引起短路放电； ④ 电气设备、油系统泄漏、遇火源； ⑤ 静电放电	发生电气火灾事故	设备损坏、财产损失、人员伤亡	Ⅲ	① 定期检查、检修线路，及时更换老化电线； ② 定期检查避雷设施； ③ 配备灭火器； ④ 检修电气设备油路； ⑤ 做好防静电接地
电击伤害	电气设备线路漏电	绝缘体接地、防漏电保护装置失效	电击伤害事故	人员伤亡	Ⅲ	① 电操作人员专业培训，持证上岗； ② 电气设备金属外壳采用保护接零； ③ 安装电保护装置； ④ 加强个人防护

通过对电气系统进行预先危险性分析，对于电气系统的一些主要的危险、危害因素进行了系统的分析，得出危险等级并制定了预防电气系统事故的安全对策措施。落实以上措施应成为预防电气事故的工作重点。其余的危险、危害因素也可采用类似的方法进行评价，并制定出相应的安全措施。

7. 特种设备单元

本项目中特种设备有移动式空压机、矿用自卸汽车等，存在较大伤害性。对特种设备主要是加强日常管理，定期检验、维修，同时要求作业人员严格按照操作规程进行操作，使用合格的劳动防护用具。本单元采用安全检查表法进行检查评价，具体检查内容和结果如表 9－34 所示。

表 9 - 34　特种设备安全检查表

序号	检查内容	依据标准	检查结果
1	移动式空气压缩机生产厂家是否具有相应的资质和许可证，产品是否有合格证和检测报告	《中华人民共和国安全生产法》；《中华人民共和国矿山安全法》；《矿山安全条例》；《特种设备安全监察条例》；《建设项目（工程）劳动安全卫生监察规定》；《陕西省劳动安全条例》；《金属非金属露天矿安全规程》GB 16423—1996；《工业企业设计卫生标准》GB Z1—2002；《工作场所有害因素职业接触限值》GB Z2—2002；《生产过程安全卫生要求总则》GB 12801—1991；《工业与民用电力装置的接地设计规范》GBJ 65—1983；《安全色》GB 2893—2001；《安全标志》GB 2894—1996	合格
2	矿用自卸汽车生产厂家是否具有相应的资质和许可证，产品是否有出厂合格证和相关的检测报告		合格
3	车式装载机生产、安装厂家是否具有相应的资质和许可证，产品是否有出厂合格证和相关的检测报告		合格
4	推土机生产、安装厂家是否具有相应的资质和许可证，产品是否有出厂合格证和相关的检测报告		合格
5	平路机生产、安装厂家是否具有相应的资质和许可证，产品是否有出厂合格证和相关的检测报告		合格
6	特种设备是否经当地特种设备检测机构检测，并持有检测合格报告		合格
7	特种设备的操作人员是否经过培训，持有特种作业人员上岗证书		合格
8	是否为特种作业人员配发合格的劳动防护用具，如绝缘手套等		合格
9	作业人员是否按要求正确使用劳动防护用具		合格
10	是否制定特种设备操作规程，并要求人员严格执行		合格
11	是否对设备的运行、使用、保养、维护做记录，以备事故调查		不合格
12	储气罐定期检验合格，有记录，要在检验周期内使用		合格
13	安全阀、压力表灵敏可靠，并定期检验		合格
14	自动装置动作可靠		合格
15	防护装置牢固、完好		合格
16	电动机外壳保护接地(零)良好		合格
17	运动中无剧烈震动		不合格
18	各种机动车辆手、脚制动器调整适当，制动距离符合要求		合格
19	转动装置调整适当，操作方便，灵活可靠		合格
20	喇叭、灯光、雨刷和后视镜必须齐全有效，仪器仪表信号准确		合格
21	燃油、机油无渗漏		合格
22	经交通部门检测或经有关部门检测合格，在检测有效期内使用		合格
23	特种设备作业人员应严格遵守操作规程，严禁嬉闹、注意力不集中或情绪化上岗，防止人为事故发生		合格

8. 职业安全卫生评价

1) 噪声危害评价

本项目涉及的职业危害主要为采面凿岩工人的噪声危害，职业卫生现状评价是通过在现场检查，取得相关数据，然后根据噪声作业危害程度分级标准进行危害程度分级。

对作业场所噪声的危害程度应用《噪声作业分级》(LD 80—1995)标准规定的方法进行检测评价。

(1) 指数法。根据噪声作业实测的工作日等效连续 A 声级和接噪时间对应的卫生标准，计算噪声危害指数，进行危害程度评价。

噪声危害指数的计算公式为

$$I = \frac{LW - LS}{6}$$

式中：I——噪声危害指数；

　　　LW——噪声作业实测工作日等效连续 A 声级，dB；

　　　LS——接噪时间对应的卫生标准，dB；

　　　6——分级常数。

根据计算的噪声危害指数，按表 9-35 确定该噪声作业危害程度级别。噪声作业危害程度分为 0 级安全作业、Ⅰ 级轻度危害、Ⅱ 级中度危害、Ⅲ 级高度危害、Ⅳ 级极度危害五个等级。

表 9-35　噪声危害指数表

噪声危害指数	指 数 范 围	级　　别
安全作业　0	$I \leqslant 0$	0
轻度危害　1	$0 < I \leqslant 1$	Ⅰ
中度危害　2	$1 < I \leqslant 2$	Ⅱ
高度危害　3	$2 < I \leqslant 3$	Ⅲ
极度危害　4	$3 < I$	Ⅳ

(2) 查表法。为了便于操作，简化噪声危害指数的计算过程，制定出噪声作业分级表，见表 9-36。

表 9-36　噪声作业分级表

声级/dB(A)　范围级别　接噪时间/h	≤85	~88	~91	~94	~97	~100	~103	~106	~109	~112
2										
~4		0		Ⅰ		Ⅱ		Ⅲ		Ⅳ
~6										
~8										

通过现场采集的相关数据(见表 9 - 37)可知：凿岩机操作工人所接受的噪声声级为 90 dB(A)，平均接噪时间为 4 小时，为 I 级轻度危害；装卸作业工人，所接受的噪声为 80 dB(A)，为安全作业；其他作业工人，所接受的噪声小于 80 dB(A)，为安全作业。所以采矿场在设备选购上，应购买噪声小的设备；在噪声消除上，应加设噪声消除设备，确保职工身心健康。

表 9 - 37　噪声作业现场检测表

检查内容 ＼ 工种	凿岩工	装卸工	其他工种
所接受噪声声级/dB(A)	90 dB	80 dB	<80 dB
平均接噪时间/h	4	6	8
危害等级	I 级轻度危害	0 级安全作业	0 级安全作业

2) 高温作业

按照工作地点 WBGT 指数和接触高温作业的时间将高温作业分为四个等级，级别越高表示危害性越大。由于采区空气湿润，附近水源充足，根据现场测定的数据，属于安全作业。但夏季高温天气，应加强防暑降温工作。

3) 粉尘

本项目产生的粉尘来源于凿岩机凿岩扬尘、矿石装载扬尘、放炮扬尘。生产性粉尘作业危害程度分级方法或称有尘作业危害程度分级方法，是应用《生产性粉尘作业危害程度分级》(GB 5817—86)标准来评价工人接触生产性作业危害程度的方法(放射性粉尘及引起化学中毒危害性粉尘除外)。

进行生产性粉尘作业危害程度分级评价时，首先选择有代表性的工位，然后根据生产性粉尘中游离的二氧化硅含量、工人接尘时间肺总通气量以及生产性粉尘浓度超标倍数三项指标，按生产性粉尘作业危害程度分级表确定该生产性粉尘作业危害程度级别，如表 9 - 38 所示。

接触生产性粉尘作业的危害程度共分五个等级，即 0 级安全作业、I 级轻度危害作业、II 级中度危害作业、III 级高度危害作业、IV 级极度危害作业。

表 9 - 38　生产性粉尘危害程度分级表

生产性粉尘中游离二氧化硅含量	工人接尘时间肺总通气量/(升/日·人)	生产性粉尘浓度超标倍数							
		~0	~1	~2	~4	~8	~16	~32	~64
≤10%	~4000								
	~6000								
	>6000	0	I		II		III		IV
≤10%~40%	~4000								
	~6000								
	>6000								
≤40%~70%	~4000								
	~6000								
	>6000								
>70%	~4000								
	~6000								
	>6000								

生产性粉尘分级法根据测试数据(见表 9-39),现场采集采场各作业点的粉尘中游离的二氧化硅含量:采面凿岩机前为 6.6%～7.2%,放炮眼前为 6.8%～7.2%,装载点为 6.5%～7.5%。工人接尘时间肺总通气量为 4000 升/日·人,生产性粉尘超标倍数为 1,为Ⅰ级轻度危害作业。建议加设除尘设备,在粉尘浓度大的地点作业的人员应加强个人防护。

表 9-39 生产性粉尘危害程度检测表

检查内容 地点	凿岩机前	放炮眼前	装载点
平均二氧化硅含量	6.50%	6.80%	6.40%
工人接尘时间肺总通气量/(升/日·人)	4000	4000	4000
生产性粉尘超标倍数	1	1	1
作业危害程度	Ⅰ级轻度危害	Ⅰ级轻度危害	Ⅰ级轻度危害

9.4.5 安全对策措施及建议

1. 采面生产安全对策措施及建议

(1)采矿场必须依据《中华人民共和国安全生产法》、《金属非金属露天矿安全规程》等国家相关法律、法规进行依法开采。

(2)开采时,要严格按照开采设计,保持安全的阶段高度和坡面角。

(3)采场下方通向公路和房屋设施的沟口、斜坡上要修筑坚固的石坝和挡墙,防止滚落的飞石及山水冲刷的浮石、浮渣淤积公路,掩埋房屋设施。

(4)对机械的操作工人进行培训,操作工人对其使用的工具应有清楚的了解。

(5)操作工人在工作中要配备和使用完整的劳动保护用具。

(6)爆破作业应制定作业指导性文件,爆破后须检查采面有无危石、浮石,有无盲炮现象,确认后方可作业,每次爆破作业应有爆破作业记录。

(7)东、西两采场间距较近(50 m 左右),要严格掌握放炮作业时间,一侧放炮,另一侧作业人员必须全部撤离。采场下方(100 m 左右)有境内的主要公路洛华公路通过,放炮前必须设卡警戒,阻挡行人、车辆通过。

(8)边坡的管理要严格进行,边坡的松石或裂隙有引起塌落或片帮危险时,必须及时处理。

2. 炸药库安全对策措施及建议

(1)爆破器材应严格按照《民用爆破器材管理条例》进行储存。

(2)炸药库简易,又设在采场下方,受到滚落飞石威胁,建议另选位置重建。

(3)炸药库内应设报警装置和报警电话。

3. 矿区运输安全对策措施及建议

(1)矿区装车时,禁止检查、维护车辆,司机应待在驾驶室。

(2)在装卸矿石时,应加强对司机的安全管理,令其不得离开驾驶室,不得将头、手伸出车外。

（3）车辆在矿区道路上宜中速行驶，急弯、陡坡、危险地段应限速行驶。

4. 安全管理对策措施及建议

（1）企业应设置安全生产管理机构或配备专职安全生产管理人员，各队、班组应设立专（兼）职安全员。

（2）严格执行安全生产责任制和各种安全规章制度，企业应增加风险评估制度。

（3）企业应完善操作规程，做好民爆器材领用退库记录和爆破记录。

（4）企业应定时开展各级安全教育，对调换工种的工人进行教育培训，使工人掌握一定的安全技能。

5. 职业安全卫生对策措施及建议

（1）应落实劳动法中关于职业安全卫生的规定，切实搞好职工职业卫生。

（2）应加强机械设备的管理，定时检修，机械的防护设施要完整。

（3）配电室和空压机房应分室设置，并配备足额的消防器材。

（4）企业应选购噪声小的设备，且工人应加强个人防护。

（5）企业应加强对粉尘的管理，加设除尘设备。

9.4.6　复查整改情况

为有针对性地加强安全管理，提高本单位的生产安全水平，该采矿场根据现场检查评价结果以及分析评价过程中提出的整改措施进行了一系列的整改。××评价公司于 6 月 30 日组织专家和评价人员对其整改情况进行了复查，复查情况如下：

（1）矿石开采能够按照开采设计，保持安全的阶段高度和坡面角。

（2）房屋设施的沟口、斜坡上已经修筑坚固的石坝和挡墙，基本能够预防滚落的飞石及山水冲刷的浮石、浮渣淤积公路，掩埋房屋设施。

（3）采场工作面的工人按要求配备了安全帽并能够正确佩戴。

（4）东、西两采场间距较近，能够按照要求严格掌握放炮作业时间，一侧放炮，另一侧作业人员全部撤离。采场下方主要公路洛华公路，放炮前设卡警戒，阻挡行人、车辆通过。

（5）配电室和空压机房分室设置，并配备了消防器材。

（6）设在采场下方的原炸药库已经废弃，新炸药库已选合适位置重建。

（7）收存和发放爆破器材能够进行登记，并做到账目清楚，账物相符。

（8）已制定相关制度，矿区装车时，禁止检查、维护车辆，要求司机待在驾驶室。

（9）企业定期开展各级安全教育，对调换工种的工人进行教育培训，使工人掌握了一定的安全技能。

9.4.7　结论

根据项目单位提供的有关技术资料和管理文件，并经现场调查、检测检查，通过对采厂规划、总图运输、矿产资源分布、设备状况、项目职业安全卫生投资及防护设施和装置的评价，以及对日常作业安全管理和整体安全管理体系的综合分析评价，认为××××建材有限责任公司××石灰石矿在安全生产方面已基本达到国家有关法规、标准、规范的要求，具备了安全生产的条件。希望项目单位对安全生产继续严抓不懈，确保企业的良性发展。

思考题

模拟题 1：

某水泥厂拟新建一条新型干法水泥生产线及其配套设施。生产设施主要包括：厂房建筑、压缩空气站、物料储运系统、供配电系统、新建道路、一座 12 000 km 余热发电机组等。

水泥生产过程主要分为三个阶段：生料制备、熟料煅烧和水泥粉磨。生料制备是将生产水泥的各种原料按一定的比例配合，经粉磨制成料粉（干法）的过程；熟料煅烧是将生料粉在水泥窑内熔融，得到以硅酸钙为主要成分的硅酸盐水泥熟料的过程；水泥粉磨是将熟料深加工并加入适量混合材料（矿渣），共同磨细得到最终产品——水泥的过程。其生产工艺流程主要包括以下几个方面：

(1) 石灰石储存、输送及预均化：卸车后的石灰石由胶带输送机送到碎石库储存，按一定比例出库送至预均化堆场的输送设备上。预均化堆场采用悬臂式胶带堆料机堆料，采用桥式刮板取料机取料。

(2) 原料调配站及原料粉磨：原料调配站将原料按一定比例配好后，由胶带传送机送入原料磨。原料粉磨采用辊式磨，利用窑尾预热器排出的废气作为烘干热源。

(3) 生料均化、储存与入窑。

(4) 原料输送与煤粉配制。

(5) 熟料烧成与冷却：熟料烧成采用回转窑，窑尾带五级旋风预热器和分解炉，熟料冷却采用篦式冷却机，熟料出冷却机的温度为＋65℃。为破碎大块熟料，冷却机出口处设有一台锤破碎机。

(6) 废气处理：从窑尾预热排出的废气，经高温风机一部分送至原料磨作为烘干热源，另一部分送入增湿塔增湿降温后，直接进入电收尘器净化后排入大气。

(7) 熟料储存及运输。

(8) 水泥调配：熟料、石膏、矿渣按比例配合，经胶带输送至水泥磨。

(9) 水泥粉磨：采用球磨机，磨好的水泥料送入高效洗粉机，送出的成品随气流进入布袋收尘器，收不来的成品送入水泥库。

(10) 水泥储存及散装。

(11) 辅助工程：余热发电系统和压缩空气站。

本项目所涉及的主要设备包括：原料立磨、胶带输送机、斗式提升机、螺旋输送机、刮板取料机、堆料机、烘干兼粉碎煤磨、五级旋风预热器、窑外分解回转窑、分解炉、冷却机、燃煤锅炉、余热发电机组、压缩空气罐（压缩空气站）、袋式收尘器、电除尘器等。其生产工艺流程图略。

请根据给定的条件，解答以下问题：

(1) 对该建设项目存在的主要危险、有害因素进行辨识，并分析其产生原因。

(2) 试针对该建设项目存在的主要危险、有害因素提出安全对策措施。

（3）试分析安全检查表法，道化学公司火灾、爆炸指数评价法和作业条件危险性评价法中不适用于该建设项目安全验收评价的方法，并说明理由；指出适用于该项目安全验收评价的方法，并说明理由。

模拟题 2：

某企业主要建筑物有冲压车间、装焊车间、涂装车间、板金车间、装配车间、外协配套库、半成品库和办公楼。

冲压车间设有三条冲压生产线。库房和车间使用 6 台 5 吨单梁桥式起重机吊装原材料，装配生产线上设置多台地面操作式单梁电动葫芦和多台小吨位的平衡式起重机，在汽车板材冲压线上设置 4 台大吨位桥式起重机。

车身涂装工艺采用三涂层三烘干的涂装工艺，涂装运输采用自动化运输方式。漆前表面处理和电泳采用悬挂运输方式，中层涂层和面漆涂装采用地面运输方式。生产线设中央控制室监控设备运行情况。喷漆室采用上送风、下排风的通风方式。喷漆室外附设有调漆室。

装车总装配采用强制流水线装配线。

车身装焊线焊机采用悬挂点焊机、固定焊机、二氧化碳气体保护焊焊机等。车身装焊工艺主要设备包括各类焊机、夹具、检具、产生总成调整线和输送设备。

车架装焊采用胎具集中装配原则，组合件和小型部件预先装焊好，与其他零件一起进入总装胎具焊接线。焊接方法采用二氧化碳气体保护焊。装焊设备主要包括焊机、总成焊接胎具、部件焊接胎具、小件焊接胎具以及输送系统设备等。

装焊车间通风系统良好。

该企业采用无轨运输，全厂原材料、配套件、成品和燃料等的运输采用汽车运输，厂内半成品运输以叉车为主。全厂现有小客车 8 辆，货车 16 辆，叉车 15 辆。厂区道路采用环形布局，主干道宽 8 米，转弯半径大于 9 米。次干道宽 5 米，转弯半径大于 6 米。厂区内主要道路两侧进行了绿化，种植有草坪、灌木、松树和杨树。

该企业主要公用和辅助设施有变配电站、锅炉房和空压站。变配电站电压等级为 35 kV，内设 5 台变压器，总安装容量 3900 kV·A。厂区高、低压供电系统均采用电缆放射式直埋或电缆沟敷设，厂区道路设路灯照明。锅炉房内设 3 台 4 t/h 燃煤锅炉，为厂区生产和生活提供蒸汽。空压站安装有 4 台供气量为 20 m³/min 的空气压缩机，为全厂提供压缩空气。

试针对该厂情况，按评价程序进行安全评价。

附　　录

附录1　危险化学品重大危险源辨识

（GB18218－2009）

1. 范围

本标准规定了辨识危险化学品重大危险源的依据和方法。

本标准适用于危险化学品的生产、使用、储存和经营等各企业或组织。本标准不适用于：

（1）核设施和加工放射性物质的工厂，但这些设施和工厂中处理非放射性物质的部门除外；

（2）军事设施；

（3）采矿业，但涉及危险化学品的加工工艺及储存活动除外；

（4）危险化学品的运输；

（5）海上石油天然气开采活动。

2. 规范性引用文件

下列文件中的条款通过本标准的引用而成为本标准的条款。凡是注日期的引用文件，其随后所有的修改单(不包括勘误的内容)或修订版均不适用于本标准，然而，鼓励根据本标准达成协议的各方研究是否可使用这些文件的最新版本。凡是不注日期的引用文件，其最新版本适用于本标准。

GB12268 危险货物品名表。

GB20592 化学品分类、警示标签和警示性说明安全规范、急性毒性。

3. 定义

1）危险化学品

具有易燃、易爆、有毒、有害等特性，会对人员、设施、环境造成伤害或损害的化学品。

2）单元

一个(套)生产装置、设施或场所，或同属一个生产经营单位的且边缘距离小于500 m的几个(套)生产装置、设施或场所。

3）临界量

对于某种或某类危险化学品规定的数量，若单元中的危险化学品数量等于或超过该数量，则该单元定为重大危险源。

4）危险化学品重大危险源

长期地或临时地生产、加工、使用或储存危险化学品，且危险化学品的数量等于或超过临界量的单元。

4. 危险化学品重大危险源辨识

1）辨识依据

危险化学品重大危险源的辨识依据是危险化学品的危险特性及其数量，具体见附表1和附表2。

2）危险化学品临界量的确定方法

（1）在附表1范围内的危险化学品，其临界量按附表1确定；

（2）未在附表1范围内的危险化学品，依据其危险性，按附表2确定临界量；若一种危险化学品具有多种危险性，按其中最低的临界量确定。

附表1　危险化学品名称及其临界量

序号	类别	危险化学品名称和说明	临界量/t
1	爆炸品	叠氮化钡	0.5
2		叠氮化铅	0.5
3		雷酸汞	0.5
4		三硝基苯甲醚	5
5		三硝基甲苯	5
6		硝化甘油	1
7		硝化纤维素	10
8		硝酸铵（含可燃物＞0.2％）	5
9	易燃气体	丁二烯	5
10		二甲醚	50
11		甲烷,天然气	50
12		氯乙烯	50
13		氢	5
14		液化石油气（含丙烷、丁烷及其混合物）	50
15		一甲胺	5
16		乙炔	1
17		乙烯	50

序号	类别	危险化学品名称和说明	临界量/t
18	毒性气体	氨	10
19		二氟化氧	1
20		二氧化氮	1
21		二氧化硫	20
22		氟	1
23		光气	0.3
24		环氧乙烷	10
25		甲醛(含量>90%)	5
26		磷化氢	1
27		硫化氢	5
28		氯化氢	20
29		氯	5
30		煤气(CO,CO 和 H2、CH4 的混合物等)	20
31		砷化三氢(胂)	12
32		锑化氢	1
33		硒化氢	1
34		溴甲烷	10
35	易燃气体	苯	50
36		苯乙烯	500
37		丙酮	500
38		丙烯腈	50
39		二硫化碳	50
40		环己烷	500
41		环氧丙烷	10
42		甲苯	500
43		甲醇	500
44		汽油	200
45		乙醇	500
46		乙醚	10
47		乙酸乙酯	500
48		正己烷	500

续表二

序号	类别	危险化学品名称和说明	临界量/t
49	易于自燃的物质	黄磷	50
50		烷基铝	1
51		戊硼烷	1
52	遇水放出易燃气体的物质	电石	100
53		钾	1
54		钠	10
55	氧化性物质	发烟硫酸	100
56		过氧化钾	20
57		过氧化钠	20
58		氯酸钾	100
59		氯酸钠	100
60		硝酸(发红烟的)	20
61		硝酸(发红烟的除外,含硝酸＞70％)	100
62		硝酸铵(含可燃物≤0.2％)	300
63		硝酸铵基化肥	1000
64	有机过氧化物	过氧乙酸(含量≥60％)	10
65		过氧化甲乙酮(含量≥60％)	10
66	毒性物质	丙酮合氰化氢	20
67		丙烯醛	20
68		氟化氢	1
69		环氧氯丙烷(3氯-1,2-环氧丙烷)	20
70		环氧溴丙烷(表溴醇)	20
71		甲苯二异氰酸酯	100
72		氯化硫	1
73		氰化氢	1
74		三氧化硫	75
75		烯丙胺	20
76		溴	20
77		乙撑亚胺	20

附表 2　未在附表 1 中列举的危险化学品类别及其临界量

类别	危险性分类及说明	临界量/t
爆炸品	1.1A 项爆炸品	1
	除 1.1A 项外的其他 1.1 项爆炸品	10
	除 1.1 项外的其他爆炸品	50
气体	易燃气体：危险性属于 2.1 项的气体	10
	氧化性气体：危险性属于 2.2 项非易燃无毒气体且次要危险性为 5 类的气体	200
	剧毒气体：危险性属于 2.3 项且急性毒性为类别 1 的毒性气体	5
	有毒气体：危险性属于 2.3 项的其他毒性气体	50
易燃液体	极易燃液体：沸点≤35℃且闪点＜0℃的液体；或保存温度一直在其沸点以上的易燃液体	10
	高度易燃液体：闪点＜23℃的液体（不包括极易燃液体）；液态退敏爆炸品	1000
	易燃液体：23℃≤闪点＜61℃的液体	5000
易燃固体	危险性属于 4.1 项且包装为 Ⅰ 类的物质	200
易于自燃的物质	危险性属于 4.2 项且包装为 Ⅰ 或 Ⅱ 类的物质	200
遇水放出易燃气体的物质	危险性属于 4.3 项且包装为 Ⅰ 或 Ⅱ 的物质	200
氧化性物质	危险性属于 5.1 项且包装为 Ⅰ 类的物质	50
	危险性属于 5.1 项且包装为 Ⅱ 或 Ⅲ 类的物质	200
有机过氧化物	危险性属于 5.2 项的物质	50
毒性物质	危险性属于 6.1 项且急性毒性为类别 1 的物质	50
	危险性属于 6.1 项且急性毒性为类别 2 的物质	500

注：以上危险化学品危险性类别及包装类别依据 GB12268 确定，急性毒性类别依据 GB20529 确定。

3）重大危险源的辨识指标

单元内存在危险化学品的数量等于或超过附表 1、附表 2 规定的临界量，即被定为重大危险源。单元内存在的危险化学品的数量根据处理危险化学品种类的多少区分为以下两种情况：

（1）单元内存在的危险化学品为单一品种，则该危险化学品的数量即为单元内危险化学品的总量，若等于或超过相应的临界量，则定为重大危险源。

（2）单元内存在的危险化学品为多品种时，则按式（1）计算，若满足式（1），则定为重大危险源：

$$q_1/Q_1 + q_2/Q_2 + \cdots + q_n/Q_n \geqslant 1 \tag{1}$$

式中：q_1，q_2，$\cdots$，q_n——每种危险化学品实际存在量，单位为吨（t）；

Q_1，Q_2，$\cdots$，Q_n——与各危险化学品相对应的临界量，单位为吨（t）。

附录2　安全评价通则

（AQ8001－2007）

1. 范围

本标准规定了安全评价的管理、程序、内容等基本要求。

本标准适用于安全评价及相关的管理工作。

2. 规范性引用文件

下列文件中的条款通过本标准的引用而成为本标准的条款。凡是注明日期的引用文件，其随后所有的修改本（不包括勘误的内容）或修订版不适用于本标准。然而，鼓励根据本标准达成协议的各方研究是否可使用这些文件的最新版本。凡是不注明日期的引用文件，其最新版本适用于本标准。

GB4754 国民经济行业分类

3. 术语和定义

1）安全评价 Safety Assessment

以实现安全为目的，应用安全系统工程原理和方法，辨识与分析工程、系统、生产经营活动中的危险、有害因素，预测发生事故或造成职业危害的可能性及其严重程度，提出科学、合理、可行的安全对策措施建议，做出评价结论的活动。安全评价可针对一个特定的对象，也可针对一定区域范围。

安全评价按照实施阶段的不同分为三类：安全预评价、安全验收评价、安全现状评价。

2）安全预评价 Safety Assessment Prior to Start

在建设项目可行性研究阶段、工业园区规划阶段或生产经营活动组织实施之前，根据相关的基础资料，辨识与分析建设项目、工业园区、生产经营活动潜在的危险、有害因素，确定其与安全生产法律法规、标准、行政规章、规范的符合性，预测发生事故的可能性及其严重程度，提出科学、合理、可行的安全对策措施建议，做出安全评价结论的活动。

3）安全验收评价 Safety Assessment Upon Completion

在建设项目竣工后正式生产运行前或工业园区建设完成后，通过检查建设项目安全设施与主体工程同时设计、同时施工、同时投入生产和使用的情况或工业园区内的安全设施、设备、装置投入生产和使用的情况，检查安全生产管理措施到位情况，检查安全生产规章制度健全情况，检查事故应急救援预案建立情况，审查确定建设项目、工业园区建设满足安全生产法律法规、标准、规范要求的符合性，从整体上确定建设项目、工业园区的运行状况和安全管理情况，做出安全验收评价结论的活动。

4）安全现状评价 Safety Assessment In Operation

针对生产经营活动中、工业园区的事故风险、安全管理等情况，辨识与分析其存在的危险、有害因素，审查确定其与安全生产法律法规、规章、标准、规范要求的符合性，预测发生事故或造成职业危害的可能性及其严重程度，提出科学、合理、可行的安全对策措施建议，做出安全现状评价结论的活动。

安全现状评价既适用于对一个生产经营单位或一个工业园区的评价，也适用于某一特定的生产方式、生产工艺、生产装置或作业场所的评价。

5）安全评价机构 Safety Assessment Organization

安全评价机构是指依法取得安全评价相应的资质，按照资质证书规定的业务范围开展安全评价活动的社会中介服务组织。

6）安全评价人员 Safety Assessment Professional

安全评价人员是指依法取得《安全评价人员资格证书》，并经从业登记的专业技术人员。其中，与所登记服务的机构建立法定劳动关系，专职从事安全评价活动的安全评价人员，称为专职安全评价人员。

4. 管理要求

1）评价对象

（1）对于法律法规、规章所规定的、存在事故隐患可能造成伤亡事故或其他有特殊要求的情况，应进行安全评价。亦可根据实际需要自愿进行安全评价。

（2）评价对象应自主选择具备相应资质的安全评价机构按有关规定进行安全评价。

（3）评价对象应为安全评价机构创造必备的工作条件，如实提供所需的资料。

（4）评价对象应根据安全评价报告提出的安全对策措施建议及时进行整改。

（5）同一对象的安全预评价和安全验收评价，宜由不同的安全评价机构分别承担。

（6）任何部门和个人不得干预安全评价机构的正常活动，不得指定评价对象接受特定安全评价机构开展安全评价，不得以任何理由限制安全评价机构开展正常业务活动。

2）工作规则

（1）资质和资格管理。

① 安全评价机构实行资质许可制度。安全评价机构必须依法取得安全评价机构资质许可，并按照取得的相应资质等级、业务范围开展安全评价。

② 安全评价机构需通过安全评价机构年度考核保持资质。

③ 取得安全评价机构资质应经过初审、条件核查、许可审查、公示、许可决定等程序。安全评价机构资质申报、审查程序详见附录 A。

（a）条件核查包括：材料核查、现场核查、会审等三个阶段。

（b）条件核查实行专家组核查制度。材料核查 2 人为 1 组；现场核查 3 至 5 人为 1 组，并设组长 1 人。

（c）条件核查应使用规定格式的核查记录文件。核查组独立完成核查、如实记录并做出评判。

（d）条件核查的结论由专家组通过会审的方式确定。

（e）政府主管部门依据条件核查的结论，经许可审查合格，并向社会公示无异议后，做出资质许可决定；对公示期间存在异议或受到举报的申报机构，应在进行调查核实后再做出决定。

（f）政府主管部门依据社会区域经济结构、发展水平和安全生产工作的实际需要，制订安全评价机构发展规划，对总体规模进行科学、合理控制，以利于安全评价工作的有序、健康发展。

④ 业务范围。

（a）依据国民经济行业分类类别和安全生产监管工作的现状，安全评价的业务范围划分为两大类，并根据实际工作需要适时调整。安全评价业务分类详见附录 B。

（b）工业园区的各类安全评价按本标准规定的原则实施。

（c）安全评价机构的业务范围由政府主管部门。

根据安全评价机构的专职安全评价人员的人数、基础专业条件和其他有关设施设备等条件确定。

⑤ 安全评价人员应按有关规定参加安全评价人员继续教育保持资格。

⑥ 取得《安全评价人员资格证书》的人员，在履行从业登记，取得从业登记编号后，方可从事安全评价工作。安全评价人员应在所登记的安全评价机构从事安全评价工作。

⑦ 安全评价人员不得在两个或两个以上安全评价机构从事安全评价工作。

⑧ 从业的安全评价人员应按规定参加安全评价人员的业绩考核。

（2）运行规则。

① 安全评价机构与被评价对象存在投资咨询、工程设计、工程监理、工程咨询、物资供应等各种利益关系的，不得参与其关联项目的安全评价活动。

② 安全评价机构不得以不正当手段获取安全评价业务。

③ 安全评价机构、安全评价人员应遵纪守法、恪守职业道德、诚实守信，并自觉维护安全评价市场秩序，公平竞争。

④ 安全评价机构、安全评价人员应保守被评价单位的技术和商业秘密。

⑤ 安全评价机构、安全评价人员应科学、客观、公正、独立地开展安全评价。

⑥ 安全评价机构、安全评价人员应真实、准确地做出评价结论，并对评价报告的真实性负责。

⑦ 安全评价机构应自觉按要求上报工作业绩并接受考核。

⑧ 安全评价机构、安全评价人员应接受政府主管部门的监督检查。

⑨ 安全评价机构、安全评价人员应对在当时条件下做出的安全评价结果承担法律责任。

3）过程控制

（1）安全评价机构应编制安全评价过程控制文件，规范安全评价过程和行为、保证安全评价质量。

（2）安全评价过程控制文件主要包括机构管理、项目管理、人员管理、内部资源管理和公共资源管理等内容。

（3）安全评价机构开展业务活动应遵循安全评价过程控制文件的规定，并依据安全评价过程控制文件及相关的内部管理制度对安全评价全过程实施有效的控制。

5. 安全评价程序

安全评价的程序包括前期准备，辨识与分析危险、有害因素；划分评价单元，定性、定量评价，提出安全对策措施建议，做出评价结论，编制安全评价报告。

安全评价程序框图见附录 C。

6. 安全评价内容

1）前期准备

明确评价对象，备齐有关安全评价所需的设备、工具，收集国内外相关法律法规、标准、规章、规范等资料。

2）辨识与分析危险、有害因素

根据评价对象的具体情况，辨识和分析危险、有害因素，确定其存在的部位、方式，以及发生作用的途径和变化规律。

3）划分评价单元

评价单元划分应科学、合理、便于实施评价、相对独立且具有明显的特征界限。

4）定性、定量评价

根据评价单元的特性，选择合理的评价方法，对评价对象发生事故的可能性及其严重程度进行定性、定量评价。

5）对策措施建议

① 依据危险、有害因素辨识结果与定性、定量评价结果，遵循针对性、技术可行性、经济合理性的原则，提出消除或减弱危险、危害的技术和管理对策措施建议。

② 对策措施建议应具体详实、具有可操作性。按照针对性和重要性的不同，措施和建议可分为应采纳和宜采纳两种类型。

6）安全评价结论

① 安全评价机构应根据客观、公正、真实的原则，严谨、明确的做出安全评价结论。

② 安全评价结论的内容应包括高度概括评价结果，从风险管理角度给出评价对象在评价时与国家有关安全生产的法律法规、标准、规章、规范的符合性结论，给出事故发生的可能性和严重程度的预测性结论，以及采取安全对策措施后的安全状态等。

7. 安全评价报告

（1）安全评价报告是安全评价过程的具体体现和概括性总结。安全评价报告是评价对象实现安全运行的技术行指导文件，对完善自身安全管理、应用安全技术等方面具有重要作用。安全评价报告作为第三方出具的技术性咨询文件，可为政府安全生产监管、监察部门、行业主管部门等相关单位对评价对象的安全行为进行法律法规、标准、行政规章、规范的符合性判别所用。

（2）安全评价报告应全面、概括地反映安全评价过程的全部工作，文字应简洁、准确，提出的资料清楚可靠，论点明确，利于阅读和审查。

（3）安全评价报告的格式见附录 D。

附录 A

（规范性附录）

安全评价机构资质申报、审查程序图

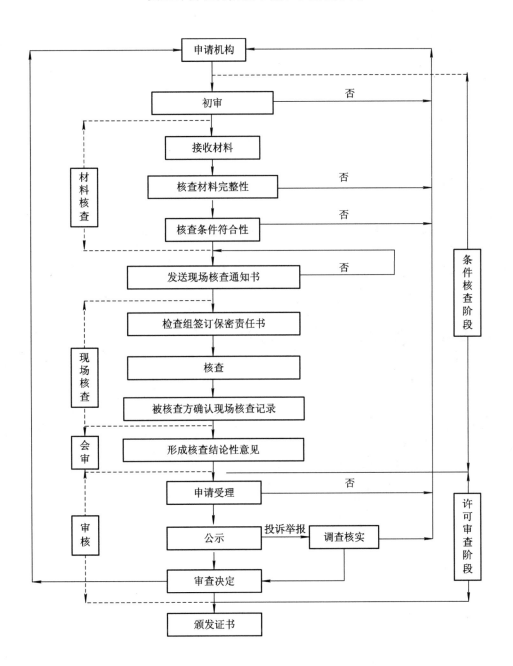

附录 B（规范性附录）

安全评价业务分类

B.1 一类：

B.1.1

a) 煤炭开采；

b) 煤炭洗选业。

B.1.2

a) 金属采选业；

b) 非金属矿采选业；

c) 其他矿采选业；

d) 尾矿库。

B.1.3

a) 陆上石油开采业；

b) 天然气开采业；

c) 管道运输业。

B.1.4

a) 石油加工业；

b) 化学原料及化学品制造业；

c) 医药制造业；

d) 燃气生产和供应业；

e) 炼焦业。

B.1.5

a) 烟花爆竹制造业；

b) 民用爆破器材制造业；

c) 武器弹药制造业。

B.1.6

a) 房屋和土木工程建筑业；

b) 仓储业。

B.1.7

a) 水利工程业；

b) 水力发电业。

B.1.8

a) 火力发电业；

b) 热力生产和供应业。

B.1.9

核工业设施

B.2　二类：

B.2.1

a) 黑色金属冶炼及压延加工业；

b) 有色金属冶炼及压延加工业。

B.2.2

a) 铁路运输业；

b) 城市轨道交通运输业；

c) 道路运输业；

d) 航空运输业；

e) 水上运输业。

B.2.3

公众聚集场所。

B.2.4

a) 金属制品业；

b) 非金属矿物制品业。

B.2.5

a) 通用设备、专用设备制造业；

b) 交通运输设备制造业；

c) 电气机械及器材制造业；

d) 仪器仪表及文化、办公用机械制造业；

e) 通信设备、计算机及其他电子设备制造业；

f) 邮政服务业；

g) 电信服务业。

B.2.6

a) 食品制造业；

b) 农副食品加工业；

c) 饮料制造业；

d) 烟草制品业；

e) 纺织业；

f) 纺织服装、鞋、帽制造业；

g) 皮革、毛皮、羽毛（绒）及其制品业。

B.2.7

a) 木材加工及木、竹、藤、棕、草制品业；

b) 造纸及纸制品业；

c) 家具制造业；

d）印刷业；

e）记录媒介的复制业；

f）文教、体育用品制造业；

g）工艺品制造业。

B.2.8

水的生产和供应业。

B.2.9

废弃资源和废旧材料回收加工业。

注1：公众聚集场所包括住宿业、餐饮业、体育场馆、公共娱乐旅游场所及设施、文化艺术表演场馆及图书馆、档案馆、博物馆等；

注2：在业务范围内可以从事经营、储存、使用及废弃物处置等企业（项目或设施）的安全评价。

附录 C

（规范性附录）

安全评价程序框图

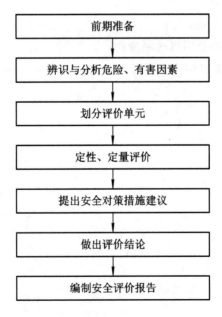

附录 D

（规范性附录）

安全评价报告格式

D.1 评价报告的基本格式要求

a）封面；

b）安全评价资质证书影印件；

c）著录项；

d）前言；

e）目录；

f）正文；

g）附件；

h）附录。

D.2 规格

安全评价报告应采用 A4 幅面，左侧装订。

D.3　封面格式

D.3.1 封面的内容应包括：

a）委托单位名称；

b）评价项目名称；

c）标题；

d）安全评价机构名称；

e）安全评价机构资质证书编号；

f）评价报告完成时间。

D.3.2 标题

标题应统一写为"安全××评价报告"，其中××应根据评价项目的类别填写为：预、验收或现状。

D.3.3 封面样张

封面式样如图 D.1 所示。

委托单位名称(二号宋体加粗)

价项目名称(二号宋体加粗)

安全××评价报告(一号黑体加粗)

安全评价机构名称(二号宋体加粗)

安全评价机构资质证书编号(三号宋体加粗)

评价报告完成日期(三号宋体加粗)

图 D.1 封面式样

D.4 著录项格式

D.4.1 布局

"安全评价机构法定代表人、评价项目组成员"等著录项一般分两页布置。第一页署明安全评价机构的法定代表人、技术负责人、评价项目负责人等主要责任者姓名,下方为报告编制完成的日期及安全评价机构公章用章区;第二页则为评价人员、各类技术专家以及其它有关责任者名单,评价人员和技术专家均应亲笔签名。

D.4.2 样张

著录项样张见图 D.2 和图 D.3 所示。

委托单位名称(三号宋体加粗)

评价项目名称(三号宋体加粗)

安全××评价报告(二号宋体加粗)

法定代表人:(四号宋体)

技术负责人:(四号宋体)

评价项目负责人:(四号宋体)

评价报告完成日期(小四号宋体加粗)

(安全评价机构公章)

图 D.2 著录项首页样张

评 价 人 员(三号宋体加粗)

	姓名	资格证书号	从业登记编号	签 字
项目负责人				
项目组成员				
报告编制人				
报告审核人				
过程控制负责人				
技术负责人				

(此表应根据具体项目实际参与人数编制)

技 术 专 家

姓 名　　　　　　　　　　　　　　　　　签 字

(列出各类技术专家名单)

(以上全部小四号宋体)

图 D.3　著录项次页样张

附录3　安全预评价导则

(AQ 8002—2007)

1. 范围

本标准规定了安全预评价的程序、内容、报告格式等基本要求。

本标准适用于建设项目、工业园区规划或生产经营活动的安全预评价。

各行业或领域可根据《安全评价通则》和本标准规定的原则制订实施细则。

2. 规范性引用文件

下列文件中的条款通过本标准的引用而成为本标准的条款,凡是注明日期的引用文件,其随后所有的修改本(不包括勘误的内容)或修订版不适用于本标准。然而,鼓励根据本标准达成协议的各方研究是否可以使用这些文件的最新版本。凡是不注明日期的引用文件,其最新版本适用于本标准。

3. 安全预评价程序

安全预评价程序为：前期准备；辨识与分析危险、有害因素；划分评价单元；定性、定量评价；提出安全对策措施建议；做出评价结论；编制安全预评价报告等。

4. 安全预评价内容

（1）前期准备工作应包括：明确评价对象和评价范围；组建评价组；收集国内相关法律法规、标准、规章、规范；收集并分析评价对象的基础资料、相关事故案例；对类比工程进行实地调查等内容。

安全预评价参考资料目录见附录 B.

（2）辨识和分析评价对象存在可能存在的各种危险、有害因素分析危险、有害因素发生作用的途径及其变化规律。

（3）评价单元划分应考虑安全预评的特点，以自然条件、基本工艺条件、危险有害因素分布及状况、便于实施评价为原则进行。

（4）根据评价的目的、要求和评价对象的特点、工艺、功能或活动分布，选择科学、合理、适用的定性、定量评价方法对危险、有害因素导致事故发生可能性及其严重程度进行评价。对于不同的评价单元，可根据评价的需要和单元特征选择不同的评价方法。

（5）为保障评价对象建成或实施后能安全运行，应从评价对象的总图布置、功能分布、工艺流程、设施、设备、装置等方面提出安全技术对策措施，从保证评价对象安全运行的需要提出其他安全对策措施。

（6）评价结论。应概括评价结果，给出评价对象在评价时的条件下与国家有关法律法规、标准、规章、规范的符合性结论，给出危险、有害因素引发各类事故的可能性及其严重程度的预测性结论，明确评价对象建成或实施后能否安全运行的结论。

5. 安全预评价报告

1）安全预评价报告的总体要求

安全预评价报告是安全预评价工作过程的具体体现，是评价对象在建设过程中或实施过程中的安全技术指导文件。安全预评价报告文字应简洁、准确，可同时采用图表和照片，以使评价过程和结论清楚、明确，利于阅读和审查。

2）安全预评价报告的基本内容

（1）结合评价对象的特点，阐述编制安全预评价报告的目的。

（2）列出有关的法律法规、标准、规章、规范和评价对象被批准设立的相关文件及其他有关参考资料等安全预评价的依据。

（3）介绍评价对象的选址、总图及平面布置、水文情况、地质条件、工业园区规划、生产规模、工艺流程、功能分布、主要设施、设备、装置、主要原材料、产品（中间产品）、经济技术指标、公用工程及辅助设施、人流、物流等概况。

（4）列出辨识与分析危险、有害因素的依据，阐述辨识与分析危险、有害因素的过程。

（5）阐述划分评价单元的原则、分析过程等。

（6）列出选定的评价方法，并做简单介绍。阐述选定此方法的原因。详细列出定性、定量评价过程。明确重大危险源的分布、监控情况以及预防事故扩大的应急预案内容。给出相关的评价结果，并对得出的评价结果进行分析。

（7）列出安全对策措施建议的依据、原则、内容。

（8）作出评价结论。

安全预评价结论应简要列出主要危险、有害因素评价结果，指出评价对象应重点防范的重大危险有害因素，明确应重视的安全对策措施建议，明确评价对象潜在的危险、有害因素在采取安全对策措施后，能否得到控制以及受控的程度如何。给出评价对象从安全生产角度是否符合国家有关法律法规、标准、规章、规范的要求。

3）安全预评价报告的格式

安全预评价报告的格式应符合《安全评价通则》中规定的要求。

附录 A

（规范性附录）

安全预评价程序框图

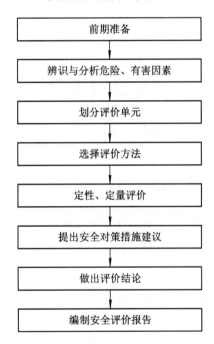

附录 B

（资料性附录）

安全评价应获取的参考资料

B.1　综合性资料

B.1.1　概况

B.1.2　总平面图、工业园区规划图

B.1.3　气象条件、与周边环境关系位置图

B.1.4　工艺流程

B.1.5　人员分布

B.2　设立依据

B.2.1 项目申请书、项目建议书、立项批准文件

B.2.2 地质、水文资料

B.2.3 其他有关资料

B.3 设施、设备、装置

B.3.1 工艺过程描述与说明、工业区规划说明、活动过程介绍。

B.3.2 安全设施、设备、装置描述与说明。

B.4 安全管理机构设置及人员配置

B.5 安全投入

B.6 相关安全生产法律、法规及标准

B.7 相关类比资料

B.7.1 类比工程资料

B.7.2 相关事故案例

B.8 其他可用于安全预评价资料

附录4 安全验收评价导则

（AQ8003—2007）

1. 范围

本标准规定了安全验收评价的程序、内容等基本要求，以及安全验收评价报告的编制格式。

本标准适用于对建设项目竣工验收前或工业园区建设完成后进行的安全验收评价。

各行业或领域可根据《安全评价通则》和本标准规定的原则制定实施细则。

2. 规范性引用文件

下列文件中的条款通过本标准的引用而成为本标准的条款。凡是注明日期的引用文件，其随后所有的修改本（不包括勘误的内容）或修订版不适用于本标准。然而，鼓励根据本标准达成协议的各方研究是否可以使用这些文件的最新版本。凡是不注明日期的引用文件，其最新版本适用于本标准。

3. 安全验收评价程序

安全验收评价程序分为：前期准备；危险、有害因素辨识；划分评价单元；选择评价方法，定性、定量评价；提出安全风险管理对策措施及建议；做出安全验收评价结论；编制安全验收评价报告等。

安全验收评价程序见附录 B。

4. 安全验收评价内容

安全验收评价包括：危险、有害因素的辨识与分析；符合性评价和危险危害程度的评价；安全对策措施建议；安全验收评价结论等内容。

安全验收评价主要从以下方面进行评价：评价对象前期（安全预评价、可行性研究报告、初步设计中安全卫生专篇等）对安全生产保障等内容的实施情况和相关对策实施建议

的落实情况；评价对象的安全对策实施的具体设计、安装施工情况有效保障程度；评价对象的安全对策措施在试投产中的合理有效性和安全措施的实际运行情况；评价对象的安全管理制度和事故应急预案的建立与实际开展和演练有效性。

（1）前期准备工作包括：明确评价对象及其评价范围；组建评价组；收集国内外相关法律法规、标准、规章、规范；安全预评价报告、初步设计文件、施工图、工程监理报告、工业园区规划设计文件，各项安全设施、设备、装置检测报告、交工报告、现场勘察记录、检测记录、查验特种设备使用、特殊作业、从业等许可证明，典型事故案例、事故应急预案及演练报告、安全管理制度台帐、各级各类从业人员安全培训落实情况等实地调查收集到的基础资料。

安全验收评价参考资料目录参见附录 A。

（2）参考安全预评价报告，根据周边环境、平立面布局、生产工艺流程、辅助生产设施、公用工程、作业环境、场所特点或功能分布，分析并列出危险、有害因素及其存在的部位、重大危险源的分布、监控情况。

（3）划分评价单元应符合科学、合理的原则。

评价单元可按以下内容划分：法律、法规等方面的符合性；设施、设备、装置及工艺方面的安全性；物料、产品安全性能；公用工程、辅助设施配套性；周边环境适应性和应急救援有效性；人员管理和安全培训方面充分性等。

评价单元的划分应能够保证安全验收评价的顺利实施。

（4）依据建设项目或工业园区建设的实际情况选择适用的评价方法。

① 符合性评价。检查各类安全生产相关证照是否齐全，审查、确认建设项目、工业园区建设是否满足安全生产法律法规、标准、规章、规范的要求，检查安全设施、设备、装置是否已与主体工程同时设计、同时施工、同时投入生产和使用，检查安全预评价中各项安全对策措施建议的落实情况，检查安全生产管理措施是否到位，检查安全生产规章制度是否健全，检查是否建立了事故应急救援预案。

② 事故发生的可能性及其严重程度的预测。

采用科学、合理、适用的评价方法对建设项目、工业园区实际存在的危险、有害因素引发事故的可能性及其严重程度进行预测性评价。

（5）安全对策措施建议。

根据评价结果，依照国家有关安全生产的法律法规、标准、规章、规范的要求，提出安全对策措施建议。安全对策措施建议应具有针对性、可操作性和经济合理性。

（6）安全验收评价结论。

安全验收评价结论应包括：符合性评价的综合结果；评价对象运行后存在的危险、有害因素及其危险危害程度；明确给出评价对象是否具备安全验收的条件。

对达不到安全验收要求的评价对象，明确提出整改措施建议。

5. 安全验收评价报告

（1）安全验收评价报告的总体要求。

安全验收评价报告应全面、概括地反映验收评价的全部工作。安全验收评价报告应文字简洁、准确，可采用图表和照片，以使评价过程和结论清楚、明确，利于阅读和审查。符合性评价的数据、资料和预测性计算过程等可以编入附录。安全验收评价报告应根据评价对象的特点及要求，选择下列全部或部分内容进行编制。

（2）安全验收评价报告的基本内容。

① 结合评价对象的特点，阐述编制安全验收评价报告的目的。

② 列出有关的法律法规、标准、行政规章、规范；评价对象初步设计、变更设计或工业园区规划设计文件；安全验收评价报告；相关的批复文件等评价依据。

③ 介绍评价对象的选址、总图及平面布置、生产规模、工艺流程、功能分布、主要设施、设备、装置、主要原材料、产品（中间产品）、经济技术指标、公用工程及辅助设施、人流、物流、工业园区规划等概况。

④ 危险、有害因素的辨识与分析。列出辨识与分析危险、有害因素的依据，阐述辨识与分析危险、有害因素的过程。明确在安全运行中实际存在和潜在的危险、有害因素。

⑤ 阐述划分评价单元的原则、分析过程等。

⑥ 选择适当的评价方法并做简单介绍。描述符合性评价过程、事故发生可能性及其严重程度分析计算。得出评价结果，并进行分析。

⑦ 列出安全对策措施建议的依据、原则、内容。

⑧ 列出评价对象存在的危险、有害因素种类及其危险危害程度。说明评价对象是否具备安全验收的条件。对达不到安全验收要求的评价对象，明确提出整改措施建议。明确评价结论。

（3）安全验收评价报告的格式。

安全验收评价报告的格式应符合《安全评价通则》中规定的要求。

附录 A

（资料性附录）

安全验收评价参考资料目录

A.1　概况

A.1.1　基本情况，包括隶属关系、职工人数、所在地区及其交通情况等

A.1.2　生产经营活动合法证明材料，包括：企业法人证明、营业执照、矿产资源开采许可证、工业园区规划批准文件等

A.2　设计依据

A.2.1　立项批准文件、可行性研究报告

A.2.2　初步设计批准文件

A.2.3　安全预评价报告

A.3　设计文件

A.3.1　可行性研究报告、初步设计

A.3.2　工艺、功能设计文件

A.3.3　生产系统和辅助系统设计文件

A.3.4　各类设计图纸

A.4　生产系统及辅助系统生产及安全说明

A.5　危险、有害因素分析所需资料

A.6　安全技术与安全管理措施资料

A.7　安全机构设置及人员配置

A.8　安全专项投资及其使用情况

A.9　安全检验、检测和测定的数据资料

A.10　特种设备使用、特种作业、从业许可证明、新技术鉴定证明

A.11　安全验收评价所需的其他资料和数据

附录 B

（规范性附录）

安全验收评价程序框图

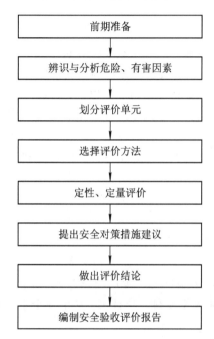

附录5　安全评价师国家职业标准

1. 职业概况

1）职业名称

安全评价师。

2）职业定义

采用安全系统工程方法、手段，对建设项目和生产经营单位生产安全存在的风险进行安全评价的人员。

3）职业等级

本职业共设三个等级，分别为：三级安全评价师（国家职业资格三级）、二级安全评价师（国家职业资格二级）、一级安全评价师（国家职业资格一级）。

4）职业环境

室内、外，常温，有时会在危险、有害环境中工作。

5）职业能力特征

具有较强的文字表达、语言沟通、获取信息、综合分析与处理、组织协调、洞察风险和

思维判断的能力；具备团队合作精神；身体健康。

6）基本文化程度

大学专科毕业。

7）培训要求

（1）培训期限。

全日制职业学校教育，根据其培养目标和教学计划确定，普及培训期限；三级安全评价师不少于150标准学时；二级安全评价师不少于120标准学时；一级安全评价师不少于90标准学时。

（2）培训教师。

培训三级安全评价师的教师应具有二级安全评价师及以上职业资格证书或相关专业高级专业技术职务任职资格；培训二级安全评价师的教师应具有一级安全评价师职业资格证书或相关专业高级专业技术职务任职资格3年以上；培训一级安全评价师的教师具有一级安全评价师职业资格证书或相关专业高级专业技术职务任职资格5年以上。

（3）培训场地设备。

标准教室或具备相应条件的会议室，配备必要的计算机、投影仪或多媒体设备等，卫生、光线、通风条件良好。

8）鉴定要求

（1）适用对象。

从事或准备从事本职业的人员。

（2）申报条件。

三级安全评价师（具备以下条件之一者）：

① 取得安全工程类专业大学专科学历证书，从事安全生产相关工作5年以上。过渡期间按过渡实施方案执行。

② 取得其他专业大学专科学历证书，从事安全生产相关工作5年以上，经三级安全评价师正规培训达规定标准学时数，并取得结业证书。

③ 取得安全工程类专业大学本科学历证书，从事安全生产相关工作3年以上。

④ 取得其他专业大学本科学历证书，从事安全生产相关工作3年以上，经三级安全评价师正规培训达规定标准学时数，并取得结业证书。

二级安全评价师（具备以下条件之一者）：

① 连续从事安全生产相关工作13年以上。

② 取得三级安全评价师职业资格证书后，连续从事本职业工作5年以上。

③ 取得三级安全评价师职业资格证书后，连续从事本职业工作4年以上，经二级安全评价师正规培训达规定标准学时数，并取得结业证书。

④ 取得安全工程类专业大学本科学历证书后，连续从事本职业工作5年以上，或取得其他专业大学本科学历证书后，连续从事本职业工作7年以上，经二级安全评价师正规培训达规定标准学时数，并取得结业证书。

⑤ 取得硕士研究生及以上学历证书后，连续从事本职业工作2以上，经二级安全评价师正规培训达规定标准学时数，并取得结业证书。

一级安全评价师（具备以下条件之一者）：

① 连续从事安全生产相关工作 19 年。

② 取得二级安全评价师职业资格证书后，连续从事本职业工作 4 年以上。

③ 取得二级安全评价师职业资格证书后，连续从事本职业工作 3 年以上，经一级安全评价师正规培训达规定标准学时数，并取得结业证书。

新职业试行期间：

④ 取得硕士研究生及以上学历证书。从事安全生产相关工作 10 年以上，经一级安全评价师正规培训达规定标准学时数，并取得结业证书。

（3）鉴定方式。

分为理论知识考试和专业能力考核。理论知识考试采用闭卷笔试方式，专业能力考核采用笔试或综合模拟考试方式。理论知识考试和专业能力考核均实行百分制，成绩皆达 60 分及以上者为合格。二级安全评价师和一级安全评价师还须进行综合评审。

（4）考评人员与考生配比。

理论知识考试考评人员与考生配比为 1∶15，每个标准教室不少于 2 名考评人员；专业能力考核考评员与考生配比为 1∶15，且不少于 2 名考评员。综合评审委员不少于 3 人。

（5）鉴定时间。

理论知识考试不少于 120 min；专业能力考核不少于 150 min；综合评审时间不少于 30 min。

（6）鉴定场所设备。

理论知识考试在标准教室进行。专业能力考核在具有相应考试设施（如多媒体设备等）的标准教室或模拟现场进行。综合评审在标准教室或会议室进行。

2. 基本要求

1）职业道德

（1）职业道德基本知识。

（2）职业守则。

① 遵纪守法，客观公正。

② 诚实守信，勤勉尽责。

③ 加强自律，规范执业。

④ 钻研业务，提高素质。

⑤ 竭诚服务，接受监督。

2）基础知识

（1）法律、法规和标准、规范

① 安全生产相关法律、规范。

② 安全生产技术标准、规范。

③ 安全评价技术标准、规范。

（2）安全评价技术基础知识。

① 安全系统工程。

② 安全评价理论。

③ 系统安全分析方法。

④ 安全评价过程控制。

（3）安全生产技术理论知识。

① 防火、防爆安全技术。

② 职业危害控制技术。

③ 特种设备安全技术。

④ 矿山安全技术。

⑤ 危险化学品安全技术。

⑥ 民用爆破器材、烟花爆竹安全技术。

⑦ 建筑施工安全技术。

⑧ 其他安全技术。

（4）安全生产管理知识。

① 生产经营单位的安全生产管理。

② 重大危险源辨识与监控。

③ 事故应急救援。

④ 职业安全健康体系。

⑤ 安全生产监管、监察。

⑥ 事故报告、调查、分析与处理。

⑦ 安全生产事故隐患排查治理。

3. 工作要求

本标准对三级安全评价师、二级安全评价师、一级安全评价师的能力要求依次递进，高级别涵盖低级别的要求。

1）三级安全评价师

职业功能	工作内容	能力要求	相关知识
危险有害因素辨识	（一）前期准备	1. 能采集安全评价所需的法律、法规、标准、规范、事故案例信息； 2. 能采集被评价对象所涉及的人、机、物、法、环，基础技术资料	1. 基础资料信息采集方法； 2. 生产安全事故案例分析知识
	（二）现场勘查	1. 能对类比工程进行调查； 2. 能按现场勘查方案对现场周边环境、水文地质条件等的安全状况进行调查； 3. 能使用现场询问观察法、现场检查表对被评价对象的内外安全距离、安全设施设备装置运行状况、安全监控状况、检测检验状况及管理情况等进行查验	1. 现场调查分析方法； 2. 与评价相关的工程设计、勘查基础知识； 3. 安全生产条件； 4. 安全检查表编写知识
	（三）危险有害因素分析	1. 能对现场勘查结果进行汇总； 2. 能对独立生产单元、辅助单元、设施设备装置、作业场所存在的危险、有害因素进行识别； 3. 能分析危险、有害因素分布情况	1. 危险有害因素辨识方法； 2.《生产过程危险和有害因素分类与代码》知识； 3.《企业职工伤亡事故分类》知识； 4. 重大危险源辨识知识

职业功能	工作内容	能力要求	相关知识
危险与危害程度评价	（一）划分评价单元	1. 能以危险、有害因素的类别划分评价单元； 2. 能以装置特征和物质特性划分评价单元； 3. 能依据评价方法的有关规定划分评价单元	评价单元划分的原则为方法
	（二）定性定量评价	能使用安全检查表、预先危险性分析、作业条件危险性评价、风险矩阵、重大危险源辨识方法进行评价	1. 安全评价方法的确定原则； 2. 预先危险性分析、作业条件危险性评价、风险矩阵重大危险源辨识方法知识
三风险控制	（一）提出安全对策措施	1. 能提出评价单元的技术、布局、工艺、方式和设施、设备、装置方面的安全对策措施； 2. 能提出评价单元配套和辅助工程的安全对策措施； 3. 能提出制定评价单元应急救援措施的技术要点	安全对策措施基本知识
	（二）编制评价报告	1. 能编制安全评价报告前言、编制依据、项目概况、危险有害因素辨识、定性定量评价、单元安全对策措施等章节内容； 2. 能按照安全评价有关规范编制安全评价报告的单元评价结论	1. 单元评价结论编制原则； 2. 安全评价报告编写规范

2）二级安全评价师

职业功能	工作能力	能力要求	相关知识
危险有害因素辨识	（一）前期准备	1. 能编制危险有害因素辨识方案及现场检查表； 2. 能分析评价对象，能定评价范围	1. 工程项目危险有害特征知识； 2. 计划表编制方法
	（二）危险有害因素分析	1. 能对建设项目和生产经营单位存在的危险有害因素进行分类； 2. 能对建设项目和生产经营单位存在的危险有害因素进行分析	1. 企业生产工艺基础知识； 2. 各类安全评价导则和细则
危险与危害程度评价	（一）定性评价	能运用故障假设分析法与故障假设/检查表分析法、故障类型和影响分析法、工作任务分析法进行评价	故障假设分析法与故障假设/检查表分析法、故障类型和影响分析法、工作任务分析法知识
	（二）定量评价	能运用事故树、事件树、火灾爆炸指数法、概率理论分析方法进行评价	事故树、事件树、火灾爆炸指数法、概率理论分析方法知识

续表

职业功能	工作内容	能力要求	相关知识
风险控制	（一）提出安全对策措施	1. 能提出安全技术对策措施； 2. 能提出安全管理对策措施； 3. 能编制事故应急救援预案	安全评价对策措施效果知识
	（二）编制评价报告	1. 能确定综合评价结论，完成安全评价报告； 2. 能对安全评价报告进行内部审核	安全评价过程控制基本知识
技术管理	（一）项目实施计划管理	1. 能对评价项目承授风险进行分析； 2. 能编制现场勘察人员及器材设备配置方案； 3. 能编制项目实施计划	1. 人员配置管理计划知识； 2. 项目勘查方案编写要求
	（二）项目成果管理	1. 能对项目完成情况进行跟踪； 2. 能根据用户意见对评价报告进行完善	信息反馈与交流知识
培训与指导	（一）培训	1. 能编制三级安全评价师培训计划； 2. 能编制三级安全评价师培训讲义	1. 培训讲义编写基本知识； 2. 多媒体课程开发知识； 3. 专业能力指导方法
	（二）指导	1. 能指导三级安全评价师进行评价工作； 2. 能编制三级安全评价人员作业指导书	

3）一级安全评价师

职业功能	工作内容	能力要求	相关知识
危险有害因素辨识	（一）前期准备	1. 能编制区域经济发展和产业结构、社会人文环境和周边自然生态状况等资料的收集方案； 2. 能编制区域危险、有害因素分析方案	区域危险、有害因素辨识方案编制原则和要素
	（二）危险有害因素分析	1. 能分析区域内建设项目和生产经营单位的危险、有害因素对区域周边单位生产、经营活动或者居民生活的影响； 2. 能分析区域周边单位生产、经营活动或者居民生活对区域内建设项目和生产经营单位的影响； 3. 能分析区域所在地的自然条件对建设项目和生产经营单位的影响	1. 自然灾害知识； 2. 选址与总图布置知识

续表

职业功能	工作内容	能力要求	相关知识
危险与危害程度评价	（一）定性评价	能运用危险和可操作性研究，认知可靠性分析、模糊理论法进行评价	危险和可操作性研究，认知可靠性分析，模糊理论法知识
	（二）定量评价	1. 能运用液体及气体泄露扩散、火焰与辐射强度、火球爆炸伤害、爆炸冲击波超压伤害、气云爆炸超压破坏、凝聚态爆炸、粉尘爆炸、爆炸伤害 TNT 当量模型进行评价； 2. 能运用事故频率分析方法对发生事故的概率进行评价； 3. 能进行风险等级、事故损失评价	1. 事故后果预测方法； 2. 事故频率分析方法； 3. 定量风险评价知识； 4. 财产损失预测知识
风险控制	（一）报告审核	1. 能提出和确定安全评价报告审核要素； 2. 能制定安全评价报告审核方案； 3. 能对安全评价报告进行审定	安全评价报告审核知识
	（二）项目方案编制	1. 能编制安全评价项目投标书； 2. 能确定项目风险分析方案； 3. 能审定评价工作计划	1. 项目投标知识； 2. 项目风险分析知识； 3. 技术经济分析方法
技术管理	（一）评价技术创新与开发	1. 能运用国内外新的安全评价方法进行评价； 2. 能创新与开发新的安全评价技术方法	1. 安全评价数据库功能设置知识； 2. 信息处理知识
	（二）技术支撑	1. 能提出安全评价基础数据库的建立方案； 2. 能提出安全评价技术支撑体系建设方案	
培训与指导	（一）培训	1. 能编制二级安全评价师培训计划； 2. 能编制二级安全评价师培训教材	教案编写基本知识
	（二）指导	1. 能指导二级安全评价师进行评价工作； 2. 能制定安全评价报告质量评判标准和实施方案； 3. 能编制安全评价过程控制文件	1. 安全评价报告质量管理方法； 2. 安全评价过程控制文件编写方法； 3. 专业能力指导方案

4. 比重表

1) 理论知识

项目		三级安全评价师（%）	二级安全评价师（%）	一级安全评价师（%）
基础要求	职业道德	5	5	5
	基础知识	35	9	4
相关知识	危险有害因素辨识	24	15	18
	危险与危害程度评价	21	35	40
	风险控制	15	20	13
	技术管理	—	8	10
	培训与指导	—	8	10
合计		100	100	100

2) 专业能力

项目		三级安全评价师（%）	二级安全评价师（%）	一级安全评价师（%）
能力要求	危险有害因素辨识	35	25	20
	危险与危害程度评价	35	41	46
	风险控制	30	15	14
	技术管理	—	10	10
	培训与指导	—	9	10
合计		100	100	100

附录6　陆上石油和天然气开采业安全评价导则

1. 主题内容与适用范围

本导则依据《安全评价通则》制定，规定了陆上石油和天然气开采业安全预评价、安全验收评价和安全现状综合评价（以下简称：陆上油气开采安全评价）的目的、基本原则、内容、程序和方法，适用于陆上石油和天然气开采业的安全评价。

2. 安全评价目的和基本原则

陆上油气开采安全评价的目的是贯彻"安全第一、预防为主"的方针，提高陆上油气开采的本质安全程度和安全管理水平，减少和控制陆上油气开采中的危险、有害因素，降低陆上油气开采安全风险，预防事故发生，保护企业的财产安全及人员的健康和生命安全。陆上油气开采安全评价的基本原则是由具备国家规定资质的安全评价机构科学、公正、合法、自主地开展安全评价工作。

3. 定义

1) 陆上石油和天然气开采业

陆上石油和天然气开采业是陆上石油和天然气开采各工艺单元的总称，包括勘探、钻井、井下作业、采油、采气及油气集输等。

2）陆上石油和天然气开采业安全预评价

陆上石油和天然气开采业安全预评价是根据油气田"地面工程建设方案"的内容，通过定性、定量分析，分析和预测该建设项目可能存在的主要危险、有害因素及其危险、危害程度，提出合理可行的安全对策措施及建议，对工程设计、建设和运行管理给予指导。

3）陆上石油和天然气开采业安全验收评价

陆上石油和天然气开采业安全验收评价是在油气开采建设项目竣工、试生产运行正常后，安全生产设施验收前，通过对陆上油气开采建设项目设施、设备、装置的安全状况和管理状况的调查分析，查找该项目投产后存在的危险、有害因素，确定其危险度，提出合理可行的安全对策措施及建议。

4）陆上石油和天然气开采业安全现状综合评价

陆上石油和天然气开采业安全现状综合评价是在陆上油气开采生产运行过程中，通过对其设施、设备、装置的安全状况和管理状况的调查分析，定性、定量地分析其生产过程中存在的危险、有害因素，确定其危险程度，对其安全管理状况给予客观的评价，对存在的问题提出合理可行的安全对策措施及建议，对运行管理和出现非常事件应采取的措施给予指导。

4. 安全评价内容

陆上油气开采安全评价内容一般包括：进行油气开采重大危险、有害因素的危险度评价；核实检查油气开采安全设备、设施的情况是否符合安全生产法律法规和技术标准的要求；对油气开采安全管理体系能否确保油气开采安全生产做出评价；提出合理可行的安全对策措施及建议。

5. 安全评价程序

陆上油气开采安全评价程序一般包括：前期准备；危险、有害因素识别与分析；划分评价单元；定性、定量评价；提出安全对策措施及建议；得出安全评价结论；编制安全评价报告；安全评价报告的评审等。

1）前期准备

明确被评价对象和范围，收集国内外相关法律法规、技术标准及与评价对象相关的油气开采数据资料。收集现场资料，进行现场调查。

2）危险、有害因素识别与分析

根据油气开采工艺过程及当地自然环境特点和周边环境特点，识别和分析生产过程中的危险、有害因素。

3）划分评价单元

在危险、有害因素识别和分析的基础上，根据评价的需要，将评价对象按油气生产工艺功能、生产设施设备相对空间位置、危险有害因素类别及事故范围划分评价单元，使评价单元相对独立，具有明显的特征界限。

4）定性、定量评价

选择科学、合理、适用的定性、定量评价方法，对可能导致油气开采重大事故的危险、有害因素进行定性、定量评价，确定引起重大油气开采事故发生的致因因素、影响因素和事故严重程度，为制定安全对策措施提供科学依据。

2）提出安全对策措施及建议

（1）安全技术对策措施。

（2）安全管理对策措施。

6）得出安全评价结论

在对评价结果分析归纳和综合的基础上，得出安全评价结论。

（1）归纳、综合各部分评价结果。

（2）油气开采安全总体评价结论。

7）编制安全评价报告

陆上石油和天然气开采业安全评价报告是油气开采安全评价过程与结果的总结，应将评价对象概况、安全评价过程、采用的安全评价方法、获得的安全评价结果及安全对策措施建议等写入安全评价报告。

8）安全评价报告的评审

被评价单位按规定将安全评价报告送专家评审组进行技术评审，并由专家评审组提出书面评审意见。评价机构根据专家评审组的评审意见，修改、完善安全评价报告。

6. 安全评价报告的内容和要求

1）安全评价报告的内容

（1）评价对象基本情况。

（2）安全评价依据。

（3）油气开发工艺过程及主要危险、有害因素识别与分析。

（4）评价单元的划分与评价方法的选择。

（5）定性、定量评价。

（6）安全对策措施及建议。

（7）评价结论。

2）安全评价报告的要求

安全评价报告应内容全面、条理清楚、数据完整、结论准确，提出的对策措施应具体可行，评价结论应客观公正。

7. 安全评价报告格式

安全评价报告格式一般包括：

（1）封面。

（2）评价机构安全评价资格证书副本影印件。

（3）著录项。

（4）目录。

（5）编制说明。

（6）前言。

（7）正文。

（8）附件。

（9）附录。

8. 安全评价报告载体

安全评价报告一般采用纸质载体。为适应信息处理需要，安全评价报告可辅助采用电子载体形式。

附录7　危险化学品经营单位安全评价导则(试行)

1. 主题内容与适用范围

本导则是根据《危险化学品安全管理条例》、《危险化学品经营许可证管理办法》，为开展危险化学品经营的单位安全评价，促进危险化学品经营单位安全管理而制定的。

本导则规定了危险化学品经营单位(以下简称经营单位)安全评价的前提条件、程序、内容和要求，适用于对危险化学品经营单位的安全评价，不适用于危险化学品长输管道的安全评价。

2. 规范性引用文件

下列文件中的条文通过在本导则中的引用而成为本导则的条文。凡是注日期的引用文件，其随后所有修改(不包括勘误的内容)或修订版均不适用本导则，同时，鼓励根据本导则达成协议的各方研究是否可使用这些文件的最新版本。凡是不注日期的引用文件，其最新版本适用于本导则。

(1)《中华人民共和国安全生产法》，中华人民共和国主席第70号令。

(2)《危险化学品安全管理条例》，国务院第344号令。

(3)《危险化学品经营许可证管理办法》，原国家经贸委第36号令。

(4)《关于〈危险化学品经营许可证管理办法〉的实施意见》，国家安全生产监督管理局安监管管二字[2002]103号。

(5)《爆炸危险场所安全规定》，原劳动部劳部发[1995]56号。

(6)《仓库防火安全管理规则》，公安部第6号令。

(7)《建筑设计防火规范》，GBJ16—87(2001年版)。

(8)《常用化学危险品贮存通则》，GB 15603—1995。

(9)《危险化学品经营企业开业条件和技术要求》，GB 18265—2000。

(10)《重大危险源辨识》，GB 18218—2000。

(11)《石油库设计规范》，GBJ74—84(1995年版)。

(12)《汽车加油加气站设计与施工规范》，GB 50156—2002。

(13)《装卸油品码头防火设计规范》，JTJ 237—99。

(14)《液化气码头安全技术要求》，JT 416—2000。

(15)《重力式码头设计与施工规范》，JTJ 290—98。

(16)《斜坡码头及浮码头设计与施工规范》，JTJ 294—95。

(17)《易燃易爆性商品储藏养护技术条件》，GB 17914—1999。

(18)《腐蚀性商品储藏养护技术条件》，GB 17915—1999。

(19)《毒害性商品储藏养护技术条件》，GB 17916—1999。

3. 安全评价的前提条件

（1）经营单位应持有工商行政管理部门核发的营业执照。

（2）新设立的经营单位应持有工商行政管理部门核发的企业名称预先核定通知书。

（3）租用场所、设施经营危险化学品的单位还应持有租赁合同，以及公安消防部门对储存设施的验收合格文件复印件。

（4）没有也不租赁储存场所从事批发业务的经营单位还应持有办公场所产权证明或租赁证明。

4. 安全评价的基本内容

（1）《危险化学品安全管理条例》第二十八条规定的经营单位必须具备的条件。

（2）《危险化学品经营许可证管理办法》第六条规定的经营单位必须具备的基本条件。

（3）《关于〈危险化学品经营许可证管理办法〉的实施意见》规定的经营单位必须具备的基本条件。

5. 安全评价程序

1）前期准备工作

（1）根据被评价单位的委托书，索取被评价单位的营业执照或企业名称预先核定通知书、租赁合同和相关批准文件的复印件。

（2）与被评价单位签定安全评价合同。

（3）组建安全评价组，了解被评价单位的情况，收集有关资料。

2）现场检查和评价

（1）查验被评价单位按本导则"安全评价的前提条件"的要求所提供的文件或合同复印件的真实性。

（2）根据现场实际情况，辨识危险、有害因素，分析危险、有害因素可能导致生产安全事故的原因。

（3）根据经营单位实际情况，划分评价单元。评价单元一般可划分为：① 安全管理制度；② 安全管理组织；③ 从业人员；④ 仓储场所；⑤ 仓库建筑。

（4）针对危险、有害因素及现场情况，应用《危险化学品经营单位安全评价现场检查表》，对现场设施、装置、防护措施和管理措施进行评价。如有必要，对构成重大危险源的部分可采用其他评价方法进行针对性评价。

（5）提出建议补充的安全对策措施。

① 管理方面（制度、组织、人员）的对策措施；

② 仓储场所、仓库建筑、设施、装置、消防与电气方面的对策措施。

3）提出安全对策措施

针对不符合安全要求的问题提出的对策措施可进行复查，确认整改后已符合要求。

4）编制安全评价报告

6. 安全评价报告的内容和要求

1）安全评价报告的内容

（1）安全评价的依据。

（2）被评价单位的基本情况。

（3）主要危险、有害因素辨识，评价方法的选择，评价单元的划分。

（4）危险化学品经营单位安全评价现场检查表。

（5）分析评价。

（6）建议补充的安全对策措施。

（7）整改情况的复查。

（8）评价结论。评价结论分为三种：① 符合安全要求；② 基本符合安全要求；③ 未能符合安全要求。

2）安全评价报告的要求

安全评价报告应内容全面，条理清楚，数据完整，查出的问题准确，提出的对策措施具体可行，评价结论客观公正。

7. 安全评价报告的格式

（1）封面。

（2）安全评价机构资格证书复印件，委托书复印件，被评价单位营业执照复印件或企业名称预先核定通知书复印件，租用场所或设施经营危险化学品的单位的租赁合同复印件和公安消防部门对储存设施的验收合格文件复印件，没有也不租赁储存场所而从事批发业务的经营单位的办公场所产权证明或租赁证明复印件。

（3）委托单位、评价单位、项目负责人、评价组长、评价组成员、报告编制人、报告审核人。

（4）目录。

（5）正文。

附录 8　非煤矿山安全评价导则

1. 主题内容与适用范围

本导则依据《安全评价通则》制定，规定了非煤矿山（石油、天然气开采业除外）建设项目安全预评价、安全验收评价和非煤矿山安全现状综合评价（以下统称非煤矿山安全评价）的目的、基本原则、内容、程序和方法，适用于非煤矿山建设项目和非煤矿山企业安全评价。石油、天然气开采业安全评价导则另行制定。

2. 安全评价目的和基本原则

非煤矿山安全评价的目的是贯彻"安全第一，预防为主"的方针，提高非煤矿山的本质安全程度和安全管理水平，减少和控制非煤矿山建设项目和非煤矿山生产中的危险、有害因素，降低非煤矿山生产安全风险，预防事故发生，保护建设单位和非煤矿山企业的财产安全及人员的健康和生命安全。

非煤矿山安全评价的基本原则是由具备国家规定资质的安全评价机构科学、公正、合法、自主地开展安全评价工作。

3. 定义

1）非煤矿山

开采金属矿石、放射性矿石以及作为石油化工原料、建筑材料、辅助原料、耐火材料的矿物及其他非金属矿物（煤炭除外）的矿山。

2）非煤矿山建设项目安全预评价

在非煤矿山建设项目可行性研究报告批复后，根据建设单位的委托及建设项目可行性研究报告的内容，定性、定量分析和预测该建设项目可能存在的各种危险、有害因素的种类和程度，提出合理可行的安全对策措施及建议。

3）非煤矿山建设项目安全验收评价

在非煤矿山建设项目竣工、试生产运行正常后，通过对非煤矿山建设项目的设施、设备、装置的实际情况和管理状况的调查分析，查找该非煤矿山建设项目投产后存在的危险、有害因素，确定其危险程度，提出合理可行的安全对策措施及建议。

4）非煤矿山安全现状综合评价

在非煤矿山生产运行过程中，通过对其设施、设备、装置实际情况和管理状况的调查分析，定性、定量地分析其生产过程中存在的危险、有害因素，确定其危险程度，对其安全管理状况给予客观的评价，对存在的问题提出合理可行的安全对策措施及建议。

4. 非煤矿山安全评价内容

非煤矿山安全评价的内容一般包括：非煤矿山安全管理对确保矿山安全生产的适应性；核实检查矿山井巷、地下开采、露天开采、提升运输、通风防尘、尾矿库、排土场、炸药库、防排水、防灭火、充填、供电、供水、供气、通信、边坡等场所及设备、设施的情况是否符合安全生产法律法规和技术标准的要求；进行矿山重大危险、有害因素的危险度评价；提出合理可行的安全对策措施及建议。

5. 非煤矿山安全评价程序

非煤矿山安全评价程序一般包括：前期准备；危险、有害因素识别与分析；划分评价单元；选择评价方法，进行定性、定量评价；提出安全对策措施及建议；得出安全评价结论；编制安全评价报告；安全评价报告评审等。

1）前期准备

明确被评价对象和范围，进行现场调查，收集国内外相关法律法规、技术标准及与评价对象相关的非煤矿山数据资料。

2）危险、有害因素识别与分析

根据非煤矿山的生产、周边环境及水文地质条件的特点，识别和分析生产过程中存在的危险、有害因素。

3）划分评价单元

根据评价工作的需要，按生产工艺功能，生产设备，设备相对空间位置，危险、有害因素类别及事故范围划分评价单元。评价单元应相对独立，具有明显的特征界限，便于进行危险、有害因素识别分析和危险度评价。

4）选择评价方法，进行定性、定量评价

选择科学、合理、适用的定性、定量评价方法，对可能导致非煤矿山重大事故的危险、有害因素进行定性、定量评价，给出引起非煤矿山重大事故发生的致因因素、影响因素和事故严重程度，为制定安全对策措施提供科学依据。

5）提出安全对策措施及建议

（1）安全技术对策措施；

（2）安全管理对策措施。

6）得出安全评价结论

在对评价结果分析归纳和整合的基础上，得出安全评价结论。

（1）非煤矿山安全状况综合评述；

（2）归纳、整合各部分评价结果；

（3）非煤矿山安全总体评价结论。

7）编制安全评价报告

非煤矿山安全评价报告是非煤矿山安全评价过程的记录，应将安全评价的过程、采用的安全评价方法、获得的安全评价结果等写入安全评价报告。

8）安全评价报告评审

建设单位或非煤矿山企业将安全评价报告送专家评审组进行技术评审，并由专家评审组提出书面评审意见。评价机构根据专家评审组的评审意见，修改、完善安全评价报告。

6. 安全评价报告内容和要求

1）安全评价报告内容

（1）安全评价依据。

（2）被评价单位基本情况。

（3）主要危险、有害因素识别。

（4）评价单元的划分与评价方法选择。

（5）定性、定量评价。

（6）建议补充的安全对策措施。

（7）评价结论。

2）安全评价报告要求

安全评价报告应内容全面，条理清楚，数据完整，查出的问题准确，提出的对策措施具体可行，评价结论客观公正。

7. 安全评价报告格式

安全评价报告格式一般包括：

（1）封面。

（2）评价机构安全评价资质证书副本影印件。

（3）著录项。

（4）目录。

（5）编制说明。

（6）前言。

（7）正文。

（8）附件。

（9）附录。

8. 安全评价报告载体

安全评价报告一般采用纸质载体。为适应信息处理需要，安全评价报告可辅助采用电子载体形式。

参 考 文 献

[1] 蔡庄红，黄庭刚. 安全评价技术. 北京：化学工业出版社，2014.

[2] 周波. 安全评价技术. 北京：国防工业出版社，2012.

[3] 王起全. 安全评价. 北京：化学工业出版社，2015.

[4] 卡耀武，等.《中华人民共和国安全生产法》读本. 北京：煤炭出版社，2002.

[5] 国家安全生产监督管理总局编. 安全评价. 3 版. 北京：煤炭工业出版社，2005.

[6] 彭力，等. 风险评价技术应用与实践(上、下册). 北京：石油工业出版社，2001.

[7] 魏新利，李惠萍，王自健. 工业生产过程安全评价. 北京：化学工业出版社，2005.

[8] 龙凤乐. 油田生产安全评价. 北京：石油工业出版社，2005.

[9] 蒋成军，郭振龙. 工业装置安全卫生预评价方法。北京：化学工业出版社，2004.

[10] 刘诗飞，詹予忠. 重大危险源辨识及危害后果分析. 北京：化学工业出版社，2004.

[11] 王德学.《危险化学品安全管理条例》释义. 北京：化学工业出版社，2002.

[12] 国家化学品登记注册中心. 危险化学品安全管理规范与标准汇编. 北京：中国人事
     出版社，2002.

[13] 赵铁锤. 危险化学品安全评价. 北京：中国石化出版社，2003.

[14] 汪元辉. 安全系统工程. 天津：天津大学出版社，1999.

[15] 中国石化集团安全监督局. 石油化工安全技术. 北京：中国石化出版社，1998.

[16] 赵鹏，张乃禄，陈建峰，等. 天然气处理厂安全性模糊综合评价. 油气地面工程，
     2013，32(11).

[17] 顾祥柏. 石油化工安全分析方法及应用. 北京：化学工业出版社，2000.

[18] 张乃禄，徐菁，赵自愿，等. 油田集输联合站安全性的模糊综合评价. 油气地面工
     程. 2012，31(1).

[19] 吴宗之，高进东，魏利军. 危险评价方法及其应用. 北京：冶金工业出版社，2001.

[20] 廖学品. 化工过程危险性分析. 北京：化学工业出版社，2003.

[21] 白威，张乃禄，胡建国. 油气田天然气集气站安全性模糊综合评价研究. 西安石油
     大学学报. 2014，29(6).

[22] 吴宗之，高进东. 重大危险源辨识与控制. 北京：冶金工业出版社，2003.

[23] 陈宝智. 危险源辨识、控制与评价. 成都：四川科技大学出版社，1996.

[24] 范维澄，王清安. 火灾学简明教程. 合肥：中国科学技术大学出版社，1995.

[25] 赵耀江. 安全评价理论与方法. 北京：煤炭工业出版社，2008.

[26] 冯肇瑞，杨有启. 化工安全技术手册. 北京：化学工业出版社，1993.

[27] 张维凡. 常用化学危险物品安全手册(5). 北京：中国石化出版社，1998.

[28] 张维凡. 常用化学危险物品安全手册(6). 北京：中国石化出版社，1998.

[29] 董立斋，巩长春. 工业安全评价理论和方法. 北京：机械工业出版社，1988.

[30] 刘相臣，张秉淑. 化工装备事故分析与预防. 2 版. 北京：化学工业出版社，2003.

[31] Centre for chemical process safety 0fthe american insifitute of chemical engineers.

Guidelines for hazard evaluation procedures second edition with worked examples 1992.

[32] 董立斋，巩长春. 工业安全评价理论和方法. 北京：机械出版社，1998.

[33] 王自齐，等. 化学事故与应急救援. 北京：化学工业出版社，1997.

[34] 牟善军，王广亮. 石油化工风险评价技术. 青岛：青岛海洋大学出版社，2002.

[35] 国家安全生产监督管理局. 作业场所化学品安全管理. 北京：中国石化出版社，1998.

[36] 中国化学会. 国际化工安全技术交流会及第一届 IUPAC 化工生产安全谈论会文集. 中国化学会，1991.

[37] 何德芳，等. 失效分析与故障预防. 北京：冶金工业出版社，1990.

[38] 王如君. 安全评价的模式与方法. 中国人类工效学学会安全与工程专业委员会首届学术年会论文集. 武汉：1989.

[39] Sdu Uitgevers. Den Hang. Guidelines for Quantitative Risk Assessment. Commi Ree for Prevention of Disasters，1999.

[40] 周国泰. 危险化学品安全技术全书. 北京：化学工业出版社，1997.

[41] 陈莹. 工业防火与防爆. 北京：中国劳动出版社，1994.

[42] 孙桂林. 可靠性与安全生产. 北京：化学工业出版社，1996.

[43] 国家技术监督局. 压力容器安全监察规程. 北京：中国劳动社会保障出版社，1999.

[44] 孙连捷. 劳动安全卫生技术手册. 北京：机械工业出版社，1993.

[45] 王凤江. 劳动安全卫生国家标准手册. 上海：上海科学技术出版社，1994.

[46] 王泽申. 安全分析与事故预防. 北京：北京经济学院出版社，1990.

[47] 刘东明，孙桂林. 安全人机工程学. 北京：中国劳动出版社，1993.

[48] 刘双跃. 安全评价. 北京：冶金工业出版社，2008.

[49] 庞学群. 工业卫生工程. 北京：机械工业出版社，1991.

[50] 惠中玉，等. 企业防火安全. 中国劳动保护技术学会，1997.

[51] 田兰，曲和鼎，蒋永明，等. 化工安全技术. 北京：化学工业出版社，1984.

[52] 刘国财. 安全科学概论. 北京：中国劳动出版社，1998.

[53] 劳动部职业安全卫生监察局. 电气安全. 北京：中国劳动出版社，1990.

[54] American Institute of Chemical Engingeer. Guide of Hazard Procedure，1985.

[55] 王登文. 油田生产安全技术. 北京：中国石化出版社，2003.

[56] 王德新. 完井与井下作业. 东营：石油大学出版社，1999.

[57] 刘铁民，张兴凯，刘工智. 安全评价方法应用指南. 北京：化学工业出版社，2005.

[58] 王帅，张乃禄，王萌，等. 吴起-延炼输油管道高后果区风险模糊评价. 西安石油大学学报. 2016，31(1).

[59] Ren Aizhu，Shi Jianyong，Shi Wenzhong. Integration of fire simulation and structural analysis for safety evaluation of gymnasiums – with a case study of gymnasium for Olympic Games in 2008. Automation in Construction，2007，16(3).

[60] Durga Rao K，Gopika V，Kushwaha H S，et al. Test interval optimization of safety systems of nuclear power plant using fuzzy-genetic approach. Reliability

Enginneering&System Safety，2007，92(7)．

[61] 张乃禄，王萌，黄建忠，等．油气管道维抢修作业人员可靠性评价．油气储运．2016，35(4)．

[62] 张乃禄，刘峰，郝佳，等．联合站监控系统可靠性分析．油气田地面工程，2008，27(12)．

[63] 王源，张乃禄，魏磊，等．油田集输联合站安全监控预警系统的开发．西安石油大学学报，2010，25(6)．

[64] 王厚军，李治灵．煤矿安全评价若干问题的研究与探讨．中国安全科学学报，2009，19(7)．

[65] Durga Rao K，Kushwaha H S，Verma A K，et al. Quantification of epistemic and aleatory uncertainties in level‐1 probabilistic safety assessment studies. Reliability Engineering&System Safety，2007，92(7)．

[66] 李真庚，刘良坚，孔昭瑞．石油安全工程．北京：石油工业出版社，1991．

[67] 姚光镇．输油气管道设计与管理．东营：石油大学出版社，1991．

[68] 沈斐敏．安全系统工程理论与应用．北京：煤炭工业出版社，2001．

[69] 杨丰科，孟广华．安全工程师基础教程-安全技术．北京：化学工业出版社，2004